HNC 理论全书

第一卷 概念基元 —— (第二册)

论语言概念空间的主体语境基元

图灵脑理论基础之二

黄曾阳／著

科学出版社

北京

内 容 简 介

本书是《HNC 理论全书》的第二册。HNC 理论以自然语言理解为其核心探索目标，试图为语言理解的探索开启一条新的途径，以语言概念空间的符号化、形式化为手段，实现人类语言脑的纯物理模拟。

本书专门论述构成主体语境基元的人类专业活动，另称第二类活动。人类文明的三大支柱是政治、经济和文化。政治是统帅，经济是基础，文化是灵魂。由政治派生出一文一武两个分支，即法律与军事，而科技、教育、卫生则主要由文化衍派而来。由此构成了人类的八大专业活动领域。

本书适合对自然语言理解、人工智能、认知科学、脑科学、语言学等感兴趣的所有读者，特别适合语言信息处理方面的研究者及学生参阅。

图书在版编目(CIP)数据

论语言概念空间的主体语境基元 / 黄曾阳著. —北京：科学出版社，2015.2
（HNC 理论全书）
ISBN 978-7-03-043158-5

I. ①论… II. ①黄… III. ①系统科学–研究 IV. ①N94

中国版本图书馆 CIP 数据核字（2015）第 013697 号

责任编辑：付 艳 程 凤 / 责任校对：刘亚琦
责任印制：肖 兴 / 封面设计：黄华斌

联系电话：010-6403 3934
电子邮箱：fuyan@mail.sciencep.com

科学出版社 出版
北京东黄城根北街 16 号
邮政编码：100717
http://www.sciencep.com

中国科学院印刷厂 印刷
科学出版社发行　各地新华书店经销
*
2015 年 4 月第 一 版　开本：787×1092 1/16
2015 年 4 月第一次印刷　印张：30 3/4
字数：700 000

定价：128.00 元
（如有印装质量问题，我社负责调换）

本书得到下述项目资助

中国科学院"八五"重点项目"汉语人机对话项目"

国家"九五"科技攻关计划项目"汉语理解系统的核心技术专题"（98-779-02-04）

国家"973"项目课题"基于概念层次网络（HNC）的自然语言理解与处理"（G1998030506）

国家"863"项目课题"专业和追求活动语境概念林的根概念研究"（2001AA114210）

国家语言文字工作委员会"十五"科研项目"汉语语料库建设规范——基于语义的语句类型及其语料库标注规范研究"（ZDT105-43C）

国家语言文字工作委员会"十五"科研项目"蒙藏维民族文字音形码编码方案研究"（MZ115-74）

国家"973"项目课题"自然语言理解的交互引擎研究"（2004CB318104）

国家科技支撑计划项目"知识组织系统的集成及应用服务体系研究与实现"（2006BAH03B03）

国家科技支撑计划项目"搜索引擎中的语言翻译基础研究"（2007BAH05B02-05）

国家社科基金项目"汉英机器翻译中的多动词语句"（10BYY009）

军队"2110"项目"汉英机器翻译中多动词语句的分析和转换——一项基于概念层次网络理论的研究"（PLA0807022）

中国科学院科研基金项目"面向语言信息处理的汉语省略恢复研究"（2008XYY004）

中国科学院声学研究所知识创新工程项目"句群理解处理理论及其应用"（O654091431）

中国科学院声学研究所"所长择优基金"项目"基于HNC理论的英语句类分布及汉英句类转换研究"（GS13SJJ01）

中国科学院声学研究所"所长择优基金"项目"句群分析中的中文人名处理"（GS13SJJ04）

中国科学院青年人才领域前沿项目"面向特定领域句群的人物关系与倾向性评价的自动获取研究"（O754021432）

中国科学院声学研究所知识创新工程项目"句群理解处理理论及其应用"（O654091431）

中国科学院知识创新工程重要方向项目"汉语内容理解及其应用"（Y02A081431）

中国科学院学部咨询项目"信息技术在社会科学中的应用"（Y129091211）

国家语言文字工作委员会"十二五"科研项目"基于概念空间的语义关联研究"（YB125-53）

中国科学院声学研究所知识创新工程项目"音频内容分解与检索"（Y154141431）

中国科学院信息化专项"民族语言信息处理学科领域基础科学数据整合与集成应用"（Y329251431）

国家"863""十二五"计划项目课题"基于云计算的海量文本语义计算框架与开放域自动问答验证系统"（2012AA011102）

作 者 的 话

本书是《HNC理论全书》的第二册。《全书》共三卷六册，第一卷三册，第二卷一册，第三卷两册。本书也就是第一卷的第二册。

HNC理论以自然语言理解为其核心探索目标，试图为语言理解的探索开启一条新的途径。HNC认为：语言理解的奥秘，是大脑之谜的核心，也是意识之谜的核心。对这个谜团的探索不是当前的生命科学可以独立完成的，需要哲学和神学的参与。故《全书》之"全"是一个"三学（科学、哲学与神学）协力"的同义词，非HNC理论自身之"全"也。HNC理论充其量是一名语言理解新探索的侦察兵，从这个意义上说，《全书》之"全"应看作是一种期待，一声呼唤。

《全书》的初稿是半成品，是HNC团队的内部读物。原定以十年（2006～2015年）为期，完成初稿。不意十年未竟，推动者和出版者联袂而至。他们深谋远虑，要把一个半成品升级为成品，把一个内部读物正式出版，其间所展现出来的非凡胆识、灼见与谋划，居功至伟四字，不足以表达笔者心中感受之万一。

《全书》结构庞大，体例繁杂，带大量注释。结构方面，分上层与下层，上层分"卷、编、章"3级，以汉字表示顺序，汉字"零"表示共相概念林或共相概念树。在某些编与章之间，还插入篇。下层分"节、小节、子节"3级，子节之后，可延伸出次节，每级之内，可派生出分节。体例方面，主体文字之外，安置了大量预说和呼应。注释方面，分两类编号：数字与字母。前者是对正文本身的注释，后者是对正文背景的注释。数字和字母都放在方括号内，如[*01]和[*a]。其中的"*"可以多个，如同宾馆等级的标记。两星[**]以上的注释比较重要，表示读者应即时阅读。

《全书》常相互引用，为标记之便，采取了$[k_1k_2k_3-m|]$简化表示，其中的"k_1"表示卷，"k_2"表示编，"k_3"表示篇，无篇取"0"。"m|"也是一个数字序列，依次表示章节序号。例如[210-0.2.1]和[210-1.2.1]分别表示第二卷第一编第零章和第一章的第2节第1小节。

《全书》使用了大量概念关联式。概念关联式是语言理解基因的重要组成部分，也是隐记忆的重要组成部分。每一个概念关联式总是联系于特定的概念基元、句类或语境单元。概念关联式分为无编号与有编号两类，无编号的表示尚待探索，《全书》只是给出了若干示范，为上下文引用方便给出的临时数字编号也属于这一类；有编号的统一使用"——（编号）"或"——[编号]"，前者表示内使，后者表示外使。概念关联式编号区分普通与重要两级，后者加"-0"区别，若"-0"插入编号中间，表示不同文明对此有共识，而后缀于编号，则表示特定的文明视野。有编号的概念关联式都有牵头符号，代表着该概念关联式的重要性级别，目前主要用[HNC1]符号牵头。

在撰写初稿期间，池毓焕博士一直是我的学术助手。在本书出版期间，池博士一直是我个人的全权代表。科学出版社以付艳、王昌凤编辑为主的有关同志，为初稿的升级付出了巨大的辛勤与智慧，其审校之精细，无与伦比；池博士的配合，力求尽善。笔者的钦佩与感激之情，难以言表。

老子曰："天地万物生于有，有生于无。"伟哉斯言。

黄曾阳

2014 年 9 月 22 日于北京

引文出处缩略语对照表

《理论》/《HNC 理论》	黄曾阳. HNC（概念层次网络）理论[M]. 北京：清华大学出版社, 1998
《定理》	黄曾阳. 语言概念空间的基本定理和数学物理表示式[M]. 北京：海洋出版社, 2004
《全书》	即本丛书——HNC 理论全书，共有三卷六册，各册书名如下： 第一卷　第一册　论语言概念空间的主体概念基元及其基本呈现 　　　　第二册　论语言概念空间的主体语境基元 　　　　第三册　论语言概念空间的基础语境基元 第二卷　第四册　论语言概念空间的基础概念基元 第三卷　第五册　论语言概念空间的总体结构 　　　　第六册　论图灵脑技术实现之路
《导论》/《苗著》/《HNC 理论导论》	苗传江. HNC（概念层次网络）理论导论[M]. 北京：清华大学出版社, 2005
《转换》	张克亮. 面向机器翻译的汉英句类及句式转换[M]. 郑州：河南大学出版社, 2007
《变换》	李颖，王侃，池毓焕. 面向汉英机器翻译的语义块构成变换[M]. 北京：科学出版社, 2009
《现汉》	中国社会科学院语言研究所词典编辑室. 现代汉语词典（第 3 版)[M]. 北京：商务印书馆, 1996

目录 | contents

第三编

第二类劳动

本编不分篇，共九章，描述人类的第二类劳动（专业活动）。

第二类劳动与自然语言所说的脑力劳动大体对应，而本卷第五编所论述的第一类劳动则与自然语言所说的体力劳动大体对应。

自然语言关于劳动的体力与脑力之分、关于生活的物质与精神之分固然不失为一种十分简明的描述方式，但是，体力劳动与脑力劳动、物质生活与精神生活的互补性极强，对人类活动的描述很难将两个侧面截然分开。当然，纯粹的体力或脑力劳动、纯粹的物质或精神生活在特定条件下是存在的，脑力劳动和体力劳动的分工更是社会进步的基本保障。但是，这不等于说：体力劳动中不需要或不存在脑力劳动，脑力劳动中不需要或不存在体力劳动；更不等于说：体力劳动不需要或不存在高级思维，只有脑力劳动才需要或存在高级思维。然而，人类社会曾经长期存在着轻视体力劳动的无知偏见，也出现过神化体力劳动的奇特偏见。中国科学院（简称中科院）声学研究所（简称声学所）首任所长汪德昭教授（中科院院士）为声学所制定的所训——"标新立异、一丝不苟、奋力拼搏、亲自动手"就极力倡导脑力劳动与体力劳动相结合，汪先生是其倡导的杰出力行者，声学所的璀璨结晶就是对上述偏见的有力批判。为避开落在体力劳动和脑力劳动这两个术语上的上述历史尘埃，本书改用术语第一类劳动和第二类劳动。

第二类劳动亦称专业活动或 a 行概念，是 HNC 所定义的抽象概念 11（16）个范畴［主体基元概念、第一类精神生活（含 4 个子范畴）、第二类劳动、第三类精神生活（含 2 个子范畴）、第一类劳动、第二类精神生活（含 2 个子范畴）、基本概念、基本逻辑概念、语言逻辑概念、综合概念、语习概念］的第 3（6）号，又是语境概念范畴（两类劳动和三类精神生活）的第一号。第二类劳动可穷举出如下所示的概念林：

a0	专业活动基本特性
a1	政治
a2	经济
a3	文化
a4	军事
a5	法律
a6	科技
a7	教育
a8	"卫保"（卫生与环保）

专业活动 a 的殊相概念林 a1~a8 是对人类专业活动的最高层次概括，对应着人类专业活动的八大领域，是对人类专业活动的总体性描述，每一个人的职业都可以纳入其中的一个领域。专业概念林 a0~a8 的延伸概念直接提供最重要的领域句类信息，是语境单元萃取 SGUE 最重要的知识资源。

具有专业特性的第一类劳动 q6 和宗教活动 q821 没有直接包含在专业活动的领域概念林里，前者可以看作经济活动 a2 的扩展，后者可以看作文化活动 a3 的扩展。

专业活动基本特性 a0

专业活动的八大领域 a1~a8 具有共性，这些共性放到专业活动的基本特性
a0 这一概念林里进行描述。

每一具体专业活动 a1~a8 都要依附于相应的社会组织，a1~a8 都有相应的
组织机构，任何国家都要设置联系这八大领域的政府部门。因此，组织机构是
所有专业活动的共性之一。

在本卷第一编的 3.0 节里说过："对效应基本特性的考察必须以实现为纲。"
这一论点同样适用于专业活动，这就是说，专业活动的实施是专业活动的共性
之二。

各项专业活动是相互依存的，不同国家和地区的专业活动也是相互依存
的，而且这种依存性随着社会的发展而越来越强。另外，每项专业的子专业越
分越细，子专业的发展越来越快。这三项"越来越"现象必然诱发下列效应，
那就是超级专业组织、行业和流派的出现，将统称"泛组织"，这是专业活动
的共性之三。

专业活动当然不只具有这三项共性。为了求得完备性，HNC 的例行对策是
把上列三项共性之外的共性归并到一起，命名为专业活动的基本共性。这样，
专业活动基本特性概念林 a0 的概念树设计就取得了完备性资格，可穷举出下列
四类概念树：

a00	专业活动基本共性
a01	组织机构
a02	专业活动的实施
a03	"泛组织"

第 0 节
专业活动基本共性 a00 (102)

引言

专业活动基本共性 a00 辖属三项概念联想脉络：一是专业活动的基本制度 a00e4n；二是专业活动的作用效应链表现 a00β；三是专业活动的人物效应 a00i。前两项联想脉络比较复杂，因此，在其概念延伸结构表示式里，将只给出二级延伸，三级及其后续的延伸概念放在世界知识里表示。

0.0-0 专业活动基本共性 a00 的概念延伸结构表示式

```
a00:(e4n,β,i;
     e45:(d2m,e2m,e2n,3,i,53y,^y),e46:(˜y,i,7),e47:(˜y,i,7),
     9t=a,a3,b:(t=a,i),i:(c2m,α=a);)
```

a00e4n	专业活动的基本制度
a00e45	在职
a00e46	退休
a00e47	失业
a00β	专业活动的作用效应链表现
a00i	专业活动的人物效应
a00e45	在职
a00e45:(d2m,e2m,e2n,3,i,53y,^y)	
a00e45d2m	干部与职工
a00e45d21	干部
a00e45d22	职工
a00e45e2m	在职常态（上下班）
a00e45e21	上班
a00e45e22	下班
a00e45e2n	在职"悖态"
a00e45e25	加班
a00e45e26	"怠工"
a00e453	"离班"
a00e45i	自由职业
53a00e45	求职
^a00e45	"太上皇"
a00e46	退休
a00e46:(˜y,i,7)	
˜a00e46	再聘用

a00e46i	转为自由职业
a00e467	退休率
a00e47	失业
a00e47:(˜y,i,7)	
˜a00e47	再就业
a00e47i	转为自由职业
a00e477	失业率
a00β	专业活动的作用效应链表现
a009	专业活动的作用效应表现
a0099	专业活动的作用表现
a0099t=b	专业活动作用表现的基本内容
a00999	争取权势
a0099a	争取利益
a0099b	争取成就
a009a	专业活动的效应表现
a009aα=a	专业活动效应表现的基本内容
a009a8	秩序
a009a9	制度
a009a9-0	体制
a009aa	契约
a009aae2m	契约基本内容
a009aae21	权利
a009aae21t=b	权利基本内容
a009aae219	权力
a009aae21a	利益
a009aae21b	荣誉
a009aae22	义务
a009aae22t=b	义务的基本内容
a009aae229	社会义务
a009aae22a	亲人义务
a009aae22b	他人义务
a00a	专业活动的过程转移表现
a00a3	专业性信息交换
a00a3α=b	专业性信息交换的基本形态
a00a38	会议
a00a39	决策性会议
a00a3a	协商与谈判
a00a3b	研讨
a00b	专业活动的关系状态表现
a00b9	专业性交互
a00b93	专业性交流
a00b9i	专业性交往
a00ba	专业性状态
a00bi	专业活动的承诺性
a00bie2n	承诺中的诚信与欺诈
a00bit=b	承诺性的形成与体现
a00bi9	形成共识或主识
a00bia	形成约定或决定
a00bib	对约定或决定的履行或执行

a00i	专业活动的人物效应
a00ic2m	两类英雄
a00ic21	时势造就的英雄
a00ic22	造就时势的英雄
a00iα=a	人物效应的基本类型
a00i8	名人
52a00i8	"暂态"名人
a00i9	领袖
a00i9e2n	伟人与暴君
a00ia	哲人

0.0.1 专业活动的基本制度 a00e4n 的世界知识

专业活动 a 构成人类社会的一个特殊世界——专业世界（pj01,l47,a）。专业世界是人类社会的主体构成，具有特定的基本制度，以映射符号 a00e4n 表示。第二类对偶符号 e4n 是对这一特性的准确而生动的描述。其中 a00e45 对应着在职，a00e46 对应着退休，a00e47 对应着失业，三者必然同时存在。延伸概念 a00e4n 并不违背人类的美好理想，专业世界的健康标志是充分就业，而不是全部就业或无失业，无失业的社会反而是不健康的。

在职 a00e45、退休 a00e46 和失业 a00e47 描述专业世界的动态运作过程。如果把专业世界比作一辆马车，那么，在共时视野里，拉动这辆马车的只是在职专业人员 pa00e45，但在历时视野里，pa00e4n 都是马车的拉动者。因此，应给出下面的基本概念关联式：

pa00e4n%=(pa,pq6,pq821)
（专业世界成员包括两类劳动者和神职人员）
(pa00e45,jl111,(p50aaju721,s31,j11^e83))
（在职专业人员是当下的主要劳动者）
pa00e4n=%p50a9
（专业世界成员是生活者的一部分）

下面以三个分节进行论述。

0.0.1-1[①] 在职 a00e45 的世界知识

为阅读便利，在职的概念延伸结构表示式拷贝如下：

a00e45:(d2m,e2m,e2n,3,i,53y,^y)	
a00e45d2m	干部与职工
a00e45d21	干部
a00e45d22	职工
a00e45e2m	在职常态（上下班）
a00e45e21	上班
a00e45e22	下班
a00e45e2n	在职"悖态"
a00e45e25	加班
a00e45e26	"怠工"
a00e453	"离班"
a00e45i	自由职业

---

① 此级及以下层级的标题中，末尾为 "-阿数序号"（如 1.1.1-1）的表示概念进一步延伸的对应层级，而末尾为 ".阿数序号"（如 1.1.1.1）则表示同一延伸层级的概念分项概述。全书同。

```
53a00e45              求职
^a00e45               "太上皇"
```

在职 a00e45 辖属 7 项延伸概念：一是干部与职工 a00e45d2m；二是在职常态（上下班）a00e45e2m；三是在职"悖态"a00e45e2n；四是"离班"a00e453；五是自由职业 a00e45i；六是求职 53a00e45；七是"太上皇"^a00e45。下面分七个子节进行论述。

0.0.1-1.1 干部与职工 a00e45d2m 的世界知识

干部 a00e45d21 与职工 a00e45d22 的区分是专业人员等级的基本描述，两者又各有等级之别，这就是说，a00e45d2m 应该作 a00e45d2mckm 的延伸，但这属于典型的两可情况，这里就依据从简原则而不予处理。这里的干部是广义的，包括各行各业的专家，不要把这里的干部只当作官员来理解。

引入这一概念主要为了给出下面的基本概念关联式：

```
a00e45d21:=(a01ai,a01a3)
（干部对应于干部管理和干部选拔）
a00e45d2m:=a01ad0n
（干部与职工对应于人事的状态管理）
```

0.0.1-1.2 在职常态（上下班）a00e45e2m 的世界知识

在职常态 a00e45e2m 具有下面的概念延伸结构表示式：

```
a00e45e2m:(e26,7)
    a00e45e2me26          上下班的异态表现
    a00e45e21e26          迟到
    a00c45c22e26          早退
    a00e45e2m7            上班时间段
```

其中，上下班时间段的定义式如下：

```
a00e45e2m7::=((j10a,l47,wj10-00),100,a00e45e2m)
（上下班时间段定义为一天里从事上班活动的特定时间段）
```

在职常态具有下面的基本概念关联式：

```
a00e45e2m:=50at
（在职常态对应于人之状态两侧面）
a00e45e21≡50aa
（上班强关联于劳动）
a00e45e22=50a9
（下班强交式关联于生活）
(a00e45e2m,jl111,rc0499)
（正常上下班是一种纪律）
(a00e45e2me26,jl111,a59ia)
（上下班异态表现是违纪的）
(a00e45e2m7,jl111,ura521)
（上下班时间段是法定的）
```

在职常态（上下班）a00e45e2m 具有鲜明的时代、地域和领域特性，不难给出这些世界知识的符号表示式，但这里暂时不给。为什么？因为我们首先需要思考下列基本问题：没有这些知识，交互引擎就完全不能理解延伸概念 a00e45e2m 吗？拥有这些知识，交互引擎对 a00e45e2m 的理解度就能更接近图灵检验的标准吗？交互引擎可以自行习得这些知识吗？习得的前提条件是什么？它是不是一个类似于语境单元 SGU 的框架结构呢？任何一个延伸概念都必须回答这类基本问题，本《全书》将在第三卷对此进行论述。由于 a00e45e2m 的情况比较典型，所以先在这里给出这类基本问题的一个样板清单。

0.0.1-1.3 在职"悖态"a00e45e2n 的世界知识

在职"悖态"具有延伸概念 a00e45e2ne2n，这里我们再次遇到了辩证性的一种典型表现形式"e2ne2n"。汉语的对应表述如下：

a00e45e2ne2n	在职"悖态"的辩证表现
a00e45e25e2n	加班辩证表现
a00e45e25e25	自觉加班
a00e45e25e26	被迫加班
a00e45e26e2n	"怠工"辩证表现
a00e45e26e25	罢工
a00e45e26e26	旷工

在职"悖态"a00e45e2n 及其辩证表现 a00e45e2ne2n 所蕴含的世界知识不仅十分重要，而且十分有趣，这些知识清晰地体现在相应的映射符号里。遗憾的是：汉语没有比较准确的词语描述 a00e45e26，"怠工"乃无可奈何的选择。

"怠工"可给出下面的定义式：

    a00e45e26::=(a00e45e21,l46,7111˜e71)
    （"怠工"就是不以认真负责的态度上班）
    加班的情况则比较复杂，给出下面的两个对应关系式比较恰当。
    a00e45e25:=(a00e45e21,l52ie22,a00e45e2m7)
    （加班对应于在法定上班时间段之外上班）
    a00e45e25:=(a00e45e21,s31,a00e453˜\3)
    （加班对应于在假日里上班）
    罢工和旷工具有下列基本概念关联式：
    (a00e45e26e25,jl111,ura521;l54\5e21,pj1*ac22)
    （工业时代后期之后，罢工是合法的）
    a00e45e26e25=a13\12//a13
    （罢工强交式关联于政治斗争，首先是阶级斗争）
    (a00e45e26e26,jl111,a59ia)
    （旷工是违纪的）

0.0.1-1.4 "离班"a00e453 的世界知识

"离班"的定义式如下：

    a00e453::=(03,l03,a00e45e21;s31,a00e45e2m7ju731)
    （"离班"就是在一些特定时间段里免除上班）

"离班"a00e453 具有并列延伸 a00e453\k=3，汉语的对应表述如下：

a00e453\k=3	"离班"基本类型
a00e453\1	统一性休假

```
a00e453\1k=3            统一性休假基本类型
a00e453\11             全球性休假
a00e453\12             宗教性休假
a00e453\13             国家性休假
a00e453\2             非统一性休假
a00e453\3             请假
```

敏感的读者一定会问:"离班"的并列延伸采用 a00e453\k=2 的形式不是更为简明么? 这样,a00e453\1 就表示休假,a00e453\2 就表示请假了。答复是:以符号 a00e453~3 表示休假也非常简明,休假的形式太多了,现在的表示方式有利于各种具体休假的复合表示。

休假 a00e453~3 和请假 a00e453\3 具有重要区别,这一世界知识以下列概念关联式表示:

```
(a00e453~3,103*03,a00e45e21;101,(pe;r40e21))
（休假由组织或公方主导）
a00e453~3=(q7;q821)
（休假强交式关联于表层精神生活和宗教活动）
a00e453\3:=(239ea2b,103*03,a00e45e21;101*23e22,p)
（请假由个人提出申请）
休假 a00e453~3 还具有下面的概念关联式:
(a00e453\1,jl111,uc40-)
（统一性休假是全社会性的）
(a00e453\2,jl112,uc40-)
（非统一性休假不是全社会性的）
(a00e453\11,l54\5e21,pj1*ac22;jl111,xwj01)
（全球性休假始于工业时代后期,是全球性的）
(a00e453\12,jl11e21,pj01xq821\k)
（宗教性休假存在于各种宗教性社会）
(a00e453\13,jl111,xpj2)
（国家性休假是全国性的）
(a00e453\2,jl11e21,a039:)
（非统一性休假存在于各行业）
```

劳动节、儿童节、妇女节是统一性休假 a00e453\1 的典型,学校的寒假和暑假是非统一性休假 a00e453\2 的典型,星期日是全球性休假 a00e453\11 的典型,圣诞节是宗教性休假 a00e453\12 的典型,国庆是国家性休假 a00e453\13 的典型。

0.0.1-1.5 自由职业 a00e45i 的世界知识

自由职业 a00e45i 是在职的一种特殊形态,有广义与狭义之分。两者的相应映射符号分别是 a00e45i- 和 a00e45i-0。广义自由职业从事特定的专业性活动,但从业者不从属于特定的社会组织,狭义自由职业指本职之外的第二职业。

自由职业 a00e45i 具有很强的时代性。在农业时代,政治、经济、军事领域之外的大多数专业人员,都属于自由职业;爱因斯坦的划时代发明,也是狭义自由职业的产物。这些世界知识虽然十分有趣,但交互引擎似乎只需要把握下面的基本概念关联式:

```
(a00e45i,jl11e22,ua00e4n)
（自由职业不存在专业活动的基本制度）
(pa00e45i-,jl112,pea*-00)
（广义自由职业者不是专业组织的成员）
(pa00e45i-0,jl111,pea*-00)
（狭义自由职业者是专业组织的成员）
(z00ga00e45i,lv00*40i979e22,pj1*t)
（自由职业的作用随着时代的进步而递减）
```

0.0.1–1.6　求职 53a00e45 的世界知识

初次从事专业活动的人员必然有一个求职过程，失业人员也需要再次求职。求职的含义清晰地表现在映射符号里，这里只需要给出下面的概念关联式：

```
53a00e45=209b
（求职强交式关联于状态转移）
(p53a00e45,jl111,(pa00e47,pa71~c31eb2,p209b))
（求职者就是失业者、刚毕业的学生和状态转移者）
```

0.0.1–1.7　"太上皇" ^a00e45 的世界知识

"太上皇" ^a00e45 现象是专业世界的一项十分特殊而又十分有趣的现象，不仅存在于政治领域，也存在于其他专业活动领域。"太上皇"有真假之分，其映射符号是 (^a00e45)e2n。这意味着真"太上皇"是积极的，而假"太上皇"是消极的，李渊是真太上皇，乾隆却是假太上皇。孔子说过："不在其位，不谋其政。"假太上皇们当然不会听从孔子的劝告，而是反其道而行之：不在其位而谋其政。

现代社会还存在"太上皇"么？当然，那就是各种荣誉职务，其映射符号是 (^a00e45)e25。

那么，后工业时代是否不应该存在假"太上皇"呢？希望如此。因此，这里给出下面的概念关联式：

```
((^a00e45)e26,jl11e22jlu13c21,pj1*b)
（后工业时代应该不存在假"太上皇"）
```

0.0.1–2　退休 a00e46 的世界知识

退休 a00e46 的概念延伸结构表示式拷贝如下：

```
a00e46:(~y,i,7)
    ~a00e46          再聘用
    a00e46i          转为自由职业
    a00e467          退休率
```

在后工业时代，退休 a00e46 的三项延伸概念都是社会学的重要课题，这一世界知识以下面的概念关联式表示：

```
(a00e467//a00e46:,jl111,(ra64ju7219,147:,a649b\3);s31,pj1*b)
```

0.0.1-3 失业 a00e47 的世界知识

失业 a00e47 的概念延伸结构表示式拷贝如下:

```
a00e47:(~y,i,7;7e4n)
  ~a00e47              再就业
  a00e47i              转为自由职业
  a00e477              失业率
    a00e477e4n           失业率的合适度表现
    a00e477e45           适度失业率
    a00e477e46           低失业率
    a00e477e47           高失业率
```

失业率是经济学的重要课题,高失业率将造成社会动荡,可能是社会衰败与停滞的征兆,这三项世界知识以下列概念关联式表示:

```
(a00e477,jl111,(ra64ju7219,l47:,a649b\2))
a00e477e47=>50b6
(a00e477e47,jl111jlu12c31,(r53,l47:,50b~e55))
```

结 束 语

专业活动的基本制度 a00e4n 虽然到工业时代后期才比较完善,但其基本构架实际上古已有之,因为这些基本制度不仅是对人类基本生理需求的回应,也是对社会秩序基本需求的回应。

当然,与基本制度 a00e4n 相联系的世界知识密切关联于时代、地区、民族、宗教、习俗等,形式和细节方面显得十分烦琐,但应该看到:这一烦琐性表现不难在已定延伸概念 a00e4n:的基础上以概念组合的方式予以准确描述。

0.0.2 专业活动的作用效应链表现 a00β 的世界知识

专业活动基本共性 a00 必然具有 a00β 延伸,因为作用效应链的完美体现乃是专业活动的必然属性。对 a00β,将只对其前两级延伸以简略方式进行论述,不涉及更深层次的延伸概念。但对 a00β 的各项延伸概念将分别拷贝相应的延伸结构表示式,以便于阅读。

```
a0099                专业活动的作用表现
a0099:(t=b)
  a0099t=b             专业活动作用表现的基本内容
  a00999              争取权势
  a0099a              争取利益
  a0099b              争取成就
```

专业活动作用表现的基本内容 a0099t=b 分别是争取权势 a00999、争取利益 a0099a 和争取成就 a0099b。这三项争取活动可以简称为"争权、争利、争名",也可简称"三争"。自然语言的这些词语具有贬义色彩,但必须指出:语言概念空间的"三争"a0099t=b

没有褒贬倾向。

不同类型专业活动（a1~a8）的"三争"重点有所不同，政治活动 a1 的重点是"争权"，经济活动 a2 的重点是"争利"，文化活动 a3 的重点是"争名"，这是专业活动最重要的世界知识。但同时必须指出"三争"是一个整体，上述重点只是形式而非实质。"三争"是一切专业活动的"发动机"，这就是修饰词"基本"的含义。

世俗观念对"三争"具有强烈的褒贬倾向，因此似乎应该对"三争"给出 e2n 的符号延伸，然而这个问题十分复杂，HNC 将暂时采取回避策略。对"三争"的世俗褒贬在农业时代以"为何人（对象）何事（内容）而争"为标准。但人与事有正邪、善恶之分，人首先有自由人（自身）与社会人（非自身）之分，依据这一标准来决定褒贬显然不能保证褒贬的公正性。到了工业时代，提出了以"是否有利于社会发展"为褒贬标准，似乎比较合理，但这一合理性是建立在一项隐蔽性假定的基础之上的，这项隐蔽假定是："'三争'的失败方必然有利于或不利于社会发展。"由于社会现象不能重复，这一假定实际上无从验证，所以这一标准同样存在根本缺陷，也未必可靠。这就是 HNC 不设置延伸概念 a0099te2n 的依据。

当然，淡泊名利是一种高尚的品德，应该予以肯定和大力提倡，这一世界知识将放在第三类精神生活的理念活动 d1 里进行描述。同时，"三争"必然与第三类精神生活的追求活动 b0 强交式关联。

```
a009a                           专业活动的效应表现
a009a:(α=a;9-0,ae2m;ae2mt=b)
    a009aα=a                    专业活动效应表现的基本内容
    a009a8                      秩序
    a009a9                      制度
      a009a9-0                  体制
    a009aa                      契约
      a009aae2m                 契约基本内容
      a009aae21                 权利
        a009aae21t=b            权利基本内容
        a009aae219              权力
        a009aae21a              利益
        a009aae21b              荣誉
      a009aae22                 义务
        a009aae22t=b            义务的基本内容
        a009aae229              社会义务
        a009aae22a              亲人义务
        a009aae22b              他人义务
```

上面关于专业活动作用表现基本内容 a0099t=b 的褒贬（积极与消极）意义的讨论同样适用于专业活动效应表现的基本内容（下文将简称专业活动基本效应）a009aα=a——秩序 a009a8、制度 a009a9 和契约 a009aa。三者本身无积极或消极的默认意义。人类对实际存在的秩序、制度、契约必然存在截然不同的评价。然而，任何社会都必须具有秩序、制度和契约，三者是社会存在的基本前提，也是专业活动的最终归宿之一，因此，它们具备充当专业活动效应表现的基本内容的资格。

专业活动基本效应都不隶属于主体基元概念效应这一概念林的概念树 3y，这容易理解，因为它不是效应的直接衍生概念，而是广义效应的综合。

专业活动基本效应的相互关系是：秩序 a009a8 居于三者的核心，制度 a009a9 和契约 a009aa 是维护秩序这一核心的两翼或保障。制度 a009a9 在"制度与政策 a10"里还有进一步的论述，契约 a009aa 的基本内容是权利和义务，以延伸符号 a009aae2m 表示。

```
a00a3:(α=b)
a00a3α=b            专业性信息交换的基本形态
a00a38              会议
a00a39              决策性会议
a00a3a              协商与谈判
a00a3b              研讨
```

专业活动的过程转移表现 a00a 将定向延伸于信息交换 a00a3，a00a3=%c249\2。专业活动信息交换的基本内容将采用扩展交织延伸符号"α=b"加以描述，对应的四种基本内容分别定义为会议 a00a38、决策 a00a39、协商与谈判 a00a3a 和研讨 a00a3b。符号 a00a3α=b 对各种类型会议的语境单元萃取具有关键而高效的引导作用。

```
a00b                专业活动的关系状态表现
a00b:(t=a,i;9(3,i),i:(e2n,t=b))
a00b9               专业性交互
a00b93              专业性交流
a00b9i              专业性交往
a00ba               专业性状态
a00bi               专业活动承诺性
a00bie2n            承诺中的诚信与欺诈
a00bit=b            承诺性的形成与体现
a00bi9              形成共识或主识
a00bia              形成约定或决定
a00bib              对约定或决定的履行或执行
```

专业活动的关系状态表现 a00b 具有两项延伸概念，除了约定性的 a00at=a 之外，还有一项定向延伸 a00bi，用于表示专业性承诺，其基本概念关联：a00bi=01a。专业性承诺存在一个三部曲，那就是"形成共识、形成约定并加以履行"或"形成主识、作出决定并加以执行"。共识是形成约定的认识，主识是形成决定的认识，约定必须履行，决定必须执行。一切重大历史事件的演变过程都是这"两识、两定、两行"的三部曲演奏，而这一演奏水平的提高是社会进步的基本标志。农业时代早期的共识或主识主要来于所谓神祇，因而部落和宗教首领扮演主角，后来帝王将相取而代之。到工业时代前期，资产阶级和与时俱进的贵族共同扮演主角。在后工业时代，这一主角向着第二类劳动者（经济学中称中产阶级）全面转移。本编定义的第二类劳动实质上是对这场演奏的描述，因此，在 a00β 延伸的最后环节 a00b 里设置这一历史演奏的符号描述 a00bit=b 乃是 HNC 符号体系的必然选择。

专业活动的作用效应链表现是社会学的核心课题，上面仅作了十分简明的论述。作为社会学的核心课题，对各项延伸概念基本概念关联式的探索极为重要和有趣，笔者热切期待着 HNC 团队的理论工作者也加入这一研究。

0.0.3 专业活动的人物效应 a00i 世界知识

专业活动的人物效应 a00i 构成历史记载的主线。中国古语有云"时势造英雄，英雄造时势"，这一古语是对延伸概念 a00i 世界知识的绝妙概括。它表明存在两类英雄：一是时势造就的英雄 a00ic21，二是造就时势的英雄 a00ic22。英雄有三类：名人、领袖和哲人，以延伸概念 a00i α =a 描述。

名人 pa00i8 是行业专家的杰出代表，领袖 pa00i9 是政治家的杰出代表，哲人 pa00ia 是思想家的杰出代表。

领袖有伟人与暴君之分，理论上应有 a00i9e2n 的延伸，但如同真理与谬误一样，两者之间往往只有一步之差。因此，能直接以 pa00i9e2n 描述的领袖只有极少数，绝大多数仅能以 pa00i9 描述，包括中国历史上备受赞誉的帝王李世民在内。

据说：哲人有历史推动者与反动者之分，因此理论上也应有 a00iae2n 的延伸，但实际上作出这一区分十分困难，甚至比领袖的伟人与暴君之分更为困难。我国历史上最著名的哲人孔子在近代中国曾两次被"打倒"，而高举这一"打倒"旗帜的竟都是那些在近代中国最有影响力的英雄。因此，本《全书》不设置 a00iae2n 的延伸概念。

名人 pa00ib 不具有领袖和哲人的 e2n 延伸困惑，也不必作并列延伸以区分不同行业的名人，采用概念组合结构来描述更为合理。但需要设置前挂延伸概念 52a00i8，把那些传媒炒作或各种粉丝们狂热出来的"暂态"名人独立出来，并设置独立的领域句类代码，以免在概念联想脉络 a00i8 中造成鱼目混珠的混乱。

结 束 语

本节的三小节分别采取了两种不同的论述方式，第一小节采取了本《全书》的基准方式，后两小节则采取了简略方式。简略者，重托也。HNC 团队知之，读者亦知之，毋庸赘言。

第 1 节
组织机构 a01 (103)

引言

社会的最小单元是家庭，最大单元是国家。在这两极之间是一个纵横交错的社会网络，这个网络命名为组织机构 pea01=:pe。这些组织机构在不同历史时期有不同的名称，但其基本功能变化甚微。

组织机构 a01 是各项专业活动的平台。没有这个平台，不仅第二类劳动不能全面展开，第一类劳动、第二和第三类精神生活也同样不能。

组织机构 a01 是主体基元概念"结构 54"的社会化，a01=:c54。

组织机构 a01 辖属四项概念联想脉络：一是组织机构的管理 a01α=b；二是组织机构的基本效应表现 a01m；三是组织机构的纵横特性 a01e2m；四是组织机构的特殊建制 a01i。

0.1-0 组织机构 a01 的概念延伸结构表示式

```
a01:(α=b,m,e2m,i;
     8:(e2n,t=a,3),9:(e5n,e7m,e7n,i,\k),
     a:(e4n,d0n,i,3),b:(~eb0,e2m,e5n,t=a),e21\k=m,e22-0;
     53y8t,52y8t,53yae45e1n,ad0ne2n,ai:(m,e2n),a3t=b,
     ^a79,b3e5n,b7t=a),e21\k-0,e22-0\k=m)
```

a01α=b	管理
a01m	组织机构的基本效应表现
a01e2m	组织机构的纵横特性
a01i	组织机构的特殊建制

a01α=b	管理
a018	管理
a018e2n	管理基本方式
a018e25	民主方式
a018e26	独裁方式
a018t=a	管理基本环节
a0189	决策
a018a	执行
53a018t	调研
52a018t	审查
a0183	考核
a0183e2m	赏罚

a019	行政管理
a019e5n	管理效率
a019e55	高效管理
a019e56	低效管理
a019e57	中等管理
a019e7m	管理道德
a019e71	廉洁
a019e72	贪污
a019e73	腐败
a019e7n	管理伦理
a019e75	公正
a019e76	徇私
a019e77	枉法
a019i	后勤
a019\k=m	行政管理的基本类型

a01a	人事管理
a01ae4n	过程管理
a01ae45	录用
53a01ae45e1n	招聘与应聘
a01ae46	办退
a01ae47	解雇
a01ad0n	状态管理（定级）
a01ad0ne2n	级别的升降
a01ai	干部管理
a01aim	职务调动
a01ai0	调职
a01ai1	任命
a01ai2	免职
a01aie2n	职务升降
a01aie25	升职
a01aie26	降职
a01a3	干部选拔
a01a3t=b	干部选拔的基本途径
a01a39	遴选
^a01a39	推荐
a01a3a	破格
a01a3b	选举
a01b	财务管理
a01b~eb0	过程管理
a01beb1	预算
a01beb2	决算
a01beb3	流水
a01be2m	转移管理
a01be21	收入
a01be22	支出
a01be5n	效应管理
a01be55	盈余
a01be56	赤字
a01be57	平衡
a01bt=a	关系管理
a01b9	工资
a01ba	报酬
a01m	组织机构的基本效应表现
a010	改组
a011	建立
a012	撤销
a01e2m	组织机构的纵横特性
a01e21	横向组织机构
a01e21\k=m	横向组织机构的并列延伸
a01e21\k-0	横向组织机构的纵向延伸
a01e22	纵向组织机构
a01e22-0	纵向组织机构的包含性延伸
a01e22-0\k	纵向组织机构的横向延伸
a01i	组织机构的特殊建制

每一专业领域都有自己的组织机构，这里给出下面的概念关联式：

$$a01\% = (a11, a20a, pea30\alpha, a41, a54e3m, a60i, a71, pea82, pea83, peq821)$$

其中的政治组织机构"政权 a11"、经济组织机构"企业 a20a"、军事组织机构"军队 a41"、法律组织机构"公检法 a54e3m"、科技组织机构"研究机构 a60i"和教育组织机构"学校 a71"采用了各具特色的符号，这在相应各章里会有所说明。

0.1.1 管理 a01α=b 的世界知识

管理 a01α=b 是组织机构的生命和灵魂。

在所有的专业学科中，管理也许是最需要天赋的学科，因为管理是最需要艺术的科学，又是最需要科学的艺术。因此，本《全书》并不奢望对管理的世界知识给出全面的论述，而只是从语言概念空间的视野描述管理联想脉络的要点。

管理有行政管理、人事管理、财务管理三个基本侧面，这就是管理联想脉络的要点。但三者不属于 t=b 交织延伸，而属于典型的 α=b 扩展交织延伸，因为这三个侧面都是管理，只不过管理的对象和内容有所不同。

这样，管理的映射符号自然是 a018，而行政管理、人事管理和财务管理的映射符号就依次是 a019、a01a 和 a01b。

下面用四个分节进行论述。

0.1.1-1 管理 a018 的世界知识

管理 a018 设置了三项延伸概念 a018e2n、a018t=a 和 a0183。三者分别定名为管理基本方式、管理基本侧面和管理基本方法（考核）。

管理基本方式 a018e2n 的两个分项分别定名为民主方式 a018e25 和独裁方式 a018e26。这两种方式是否具有 e2n 特性是一个十分复杂的问题，关系到人类精神世界依然普遍存在的铁腕情结和个人崇拜情结。但本《全书》宁愿把 e2n 特性赋予管理 a018 的基本方式。

管理基本环节 a018t=a 的两个分项分别定名为决策 a0189 与执行 a018a，决策是管理的灵魂，执行是管理的生命。

管理基本方法 a0183 也可叫考核，其基本内容是奖惩，以符号 a0183e2m 表示。a0183e21 表示奖励，a0183e22 表示惩罚。

管理 a018 与领导 c44ea1 强交式关联，a018=c44ea1。因此，管理 a018 的上述延伸概念也适用于领导 c44ea1。这就是说，领导也有民主方式和独裁方式的区分，领导的运作过程也存在决策与执行这两个基本环节，也需要运用考核这一基本方法。

但管理 a018 与领导 c44ea1 存在两点重人差异。

（1）有人擅长于管理而不擅长于领导，有人擅长于领导而不擅长于管理。刘邦是一位领导天才，但他承认自己的管理才能不如萧何。因此，管理具有下面的基本概念关联式：

```
(za018,jl002,zc44ea1)
（管理才能不同于领导才能）
```

（2）领导 c44ea1 应优先关注决策 a0189，而管理 a018 应优先关注执行 a018a。这一重要世界知识以下列概念关联式表示：

```
(c44ea1,s21a,a0189)
（领导侧重于决策）
(a018,s21a,a018a)
（管理侧重于执行）
```

决策 a0189 是思维概念基元"决策 842"的一个特殊子集，a0189::=(842,l45,a)；执行 a018a 是效应概念基元"实现 30a"的一个特殊子集，a01a::=(c30a,l45,a)。决策与执行 a018t=a 还与专业活动承诺性 a00bi 强交式关联，a018t=a00bi，具有下面的分项概念关联式：

```
a0189=a00bi~b
（决策强交式关联于承诺的共识与约定）
a018a=a00bib
（执行强交式关联于履行）
```

为什么要这样重复定义呢？因为决策与执行这两个概念太重要了，社会运作的过程可以说就是一个不断决策与执行的过程，人的一生也是如此，需要从广义作用效应链的不同角度对两者进行描述。

决策与执行 a018t 不是作用效应链的简单流水作业，需要设置两项前挂概念 53a018t 和 52a018t，两者分别对应于汉语熟知的词语——调研和审查，具有下列基本概念关联式：

```
53a018t=(921ia,l45,s34//s3)
（调研强交式关联于对全部条件的认知，首先是物理条件的认知）
52a018t=(s11b,s12b)
（审查强交式关联于谋略与策略的应变）
```

符号 53a018t 和 52a018t 保持了对决策与执行进行分别说和非分别说的灵活性。但一般来说，调研着重于决策，审查着重于执行，这一世界知识以下列概念关联式表示：

```
(53a018t,s21a,a0189)
(52a018t,s21a,a018a)
```

考核 a0183 的奖惩 a0183e2m 具有下面的基本概念关联式：

```
a0183e2m=c36~09
```

它是下列两个概念关联式的统一表示：

```
a0183e21=c3619
a0183e22=c3629
```

0.1.1-2　行政管理 a019 的世界知识

将决策部门与执行部门分开是国家和企业管理的基本原则，执行部门通称行政部门。农业时代的国家也是如此，行政部门首脑通称宰相（现代译名首相），现代君主立宪制国家沿袭这一名称。有两项万古不变的世界知识与这一基本管理原则有关，一是决策部门的人数一定大大少于行政部门的人数，二是执行部门需要不断进行结构改革（农业时代亦然），而决策部门则需要保持相对稳定。

从上面的说明可知，行政管理 a019 属于管理 a018 两基本环节之一的执行 a018a。决策与执行这两个基本环节的相互联系十分紧密，因此，a019 延伸概念的某些内容必然与 a018 共享。事实上，行政管理 a019 五项延伸概念 a019:(e5n,e7m,e7n,7,\k)的前 3 项也可以放在管理 a018 里。

为阅读便利，将行政管理 a019 的概念延伸结构表示式拷贝如下：

```
a019:(e5n,e7m,e7n,i,\k))
    a019e5n              管理效率
    a019e55              高效管理
    a019e56              低效管理
    a019e57              中等管理
    a019e7m              管理道德
    a019e71              廉洁
    a019e72              贪污
    a019e73              腐败
    a019e7n              管理伦理
    a019e75              公正
    a019e76              徇私
    a019e77              枉法
    a019i                后勤
    a019\k=m             行政管理的基本类型
```

行政管理 a019 的理想状态是高效、廉洁和公正，而行政管理又最容易出现与此相反的低效、腐败和徇私状态，后者几乎成了行政机构与生俱来的顽症。关于行政管理的世界知识，可以说没有什么比这更重要的了。同时应该看到：高效与低效、廉洁与腐败、公正与徇私都不是第一类对偶，而是典型的第二类对偶 e5n、e7m、e7n。这三种对偶表示不仅指明了各对偶因子的积极性与消极性特征，而且指明了高效管理 a019e55、低效管理 a019e56 及其中间状态 a019e57 的可转换性，指明了贪污 a019e72 比腐败 a019e73、枉法 a019e77 比徇私 a019e76 更为严重的特性。

这里应该说明的是：延伸概念 a019e7m 和 a019e7n 的定名乃基于黑格尔的法学思想。黑格尔先生关于社会历史发展的三段论是其辩证法的"走火入魔"表现，但关于法学发展的三段论（自然法、道德法和伦理法）则是其辩证法的最完美、最精彩的运用（见《法哲学原理》导论）。延伸概念 a019e7m 是管理道德法则的体现，a019e7n 是管理伦理法则的体现。

后勤 a019i 是行政管理的一项特殊内容，定向延伸符号"i"是合适的选择。它具有下面的基本概念关联式：

```
a019i=q6
（后勤强交式关联于第一类劳动）
```

行政管理的并列延伸概念 a019\k 这里未给出具体定义，但有必要预设这一描述空间。

0.1.1–3 人事管理 a01a 的世界知识

为阅读便利，人事管理 a01a 的概念延伸结构表示式拷贝如下：

```
a01a:(e4n,d0n,i,3)
    a01ae4n                      过程管理
    a01ae45                      录用
      53a01ae45e1n                 招聘与应聘
    a01ae46                      办退
    a01ae47                      解雇
    a01ad0n                      状态管理（定级）
      a01ad0ne2n                   级别的升降
    a01ai                        干部管理
      a01aim                       职务调动
      a01ai0                       调职
      a01ai1                       任命
      a01ai2                       免职
      a01aie2n                     职务升降
      a01aie25                     升职
      a01aie26                     降职
    a01a3                        干部选拔
      a01a3t=b                     干部选拔的基本途径
      a01a39                       遴选
       ^a01a39                      推荐
      a01a3a                       破格
      a01a3b                       选举
```

　　人事管理的四项延伸概念分别是过程管理 a01ae4n、状态管理 a01ad0n、干部管理（效应管理）a01ai 和干部选拔 a01a3。

　　人事的过程管理 a01ae4n 描述职工的录用 a01ae45、办退 a01ae46 与解雇 a01ae47。三者具有下列基本概念关联式，故以过程管理名之。

$$a01ae45:=(11eb1+a01a,102,pa00e45)$$
（录用对应于在职人员人事管理过程的开始）
$$a01ae46:=(11eb2+a01a,102,pa00e45)$$
（办退对应于在职人员人事管理过程的结束）
$$a01ae47:=(a01a+14,102,pa00e45)$$
（解雇对应于在职人员的新陈代谢管理）

　　录用 a01ae45 与聘用 c4513e15 强交式关联，a01ae45=c4513e15。录用将产生效应"在职 a00e45"，a01ae45=>a00e45。解雇 a01ae47 与解雇 c4523e21 强交式关联，a01ae47=c4523e21。解雇将导致"失业 a00e47"，a01ae47=>a00e47。办退将产生效应"退休 a00e46"，a01ae46=>a00e46。对录用 a01ae45 还给出了同时前挂"53"和"后挂"e1n 的延伸概念 53a01ae45e1n，描述录用前的招聘和应聘过程。

　　人事的状态管理 a01ad0n 描述对在职职工的定位，体现对在职人员的因才施用，简称定级。其再延伸概念 a01ad0ne2n 描述定级的动态管理——级别的升降。当然，级别的升降又与奖惩 a0183e2m 强交式关联，a01ad0ne2n=a0183e2m，升级 a01ad0ne25 代表奖励 a0183e21，降级 a01ad0ne26 代表惩罚 a0183e22。

干部管理 a01ai 是人事管理的最大难题，也是管理学的最大难题，这一难题也许永远没有最佳答案。其核心内容是对干部表现的全面考核，定义式如下：

```
a01ai::=(a0183ju40-,l02,pa00e45d21)
```

干部管理 a01ai 与定级 a01ad0n 强关联，而不是强交式关联，具有下面的基本概念关联式：

```
a01ai≡a01ad0n。
```

但两者又有重大差异，定级 a01ad0n 主要是对职工专业水平的考察，而干部管理则是对干部表现的全面考察。

干部管理 a01ai 又有两项延伸概念 a01ai:(m,e2n)，延伸概念 a01aim 描述干部的任命、免职和调职，延伸概念 a01aie2n 描述干部职务的升降。同级别的升降 a01ad0ne2n 一样，职务的升降 a01aie2n 与奖惩 a0183e2m 强交式关联，a01aie2n=a0183e2m，升职意味着奖励，降职意味着惩罚。

人事管理 a01a 的第四项延伸概念 a01a3 描述干部选拔。干部选拔 a01a3 的常规途径是干部升迁 a01aie2n，a01a3=%a01aie2n。但是，干部选拔特别是高级干部选拔还需要依靠非常规途径，这包括遴选、破格和选举的方式，三者的映射符号为 a01a3t=b。遴选 a01a39 存在相应的反概念^a01a39，其映射词语为推荐。"三顾茅庐"是著名的遴选 a01a39，"萧何月下追韩信"是著名的推荐^a01a39。后工业时代仍然需要"三顾茅庐"和"月下追韩"的方式。至于选举 a01a3b 方式，目前确实存在下面的基本概念关联式：

```
a01a3b=a10e25
```
（选举方式强交式关联于民主制度）

此概念关联式消失之日将是后工业时代正式在全球降临之时。

0.1.1-4 财务管理 a01b 的世界知识

财务属于经济 a2 的范畴，但是任何一项专业活动都存在财务问题。"金钱万能"说诚然具有极大的片面性，但是，没有钱，任何专业活动都不能开展，则是铁律。基于这一世界知识，这里对管理 a01 设置一级延伸概念财务管理 a01b。为阅读便利，将其概念延伸结构表示式拷贝如下：

```
a01b                    财务管理
a01b:(˜eb0,e2m,e5n,t=a)
    a01b˜eb0            过程管理
    a01beb1            预算
    a01beb2            决算
    a01beb3            流水
    a01be2m            转移管理
    a01be21            收入
    a01be22            支出
    a01be5n            效应管理
```

a01be55	盈余
a01be56	赤字
a01be57	平衡
a01bt=a	关系管理
a01b9	工资
a01ba	报酬
a01bte1n	财务关系的双对象表现
a01bte15	支付
a01bte16	领取

财务管理 a01b 设置 4 项延伸 a01b~eb0、a01be2m、a01be5n 和 a01bt=a。第一项 a01b~eb0 总称过程管理，其内容分别定名为预算 a01beb1、决算 a01beb2 和流水 a01beb3；第二项 a01be2m 总称转移管理，其内容分别定名为收入 a01be21 和支出 a01be22；第三项 a01be5n 总称效应管理，其内容分别定名为盈余 a01be55、赤字 a01be56 和平衡 a01be57；第四项 a01bt=a 总称关系管理，其内容分别定名为工资 a01b9 和报酬 a01ba。

赤字 a01be56 在这里赋予了消极意义，虽然它在某些特定条件下并非如此，但那属于经济活动 a2 的范畴，在 a01b 里不予考虑。

工资 a01b9 属于日常性支出，报酬 a01ba 属于动态性支出，这里就不详细描述，而只给出下面基本概念关联式：

a01bt=%(a01be22,147,pe//p)
（财务关系管理属于组织机构或个人的支出）
a01bte16=%(a01be21,147,p)
（领取属于个人的收入）

0.1.2 组织机构的基本效应 a01m 的世界知识

组织机构的基本效应 a01m 的定义式如下：

a01m::=(31m,102,a01)

生灭性 31m 是组织机构的第一位基本属性，具有下面的基本概念关联式：

a01m=%31m
（组织机构基本效应属于第一号效应）

这一基本概念关联式意味着组织机构 a01m 将全面继承第一号效应 31m 的概念延伸结构，而这里并不具体设置。为什么这样处理呢？因为，各项殊相概念树将承载这一基本效应的具体描述。

应该指出："改组 a010"这一概念体现了一项深刻的形而上思考，涉及"不朽"、"不灭"或"永恒"这些古老的概念，"改组 a010"的存在就意味着某些组织机构具有永恒性，这是一项重要的世界知识。后工业时代虽然造成了某些组织机构必然灭亡的条件，但也造成了某些组织机构可以与后工业时代共存的条件，宗教组织就是一个明显的例证。

0.1.3 组织机构的纵横特性 a01e2m 的世界知识

组织机构的纵横特性 a01e2m 是组织机构的第二位基本属性，其定义式如下：

```
a01e2m::=(54-e2m,102,a01)
```

关于结构的纵横表现 54-e2m，汉语有一个绝妙的短语描述——"纵横交错"，结构纵横表现的交错性在主体基元概念 54-e2m 并未予以充分描述，因为一般结构的纵横交错性并不明显。而在组织结构 a01 里，这一特性则具有最充分的表现，因此，就放在这里来描述了，具体符号表示如下：

```
a01e21:(\k;\k-0)
a01e22:(-0;-0\k)
```

这就是说，组织机构的纵横交错性以并列延伸\k 和包含性延伸-0 为基本描述符号。符号 a01e21\k 是组织机构的横向特性的基本描述，符号 a01e22-0 是组织机构的纵向特性的基本描述。符号 a01e21\k-0 表示横中有纵，a01e21-0\k 则表示纵中有横。

横向组织机构 a01e21 汉语的典型对应词语是"各部门"，纵向组织机构 a02e22 则不存在典型的对应词语，但存在"部、局（司）、处、科"和"省、地、县、乡"等众多专用字，前者的映射符号是 a119-、a119-0、a119-00、a119-000，后者的映射符号是 pj2*-、pj2*-0、pj2*-00、pj2*-000，并不映射成(a01e21-,l47,a119)或(a01e22-,l47,pj2)。这就是说，延伸概念 a01e2m 的引入主要是为了利用它的 u 强存在特性及其下列概念关联式：

```
((56,l44,(a01e21\k;a01e2m:\k),jl11e21,u40ea3)
```
（横向组织机构之间具有对等性）
```
((56,l44,(a01e22-0;a01e2m:-0),jl11e21,u40~ea3)
```
（纵向组织机构之间具有主从性）

0.1.4 组织机构的特殊建制 a01i 的世界知识

组织机构的特殊建制 a01i 是组织机构的第三位基本属性。它是一种跨越横向的组织机构，为专业活动的特殊社会需求或紧急势态而设置。具有下列概念表示式：

```
a01i::=(a011,l52,a01e21\k;l4b,53\1//c3a1aj731)
```
（a01i 是一种跨越性组织，为紧急势态或特殊社会需求而设立）
```
(a01i,jl11e21,u52)
```
（特殊建制具有动态性）

结 束 语

组织机构 a01 似乎需要设置一级延伸概念 a01d01 和 a01c01，以分别描述组织机构的最高级别和最低级别。本节决定从略，因为，某些特别重要的最高组织机构在专业活动的殊相概念树里给出了具体表示。后挂"d01"或"c01"的概念如果仅具有 u 强存在性的使用价值，一般都隐而不表。但约定：在概念关联性表示式中可以直接使用概念延伸结构表示式中不存在的符号"uyd01"和"uyc01"。

本节初稿写于 2005 年，两年后作了一些修改。在行文风格上，不免带有基准方式和简略方式的混合特性。

第 2 节
专业活动的实施 a02 (104)

专业活动的实施 a02（下文将简称实施）定义为专业活动的实现：

$$a02::=(30a,l45,a)$$

实现 30a 具有下面概念延伸结构表示式：

$$30a:(e2n,e7m,e7n,t=b;9e5n,a(e7m,e7n),b:(\tilde{}eb0,c2n))$$

实现 30a 所描述的联想脉络和世界知识将完全为实施 a02 所继承，这就是说，实施 a02 也具有下面的概念延伸结构表示式：

$$a02:(e2n,e7m,e7n,t=b;9e5n,a(e7m,e7n),b:(\tilde{}eb0,c2n))$$

这意味着实现强关联于实施，具有下面的基本概念关联式：

$$a02\equiv c30a$$

考虑到实施 a02 最常用的联想脉络是它的过程描述 a02b~eb0，因此，本节将引入下列简化表示式，并只对它们进行概念延伸结构的描述和世界知识的论述。

$$a02b\tilde{}eb0=:a02\tilde{}eb0$$
$$a02bc2n=:a02c2n$$

0.2-0　实施 a02 的概念延伸结构表示式

```
a02:(˜eb0,c2n,53y;
     eb1:(e1n,^e1n),eb2^e2m,eb33;eb33e1n)
   a02˜eb0              实施过程
   a02eb1              启动
     a02eb1e1n           启动的第一类关系描述
     a02eb1e15          布置
     a02eb1e16          承担
```

a02eb1^e1n	启动的第二类关系描述
a02eb1^e15	批准
a02eb1^e16	申请
a02eb2	结束
a02eb2^e2m	结束的关系描述
a02eb2^e21	验收
a02eb2^e22	竣工
a02eb3	历程
a02eb33	考核
a02eb33e1n	考核的关系描述
a02eb33e15	检查
a02eb33e16	被查
a02c2n	实施阶段
a02c25	准备阶段
a02c26	"施工"阶段
53a02	策划

0.2.1 实施过程 a02˜eb0 的世界知识

实施过程 a02˜eb0 可赋予实施过程三部曲的生动命名，这三部曲是：启动 a02eb1、结束 a02eb2 和历程 a02eb3。显然，实施三部曲不宜用交织延伸符号 "t=b" 表示，第二类对偶符号 "˜eb0" 是一个传神的表示。

实施三部曲的每一曲都应设置相应的延伸概念以描述它必然存在的特定关系。启动 a02eb1 设置了两项延伸概念 a02eb1e1n 和 a02eb1^e1n，前者 a02eb1e1n 表示自上而下的启动，描述布置 a02eb1e15 与承担 a02eb1e16，后者 a02eb1^e1n 表示自下而上的启动，描述申请 a02eb1^e16 与批准 a02eb1^e15；结束 a02eb2 设置 a02eb2^e2m 延伸，描述验收 a02eb2^e21 与竣工 a02eb1^e22；历程 a02eb3 设置 a02eb33e1n 延伸，描述检查 a02eb33e15 和被查 a02eb33e16 的关系。请注意：这里的检查与被查不是直接以符号 a02eb3e1n 表示，而是在中间插入了定向延伸符号 "3"，延伸概念 a02eb33 表示考核，此考核属于管理中的考核 a0183，因而具有下面的基本概念关联式。

$$a02eb33 = \%a0183$$

实施三部曲 a02˜eb0 的关系描述形式上出现了六方，但实质上只存在两方，这两方对应于管理 a018 里的决策与执行。这一重要世界知识以下列概念关联式表示：

$$(a02˜eb0:) := a018t$$
（实施三部曲的延伸概念对应于管理的两个基本环节）

这一概念关联式可以分解成两组概念关联式：

$$(a02eb1e15; \ a02eb1^e15; a02eb2^e21; a02eb33e15) := a0189$$
（布置、批准、验收和检查对应于管理的决策）

```
(a02eb2e16; a02eb1^e16;a02eb2^e22;a02eb33e16):=a018a
```
（承担、申请、竣工、被查对应于管理的执行）

第一个概念关联式表明：布置方（批准方）、验收方和检查方具有三位一体的特性，对应于决策方；第二个概念关联式表明：承担方（申请方）、竣工方和被查方也具有三位一体的特性，对应于执行方。

0.2.2 实施阶段 a02c2n 的世界知识

延伸概念"实施阶段 a02c2n"是对"实施过程三部曲 a02~eb0"必不可少的补充，实施过程不仅必须有一个三部曲，还必须有一个两部曲，那就是延伸概念 a02c2n 所描述的：准备 a02c25 和"施工"a02c26。请注意：决策与执行是一对交织延伸概念 a018t=a，决策 a0189 本身不是纯粹的"策划与设计 83"，还必须有所行动，这一行动的自然语言表述叫准备，语言概念空间的表述就是 a02c25。因此实施阶段 a02c2n 具有下面的基本概念式：

```
a02c2n:=a018t
```
（实施两部曲对应于决策与执行）
```
(a02c25,jl111,(a018asu35e21e21,l4a:,a0189))
```
（准备是服务于决策的必要前提行动）
```
a02c26:=a018a
```
（"施工"对应于执行）

0.2.3 策划 53a02 的世界知识

策划的定义式如下：

```
53a02::=(83,l45,a)
```

实施必须先有策划，没有策划的决策必然是鲁莽的决策，没有策划的执行必然是盲目的执行，英明的决策和有效的执行都必须建立在精明策划的基础上。因此，策划具有下面基本概念关联式：

```
53a02=>a0189
```
（策划强源式关联于决策）
```
53a02=>a018a
```
（策划强源式关联于执行）

策划 53a02 是一个 z 强存在概念。关于策划的重要性，诸葛亮的"隆中对"固然是著名的事例，但精彩的语言描述则要首推刘邦的那句关于张良的名言了——"夫运筹帷幄之中，决胜千里之外，吾不如子房"。这一重要命题的 HNC 表示式如下：

```
(z53a02,l47:,LIU BANG)<(z53a02,l47:,ZHANG LIANG)
```

结 束 语

实施三部曲 a02~eb0、实施两部曲 a02c2n 和策划 53a02 是非常重要的世界知识，是对前述"决策与执行 a018t=a"的不可或缺的补充。这三组延伸概念所使用的映射符号"~eb0"、"c2n"和"53"在笔者心中非常传神,这涉及一种新的逻辑思维模式,这一逻辑思维方式能被交互引擎运用吗?这只能由后继者来回答。但可以肯定的是:如果交互引擎不能做到这一点,那自然语言理解的彼岸是没有指望到达的。

第 3 节
泛组织 a03 (105)

引言

泛组织 a03 在后工业时代蓬勃发展。未来的历史学家也许会把泛组织的兴起作为 21 世纪的基本特色之一。泛组织可能成为 21 世纪影响最为深远的新生事物,本《全书》只以前瞻方式对此作粗略描述。

0.3-0 泛组织 a03 的概念延伸结构表示式

```
a03:(t=b;b:(γ=b,i);bγ\k=m,bi\k=m)
    a03t=b                      泛组织的基本形态
    a039                        行业
    a03a                        流派
    a03b                        超组织

      a03bγ=b                   超组织的基本类型
      a03b9                     政治超组织
        a03b9\1                   全球政治超组织
      a03ba                     经济超组织
        a03ba\1                   全球经济超组织
      a03bb                     文化超组织
        a03bb\1                   世界体育组织
        a03bb\2                   世界卫生组织
        a03bb\3                   世界教育、科学和文化组织

      a03bi                     非政府组织
        a03bi\k=m                 非政府组织基本类型
        a03bi\1                   全球非政府组织
```

泛组织 a03 仅具有一项交织延伸 a03t=b。其排列顺序与其出现的前后对应,行业 a039 最先,流派 a03a 随后,超组织 a03b 最晚。但应该强调指出:行业、流派、超组织皆自古有之。希腊的城邦联盟和我国春秋时代的五霸就是超组织的雏形。

中国古语的"士农工商"就是对行业 a039 的具体类型说明。语言空间的习惯是:行业 a039 主要面向经济活动 a2,流派 a03a 主要面向文化活动 a3,超组织 a03b 则面向政治、经济、文化三者,但语言概念空间不遵从这一习惯,a03t=b 都可以面向专业活动的任一殊相概念树。

行业 a039 和流派 a03a 暂不作延伸,仅作为组合结构的基元使用。故下文仅论述超组织 a03b 的世界知识。

0.3.1 超组织 a03b 的世界知识

超组织 a03b 设置了两项延伸概念:交织并列延伸 a03bγ=b 和定向延伸 a03bi。前者代表超组织的基本类型:政治超组织 a03b9、经济超组织 a03ba 和文化超组织 a03bb,后者代表非政府组织。这两项延伸概念具有下列基本概念关联式:

```
a03bγ:=40\12e51
(超组织的基本类型对应官方)
a03bi:=40\12˜e51
(非政府组织对应非官方)
a03b9=a1
(政治超组织强交式关联于政治活动)
a03ba=a2
(经济超组织强交式关联于经济活动)
a03bb=a3
(文化超组织强交式关联于文化活动)
```

超组织的基本类型 a03bγ 具有统一的延伸模式 a03bγ\k=m。下面给出一些具体超组织的示例,对个别示例给出最基本的概念关联式。

```
ppea03b9\1                              联合国
ppea03b9\2::=(a03b9c33,s32,wj2*1\2)    欧盟
ppea03b9\3::=(a03b9c31,s32,wj2*1\3)    非盟
(ppea03b9,147,SHANGHAI)                上(海)合(作)组织
(ppea03b9,145,(pj2,183,pj529+ARAB))    阿(拉伯国家)(联)盟
ppea03ba\1                              世(界)贸(易)组织
ppea03ba\2::=(a03bac32,s32,wj2*1\4)    北美自由贸易区
ppea03ba\3::=(a03bac31,s32,wj2*1\1-(9)) 东盟
ppea03bb\11                             国际奥委会
ppea03bb\12                             国际足联
ppea03bb\21                             世界卫生组织
ppea03bb\21=%ppea03b9\1

ppea03bb\31                             联合国教科文组织
ppea03bb\31=%ppea03b9\1
```

上面的表示式也许第一次展现了 HNC 符号体系的弱点，这突出表现在"上合组织"和"阿盟"这两个特定的组织里。这类具体概念在大脑里的符号不应该像上面的 HNC 符号那样拙劣。如果把"阿盟"简化成 ppea03b9+ARAB，把"上合"简化成 ppea03b9+SHANGHAI，是否更符合大脑符号的表示原则？关于大脑符号体系的奥秘，笔者"念念在兹"者主要是两项：一是记忆系统的共相与殊相配置，它关系到记忆系统索引的多重性原则；二是专名的表示方式，现在 HNC 所拟订的符号表示方案显然不符合激活的有效性原则。这两个问题，将在本《全书》的第三卷里有所讨论。

HNC 已约定以前挂字母重复的方式表示专名。但又约定：某些特殊专名例外，如七大洲、四大洋、一年里的四季和 12 个月、星期一和星期日等。这些特殊约定是否可以取消？请 HNC 团队最终确定。

第一章

政治 a1

　　政治活动列为所有专业活动之首是理所当然的选择，因为社会发展的第一推动力虽然是科技活动 a6 对经济活动 a2 的注入及两者的结合，但社会生活的基本控制力量仍然是政治。近代中国出现过许多风行一时的名言，其中能够长久流传下去的大约只有以下两句：一是"科学技术是第一生产力"，二是"政治是统帅"。这两个基本判断句以简洁的语言道出了所有真理中最重要的两条真理、所有世界知识中最重要的两项世界知识。

　　政治活动 a1 可穷举出下列 6 种概念树：

a10	制度与政策
a11	政权活动
a12	国家的治理与管理
a13	政治斗争
a14	外交活动
a15	征服活动

　　人类社会呈现出五彩缤纷的社会现象，这些现象背后的基本制约因素是社会制度，而社会制度的核心要素是政治制度，社会制度和政治制度都随着社会的发展而变化。对人类社会的这一基本认识成熟于 18 世纪，那是在人类社会从农业时代转向工业时代这一伟大转折中哲理探索的伟大成果。因此，把制度与政策列为政治活动之首并符号化为 a10（即构成政治活动 a1 的共相概念树）是理所当然的选择。a11~a15 是政治活动的 5 种殊相概念树。政治活动的基本舞台是国家，活动中心是政权。国家这个具体概念太重要了，故直接符号化为 pj2（详见第二卷第八编），政权这个抽象概念也太重要了，故列为政治活动的第一侧面——政权活动 a11。

第 0 节
制度与政策 a10 (106)

引言

政治活动的共相概念树 a10 定名为制度与政策。

制度与政策 a10 也可简称制度，包括社会制度、政治制度和政治体制。自然语言对政治制度和政治体制并不作严格区分，但语言概念空间将给予明确区分。自然语言也往往将社会制度和政治制度混为一谈，语言概念空间也将赋予完全不同的符号表示。政策是制度的直接产物，是概念树 a10 的典型定向延伸。"共相概念树 a10"的概念延伸结构表示式的设计，将以上述几点为基本依据。

20 世纪曾出现过关于社会制度和政治制度的巨大论争，这一论争的广度与深度是空前的，但肯定不是绝后的。西方世界 pj01*e22 的一些智者认为：这一论争已经随着苏联的解体而结束，那是西方世界 pj01*e22 有色眼镜和形而上思维衰落造成的错觉。社会、政治制度的探索与论争还远没有结束，人类对这一根本问题的认识还需要不断深化。基于上述思考，对制度 a10 的概念延伸结构表示式的设计及其世界知识的论述都将赋予充分的弹性。

1.0-0 制度与政策 a10 的概念延伸结构表示式

```
a10:(t=b,m,e2n,3;
      9t=a,a\k=2,b3,(m):(3,e2n),1\k=3,e2ne2n,e2nt=b,3e2m;
      (m)e2ne2m,e2nte2n,e26te1m;e26(t)e11d01)
```

a10t	社会制度
a10t=b	社会制度的基本形态
a10m	政治体制
a10e2n	政治制度
a103	政策
a10t=b	社会制度的基本形态
a109	王权制度
a109t=a	王权制度基本形态
a1099	奴隶制度
a109a	封建制度
a10a	资本制度
a10a\k=2	资本制度基本类型
a10a\1	共和制
a10a\2	君主立宪制
a10b	后资本制度

a10b3	社会主义制度
a10m	政治体制
a100	混合制
a101	轮换制
a102	世袭制
a10(m)3	政治体制的宗教形态
a10(m)3e2n	政治体制宗教形态的基本类别
a10(m)3e25	政教分离形态
a10(m)3e25e2m	政教分离形态的基本效应
a10(m)3e25e21	神权
a10(m)3e25e22	王权
a10(m)3e26	政教合一形态
a10(m)e2n	政治体制的基本形态
a10(m)e25	有限任期制
a10(m)e26	终身制
a101\k=3	政治体制的现代形态
a101\1	总统制
a101\2	总理制
a101\3	首相制
a10e2n	政治制度
a10e25	民主制度
a10e26	专制制度
a10e2nt	政治制度的社会效应
a10e25t=b	民主制度社会效应的基本表现
a10e259	平等
a10e259e2n	平等的辩证表现
a10e259e25	适度平等
a10e259e26	过度平等
a10e25a	自由
a10e25ae2n	自由的辩证表现
a10e25ae25	适度自由
a10e25ae26	过度自由
a10e25b	人权
a10e25be2n	人权的辩证表现
a10e25be25	适度人权
a10e25be26	过度人权
a10e25e2n	民主制度的辩证表现
a10e25e25	"新型"民主制度
a10e25e26	无政府主义
a10e26t=b	专制制度社会效应的基本表现
a10e269	压迫
a10e269e1m	压迫与被压迫
a10e26a	剥夺
a10e26ae1m	剥夺与被剥夺
a10e26b	统治
a10e26be1m	统治与被统治
a10e26(t)e11d01	最高统治
a10e26e2n	专制制度的辩证表现
a10e26e25	"新型"专制制度

a10e26e26	极权制度
a103	政策
a103e2m	政策的基本侧面
a103e21	对内政策
a103e22	对外政策

1.0.1　社会制度的基本形态 a10t=b 的世界知识

社会制度以符号 a10t 表示，其定义式如下：

```
a10t::=(a009a9,l02,pj01)。
```

a10t=b 描述社会制度的基本形态，a109 描述王权制度，a10a 描述资本制度，a10b 描述后资本制度，这一描述方式体现了对不同学术流派理论的折中。这里应该说明的是："资本"与"资本主义"是两个具有本质区别的概念。前者只是对资本这一现象的描述，而后者则包含对资本的崇拜，甚至是盲目崇拜。

王权制度 a109 是农业时代的必然产物，存在两种基本类型，以交织延伸 a109t=a 予以描述，a1099 描述奴隶制度，a109a 描述封建制度。资本制度 a10a 是工业时代的必然产物，也存在两种基本类型，以并列延伸 a10a\k=2 予以描述，a10a\1 描述共和制，a10a\2 描述君主立宪制。后资本制度 a10b 是后工业时代的必然产物，形式上，它是资本制度的全面继承，但内涵发生了实质性变化，那就是中产阶层成为社会舞台的主角（见本编 0.0 节）。后资本制度存在定向延伸 a10b3，它描述社会主义制度。这一制度同资本制度一样，存在着重大争议，但它毕竟是人类社会发展历史进程中的一项伟大创造，已经并必将继续对后资本制度的探索与实践作出自己的独特贡献。

社会制度基本形态 a10t=b 存在下列基本概念关联式：

```
a109:=pj1*9
（王权制度对应于农业时代）
a10a:=pj1*a
（资本制度对应于工业时代）
a10b:=pj1*b
（后资本制度对应于后工业时代）
a109≡a10e26
（王权制度强关联于专制政治制度）
a10a≡a10e25
（资本制度强关联于民主制度）
```

对后资本制度，未给出相应的概念关联式，因为这是一个尚待探索的重大课题，将在 1.0.3 小节有所论述。

1.0.2　政治体制 a10m 的世界知识

政治体制可简称政体，以符号 a10m 表示，其定义式如下：

```
a10m::=(a009a9-0,l02,pj2)
```

符号 a10m 已经意味着政体存在三种基本形态：一是轮换制 a101，亦称共和制；二是世袭制 a102，亦称王权制；三是混合制 a100，轮换制与世袭制并存，君主立宪政体是轮换制的代表。

符号 a10m 本身不含褒贬意义，只是对政体实际状态的描述。三种政体具有下面的基本概念关联式：

> a100≡a10a\2
> （混合制强关联于君主立宪制）
> a101≡a10a\1
> （轮换制强关联于共和制）
> a102≡a109
> （世袭制强关联于王权制）

政体的改变不等于政治制度的改变，但往往是社会制度改变的前奏。"法国大革命"和中国的"辛亥革命"都属于政治体制的革命，但并未立即导致政治制度的革命，俄国的"十月革命"和柬埔寨的"红色高棉革命"则不仅是政治体制的革命，也是社会制度的深刻革命，但都未导致政治制度的革命。因此，政治体制 a10m 具有下列基本概念关联式：

> ((b10,l03,a10m),jl002,(b10,l03,a10e2n))
> （政治体制的变革不等于政治制度的变革）
> ((b10,l03,a10m)≡(b10,l03,a10t))
> （政治体制的变革强关联于社会制度的变革）
> (z30a9e52,l03,(b10,l03,ga10m))<<(z30a9e52,l03,(b10,l03,a10e2n))
> （政治体制变革的难度远小于政治制度变革的难度）

上列概念关联式是非常重要的世界知识，对比政治制度定义式就可以知道：政治体制 a10m 是社会制度的局部或表层结构，它主要关乎国家领导权更迭的体制设计，并未充分考虑民众政治权益的实现。政治制度 a10e2n 才是社会制度的全局或深层结构，它不仅关乎国家领导权更迭的体制设计，更充分考虑到民众政治权益的实现。因此，政治体制 a10m 和政治制度 a10e2n 不能混为一谈。然而，许多伟大的革命先行者对此都缺乏清醒的认识，更不用说一般学者和民众了。

政治体制 a10m 的概念延伸结构式比较复杂，为便于阅读，将进行分级拷贝：

```
a10:(,m,;(m):(3,e2n),1\k=3;)
  a10m            政治体制
  a100            混合制
  a101            轮换制
  a102            世袭制
    a10(m)3       政治体制的宗教形态
    a10(m)e2n     政治体制的基本形态
    a10(m)e25     有限任期制
    a10(m)e26     终身制
    a101\k=3      政治体制的现代形态
    a101\1        总统制
    a101\2        总理制
    a101\3        首相制
```

这里，对政治体制给出了三种形态的描述，第一种定名为政治体制的宗教形态，以定向延伸 a10(m)3 表示；第二种定名为政治体制的基本形态，以第二类对偶符号 a10(m)e2n 表示；第三种定名为政治体制的现代形态，以并列延伸符号表示符号 a101\k=3 表示。后两种形态的论述（包括基本概念关联式）这里就从略了，下面仅简单论述第一种形态，其再延伸结构拷贝如下：

```
a10(m)3              政治体制的宗教形态
  a10(m)3e2n         政治体制宗教形态的基本类别
  a10(m)3e25         政教分离形态
    a10(m)3e25e2m    政教分离形态的基本效应
    a10(m)3e25e21    神权
    a10(m)3e25e22    王权
  a10(m)3e26         政教合一形态
```

中华文明是这个世界上唯一不曾存在过政治体制宗教形态的文明，如果要谈及中华文明特色的话，这一点无疑应放在首位。在文明的政治形态里（见本编第三章第 0 节），我们把中华文明纳入理念文明 a30\12，而其他所有的古代文明都属于信仰文明 a30\11。一个似乎尚未探讨过的历史现象是：信仰文明的专制力度 za10e26 是否弱于理念文明？这是由于信仰文明的基本效应会形成神权 a10(m)3e25e21 与王权 a10(m)3e25e22 的分离。于是，在信仰文明的国度里，神权与王权形成了自然的分工，神权主要掌控社会的精神生活，王权主要掌控社会的物质生活。但在理念文明的国度里，王权可以兼控社会的物质生活和精神生活，这就会使得帝王可以拥有至高无上的专制力度。当然，上面的论断只是一种演绎方式，从王权与神权相互牵制的角度，也可以作出相反的演绎。总之，这是一项十分复杂的训诂课题，这里不可能展开论述，而以下面的概念关联式结束本小节。

```
a10(m)3e25e22=a109
（政治制度的王权强交式关联于社会制度的王权）
```

1.0.3 政治制度 a10e2n

政治制度以符号 a10e2n 表示，其定义式如下：

```
a10e2n::=(a009a9,l02,pj2)
```

符号 a10e2n 表明：政治制度存在两种基本形态：民主制度 a10e25 和专制制度 a0e26。符号"e2n"的引入对政治制度的两种基本形态赋予了褒贬意义，但这只反映了对政治制度的基本定位，其全部内涵则体现在政治制度的概念延伸结构表示式里，现拷贝如下：

```
a10:(,e2n,; e2nt=b,e2ne2n;e25te2n,e26te1m;e26(t)e11d01)
  a10e2n          政治制度
  a10e25          民主制度
  a10e26          专制制度
    a10e2nt       政治制度的社会效应
    a10e2ne2n     政治制度的辩证表现

    a10e25t=b     民主制度社会效应的基本表现
    a10e259       平等
```

a10e259e2n	平等的辩证表现
a10e259e25	适度平等
a10e259e26	过度平等
a10e25a	自由
a10e25ae2n	自由的辩证表现
a10e25ae25	适度自由
a10e25ae26	过度自由
a10e25b	人权
a10e25be2n	人权的辩证表现
a10e25be25	适度人权
a10e25be26	过度人权
a10e25e2n	民主制度的辩证表现
a10e25e25	"新型"民主制度
a10e25e26	无政府主义
a10e26t=b	专制制度社会效应的基本表现
a10e269	压迫
a10e269e1m	压迫与被压迫
a10e26a	剥夺
a10e26ae1m	剥夺与被剥夺
a10e26b	统治
a10e26be1m	统治与被统治
a10e26(t)e11d01	最高统治
a10e26e2n	专制制度的辩证表现
a10e26e25	"新型"专制制度
a10e26e26	极权制度

上列概念延伸结构表示式指明：民主和专制政治制度都存在辩证表现。民主政治制度的消极辩证表现出现过人所熟知的无政府主义 a10e25e26、绝对平等主义（过度平等）a10e259e26 和绝对自由主义（过度自由）a10e25ae26。专制制度的消极辩证表现出现过人所熟知的极权政治。但是，民主制度和专制制度的积极辩证表现 a10e2ne25 则都处于探索和酝酿阶段。

现存的民主制度达到了一种巅峰状态，处于生命的衰老阶段，其潜力似乎已经耗尽。伴随着后工业时代的到来而出现的全球性文明危机已经比较明显，但对这场文明危机远没有形成形而上层次的透彻认识，有人甚至把这场深刻的文明危机用简单的"文明冲突论"加以描述。全球性文明危机表现在物质和精神两个侧面，物质侧面的环境恶化、生态灾难、资源枯竭、温室效应、人口膨胀等，已引起足够的重视，但并没有也不可能形成全面、系统的有效解决方案，因为，物质侧面的文明危机不可能仅仅依靠物质手段来解决。全球性文明危机的物质侧面和精神侧面是交织在一起的，不可能脱离精神侧面危机的治理而独立解决物质侧面的危机。下文为论述便利，将把全球性文明危机的物质和精神两侧面简称为物质危机和精神危机。物质危机的典型表现已如上述，那么，精神危机的典型表现是什么？一言以蔽之：幸福追求无止境 7102(t)ie47。

在现象上，发达国家似乎已经对物质侧面的文明危机作出了有效的处理，但这一有效性的根源是需要考察的。第一，发达国家利用其历史优势，占用了地球的绝大部分资源，其"幸福追求无止境"需求的满足并非建立在自给自足的基础上，而是建立在剥夺他人的基础上。第二，发达国家把污染工业最大限度地转移到发达地区之外。这两点是发达国家治理物质危机的基本谋略和手段。这样的谋略和手段显然不适用于全球，如果全世界的后进国家都仿效发达国家已经走过的道路，不从根源上去控制"幸福追求无止境"的趋向，那么，后工业时代面临的全球性文明危机将走向何方？这显然是一个空前绝后的重大课题，而这一课题并没有也不可能有现成的答案。

后工业时代面临的全球性文明危机是否可以简称为"幸福追求无止境"危机呢？笔者以为是适当的，因为"幸福追求无止境"是各种物质与精神危机的终极根源。"幸福追求无止境"并非当代现象，而是古已有之。在农业时代，那主要是王族和贵族的特权，在工业时代，也只是少数富有阶层的特权，那不会构成"幸福追求无止境"的全球性危机。但是，到了后工业时代，情况就发生了质变，物质财富的建造日益简易，"幸福追求无止境"已不再是少数人的特权，而成为多数人的权利了。这一重大变化构成的历史性挑战似乎超出了上帝的预期，更不用说那些把形而上学视为敝屣的现代哲人了。于是，我们目前只是在形而下层次对各种物质危机就事论事，没有去触及各种物质危机的终极根源，那是不足为怪的。

目前存在于欧洲和北美的民主制度能应对"幸福追求无止境"危机么？这至少是一个疑问。目前存在于欧洲、北美之外地区的各种政治制度能应对"幸福追求无止境"危机么？这也是一个疑问。虽然两者都存在疑问，但如前面已经指出的，现存的民主制度已呈现出衰老势态，而现存的专制制度多数反而处于青春时期，拥有巨大的潜力。如果我们要考察后工业时代的未来走向，既不能只看人均GDP、基尼系数之类的经济学指标，也不能只看幸福指数之类的社会学指标，还要看治理"幸福追求无止境"危机的能力。如果从这一视野来考察，那么，应该承认：现存专制制度的潜力至少不亚于现存的民主制度。

后工业时代显然在呼唤：现存的一切政治制度啊，你们都肩负着向积极辩证状态转换的伟大历史使命。这就是说，上述延伸概念 a10e2ne25（"新型"政治制度）并不是现实，而是对未来的憧憬。

在漫长的农业时代，很难设想实行民主制度 a10e25 和轮换政体 a011。虽然，希腊和罗马文明的古典时代曾经出现过初级民主制度和轮换政体的光辉时期，我国也有过尧舜时代的美好传说，西方启蒙时代的大师们几乎都热心探讨过民主制度源远流长的历史故事。但必须冷静地说：王权社会制度 a109、专制制度 a10e26 和世袭政体 a012 毕竟是农业时代三位一体的最佳选择。这是重要的历史视野，在评价历史人物和历史事件时，绝不能偏离了这一历史视野。可是，现代人往往忘记了这一点，即使是观察力极为锐利的波普尔先生和哈耶克先生也不免在这一点上出现过重大失误。波普尔先生在其名著《开放社会及其敌人》中把柏拉图、黑格尔和马克思都打成"开放社会的死敌"，就是完全失去上述历史视野的明证。上述"新型"政治制度的实现难道不应该从柏拉图的"哲学家治国"的理念中和黑格尔的"伦理法"理论中吸取政治智慧么？至少不能像波普尔先生那样草率，把这两位大师一棍子打死吧。

当然，民主制度 a10e25 的建立毕竟是人类历史进程的伟大事件，是人类社会从漫长的农业时代进入工业时代的基本文明标志，其社会效应的基本表现——平等 a10e259、自由 a10e25a 与人权 a10e25b——毕竟是文明社会的太阳，而伴随着专制政治制度 a10e26

的压迫 a10e269、剥夺 a10e26a 和统治 a10e26b 毕竟是文明社会的阴霾。但也应该看到：平等 a10e259、自由 a10e25a 和人权 a10e25b 都是双刃剑，三者本身又具有 e2n 的延伸特性。适度平等 a10e259e25、适度自由 a10e25ae25 和适度人权 a10e25be25 是积极的，但过度平等 a10e259e26、过度自由 a10e25ae26 和过度人权 a10e25be26 是消极的。过度平等将导致绝对平均主义，过度自由将导致无政府主义，过度人权将导致恐怖主义。这后者，似乎是一个荒谬绝伦的命题，笔者将以此为题写一篇专文放在本《全书》的附录里。这里应该说明的是：绝对平均主义、无政府主义和恐怖主义的 HNC 映射符号恰恰是 ra10e259e26、ra10e25ae26 和 ra10e25be26，因为，滋生这三样东西的土壤并不是专制制度，而是民主制度。

政治制度 a10e2n 具有下列基本概念关联式：

> a10e25=a018e25
> （民主制度强交式关联于民主集中管理方式）
> a10e26=a018e26
> （专制制度强交式关联于独裁管理方式）
> a01e25=a011
> （民主制度强交式关联于轮换制政体）
> a01e26=a102
> （专制制度强交式关联于世袭制政体）
> a01e26:=pj1*9
> （专制制度对应于农业时代）
> a01e25:=pj1*a
> （民主制度对应于工业时代）
> a01e2ne25:=pj1*b
> （"新型"民主和专制制度对应于后工业时代）
> a10e26e26=a10e26(t)e11d01
> （极权制度强交式关联于最高统治）

专制制度的基本社会效应 a10e26t=b 乃人所熟知，但这一效应的源流表现 a10e26te1m 并非人所熟知。这里的映射符号必须取 e1m 而不能取 e1n，因为压迫与被压迫、剥削与被剥削、统治与被统治都存在对立统一体，而且像源与流 12m 一样形成一个很长的政治因果链条。这一政治因果链条必然导致 a10e26(t)e11d01 这一"最高统治"现象的出现，最高统治者 pa10e26(t)e11d01 被赋予无上的权力。

"最高统治"现象并非农业时代的特有现象，拿破仑和希特勒的横空出世就是明证。这一现象密切联系伟人情结和伟人崇拜，具有下面的基本概念关联式：

> pa10e26(t)e11d01≡a00ic22
> （最高统治者强关联于造就时势的英雄）

1.0.4 政策 a103

政策以符号 a103 表示，其定义式如下：

> a103::=(a0189,103,a1)

政策 a103 具有下列基本概念关联式：

```
(a103,l4b,(rc321,l47,pj2//pea1))
（政策以国家或政治组织的利益为出发点和目标）
a103≡s11//s12
（政策强关联于谋略和策略）
a103<=(a10t,a10e2n)
（政策强流式关联于社会制度和政治制度）
```

政策 a103 的延伸概念 a103e2m 分别表示对内政策 a103e21 和对外政策 a103e22。内外政策的具体内容另有概念树或一级延伸概念表达，体现对内政策的是国家的治理与管理 a12，体现对外政策的是外交政策 a143。这里对延伸概念 a103e2m 不作进一步延伸。

但这里需要指出：内外政策 a103e2m 具有"悖论"jlr110 特性，民主制度（对内民主）的国家几乎没有例外地对外推行过专制制度，而专制制度（对内专制）的国家则可能对外推行过民主思想。这当然是十分重要的世界知识，但毕竟接近专家知识的范畴了，这里只给出下面的概念关联式：

```
(a103e2m,jl11e21,jlur110)
```

结 束 语

本节给出了社会制度、政治体制和政治制度的定义式，论述了这三者的差异，并着重论述了政治制度的辩证表现，描述了"幸福追求无止境"危机和"新型"政治制度的概念，这两个概念具有互为因果的联系。论述中的某些论断（如"西方文明困扰于民主幼稚病和专政恐惧症，东方文明困扰于专政幼稚病和民主恐惧症"之类）未加训诂，肯定会招来非议。虽然可资训诂的材料俯拾皆是，但本节并未进行，也许将来会写一篇专文，纳入本《全书》的附录。

本节的全部延伸概念都不设置领域句类代码，这是一项约定。这样做的原因将在本卷第四编上篇的第一章里说明。

第 1 节
政权活动 a11 (107)

政权活动列为政治活动殊相概念树之首 a11 是理所当然的选择，a11 的定义式如下：

```
a11::=(a00999,s32,a1)
```
（政权活动定义为在政治活动中争取权势）

a11 是一个 r 强存在概念，ra11 的汉语对应词语是政权，政权是政治活动 a1 的"发动机"，这一世界知识以下面的概念关联式表示：

```
(ra11,jl111,(0,l47,a1))
```

政治家 pa1 必须掌握政权 ra11 才能施展他的政治抱负，政权活动一方面必然受制于社会制度和政治制度；另一方面，某些政权活动则以变革社会制度和政治制度为己任，这两项世界知识以下列概念关联式表示：

```
a11<=(a10t,a10m,a10e2n)
```
（政权活动强流式关联于社会制度、政治体制和政治制度）
```
a11ub11=>(b1,l03,(a10t;a10e2n))
```
（革命性政权活动强源式关联于社会制度或政治制度的变革）
```
a11ub12=>(b1,l03,a10m)
```
（改良性政权活动强源式关联于政治体制的变革）

虽然政权活动的革命性与改良性区分非常重要，但政权活动概念延伸结构表示式的设计并不以这两性为中心，而以政权更迭、政权领导人更迭、政权基本结构和政党活动为中心，四者将构成 a11 的四项一级延伸概念。这四项联想脉络可以概括成"一个中心、三个基本侧面"，中心是政权更迭 a11e1n，它不仅是政权活动 a11 的中心，也是整个农业时代政治活动 a1 的中心，这一态势一直延续到工业时代前期，当前的许多发展中国家依然遭受着非正常政权更迭的苦楚。

1.1-0 政权活动的概念延伸结构表示式

```
a11:(e1n,3,t=b,i;
     e1n(e2m,e5n),3(e2n,t=b,i,-0),i(e5n,e2m);
     e1ne22(3,7,\k=3),3b(e2m,i),3i\k=2,ie5ne1n,i(e2m)e2n)
a11e1n              政权更迭
a113               政权领导人更迭
a11t=b             政权基本结构
a11i               政党活动

a11e1n              政权更迭
a11e1n:(e2m,e5n)
   a11e1ne2m        政权更迭的基本形态
   a11e1ne21        正常政权更迭
   a11e1ne22        非正常政权更迭
   a11e1ne5n        政体转换
   a11e1ne55        积极政体转换
   a11e1ne56        消极政体转换
   a11e1ne57        中性政体转换

   a11e1ne22:(3,i,\k=3)
```

```
        a11e1ne223              王朝更迭
        a11e1ne22i              征服效应
        a11e1ne22\k=3           非正常政权更迭的基本类型
        a11e1ne22\1             宫廷政变
        a11e1ne22\2             军事政变
        a11e1ne22\3             武装起义

    a113                    政权领导人更迭
    a113:(e2n,t=b,i,-0)
        a113e2n             政权领导人更迭的基本制度
        a113e25             有限任期制
        a113e26             终身制
        a113t=b             政权领导人更迭的基本方式
        a1139               指定
        a113a               推举
        a113b               选举
        a113i               政权领导人的非正常更迭
        a113-0              地区政权领导人更迭

        a113b:(e2m,i)
          a113be2m              选举的基本模式
          a113be21              直接选举
          a113be22              间接选举
          a113bi                形式选举

          a113i\k=2             政权领导人非正常更迭的基本类型
          a113i\1               "秦始皇"模式
          a113i\2               "肯尼迪"模式

    a11t=b                  政权的基本结构
    a119                    政府
    a11a                    议会
    a11b                    司法

    a11i                    政党活动
    a11i:(e5n,e2m;e5ne1n)
        a11ie5n             政党的基本状态
        a11ie55             执政
        a11ie56             在野
        a11ie57             联合执政
          a11ie5ne1n            政党基本状态的转换
        a11ie2m             政党的基本形态
        a11ie21             相对权力政党
        a11ie22             绝对权力政党
          a11i(e2m)e2n          政党基本形态的转换
          a11i(e2m)e25          积极性转换
          a11i(e2m)e26          消极性转换
```

1.1.1 政权更迭 a11e1n 的世界知识

在漫长的农业时代，史籍记载的主要内容是政权更迭的历史。这种以帝王将相为主线的历史记录当然有它的局限性，但也从一个侧面反映了政权更迭 a11e1n 在历史长河中的突出作用和地位。

政权更迭 a11e1n 具有下面的概念延伸结构表示式：

```
a11e1n:(e2m,e5n;)
```

延伸概念 a11e1ne2m 描述政权更迭的基本形态，延伸概念 a11e1ne5n 描述政体转换。

1.1.1.1 政权更迭的基本形态 a11e1ne2m 的世界知识

政权更迭的基本形态 a11e1ne2m 分别定名为正常政权更迭 a11e1ne21 和非正常政权更迭 a11e1ne22，两者的定义式如下：

```
a11e1ne21::=(a11e1n,jl02e25i,a009aa)
（正常政权更迭符合社会契约）
a11e1ne22::=(a11e1n,jl02e26i,a009aa)
（非正常政权更迭违反社会契约）
```

符号 a11e1ne2m 不反映政权更迭基本形态的积极性和消极性，但下列基本概念关联式包含了有关信息。

```
a11e1ne22≡a13
（非正常政权更迭强关联于政治斗争）
a11e1ne22=a13e26
（非正常政权更迭强交式关联于暴力政治斗争）
a11e1ne2m:=50b~0
（正常政权更迭对应于治世，非正常政权更迭对应于乱世）
(a10e25,jl11e22,a11e1ne22)
（民主政治制度不存在非正常政权更迭）
(a10e26,jl11e21,a11e1ne2m)
（专制制度存在两种基本形态的政权更迭）
((pj2,s31,pj1*~b),jl11e21,a11e1ne2m)
（处于农业和工业时代的国家存在两种基本形态的政权更迭）
((pj2,s31,pj1*b),jl11e22,a11e1ne22)
（处于后工业时代的国家不存在非正常政权更迭）
(a11e1ne22,jl1111lu61^e81,(s2su35e21e21,100*3128,a109))
（非正常政权更迭曾经是废除王权制度的必要手段）
```

非正常政权更迭 a11e1ne22 是本子节描述的重点，它具有下面的概念延伸结构表示式：

```
a11e1ne22:(3,i,\k=x)
  a11e1ne223          王朝更迭
  a11e1ne22i          征服效应
  a11e1ne22\k=3       非正常政权更迭的基本类型
  a11e1ne22\1         宫廷政变
  a11e1ne22\2         军事政变
  a11e1ne22\3         民众起义
```

王朝更迭 a11e1ne223 具有下列概念关联式：

```
a11e1ne223:=a109
```

（王朝更迭对应于王权制度）

```
a11e1ne223:=pj1*9
```

（王朝更迭对应于农业时代）

```
(a11e1ne223,j100e22,(10a,147,a10~3))
```

（王朝更迭无关于社会、政治制度的演变）

```
((11eb2,147,a11e1ne223),j1002,(3118,103,a10e25))
```

（王朝更迭的终结不等同于民主政治制度的建立）

王权制度 a109 和王朝更迭 a11e1ne223 是农业时代的表征，王权更迭是指新王朝对旧王朝的替代。一些民主革命的先行者曾把王权制度的废除等同于民主制度的建立，上列第四项概念关联式表明：这是一个具有重大悲剧意义的认识误区。

征服效应 a11e1ne22i 具有下面的基本概念关联式：

```
(a11e1ne22i=:a11e1ne223,s31,pj1*9)
```

（在农业时代，征服效应等同于王权更迭）

```
a11e1ne22i<=a15
```

（征服效应强流式关联于征服）

征服效应与王权更迭的等同性到了工业时代趋于失效，这在哥伦布式的早期征服活动中（殖民征服）就已经显示出来了，上面的第一个概念关联式就是这一世界知识的表达。

亚历山大大帝的东征和成吉思汗的西征是历史上两次最著名的征服，两者所产生的征服效应都有具体的历史记载，但其历史影响是否像某些历史学家所论述的那么巨大则应该存疑，因为那毕竟是农业时代。

非正常政权更迭的基本类型 a11e1ne22\k=3 则同时适用于农业和工业时代，具有下列基本概念关联式：

```
(a11e1ne22~\3,j1111,(a13,144,pa10e26be11))
```

（宫廷或军事政变是统治者之间的政治斗争）

```
(a11e1ne22\3,j1111,(a13,143,(pa10e26be12,pa10e26be11)))
```

（民众起义是被统治者对统治者发动的政治斗争）

1.1.1.2　政体转换 a11e1ne5n 的世界知识

前文已经指出：政治体制（政体）和政治制度（政制）是两个有本质区别的概念，为什么要设置政体转换 a11e1ne5n 这一延伸概念？其目的之一就是进一步澄清政体与政制这两个概念在自然语言里呈现的混乱。

中国人非常熟悉的"十月革命"和"辛亥革命"是什么性质的革命？答案似乎不言而喻，前者是伟大的社会主义革命，后者是伟大的民主革命。但人们几乎不再追问：这两场革命触及政治制度么？其实，"十月革命"明确宣告：它是以一种专政（无产阶级专政）代替原来的腐朽专制制度，无产阶级专政本身就是最彻底、最伟大的民主制度，西方的民主政治制度不过是资产阶级专政的骗人把戏。"辛亥革命"当然是亚洲民主革命的先声，但其思想基础却只是基于一项简明的认定——推翻清王朝乃是拯救中华民族于危亡的必由之路，这一认定的科学性是历史学的课题，这里不来讨论。"十月革命"的宣告和"辛亥革命"的认定明确告诉我们：这两场革命都没有触及政治制度的变革，前者当然还触及了社会制度的根本变革，后者则只是停留在口号上。那么，这两场革命是什么性质的革命？十月革命是社会制度 a10t 和政治体制 a10m 的革命，而辛亥革命则只是政治体制 a10m 的革命，两者都不属于政治制度 a10e2n 的革命。

那么世界上存在过政治制度革命么？答案是：既存在又不存在。这似乎是一个违背常理的谬论，然而，它不是谬论而是悖论。下面关于政权基本结构之三权分立的讨论还会涉及这个问题。这里，把这一世界知识以下列概念关联式的形式表示如下：

(pj1*˜b,jl11e22,(b11,lv4bju775,a10e2n))
（在农业和工业时代不存在单纯指向政治制度的革命）

这一概念关联式的论证属于专家知识的范畴，这里从略。但必须说明：西欧历史上众多的政治革命实质上都可以纳入政治体制革命的范畴，这就是设置延伸概念"政体转换 a11e1ne5n"的依据了。

政体转换 a11e1ne5n 的映射符号表明：有积极政体转换 a11e1ne55、消极政体转换 a11e1ne56 和中性政体转换 a11e1ne57。对历史上的众多政治革命，历来存在截然不同的评价，但如果以政体转换的视野来考察，这一分歧应该缩小。例如，俄国的"十月革命"，现在依然存在完全对立的评价，但即使是持否定意见的人们，大约也不能否认"十月革命"属于积极的政体转换 a11e1ne55。

苏联解体后，欧亚大陆诞生了一批新国家（包括俄罗斯），一些国家出现了所谓的"颜色革命"，这些事件都可以纳入 a11e1ne55 的范畴。当然，这里的情况十分复杂，有的国家仅完成了政体转换，有的国家则同时完成了政治制度的转换，目前不必急于对这一后工业时代的新情况给出精确的描述。

政体转换 a11e1ne5n 具有下列概念关联式：

a11e1ne5n≡a13
（政体转换强关联于政治斗争）
a11e1ne55:=(c3128,l03,a109//a102//a113e26//a10(m)3e26)
（积极政体转换对应于王权制度、世袭政治体制、终身制和政教合一政体的废除）
a11e1ne56:=(c351au351e26,l03,a109//a102//a113e26//a10(m)3e26)
（消极政体转换对应于王权制度、世袭政治体制、终身制和政教合一政体的复辟）
a11e1ne57=a10a\2
（中性政体转换强交式关联于君主立宪制）
a11e1ne57=(a12ie2m//a133)
（中性政体转换强交式关联于政权的集分和国家的分合之争）

中性政体转换是一个依然有待探索的重大政治课题，是一个依然困扰着当今许多国家（包括发达国家）的重大政治难题。上列最后两项概念关联式反映了中性政体转换的基本世界知识，但是，这一世界知识毕竟处于世界知识与专家知识的模糊地带，这里就不展开论述了。

1.1.2 政权领导人更迭 a113 的世界知识

政权领导人更迭 a113 是政权活动 a11 三个基本侧面的第一项内容，其概念延伸结构表示式拷贝如下：

```
a113                        政权领导人更迭
a113:(e2n,t=b,i,-0)
    a113e2n                 政权领导人更迭的基本制度
    a113e25                 有限任期制
    a113e26                 终身制
    a113t=b                 政权领导人更迭的基本方式
    a1139                   指定
    a113a                   推举
    a113b                   选举
    a113i                   政权领导人的非正常更迭
    a113-0                  地区政权领导人更迭
```

政权领导人更迭 a113 的四项延伸概念中，前两项是主体，后两项是从体。但有趣的是：这里的主体不需要设置自身的领域句类代码，因为它们直接包含在政权正常更迭 a11e1ne21 里了，而两项从体反而需要设置自身的领域句类代码。

政权领导人更迭的基本制度 a113e2n 可简称政权领导人更迭制度，同理，政权领导人更迭的基本方式 a113t=b 可简称政权领导人更迭方式。

在现代人看来，政权领导人更迭制度以符号 a113e2n 表示乃天经地义之事，但在笔者的思考里并非如此，如同民主政治制度和专制制度的符号表示是否采用 a10e2n 一样，这实际上是一个十分艰难的抉择。对符号 a10e2n 的疑虑由于 a10e2ne2n 的采用而基本释怀，对于符号 a113e2n 的疑虑则由于下列基本概念关联式的建立也基本释怀了：

```
a113e2n=a10t
（政权领导人更迭制度强交式关联于社会制度）
a113e2n=a10e2n
（政权领导人更迭制度强交式关联于政治制度）
a113e2n≡a10m
（政权领导人更迭制度强关联于政体）
a113e25<=a10e25
（有限任期制强流式关联于民主政治制度）
a113e25<=a101
（有限任期制强流式关联于政治体制的轮换制）
a113e26<=a102
（终身制强流式关联于政治体制的世袭制）
a113e26≡a109
（终身制强关联于王权制度）
a113e26≡a10e26e26
（终身制强关联于极权政治制度）
```

政权领导人实行有限任期制 a113e25 在现代的西方世界 pj01*e22 已成为一个牢固观念，被认为是天经地义的，但这样的观念还远没有成为普世观念。因为，漫长的农业时代曾造成一种截然相反的普世观念——政权领导人实行终身制 a113e26 乃天经地义的事。因此,即使在现代西方世界 pj01*e22,终身制仍然保留着大量的历史痕迹（如教宗、主教、首席大法官和君主立宪国家的君主等）。东方世界 pj01*e21 出现过曼德拉的光辉榜样,使得南非这个本来属于东方世界的国家可能由此而转向西方世界,但卡斯特罗依然在东方世界受到普遍景仰。

政权领导人更迭方式 a113t 更显示出历史与现代之间错综复杂的交织现象,三种更迭方式——指定 a1139、推举 a113a 和选举 a113b——的利弊是一个非常复杂的课题,本《全书》不予讨论。每一种方式还有细节上的区分,这属于专家知识了,这里也不描述。

选举 a113b 具有下面的延伸结构表示式:

```
a113b:(e2m,i)
    a113be2m                选举的基本模式
    a113be21                直接选举
    a113be22                间接选举
    a113bi                  形式选举
```

上面的概念延伸结构表示式表明:选举 a113b 将划分出两种领域及其领域句类代码,其领域符号分别是 a11e1ne21+a113be2m 和 a11e1ne21+a113bi。

领域 a11e1ne21+a113be2m 的领域句类代码虽然比较简明,但其领域句类知识则比较复杂,已跨入专家知识的范畴了。

政权领导人非正常更迭 a113i 具有延伸概念 a113i\k=2,描述政权领导人更迭的两种特殊模式,a113i\1 定名为"秦始皇"模式或阴谋（无贬义）模式,a113i\2 定名为"肯尼迪"模式或程序模式。两者应分别配置独立的领域句类代码,因为,它不能像政权领导人更迭方式 a113t=b 那样,与政权更迭基本形态 a11e1ne2m 构成复合领域 a11e1ne2m+a113i\k。

地区政权领导人更迭 a113-0 也要配置独立的领域句类代码,其领域符号应采用复合表示 a113-0+a113t。

结 束 语

本小节后半部分的论述过于简略,这会对领域句类代码的设计和领域句类知识的表示造成不便和困难。但笔者深信,后继者不难克服。

1.1.3 政权基本结构 a11t 的世界知识

政权基本结构 a11t=b 是政权活动 a11 三个基本侧面的第二项内容,a119 对应于政府,a11a 对应于议会,a11b 对应于司法。西方世界主张:政府、议会与司法三者应相互独立并相互制约,这一主张叫三权分立,以映射符号 a11(t)i 表示。三权分立制度 a11(t)i 的确立是人类社会发展历程中的一件大事,是资本制度 a10a 替代王权制度 a109、民主政治制度 a10e25 替代专制制度 a10e26 的标志。目前,东西方世界 pj01*e2m 在这个问题上的认识存在着巨大争论,在这一争论中,西方世界显得气壮如牛,东方世界则失去了

"十月革命"宣告（见前文）那样的气势，目前主要以"三权分立不适合自己国情"的论点作防守性辩护。因此，东方世界 pj01*e21 在形式上也采用了这一基本结构。

三权分立 a11(t)i 存在下列概念关联式：

　　(a11(t)i,l54\5e21,pj1*a)
　　（三权分立起于工业时代）
　　a11(t)i≡a10e25
　　（三权分立强关联于民主政治制度）
　　(a11(t)i,jl111,ra61b(ju721,lu91\4))
　　（三权分立是社会学的一项基本成果）
　　(a109//a10e26,jl11e22,a11(t)i)
　　（王权社会制度或专制制度不存在三权分立）
　　a11(t)i=%d11:
　　（三权分立属于一种政治理念）

政权基本机构 a11t 具有下面的概念延伸结构表示式：

　　a11:(t=b;(t)i,t:(e1n,3),a7;ae1n3)
　　a11(t)i　　　　　　三权分立
　　a119e1n　　　　　　政府更迭
　　a1193　　　　　　政府基本活动
　　a11ae1n　　　　　议会更迭
　　　a11ae1n3　　　　　　解散议会
　　a11a3　　　　　　议会的基本活动
　　a11a7　　　　　　议会休会状态
　　a11be1n　　　　　最高司法者的更迭
　　a11b3　　　　　　司法的最高职责

对上列概念延伸结构表示式，需要作下列五点说明。

（1）如上所述，"三权分立"是民主政治制度的核心理念和资本社会制度的产物，但三权 a11t=b 本身并非工业时代的新事物，而是人类文明的基本标志，在农业时代就已经存在。希腊和罗马的元老院或贵族院就是议会的成熟形态，各种王权制度的御前会议是议会的一种初级形态。

（2）上列各项延伸概念都需要设置自己的领域句类代码，但政府基本活动 a1193 除外，因为它是一项虚设概念，具有下面的基本概念关联式：

　　a1193==(a1y,y=2-5)

（3）政府 a119 是政权的基本标志，政府更迭 a119e1n 具有下面的基本概念关联式：

　　a119e1n<=a11e1n
　　（政府更迭强流式关联于政权更迭）
　　(a119e1n,jl002,a11e1n)
　　（政府更迭不同于政权更迭）
　　a119e1n=a113
　　（政府更迭强交式关联于政权领导人更迭）

上列三项概念关联式蕴含的世界知识极为重要而有趣，这里就不来作具体说明。这涉及 HNC 符号体系和 HNC 知识体系的一项交织性课题，将在本《全书》第三卷第一编作系统论述。

（4）领域句类代码 SCD(a11(t)i)用于描述民主政治制度的建立。这样，前述关于"政治制度革命是否存在"的悖论就免除了"皮之不存，毛将焉附"的困境。

（5）考虑到"三权分立"的上述东西方争论，除 SCD(a11(t)i)以外，政权基本结构的其他领域句类代码建议都采用 SCD(a11t:+pj01*e2m)的复合形式。SCD(a11t:+pj01*e21)和 SCD(a11t:+pj01*e22)分别表示东西方世界三权的更迭与活动，两者具有共相部分，又具有各自的殊相部分。

1.1.4 政党活动 a11i 的世界知识

政党活动 a11i 的定义式如下：

```
a11i::=(a1,l01,(pf,jl11e21,d11ju761);l4b,(3a1,l03,a11))
（政党活动是指具有共同政治理念的人们为赢得政权而进行的政治活动）
```

政党活动 a11i 是一个 pe 强存在的概念，pea11i 即代表政党。

政党活动 a11i 古已有之，但政党 pea11i 在政权活动中发挥重大作用则是伴随工业时代的到来而出现的新情况，绝对权力政党的出现则是工业时代后期开始出现的新情况。政党活动 a11i 概念延伸结构表示式的设计主要以这两种新情况为依据，其表示式拷贝如下：

```
a11i:(e5n,e2m;e5ne1n)
   a11ie5n              政党的基本状态
   a11ie55              执政
   a11ie56              在野
   a11ie57              联合执政
     a11ie5ne1n            政党基本状态的转换
   a11ie2m              政党的基本形态
   a11ie21              相对权力政党
   a11ie22              绝对权力政党
     a11i(e2m)e2n          政党基本形态的转换
     a11i(e2m)e25          积极性转换
     a11i(e2m)e26          消极性转换
```

政党活动 a11i 的延伸概念具有下列基本概念关联式：

```
(a11ie5n,l54\5e21,pj1*a)
（政党的基本状态起于工业时代）
a11ie5n≡(a10e25//a10~9//a10~2)
（政党的基本状态强关联于民主政治制度、非王权社会制度、非世袭制政治体制）
a11ie22=>a10e26
（绝对权力政党强源式关联于专制制度）
((pj01*e21,jl11e21,a11ie22),s31,pj1*b)
（在后工业时代，东方世界存在绝对权力政党）
((pj01*e22,jl11e21ju41c01,a11ie21),s31,pj1*b)
（在后工业时代，西方世界仅存在相对权力政党）
```

政党活动的领域句类代码设计比较复杂,这里仅作一项建议,仿照政权基本结构 a11t 的做法,采用领域复合 SCD(a11i:+pj01*e2m)的表示形式。

结 束 语

绝对权力政党 pea11ie22 的出现是 20 世纪的一项重大事件,与 20 世纪出现的两大科技事件——相对论和量子力学的发现——不同,其重大历史意义现在还不具备进行科学评价的条件。上一节讲到了"幸福追求无止境"危机和"新型"政治制度憧憬,这一危机的化解和这一憧憬的实现难道不能借力于绝对权力政党的出现与存在么?工业时代对民主与自由的赞颂(以托克维尔的《论美国民主制度》为代表)是否也形成了一种新的迷信?这一迷信是否与农业时代对专制与王权的迷信恰好构成了"过"与"不及"的两个极端呢?这两个极端是否都不能有效消解后工业时代面临的"幸福追求无止境"这一根本危机?

第 2 节
国家的治理与管理 a12 (108)

引 言

古语有"得天下"与"治天下"之说,农业时代的"得"就是夺取(不是赢得)政权,"治"就是巩固政权,于是出现了"政治就是夺取和巩固政权"的政治公式。这一政治公式到 18 世纪已经是一个完全落后于时代的政治观念了。现代政治公式应该是"政治的主体是国家的治理与管理 a12",因为,a12 体现政治活动 a1 的作用效应侧面,而政权活动 a11 虽然是政治活动 a1 的立足点,但终究只是 a1 的过程转移侧面。从作用效应链的视野来考察政治活动 a1,其中心应为 a12 而不是 a11 可谓不言而喻。

国家的治理与管理 a12 将简称治国,治国 a12 和政权活动 a11 具有下列基本概念关联式:

```
a11:=((1,2),l47,a1)
(政权活动对应于政治活动的过程转移侧面)
a12:=((0,3),l47,a1)
(治国对应于政治活动的作用效应侧面)
(a12,jl111,(j721,l47,a1))
(治国是政治活动的主体)
```

治国的基本作用效应将构成治国的第一项延伸概念，定名为治国的基本课题。治国必须面对极其复杂的关系处理，它构成治国的第二项延伸概念，定名为基本关系治理。治国显然强关联于综合逻辑，为此，将设置两项延伸概念，其一定名为治国基本方式，其二定名为治国谋略。但必须指出：以上四点只是治国的基本内容（可简称狭义治国），不能概括治国的全部内涵，因此，应该设置一项相当于"不管部"的延伸概念，定名为广义治国。

1.2-0 治国 a12 的概念延伸结构表示式

```
a12:(t=a,3,i,\k=3,7;
    9t=a,ae2m,3:(e2m,eam,n),i:(n,e2m),\1*t=a,\2:(e2m,*t=a),\3k=m;
    3e2m:(e1n,3,i,e7n),3ea1d01,3ea2c01,3n:(e2n,\k,7),\1*te2n,^y\2*9;
    3e2me1n:(i,e26),3ne2n3,3(n)7\k=m)
```

a12t	治国基本课题
a123	基本关系治理
a12i	治国基本方式
a12\k	治国谋略
a127	广义治国
a12t=a	治国基本课题的两项基本内容
a129	国家治理
a129t=a	国家治理的两个基本侧面
a1299	开拓性治理
a129a	整顿性治理
a12a	国家管理
a12ae2m	国家管理的纵横特性
a12ae21	横向管理
a12ae22	纵向管理
a123	基本关系治理
a123:(e2m,eam,n)	
a123e2m	官民关系
a123eam	层级关系
a123n	军政关系
a123e2m:(e1n,3,i,e7n;e1n:(i,e26))	
a123e2me1n	税
a123e2me1ni	税制
a123e21e15e26	横征暴敛
a123e22e16e26	偷税漏税
a123e2m3	"民政"
a123e2mi	官民相助
a123e2me7n	官民交往
a123eam	层级关系
a123ea1d01	最高层级
a123ea2c01	最低层级
a123n	军政关系

```
a123:(,n;4\k=2,(n):(e2n,7);(n)7\k=m)
   a1234                 军政合一关系

      a123ne2n             军政关系的基本形态
      a123ne25             正常军政关系
      a123ne26             异常军政关系
      a123(n)7             特殊军政关系
         a123(n)7\k=m           特殊军政关系的基本类型
         a123(n)7\1            第一类特殊军政关系
```

```
a12i                  治国基本方式
a12i:(n,e2m;n3,e2me4m)
   a12in                治国基本方式的第一要点
   a12i4                规范
      a12i43                禁止
   a12i5                奖励
      a12i53                授予
   a12i6                惩罚
      a12i63                法办
   a12ie2m              治国基本方式的第二要点
   a12ie21              集权
   a12ie22              分权
      a12ie2me4m            集权与分权的度
```

```
a12\k                 治国谋略
a12:(,\k=3;\1*t=a,\2:(e2m,*t=a),\3k=m;^y\2*9)
a12\k=3               治国谋略的三项内容
   a12\1                意识形态治理
      a12\1*t=a            理念宣传与舆论监督
         a12\1*te2n            宣传与监督的包容性和单一性
   a12\2                政治应变
      a12\2e2m             政治应变的基本侧面
      a12\2e21             对内政治应变
      a12\2e22             对外政治应变
      a12\2*t=a            政治应变具体措施
      a12\2*9              安全情报活动
      ^a12\2*9              反颠覆活动
      a12\2*a              警卫活动
   a12\3                政治待遇
      a12\31               对特殊人物的政治待遇
      a12\32               对前政权代表的政治待遇
      a12\33               对少数民族的政治待遇
      a12\34               对宗教力量的政治待遇
      a12\35               对特定社会力量的政治待遇
```

1.2.1 治国基本课题 a12t 的世界知识

治国基本课题 a12t 分为国家治理和国家管理两项，以映射符号 a12t=a 表达，a129 表示国家治理，a12a 表示国家管理。

　　所有的专业活动都存在治理与管理这两项基本课题，但治理问题在政治活动 a1 中特别突出。"文化大革命"结束以后，中国面临的头等大事是如何治理这个国家，中国有幸遇到了一位国家治理大师邓小平。20 世纪 30 年代的美国也曾出现过一次国家治理危机，美国也有幸遇到了一位国家治理大师罗斯福。邓小平治理的旗帜叫"改革开放"，罗斯福治理的旗帜叫"新政"。这两次治理对中国和美国所产生的深远影响是众所周知的。

　　国家治理 a129 属于管理 a018 的战略层面，国家管理 a12a 属于管理 a018 的战术层面。人们对治理的战略特征和管理的战术特征开始有了比较清醒的认识，开始懂得政治活动 a1 的实质性内涵在于治国 a12，这是后工业时代最可喜的现象之一。

　　经济活动 a2 似乎主要只是管理问题，但 2001 年发生在美国安然公司的丑闻充分表明：经济领域也存在治理问题，人们清楚地看到："安然现象"的治本不仅是管理层面的问题。

　　治国基本课题 a12t 不仅渗透到第二类劳动的所有领域，也渗透到第一类劳动和第二、第三类精神生活，其范围或外延之广为所有延伸概念之冠，这一重要世界知识以下面的基本概念关联式表示：

```
(a12t,jl00e21,a//q6//(q7,q8)//(b,d))
```

此外，治国基本课题还存在下列概念关联式：

```
a12t<=a10
```
（治国基本课题强流式关联于制度）
```
a12t=a10
```
（治国基本课题强交式关联于制度）
```
a12t=a01α
```
（治国基本课题强交式关联于管理）

下面将治国基本课题的概念延伸结构表示式拷贝如下：

```
a12:(t=a;9t=a,ae2m)
  a12t=a              治国的两项基本课题
  a129                国家治理
    a129t=a             国家治理的基本侧面
    a1299               开拓性治理
    a129a               整顿性治理
  a12a                国家管理
    a12ae2m             国家管理的纵横特性
    a12ae21             横向管理
    a12ae22             纵向管理
```

国家的治理与管理 a12t=a 具有下列基本概念关联式：
```
a129≡a11t
```
（国家治理强关联于政权基本结构）
```
a12a≡a119
```
（国家管理强关联于政府）

国家治理 a129 具有交织延伸 a129t=a，a1299 描述开拓性治理，a129a 描述整顿性治理。前者面向未来，后者面向当前。这一世界知识以下列定义式表示：

```
a1299::=(a129,l45,c12^e82;jl00e21,(s11,l47,a12))
（开拓性治理面向未来，关系到治国的谋略）
a129a::=(a129,l45,c12^e83;jl00e21,(s12,l47,a12))
（整顿性治理面向当前，关系到治国的策略）
```

国家管理 a12a 具有延伸概念 a12ae2m，描述国家管理的纵横特性，a12ae21 表示国家的横向管理，a12ae22 表示国家的纵向管理。

任何组织机构的管理都具有纵横交错特性，这在本编的第零章第 1 节已作了充分阐释。这里需要补充的是：国家横向管理具有地域的分散性和实施的执行性，国家纵向管理具有地域的集中性和实施的决策性。国家管理的横向侧面对应着各地方政府，国家管理的纵向侧面对应着中央各部委。古今中外关于国家管理 a12a 的自然语言表述尽管千变万化，但语言概念空间的上述纵横结构特征则保持不变。上述世界知识体现在下列概念关联式里。

```
a12a=%a01α
（国家管理属于组织机构管理）
a12ae2m=%a01e2m
（国家管理的纵横特性属于组织机构的纵横特性）
(a12ae21,jl11e21,((ru39e22a,l47,wj2-),rua018a))
（国家横向管理具有地域的分散性和管理的执行性）
pea12ae21=:(a119,l47,(wj2-0ju40-0,l47,pj2))=:pj2*-0
（国家横向管理的组织机构是国家各地区的政府，即地方政府）
(a12ae22,jl11e21,((ru39e21a,l47,wj2-),rua1089))
（国家纵向管理具有地域的集中性和管理的决策性）
pea12ae22=:a119-0
（国家纵向管理的组织机构即中央各部委）
(pa119-0,sv21,a01ai1)
（中央部委领导人采用任命方式）
(p(pj2*-0),sv21,a01a3b;s33,a10e25)
（民主政治制度的地方政府领导人采用选举方式）
```

1.2.2 基本关系治理 a123 的世界知识

基本关系治理 a123 的概念延伸结构表示式如下：

```
a123:(e2m,eam,n)
    a123e2m            官民关系
    a123eam            层级关系
    a123n              军政关系
```

这三项基本关系的治理实质上也是治国的基本课题，可简称治国三大关系，处理得好就天下太平，处理不好就会天下大乱，这是铁律，适用于任何时代和任何制度。这一世界知识以下面的概念关联式表示：

```
a123≡50b˜4
（治国三大关系强关联于社会的治乱）
```

下面分 3 个子节进行论述。

1.2.2.1 官民关系 a123e2m 的世界知识

官民关系 a123e2m 的概念结构表示式拷贝如下：

```
a123e2m:(e1n,3,i,e7n;e1n:(i,e26))
    a123e2me1n              税
        a123e2me1ni         税制
        a123e21e15e26       横征暴敛
        a123e22e16e26       偷税漏税
    a123e2m3               "民政"
    a123e2mi               官民相助
    a123e2me7n             官民交往
    a123e2me75            "理智"官民交往
    a123e2me76            "违理"官民交往
    a123e2me77            "悖理"官民交往
```

官民关系辖属四项延伸概念：一是税 a123e2me1n，二是"民政"a123e2m3，三是官民相助 a123e2mi，四是官民交往 a123e2me7n。官民关系的这四项延伸概念也简称官民关系的四项要点。

税 a123e2me1n 列为官民关系 a123e2m 的第一要点应该是没有争议的，虽然税也可以从公民基本社会职责的角度去认识，但税毕竟是由国家来管理的，是官民关系的基本体现。自古以来，税都是国家财政的基本来源，是国家调控经济和调节经济利益的基本手段，这些世界知识以下列概念关联式表示：

```
a123e2me1n=a25
（税强交式关联于经济与政府）
a123e21e15=:a25\2
（官民关系的收税等同于经济活动的税收）
(a123e2me1n,jl111,(s2ju7219,l45,a25\0))
（税是经济调控的重要手段）
(a123(e2m)e1ni,jl111,(s2ju721,l45,a258\1))
（税制是经济利益配置调节的基本手段）
za123e2me1n=>a25e2n
（税的轻重强源式关联于经济治管的基本效应）
(a123e21e15,jl111,(1219e21,l45,a259))
（税收是财政的主要来源）
```

税 a123e2me1n 是一个十分复杂的课题，税制 a123e2me1ni 问题尤为复杂，公元前 1 世纪西汉桓宽的《盐铁论》和美国前总统小布什的大手笔减税都涉及税制 a123e2me1ni。税制的进一步描述就需要专业知识了，因此，本《全书》暂定不再为 a123e2me1ni 设置延伸概念，但 a123e2me1ni 本身是研究世界知识与专家知识交接问题的合适样板，也是研究交互引擎基本功能的合适样板，即使 a123e2me1ni 未设置延伸概念，交互引擎也应该能够把《盐铁论》和小布什的减税活动纳入领域 a123e2me1ni，因为，作为自然语言理解基因之一的 a123e2me1ni 提供了达到这一理解水平的领域句类知识，交互引擎如果能够充分运用这一领域句类知识，它就应该具备上述功能，这一功能应列为 a123e2me1ni 之图灵检验的基本内容之一。

"民政" a123e2m3 是民间事务的简称，是官民关系的第二要点。为什么要加上引号呢？因为它应包括民政与民事二者，a123e213 对应于民政，a123e223 对应于民事。

但必须指出，民政与民事虽然具有形式上的对称性，但并不具有内容上的对称性。因为，官方拥有对民方进行管理的权力，而民方并不拥有对官方进行管理的权力。官民关系的这一基本特征与制度无关，符号本身 a123e2m3 并未给出对这一不对称性的描述，而体现在下面的概念关联式里：

> a123e2m3::=(a12a,l43,(rc30a,l45,ra123e223);101,40\12e51)
> （"民政"定义为政府对民间事务的管理，主宰者是官方）

"民政" a123e2m3 还具有下列概念关联式：

> a123e2m3=a51e22
> （"民政"强交式关联于法治的公众侧面）
> a123e2m3=a12in
> （"民政"强交式关联于治国基本方式的第一要点）

本《全书》暂不对"民政" a123e2m3 再作延伸。通过对领域句类代码 SCD(a123e2m3) 的精心设计，我们仍然可以期望：交互引擎仅仅依靠现有的知识表示体系就能够把"民政"从其他政务中分离出来。

官民相助 a123e2mi 是官民关系的第三要点。官民相助的内容比较复杂，需要再作延伸，这里将取 a123e2mit=b 的形式，其汉语说明如下：

> a123e2mit=b   官民相助的基本侧面
>   a123e2mi9   政治相助
>   a123e2mia   经济相助
>   a123e2mib   文化相助

显然，官民相助的程度密切依赖于时代，这一世界知识以下面的概念关联式表示：

> (j60c3m,l45,a123e2mi):=pj1*t

官民相助的三侧面 a123e2mit=b 可以分别说，也可以非分别说，总计 9 项。非分别说可称互助，分别说可称襄助，相助是互助与襄助的统称。9 项官民相助的领域激活词语比较缺乏，公投、"御用文人"、赈灾和"希望小学"只是"凤毛麟角"，它们对应的领域分别是 a123e22i9、a123e22i~a、a123e21ia 和 a123e22ib，其中的御用文人是政治与文化两者的襄助。

官民交往 a123e2me7n 是官民关系的第四要点，其汉语说明如下：

a123e2me7n	官民交往
a123e2me75	"理智"官民交往
a123e2me76	"违理"官民交往
a123e2me77	"悖理"官民交往

官民交往是非分别说，如果作分别说，那 a123e21e7n 就可以叫作民意回应，a123e22e7n 可以叫作民众诉求。对官民交往为什么采用 "e7n" 而不采用 "e7m" 或 "e2n" 的表示方式呢？这里就不解释了，请读者思考。

官民交往的三项汉语命名都加了引号，其中的 "理智" 对应于理念 d1 与理性 d2 的综合，也是 "违理" 与 "悖理" 中的 "理"

官民交往 a123e2me7n 应设置再延伸概念 a123e2me7nt=b，并通过下面下面的概念关联式约定 a123e2me7nt 的内容：

    a123e2me7nt:=a123e2mit
    （官民交往的基本侧面对应于官民相助的基本侧面）

"理智" 官民交往 a123e2me75 是 "新型" 政治制度的本质，"违理" 官民交往 a123e2me76 是 "变态" 政治制度的本质，这一重要世界知识以下面的概念关联式表示。

    (a123e2me75,jl111,(j741,l47,a10e2ne25))
    (a123e2me76,jl111,(j741,l47,a10e2ne26))

官民交往 a123e2me7n 和官民交往基本侧面 a123e2me7nt-b 是十分复杂的社会现象和社会学课题，西方世界引以为豪的民主政治制度 a10e25 确实不存在 "违理" 官民交往，但存在大量的 "悖理" 官民交往。"理智" 官民交往不仅不是主流，甚至处于弱化态势。第二次世界大战期间，罗斯福（美国总统）的 "炉边夜话" 和丘吉尔（英国首相）的雄辩广播还有点 a123e21e75 的味道，现在也几乎成为西方世界的绝响了。这些重要世界知识以下列概念关联式表示：

    a123e21e75:=50b5
    （"理智"官民交往对应于治世）
    a123e2me76=>a113i
    （"违理"官民交往强源式关联于政权领导人的非正常更迭）
    a123e21~e75=a10e26
    （"违理"和"悖理"官民交往强交式关联于专制制度）
    (a10e25,jl11e22,a123e2me76)
    （民主政治制度不存在"违理"官民交往）
    (a10e25,jl11e21,a123e21e77)
    （民主政治制度存在"悖理"官民交往）

上列概念关联式的每一项都需要并值得进行详尽的论述，延伸概念 a123e2me7nt=b 更需要有所阐释，但笔者决定都略而不论。上面首次使用了 "变态" 政治制度的短语，其映射符号是 a10e2ne26，符号自明，无须另作说明。

1.2.2.2 层级关系 a123eam 的世界知识

层级关系 a123eam 的汉语说明如下：

```
a123eam              层级关系
a123ea1              上级
  a123ea1d01              最高层级
a123ea2              下级
  a123ea2c01              最低层级
a123ea3              同级
```

层级关系 a123eam 是治国面临的第二位关系，具有下列三项基本特性：①上级 a123ea1 具有对下级 a123ea2 的命令权，下级必须服从上级；②存在上下级的"对立统一体" a123~ea3；③存在最高层级 a123ea1d01 和最低层级 a123ea2c01。这三项基本特征万古不变，因为它是秩序 a009a9 的根本要求，并为秩序 a009a9 提供根本保证。这些世界知识以下列概念关联式表示：

```
a123eam≡a009a8
（层级关系强关联于秩序。没有层级关系，就没有秩序；要有秩序，就必须有层级关系。）
a123eam=%(55b,56b)
（层级关系属于社会层次与社会等级的综合）
a123ea1=:44ea1
（上级等同于主宰）
a123ea2=:44ea2
（下级等同于从属）
(a123ea1,jl11e21,((a009aae21,145,c239ea1t),l02,a123ea2))
（上级具有向下级进行指示、命令和批准的权力）
(a123ea2,jl11e21,((a009aae22,145,c239ea2t),l02,a123ea1))
（下级具有向上级进行汇报、请示和申请的义务）
```

中华文明在先秦时代就对上列概念关联式的前两项形成了深刻的认识，也就随之出现了对层级关系的过度偏爱，如同近代西方文明对民主和自由的过度偏爱一样，儒家是这一偏爱的突出代表。我们不能因为这一偏爱而否定中国传统文化所蕴含的合理内核——关于层级关系与秩序强关联的深刻认识，同样，我们也不能因为西方世界对民主与自由的偏爱而否定西方文明所蕴含的合理内核——关于民主、自由、平等与人权的理念。

层级关系 a123eam 对立统一体的存在是相对的，因为如其延伸结构所示，上级 a123ea1 具有最高层级 a123ea1d01，下级具有最低层级 a123ea2c01。

1.2.2.3 军政关系 a123n 的世界知识

军政关系的概念延伸结构表示拷贝如下：

```
a123:(,n;4\k=2,(n):(e2n,7);(n)7\k=m)
  a1234                    军政合一关系

    a123ne2n                军政关系的基本形态
    a123ne25                正常军政关系
    a123ne26                异常军政关系
```

a123(n)7　　　　　　　　　特殊军政关系

　　a123(n)7\k=m　　　　　　特殊军政关系的基本类型

　　a123(n)7\1　　　　　　　第一类特殊军政关系

军政关系 a123n 是治国面临的第三位关系，a1235 表示政府对军队的关系，a1236 表示军队对政府的关系，a1234 表示军政合一。从上面的说明可知，语言概念空间应把"军政关系"排序为"政军关系"，如同结构的纵横侧面一样，在语言表述时，本《全书》迁就了语言空间的习惯。

军政合一关系 a1234 都出现在国家的特殊状态，如农业时代的王朝更迭时期、工业时代的政治革命时期，因而存在下面的概念关联式：

a1234≡50b6

（军政合一关系强关联于乱世）

(a10e25,jl11l22,a1234)

（民主政治制度不存在军政合一关系）

军政关系基本形态 a123(n)e2n 具有下列基本概念关联式：

a123(n)e25:=(a119,100*44ea1,a41)

（正常军政关系对应于政府主宰军队）

a123(n)e26:=(a41,100*44ea1,a119)

（异常军政关系对应于军队主宰政府）

a123(n)e25≡a10e25

（正常军政关系强关联于民主政治制度）

a123(n)e26=a10e26

（异常军政关系强交式关联于专制制度）

特殊军政关系 a123(n)7 采用了变量并列延伸，暂时只给出 a123(n)7\1，定名为第一类特殊军政关系。a123(n)7 具有下列基本概念关联式：

a123(n)7≡a13e21

（特殊军政关系强关联于内部政治斗争）

a123(n)7\1≡a11ie22

（第一类特殊军政关系强关联于绝对权力政党）

a123(n)7\1:=(a11ie22,100*44ea1,a41)

（第一类特殊军政关系对应于绝对权力政党主宰军队）

结 束 语

治国三大关系与本《全书》第一卷第一编 4.0 节所定义的社会基本关系强交式关联，a123=40\k。两者相互补充，其差异性体现在下列概念关联式里：

a123≡a50d01

（治国三大关系强关联于宪法）

40\k≡a10t

（社会基本关系强关联于社会制度）

a123 所描述的三项关系在宪法里都有具体规定，可称强宪法关系；40\k 所描述的六项关系在宪法里仅有原则性规定甚至原则性规定都没有，可称弱宪法关系。宪法这个概念虽然出现在工业时代以后，但治国三大关系乃政治活动的大场与急所，这一政治认识实际上古已有之。古代的所谓治世就是这三项关系基本正常，所谓乱世就是这三项关系遭到严重破坏。所谓明君贤相，就是善于处理这三项基本关系，所谓昏君与乱臣，就是严重破坏这三项基本关系。这是万古不变的真理，这三项基本关系内涵的历时性变化是第二位的。

1.2.3 治国基本方式 a12i 的世界知识

治国基本方式 a12i 的概念延伸结构表示式拷贝如下：

```
a12i:(n,e2m;n3,e2me4m)
a12i                治国基本方式
  a12in             治国基本方式的第一要点
  a12i4             规范
    a12i43            禁止
  a12i5             奖励
    a12i53            授予（殊荣）
  a12i6             惩罚
    a12i63            法办
  a12ie2m           治国基本方式的第二要点
  a12ie21           集权
  a12ie22           分权
    a12ie2me4m        集权与分权的度
```

治国基本方式第一要点 a12in 同 36m 和 a53m 一样，都是对立统一强存在的第一类对偶概念，因此，规范 a12i4 是治国基本方式的主体，奖励 a12i5 和惩罚 a12i6 是治国基本方式的两翼。三者都具有定向延伸概念 a12in3，a12i43 表示禁止，a12i53 表示授予（殊荣），a12i63 表示法办。治国基本方式第一要点 a12in 具有下列基本概念关联式：

```
a12in=36m
（治国基本方式第一要点强交式关联于主体基元概念第二效应三角的控制）
a12in≡a53m
（治国基本方式第一要点强关联于法理的文武之道）
a12in≡a12\1
（治国基本方式第一要点强关联于治国谋略的意识形态治理）
a12i4=:c04a
（治国基本方式里的规范等同于社会性规范）
a12i53=a12\3
（授予强交式关联于治国谋略的政治待遇）
a12i43=:c049
（治国基本方式里的禁止等同于社会性禁止）
```

治国基本方式第二要点 a12ie2m 可简称"集权与分权"，具有延伸概念 a12ie2me4m，描述集权与分权的度。这个度的把握非常复杂，但其基本特性又十分简明，第二类对偶符号 e4m 是非常贴切的映射描述。

1.2.4 治国谋略 a12\k 的世界知识

治国谋略 a12\k 的概念延伸结构表示式拷贝如下：

```
a12:(,\k=3;\1*t=a,\2:(e2m,*t=a),\3k=m;^y\2*9)
a12\k              治国谋略
a12\k=3            治国谋略的三项内容
  a12\1              意识形态治理
  a12\2              政治应变
  a12\3              政治待遇
```

治国谋略 a12\k 包括三项内容，以映射符号 a12\k=3 表示，a12\1 描述意识形态治理，a12\2 描述政治应变，a12\3 描述政治待遇。

意识形态治理 a12\1 就是政治与文化理念的建设，其定义式如下：

```
a12\1::=(3518,l03,d1~2)
```

此定义式所表达的世界知识具有"古今中外"不变性，可是，"意识形态治理"这一短语肯定会遭到西方世界的拒斥，他们发明了"洗脑"这个词语，用以丑化专制制度国家的"意识形态治理"。人每天需要洗脸，经常需要洗澡，为什么就不需要"洗脑"呢？其实"洗脑"的活动，大家都在干。"洗脑"与自由并非水火关系，恰恰相反：自由是最佳的"洗脑"剂，自由的言论、自由的新闻和自由的出版就是最强大的"洗脑"剂，18世纪发生在西方世界的著名启蒙运动不就是一场空前的"洗脑"活动么？黑格尔先生的著名论断——"凡是现实的就是合理的，凡是合理的就是现实的"——难道不就是一则"洗脑"正当性的简明宣言么！

当然，民主政治制度和专制制度对"洗脑"确实采取了不同的谋略，极权政治制度诚然公开鼓吹过"谎言重复一千遍就变成了真理"的谬论，但实际上双方不都在奉行"假象重复一千遍就变成了真实"的游戏逻辑么？所以，关于"洗脑"的种种奇谈实质不过是"五十步笑百步"的典型"阿Q"表现。

意识形态治理的概念延伸结构表示式拷贝如下：

```
a12\1              意识形态治理
  a12\1*t=a          意识形态治理的基本侧面
  a12\1*9            理念宣传
  a12\1*a            舆论监督
    a12\1*te2n         意识形态治理的模式描述
    a12\1*te25         包容性意识形态治理
    a12\1*te26         强制性意识形态治理
```

意识形态治理是官民双方的共同责任和需要，不能仅仅理解为只是官方的单方面责任或民方的单方面需要。这就是设置延伸概念 a12\1*t=a 的缘故了，a12\1*9 描述理念宣传，a12\1*a 描述舆论监督。但两者都具有积极与消极的辩证特性，因而需要引入再延伸概念 a12\1*te2n。a12\1*te25 以包容性意识形态治理命名，a12\1*te26 以强制性意识形态治理命名。民主政治制度比较重视 a12\1*te25，而专制制度比较重视 a12\1*te26，这些重要世界知识以下列概念关联式表示：

> a12\1*te25:=a10e25
> （包容性意识形态治理对应于民主政治制度）
> a12\1*te26:=a10e26
> （强制性意识形态治理对应于专制制度）
> a12\1*te25≡(a10e25a,l45,(7311,a35\0,a35b)
> （包容性意识形态治理强关联于言论、新闻和出版的自由）
> (a12\1*te25,l02,40\12e5m;l01,40\12e5m)
> （包容性意识形态治理的对象是官民双方，主宰者也是官民双方）
> (a12\1*te26,l02,40\12˜e51//,l01,40\12e51)
> （强制性意识形态治理的对象主要是民方，而主宰者只是官方）
> (a12\1*ae25,l02,40\12e51//,l01,40\12˜e51)
> （包容性舆论监督的主要对象是官方，主宰者是民方）

政治应变 a12\2 的概念延伸结构表示式拷贝如下：

> a12\2:(e2m,*t=a;^y*9)
> 　a12\2e2m　　　　　政治应变的基本侧面
> 　a12\2e21　　　　　对内政治应变
> 　a12\2e22　　　　　对外政治应变
> 　a12\2*t=a　　　　政治应变具体措施
> 　a12\2*9　　　　　安全情报活动
> 　　^a12\2*9　　　　　反颠覆活动
> 　a12\2*a　　　　　警卫活动

a12\2e2m 描述政治应变的基本侧面，a12\2e21 表示对内政治应变，a12\2e22 表示对外政治应变。a12\2*t=a 描述政治应变具体措施，a12\2*9 表示安全情报活动，a12\2*a 表示警卫活动。安全情报活动具有反概念^a12\2*9，表示反颠覆活动。

政治应变 a12\2 具有下列基本概念关联式：

> (a12\2e21,l4b,(5303,l03,a11e1ne22))
> （对内政治应变是为了预防非正常政权更迭）
> (a12\2e22,jl111,a13\1ju731)
> （对外政治应变是一种特殊形态的国家或民族之间的政治斗争）
> a12\2*t<=a13//a42
> （政治应变具体措施强流式关联于政治斗争和战争）
> (a12\2*t,jl11e21,ru43e02)
> （政治应变具体措施具有对抗性）
> (a12\2*t,jl11e21,ru332a)
> （政治应变具体措施具有保密性）
> a12\2*a=(a44a,a44b)
> （警卫活动强交式关联于治安和制暴）
> a12\2*9=%21ia
> （安全情报活动属于信息定向接受）

```
(a12\2*a,l4b,(03b,l02,p(pj2)))
```
（警卫活动是为了免除对国家领导人的伤害）

政治待遇 a12\3 具有二级并列延伸 a12\3k=m，其汉语描述如下：

a12\31	对特殊人物的政治待遇
a12\32	对前政权代表的政治待遇
a12\33	对少数民族的政治待遇
a12\34	对宗教力量的政治待遇
a12\35	对特定社会力量的政治待遇

如果说政治应变 a12\2 是治国谋略 a12\k 的大棒，形成威慑力；那么政治待遇就是治国谋略 a12\k 的胡萝卜，形成安抚力。

政治待遇具有下列概念关联式：

```
a12\3=a01a
```
（政治待遇与人事管理强交式关联）
```
a12\3:=a009aae21ju731
```
（政治待遇对应于一种特殊权利）
```
a12\3=>(43e71,l47,pj01)
```
（政治待遇强源式关联于社会的和谐）

第 3 节
政治斗争 a13 (109)

引言

政治斗争 a13 的定义式如下：

```
a13::=(c43e02,l44,pfa1//pj2)
```
（政治斗争定义为政治集团之间或国家之间的斗争）

这一定义式表明：政治斗争 a13 不只是"对抗"这一个侧面，还存在"合作" 43e01 和"妥协" 43e03 这两个必然伴随的侧面，这一重要世界知识通过映射符号 43e02 获得了显性表达。

政治斗争的主导力量是不同政治集团之间的利益冲突，这是毫无疑义的。但历史告诉我们：高明的政治斗争都以政治理念为旗帜，而不是仅以利益为旗帜，在政治斗争中，政治理念具有指导作用，理念是利益的升华，没有理念的利益属于所谓"在商言商"之类的纯物质的低级利益。

政治斗争存在内外两条战线。

政治斗争具有和平与暴力两种基本形态。

内外战线的同时描述和对外战线的单独描述将构成政治斗争类型描述的基点。

国家内部的政治斗争存在两种特殊类型，需要设置两组相应的特定延伸概念予以描述。

国家之间的政治斗争将另行设置两种概念树——外交活动 a14 和征服活动 a15——予以描述。

以上七点，穷举了政治斗争应有的基本概念联想脉络。

1.3-0 政治斗争 a13 的概念延伸结构表示式

```
a13:(e3n,α=b,e2m,e2n,\k=2,3,i;
     e3n3,\1k=4,\2k=2,e2me2n,e2ne2n,3(e2n,e2m),7e6n;
     \11*t=a,\13(*~0,e2n),\2ke2m, 7e6ne1n;
     \2ke2me26)
```

a13e3n	政治斗争的基本关系
a13α	政治斗争的理念冲突
a13e2m	政治斗争的内外战线
a13e2n	政治斗争的基本形态
a13\k	政治斗争的类型描述
a133	国家内部的分合（统独）之争
a13i	政治斗争的时代性表现
a13e3n	政治斗争的基本关系
a13e35	我方
a13e36	敌方
a13e37	友方
a13e3n3	政治斗争基本谋略
a13e353	利我
a13e363	损敌
a13e373	交友
a13e373e2m	两类交友
a13e373e21	以非敌为友
a13e373e22	化敌为友
a13α	政治斗争的理念冲突
a13α=b	政治斗争理念冲突的基本侧面
a138	政治理念冲突
a139	制度理念冲突
a13a	治国理念冲突
a13b	文化理念冲突
a13e2m	政治斗争的内外战线
a13e21	内部政治斗争
a13e22	对外政治斗争
a13e2me2n	内外政治斗争的辩证表现
a13e2n	政治斗争的基本形态

a13e25	"和平"主义
a13e26	暴力主义
a13e2ne2n	政治斗争基本形态的辩证表现
a13(e2n)3	政治斗争形态之争
a13\k=2	政治斗争的基本类型
a13\1	对外政治斗争
a13\1k=4	对外政治斗争的基本类型
a13\11	国家、民族之间的斗争（第一类政治斗争）
a13\11*t=a	第一类政治斗争的基本表现
a13\11*9	国家之间的斗争
a13\11*a	民族之间的斗争
a13\12	阶级斗争（第二类政治斗争）
a13\13	正义与邪恶力量之间的斗争
	（第三类政治斗争）
a13\13*~4	相对正邪之争
a13\13e2n	绝对正邪之争
a13\14	社会集团势力之间的斗争
	（第四类政治斗争）
a13\2	内外政治斗争
a13\2k=2	内外政治斗争的基本类型
a13\21	宗教斗争
a13\21e2m	宗教的内外斗争
a13\21e21e26	宗教斗争的消极表现
a13\22	党派斗争
a13\22e2m	党派的内外斗争
a13\22e21e26	党派斗争的消极表现
a133	国家的分合（统独）之争
a133:(e2m;e2me2n,(e2m)i;(e2m)i:(d0m,c0m))	
a133e2m	分合之争的基本表现
a133e2me2n	历史意义确定的分合
a133(e2m)i	地区自治
a133(e2m)id0m	地区自治度
a133(e2m)ic0m	中央集权度
a13i	政治斗争的时代性表现
a13it=b	政治斗争时代性表现的基本描述
a13i9	农业时代的政治斗争
a13ia	工业时代的政治斗争
a13ib	后工业时代的政治斗争
a13i9:(e0n,i,t=a,3;ie2m,3\k=2)	
a13i9e0n	农业时代武力政权争夺
a13i9i	农业时代非武力政权争夺
a13i9ie2m	农业时代非武力政权争夺的基本形态
a13i9ie21	公开形态
a13i9ie22	秘密形态
a13i9t=a	农业时代的特殊权力
a13i99	滥刑权

a13i9a	奴役权
a13i93	农业时代的国际关系
a13i9e0n	农业时代武力政权争夺
a13i9e05	推翻现政权
a13i9e05e1n	起义与暴乱
a13i9e06	保卫现政权
a13i9e06e1n	镇压与抗争
a13i9e063	复辟
a13i9e07	妥协
a13i9e07e1n	招抚与归顺
a13ia:(e2n,t=b,3)	
a13iae2n	工业时代的政权交替
a13iae25	选举
a13iae26	胁迫
a13iat=b	民权活动
a13ia9	公民权
a13iaa	福利权
a13iab	知情权
a13ia3	工业时代的国际关系
a13ia3\k=2	工业时代国际关系的基本描述
a13ia3\1	结盟
a13ia3\2	战争
a13ib:(3,i;3t=b,ie2m)	
a13ib3	后工业时代的国际关系
a13ib3t=b	后工业时代国际关系的基本内容
a13ib39	国际合作
a13ib3a	国际干预
a13ib3b	霸权干预
a13ibi	"古老幽灵"
a13ibie2m	"古老幽灵"的内外表现

下面以 7 个小节分别论述政治斗争 a13 的世界知识

1.3.1　政治斗争基本关系 a13e3n 的世界知识

凡斗争都存在"我、敌、'友'"三方，但政治斗争的"我、敌、'友'"三方最为诡谲，那"只有永远的利益，没有永远的朋友"的名言就来自于对政治斗争诡谲性的描述。此语因为曾出自丘吉尔先生之口而广为传扬，但并非丘吉尔先生的发明。后来又被多事者给出了如下的实用理性描述："没有永远的敌人，也没有永远的朋友，只有永远的利益。"

政治斗争的三方 a13e3n 具有下列基本概念关联式：

a13e3n=:c407e3n
（政治斗争的"我、敌、'友'"等同于主体基元概念的"我、敌、友"）
(a13e3n,jl11e21,ju70e21)
（政治斗争里的三方具有动态性）

这里，为什么对第一个概念关联式采用符号"=:"（等同）而不采用符号"=%"（属于）呢？这是由于 a13e3n 与 c407e3n 的联系不属于主体基元概念与扩展基元概念之间的共相联系，而属于殊相联系。第一个概念关联式描述了"我、敌、友"的相对性（即三方中的任何一方都可以自称为"我"，于是"敌、友"都要作相应转换），但没有描述政治斗争三方的上述诡谲性，这一特性由第二个概念关联式描述。应该特别指出的是：这一概念关联式不仅规定了"没有永远的'敌'，也没有永远的'友'"，而且还规定了"也没有永远的'我'"，这意味着"我"也可以分离出"敌"，斯大林的名言"堡垒是最容易从内部攻破的"就是"没有永远的'我'"这一世界知识的巧妙表达。当然，该表示式未反映"只有永远的利益"，这一命题的自然语言表述具有艺术之美，概念语言虽然也可以表述为

(r321,jl11e21ju41c01,ju70e22)

但艺术之美就全然失去了。不过，概念语言也不会给出这样的表示式，因为，它只是实用理性的一种观点，不仅不是一项真理的恰当表述，还包含着极为有害的观念。

政治斗争的基本谋略乃基于对我、敌、"友"三方关系的认识，以映射符号 a13e3n3 表示，相应的定义式如下：

> a13e353::=(3218,l02,a13e35)
> （政治斗争基本谋略的第一要点是利我）
> a13e363::=(3228,lv02,a13e36)
> （政治斗争基本谋略的第二要点是害敌）
> a13e373::=(43e01,lv02,a13e37(u507+j41c26d01))
> （政治斗争基本谋略的第三要点是广交朋友）

古汉语的"纵横捭阖"也许是对政治斗争谋略 a13e3n3 最精妙的描述，用现代语言来说，就是加强我方，削弱以至消灭敌方，扩大统一战线。

交友 a13e373 具有 a13e373e2m 延伸，a13e373e21 表示以非敌为友，a13e373e22 表示化敌为友。这"化"一定是动态的，而且风险极大，这里就不详述了。

1.3.2 政治斗争理念冲突 a13α 的世界知识

政治斗争理念冲突 a13α 的具体映射符号是 a13α=b，这就是说，政治斗争理念冲突具有根概念 a138，定名为政治理念冲突。其三个具体侧面分别是：制度理念冲突 a139、治国理念冲突 a13a 和文化理念冲突 a13b。政治斗争的理念冲突 a13α 具有下面的基本概念关联式：

> (a13α=d1y,α=b,y=0-3)
> （政治斗争的理念冲突强交式关联于理念概念林的各对应概念树）

下面分节进行论述。

1.3.2-1 制度理念冲突 a139 的世界知识

制度理念冲突 a139 具有下列基本概念关联式：

> a139≡(b11,b13)

（制度理念冲突强关联于革命及改革与继承）

a139=d11

（制度理念冲突强交式关联于政治理念）

a139=>c1079e7m

（制度理念冲突强源式关联于社会发展的前进、倒退或停滞）

a139%=(43e72,144,a10~0//a10~b//a10a\k//(a10b3,a10a)//a10e2n)

最后的概念关联式具体描述了 5 种制度理念冲突——轮换政体 a101 与世袭政体 a102 的冲突、王权制度 a109 与资本制度 a10a 的冲突、共和制与君主立宪制的冲突、社会主义制度 a10b3 与资本制度的冲突、民主政治制度 a10e25 与专制政治制度 a10e26 的冲突。要不要对 a139 再作并列延伸 a139\k=5 对此加以描述呢？请后来者自定。

制度理念冲突 a139 具有下列基本概念关联式：

((a139,144,a10m),j100e22,pj1*t)

（政体冲突无关于时代）

(a139,144,a10~b):=pj1*ac35

（王权制度与资本制度的冲突对应于工业时代初期）

(a139,144,a10a\k):=pj1*ac36)

（共和制与君主立宪制的冲突对应于工业时代中期）

(a139,144,(a10b3,a10a)):=pj1*ac37)

（社会主义制度与资本制度的冲突对应于工业时代后期）

(a139,144,a10e2n):=pj1*b

（民主政治制度与专制政治制度的冲突对应于后工业时代）

上列概念关联式表明：制度理念冲突 a139 自古有之，并非始于工业时代到来之后。但制度理念冲突的具体内容则随着历史的演进而发生了巨大变化。这里，对社会制度、政治体制和政治制度的冲突作了明确区分，依据这一区分，希腊和罗马的制度理念冲突都不过是政治体制的冲突，而不是政治制度的冲突。尤利乌斯·恺撒刺杀者的那句名言"我爱恺撒，但我更爱罗马"虽然是制度理念冲突 a139 的生动写照，但仍然只属于政体的理念，而不属于政治制度的理念，民主与专制政治制度的理念冲突仅存在于后工业时代。

在工业时代的前几个世纪里，欧洲大陆曾发生过无数次剧烈的制度理念冲突 a139。这一冲突的最终结果形成了两类资本制度国家——共和制 a10a\1 国家和君主立宪制 a10a\2 国家。这两种资本制度殊途同归，都能适应工业时代，并且都能和平地过渡到后工业时代。应该说，这一历史现象完全出乎当年民主政体 a101 和民主制度 a10e25 坚定维护者的意料，这一意外也许是所有历史经验中最宝贵的经验。

制度理念冲突 a139 并未因后工业时代的到来而结束，民主政治制度和专制政治制度的理念冲突将持续多长时间？将产生什么样的严重后果？这只有上帝知道。笔者的祷告词只能是："明智的诸君，请提高历史眼光吧！请理解政治制度的辩证特性吧！不要播种仇恨，要深思西欧的伟大历史奉献，寻求沟通与妥协吧！"

1.3.2-2　治国理念冲突 a13a 的世界知识

治国理念冲突 a13a 具有下列基本概念关联式：

a13a=b23

（治国理念冲突强交式关联于继承与改革）

a13a=d12

（治国理念冲突强交式关联于经济理念）

a13a=a53

（治国理念冲突强交式关联于法理）

治国理念冲突具有极为丰富的内涵，其世界知识与专家知识的界限划定也极为复杂。上列概念关联式试图为治国理念冲突给出一个基本的范定，第一个表示式试图划清治国理念冲突与制度理念冲突的界限，治国理念冲突的双方不存在政治理念的冲突，都主张以继承为立足点，相反，制度理念冲突的双方则存在政治理念的冲突，其中至少有一方主张以改革甚至以革命为立足点。后两个表示式试图划清治国理念与文化理念冲突的界限，同时也范定了治国理念冲突的两项具体内容：一是关于经济理念的冲突；二是关于法理的冲突。这两者同第一项概念关联式一起，共同构成治国理念冲突。于是，对治国理念冲突可给出下面的再延伸概念：

a13aγ=b　　　　　　　治国理念冲突的基本类型

a13a9　　　　　　　　第一类治国理念冲突

a13aa　　　　　　　　第二类治国理念冲突

a13ab　　　　　　　　第三类治国理念冲突

这样，上列概念关联式就可以改成下面的形式：

a13a9≡b23

（第一类治国理念冲突强关联于继承与改革）

a13aa≡d12

（第二类治国理念冲突强关联于经济理念）

a13ab≡a53

（第三类治国理念冲突强关联于法理）

在我国历史上，"商鞅变法"涉及第一类治国理念冲突，清朝末年的戊戌变法也属于此类；"王安石变法"仅涉及第二类治国理念冲突，尽管介甫先生有"天命不足畏，祖宗不足法，人言不足恤"的豪言；而孔子、屈原和贾谊的悲情则都是第三类治国理念冲突的反映。

最后，应给出下面的基本概念关联式：

a13a≡c1039

（治国理念冲突强关联于社会发展的进程）

应该承认：实行民主政治制度的国家对治国理念冲突具有比较清醒的认识。当然，它们也发生过法西斯式的严重错误，但后来毕竟进行过比较深刻的反思。

1.3.2-3 文化理念冲突 a13b 的世界知识

把文化理念冲突安排在政治理念冲突里，并符号化为a13b，一定会引起强烈的质疑甚至讨伐，应该承认：质疑者或讨伐者都是有充分理由的。政治、经济、文化三者之间的关系以文化与政治之间的关系最为复杂，对这一极为复杂的关系，出现过两种极端简明的论点，一种主张文化应从属于政治，另一种主张文化应独立于政治。柏拉图和黑格尔是第一种论点的经典代表，后来被马克思和毛泽东发展到了极致。但古今中外的大多数文化人都倾向于第二种论点，鲁迅先生曾给予这论点"恰如用自己的手拔头发，要离开地球一样"的辛辣讽刺。从柏拉图到鲁迅都全错了么？应该不会。但他们就全对了么？也应该不会。这就是引入延伸概念"文化理念冲突 a13b"的起因了。

文化与政治的关系也许用"鱼与水"来比方比较贴切。文化是鱼，政治是水。中国古语就有"水至清则无鱼"的至理名言。近代中国还有《鱼儿离不开水》的著名革命歌曲。现在我们还可以补充说"水至浊（污染）亦无鱼"。这些话，应该是文化与政治关系的合适表述。

无论是西方还是东方的哲学史或思想史，实质上就是一部文化理念冲突的历史。当然，不是所有的文化理念冲突都涉及政治斗争，但不涉及的毕竟是少数甚至是极少数。对"正义"这一重要基本概念的阐释只是一种文化现象，不能构成"阐释罪"吧！然而苏格拉底先生正是因这一罪名而遭到了"饮鸩"自杀的判决。我们都很熟悉下列历史故事：哥白尼生前未敢出版他的日心说伟著、伽利略在软禁中度过凄凉的余生、一生穷困的斯宾诺莎竟然婉言拒绝（实质上是不敢）教授聘约、布鲁诺遭受到残酷的火刑。我们也看到：进化论至今并没有为大多数人所接受，你能把所有这些现象都纳入政治理念冲突 a138 的范畴么？显然不能。所以，文化理念冲突 a13b 这一概念的引入乃势所必然。

政治理念冲突 a138 作为根概念，按约定不需要特别说明。但它毕竟具有它十分独特的内容，需要多说几句。在下面政治斗争基本类型的描述中，我们将引入对外政治斗争和内外政治斗争的基本分类，两者的映射符号分别是 a13\1 和 a13\2，引入这一延伸概念的目的是建立下面的基本概念关联式：

$$a138 \equiv a13\backslash 2$$
（政治理念冲突强关联于内外政治斗争）

内外政治斗争 a13\2 将在下面的 1.3.5–2 分节论述，设置这一延伸概念的目的在于揭示一项极为重要的世界知识，那就是内外政治斗争 a13\2 密切联系于宗教斗争和党派斗争，密切联系于政治理念冲突，并具有浓重的文化色彩。但是，并非所有的文化理念冲突都可以纳入 a13\2 或 a138 的范围，应该为这一范围之外的文化理念冲突保留一块描述空间，其表示式就是 a13b，它具有下面基本概念关联式：

$$(a13b, j100e22, (a13\backslash 2; a138))$$
（文化理念冲突无关于内外政治斗争或政治理念冲突）

上面的两个概念关联式在形式上对基本政治理念冲突与文化理念冲突给出了明确的区分，对上面说到的两种简明论点（主张）给予了一种折中而模糊的描述。这样的描述方式是否更接近于历史和现实的本来面目呢？请后来者检验吧。

1.3.3 政治斗争内外战线 a13e2m 的世界知识

政治斗争存在内外两条战线，以映射符号 a13e2m 表示，a13e21 描述内部政治斗争，a13e22 描述对外政治斗争。

对政治斗争内外两条战线 a13e2m 的研究是政治学和历史学的大课题，这两条战线的高度交织性堪称无与伦比，这一重要世界知识以下面的概念关联式予以表达：

    a13e21=a13e22
    （政治斗争的内外战线互相强交式关联）

大政治家都是驾驭政治斗争内外战线 a13e2m 交织性的高手，伟人或暴君更是这类高手中的顶级高手。他们都深谙一条政治斗争的法则：击败内部对手的最有效武器就是把对手变换成敌人或叛徒，而实行这一变换的基本武器是正义或革命。

内外政治斗争 a13e2m 具有积极与消极的双重性，其映射符号自然是 a13e2me2n。为了描述上述伟人或暴君的顶级政治斗争策略，将特别引入延伸概念 a13e21e26d01。

政治斗争内外战线 a13e2m 及其延伸概念都不设置领域句类代码，它们仅作为概念基元在复合领域表示或延伸概念的定义式中使用。

1.3.4 政治斗争的基本形态 a13e2n 的世界知识

如同民主和专制政治制度的映射符号一样，以映射符号 a13e2n 表示政治斗争的基本形态是一项艰难的选择，最终也是依靠再延伸概念 a13e2ne2n 的引入而获得了符合中庸之道的表示方式。现将这一表示方式拷贝如下：

    a13e2n   政治斗争的基本形态
    a13e25   "和平"主义
    a13e26   暴力主义
     a13e2ne2n   政治斗争基本形态的辩证表现

围绕着政治斗争的基本形态 a13e2n 曾出现过巨大的政治论争，这一论争可纳入本章 1.3.2 小节所论述的政治理念冲突。为方便这一纳入，这里引入延伸概念 a13(e2n)3，定名为政治斗争形态之争，其定义式及基本概念关联式如下：

    a13(e2n)3::=(a13,144,a13e2n)
    （政治斗争形态之争定义为"和平"主义与暴力主义之间的政治斗争）
    a13(e2n)3≡a138
    （政治斗争形态之争强关联于政治理念斗争）

政治斗争基本形态具有下列基本概念关联式：

    (a13e26,jl111,ju721;s31,pj1*˜b;s33,a10e26)
    （暴力主义在农业和工业时代和专制政治制度下居于主导地位）
    (a13e25,jl111,ju721;s31,pj1*b;s33,a10e25)
    （"和平"主义在后工业时代和民主政治制度下居于主导地位）

延伸概念 a13e26 不需要独立设置领域句类代码，但延伸概念 a13e25 和 a13(e2n)3 需要。因为，我们需要为印度的"圣雄"甘地和美国的"圣人"马丁·路德·金牧师保留一个描述空间，也需要为马克思和列宁的众多论敌留下一个描述空间。

1.3.5 政治斗争的基本类型 a13\k 的世界知识

政治斗争的基本类型将概括成对外政治斗争和内外政治斗争两大类，并符号化为
a13\k=2，a13\1 描述对外政治斗争，a13\2 描述内外政治斗争。这一描述方式当然是对政
治斗争类型的极大简化，这里不来论证这一简化的依据，而只指出一点：它将有利于交
互引擎对政治斗争的理解。

政治斗争基本类型的概念延伸表示式拷贝如下：

```
a13\k              政治斗争的基本类型描述
a13\k=2            政治斗争的两种基本类型
a13\1              对外政治斗争
a13\2              内外政治斗争
```

对外政治斗争 a13\1 和内外政治斗争 a13\2 都将继续作并列延伸 a13\1k=4 和
a13\2k=2，这就是说，对外政治斗争分为 4 类，简称为第一、第二、第三和第四类政治
斗争，内外政治斗争分为两类，定名为宗教斗争和党派斗争。显然，对外政治斗争 a13\1
和内外政治斗争具有下面的基本概念关联式：

```
a13\1:=a13e22
a13\2:=a13e2m。
```

上面的概念关联式也可以看成是 a13\1 和 a13\2 的定义式。

"内争重于外战"是政治斗争中的一种极为奇特的历史现象，这一现象在某些宗教和
党派斗争中表现得十分突出，甚至成为一种信条。前述斯大林的名言"堡垒是最容易从内
部攻破的"其实就是这一信条的一种巧妙伪装。可以说，延伸概念 a13\2 正是为了描述这
一信条而设置的。这并不说 a13\1 就不存在内部斗争，而是以另外的方式进行论述。

下面以两个分节进行论述。

1.3.5-1 对外政治斗争 a13\1 的世界知识

对外政治斗争 a13\1 的概念延伸结构表示式拷贝如下：

```
a13\1k=4           对外政治斗争的基本类型
a13\11             国家、民族之间的斗争（第一类政治斗争）
 a13\11*t=a        第一类政治斗争的基本表现
 a13\11*9          国家之间的斗争
 a13\11*a          民族之间的斗争
a13\12             阶级斗争（第二类政治斗争）
 a13\12e2n         阶级斗争的正邪性
  a13\12e2ne2n     阶级斗争的正邪辩证性
a13\13             正义与邪恶力量之间的斗争
                   （第三类政治斗争）
 a13\13*~4         相对正邪之争
 a13\13e2n         绝对正邪之争
```

a13\14　　　　　社会集团势力之间的斗争

（第四类政治斗争）

第一类政治斗争 a13\11 描述国家、民族之间的斗争，这一政治斗争符号化为 a13\11 应该不会引起太大的争议，因为这是古往今来的实际情况。国家、民族之间的政治斗争实际上经常纠结在一起，需要引入交织延伸 a13\11*t=a 对两者加以区别，a13\11*9 描述国家之间的政治斗争，a13\11*a 描述民族之间的政治斗争。

第一类政治斗争具有下列基本概念关联式：

(a13\11,149,(32a,144,pj2//pj52))
（第一类政治斗争起源于国家或民族之间的利益冲突）
(a13\11,a13e25)%=(a14a,a14b)
（"和平"形态的第一类政治斗争包括外交谈判和国际事务）
(a13\11,a13e26)=>a42
（暴力形态的第一类政治斗争强源式关联于战争）

第一类政治斗争 a13\11 是一个 r 强存在概念，ra13\11*9 代表爱国主义，ra13\11*a 代表民族主义。爱国主义和民族主义的旗帜在人类历史进程中发挥过极其巨大的作用，一些领袖、哲人和文人曾赋予这两种主义以神圣性，但非常有趣的是：阶级主义（见下文）曾把这两种主义打得落花流水。

第一类政治斗争 a13\11 的两种特殊情况将另行设置概念树，那就是外交活动 a14 和征服活动 a15。这一设置的必要性可视为第一类政治斗争命名合理性的有力佐证。

第二类政治斗争 a13\12 描述阶级斗争，这一设置是对历史实际情况的恰当描述。马克思主义出现之前，许多哲人无视阶级斗争的存在无疑是一个历史性错误，但是，将阶级斗争视为推动社会发展的根本动力，也不是对历史真实情况的科学描述。阶级斗争具有下列基本概念关联式：

(a13\12,149,(32a,144,a10e26te1m))
（阶级斗争起源于专制政治制度有关双方的利益冲突）
(a13\12+a13e21)=>(b12,145,pj01)
（"和平"形态的阶级斗争强源式关联于社会的改良）
(a13\12+a13e22)≡a11e1ne22\3
（暴力形态的阶级斗争强关联于武装起义）
(a13\12+a13e22)=>a11e1ne223
（暴力形态的阶级斗争强源式关联于王朝更迭）
(a63e2m,145,(a13\12+a13e22))≡(3118,145,a10b3+r10a8c21)
（暴力形态阶级斗争的理论与实践强关联于原始形态社会主义制度的建立）

第二类政治斗争也是一个 r 强存在概念，ra13\12 似乎没有现成的词语，不妨定名为"阶级主义"，是马列主义的基石。基于"阶级主义"而产生的众多观念更是对 20 世纪的世界产生过极为重大的影响，许多著名的学者都崇奉"阶级主义"。我国老一代学者为旧著撰写序言（包括自己的旧著或世界学术名著的汉语译本）时，都显示出"阶级主义"的厚重影响。

对阶级斗争 ra13\12 配置了再延伸概念 a13\12e2n 及其辩证表现 a13\12e2ne2n。对它们的具体论述就留给来者吧！

第三类政治斗争 a13\13 的定义式如下：

```
a13\13::=(a13,144,pfj80~4//pfj80e2n)
（第三类政治斗争是正义与邪恶政治力量之间的政治斗争）
```

在语言概念空间里，正义与邪恶存在两种映射符号 j80n 和 j80e2n，代表相对性正邪和绝对性正邪。正邪属于伦理概念，伦理概念的相对性与绝对性区分十分复杂，正邪的相对性与绝对性区分尤为突出。绝大部分第三类政治斗争都属于相对性正邪之间的政治斗争，但也存在绝对性正邪的情况，第二次世界大战就是一个典型事例，至于当前的反恐斗争，则具有相对性和绝对性的双重特征。

第四类政治斗争 a13\14 的定义式如下：

```
a13\14::=(a13,144,pfa009aae21ju762)
（第四类政治斗争是不同权利集团之间的政治斗争）
```

第四类政治斗争可以视为对外政治斗争的"不管部"，凡不属于前三类的政治斗争都可以纳入 a13\14，包括部落之间、地方势力之间、地方势力与中央政府之间的斗争，这三者将以映射符号 a13\14k=3 表示。至于帮会之间及黑社会之间的斗争等，将以 a13\14*3 表示。这里应该强调指出：第四类政治斗争不包括所谓的政见之争，它放在内外政治斗争的党派斗争 a13\22 里。

1.3.5-2　内外政治斗争 a13\2 的世界知识

设置内外政治斗争 a13\2 这一延伸概念的必要性已在前文交代了两次（本章 1.3.2-3 分节和本小节的总述），这里就不再论述了。内外政治斗争如同对外政治斗争一样，将延续设置并列延伸，取映射符号 a13\2k=2，a13\21 描述宗教斗争，a13\22 描述党派斗争。

内外政治斗争 a13\2 的概念延伸结构表示式拷贝如下：

```
a13\2                      内外政治斗争
  a13\2k=2                 内外政治斗争的基本类型
  a13\21                   宗教斗争
    a13\21e2m              宗教的内外斗争
      a13\21e21e26         宗教斗争的消极表现
  a13\22                   党派斗争
    a13\22e2m              党派的内外斗争
      a13\22e21e26         党派斗争的消极表现
```

上列延伸结构表示式可统一写成 a13\2:(k;ke2m;ke2me26) 的简明形式。这就是说，宗教斗争 a13\21 与党派斗争 a13\22 具有形式上的对应性或相似性，这里的形式仅指概念延伸结构表示式，不涉及具体内容。宗教存在神圣的一面，也存在被严重误解的一面，党派存在类似状态。因此，把两者放在同一个延伸概念 a13\2 里曾使笔者感到不安，但这肯定是笔者多虑了。

内外政治斗争 a13\2 的各项延伸概念具有比较突出的符号自明性，故论述从略。

1.3.6 国家内部分合之争 a133 的世界知识

国家内部分合之争 a133（下文将简称"分合之争"或"统独"之争）也许是整个农业时代历史乐章的主旋律，至少《三国演义》的作者是这么认为的，可以说，没有一个国家不曾遭受过分合之争 a133 的巨大痛苦。维护国家统一的斗争历来被视为神圣的事业，但是，神圣的东西就不应该反思么？应该思考：为什么分裂的春秋战国时期反而是我国文化创新最辉煌的年代？应该发问：如果西欧曾是长期统一的帝国，西欧还会成为现代文明的摇篮么？所以，分合之争 a133 的内涵实际上非常复杂，这就是下列概念延伸结构表示式的设计依据了。"分合之争"a133 的概念延伸结构表示式拷贝如下：

```
a133:(e2m;e2me2n,(e2m)i;(e2m)i:(d0m,c0m))
a133                    国家的分合（统独）之争
  a133e2m                分合之争的基本表现
    a133e2me2n            历史意义确定的分合
    a133(e2m)i            地区自治
      a133(e2m)id0m        地区自治度
      a133(e2m)ic0m        中央集权度
```

应该说明：这里又出现了语言空间的描述顺序与语言概念空间相反的情况，a133e21 对应于国家统一，a133e22 对应于国家分裂。

如果说有什么观念最具有历史不变性的话，毫无疑问，围绕"分合之争"的基本观念——统一神圣而分裂万恶——肯定是第一位的。在这方面，唯有苏联解体后的捷克斯洛伐克投射过一线史无前例的理性光辉。苏联的解体是属于 a133e22e25 还是 a133e22e26 呢？对这一争论似乎没有给出第三种答案，然而实际上是存在的，它就是 ra133e22。

处理分合之争的合理方案之一是实行地区自治 a133(e2m)i 制度，这一制度并非现代产物，而是自古有之。我国的周王朝和西方的罗马帝国都是古代实行这一制度的典范，而秦王朝之短命，与遽然废除这一制度密切相关。

地区自治 a133(e2m)i 具有两项延伸概念 a133(e2m)id0m 和 a133(e2m)ic0m，前者表示地区自治度，后者表示中央集权度。这里没有采取符号 a133(e2m)ie4m，为什么？请读者思考。

分合之争本身及其各级延伸概念都是十分复杂的政治经济学课题，从世界知识的描述来说，下列概念关联式是基本的。

```
a133=>(a42,l47,pj2*e21)
（分合之争强源式关联于国内战争）
a133=a13\11*a
（分合之争强交式关联于民族之间的政治斗争）
a133=a13\21
（分合之争强交式关联于宗教斗争）
a133=a13\143
（分合之争强交式关联于地方势力与中央政府之间的斗争）
(a133(e2m)i,jl111,(s119ju84e71,100*312a,a133))
（地区自治是克服分合之争的正确（总体）谋略）
(a133(e2m)id0m;a133(e2m)ic0m)=%a10m
```

（地区自治度或中央集权度属于政治体制）

"一国两制"是地方自治 a133(e2m)i 在后工业时代出现的新事物，其映射符号该如何选定？建议采用(a133(e2m)i,l47,CHINA)的复合形式。

1.3.7 政治斗争时代性表现 a13i 的世界知识

所有的专业活动（按专业活动的概念林来说）都有它们的时代性表现，所有的政治活动（按政治活动的概念树来说）也有它们的时代性表现，那么，为什么只对政治斗争 a13 这一概念树设置时代性表现的一级延伸概念 a13i 呢？当然，这是一个伪问题，因为 a13i 并不是唯一的此类延伸概念，制度与政策概念树 a10 的一级延伸概念 a10t=b 实质上也是。不过，政治斗争的时代性表现具有非同寻常的特色，在所有的一级延伸概念中，也许它是唯一的一个"古老幽灵"不散的奇特概念了，这就是设置延伸概念 a13i 的基本思考。

人类社会已进入后工业时代的初级阶段，许多观念的内涵都发生了时代性巨变，有些观念甚至出现了年代性变化，"年代性代沟"已成为一个时髦话题。但有关政治斗争的基本观念似乎是一个突出例外。萨达姆曾宣称"科威特本来是伊拉克的一个省"，并悍然采用了相应的军事行动；内贾德曾多次宣告"以色列应该从地图上消失"、"纳粹德国对犹太人的种族灭绝乃是西方制造的谎言"。这两位大胆的总统敢于作出这样的宣称或宣告很值得深思，它表明：农业时代的政治斗争观念在今天依然有巨大的受众市场。

那么，农业时代政治斗争的基本观念是什么？那就是：①强者为王，强国拥有灭掉弱国的权力；②"朕即国家"（法王路易十四语），朕拥有杀戮臣民的权力。那么，能不能说：在农业时代，国家主权和个人生存权的概念根本就不存在呢？不能！即使在那个时代，灭国与杀人都并非"师出无名"，而是在法律上或道义上都能找得出堂而皇之的依据。汉语对此有精妙的陈述："欲加之罪，何患无辞？"

国家生存权后来发展成为**国家主权**的概念，个人生存权后来发展成为**人权**的概念。**国家主权**的概念发轫于《威斯特伐利亚条约》，**人权**的概念发轫于公民的选举权。《威斯特伐利亚条约》的签订和公民选举权的再次出现可视为农业时代迈向工业时代的政治标志。那么，工业时代迈向后工业时代的政治标志是什么？它必然并必须**是：战争逐步成为人类的历史记忆**，后工业时代必须建立起这一政治理念。

但是，应该承认：国家主权和人权的概念还远没有成为人类的普世价值观或普世理念。对武力的倚重和对战争的迷信依然是一个浓重的存在，对人权的践踏依然是一个丑恶的存在。这两个存在是天生的双胞胎，是必然交织在一起的。"圣战"的观念是一个突出的例子，近年来它不是有所削弱，而是有所加强，这不仅有拉登先生为证，有众多男女自杀式"圣战"者的前仆后继为证，还有布什先生为证。他曾用"十字军东征"来比拟他所发动的伊拉克战争，虽然布什先生经常口误，但这个口误可是太非同寻常了。"亡我之心不死"的警惕幽灵是另一个突出的例子，在工业时代曾被征服或遭受过侵略的众多国家，都仍然被这个警惕幽灵左右着国家与民族的心灵。

上面的冗长论述是一个必要的铺垫，否则，对政治斗争时代性表现 a13i 将很难给出恰当的概念延伸结构表示式。

政治斗争时代性表现 a13i 仅设置一项延伸概念 a13it=b，其汉语表述如下：

a13it=b	政治斗争时代性表现的基本描述
a13i9	农业时代的政治斗争
a13ia	工业时代的政治斗争
a13ib	后工业时代的政治斗争

政治斗争时代性表现的基本描述具有下列基本概念关联式：

```
a13i9:=pj1*9
a13ia:=pj1*a
a13ib:=pj1*b
```

下面以三个分节进行论述。

1.3.7-1 农业时代的政治斗争 a13i9 的世界知识

农业时代的政治斗争 a13i9 的概念延伸结构表示式拷贝如下：

a13i9:(e0n,i,t=a,3;ie2m,3\k=2)	
a13i9e0n	农业时代武力政权争夺
a13i9i	农业时代非武力政权争夺
a13i9ie2m	农业时代非武力政权争夺的基本形态
a13i9ie21	公开形态
a13i9ie22	秘密形态
a13i9t=a	农业时代的特殊权力
a13i99	滥刑权
a13i9a	奴役权
a13i93	农业时代的国际关系
a13i93\k=3	农业时代国际关系的基本形态
a13i93\1	征服
a13i93\2	"大家族"
a13i93\2e1n	主附关系
a13i93\3	和亲

农业时代的政治斗争 a13i9 设置 4 项延伸概念，一是农业时代的武力政权争夺 a13i9e0n；二是农业时代的非武力政权争夺 a13i9i，三是农业时代的特殊权力 a13i9t=a，四是农业时代的国际关系 a13i93。

农业时代的武力政权争夺 a13i9e0n 的汉语表述如下：

a13i9e05	推翻现政权
a13i9e05e1n	起义与暴乱
a13i9e06	保卫现政权
a13i9e06e1n	镇压与抗争
a13i9e063	复辟
a13i9e07	妥协
a13i9e07e1n	招抚与归顺

农业时代武力政权争夺 a13i9e0n 具有下列基本概念关联式：

a13i9e0n=:a13e26
（农业时代武力政权争夺对应于暴力主义）

a13i9e0n=>a11e1ne22
（农业时代武力政权争夺强源式关联于非正常政权更迭）

(a13i9e0n,jl00e22,(10a,l03,a10~3))
（农业时代武力政权争夺无关于社会制度与体制的演变）

a13i9e05=a11e1ne22\3
（农业时代的推翻现政权强交式关联于武装起义）

农业时代非武力政权争夺 a13i9i 具有单一延伸概念 a13i9ie2m，a13i9ie21 表示公开形态政权争夺，a13i9ie22 表示秘密形态政权争夺，两者具有下列基本概念关联式：

a13i9ie21=>a10e25
（农业时代非武力公开形态政权争夺强源式关联于民主政治制度）

(a13i9ie21,jl11e21ju41c01,(a30\3*a7,l47,GREECE-ROMAN))
（农业时代非武力公开形态政权争夺仅存在于希腊–罗马文明）

a13i9ie22=a11e1ne22\1
（农业时代非武力秘密形态政权斗争强交式关联于官廷政变）

应该说明：这里的"公开形态 a13i9ie21"大体相当于波普尔先生所说的"开放社会"，而"秘密形态 a13i9ie22"大体相当于"开放社会"的对立面。上列前两个概念关联式是对西方文明历史渊源的概括，第二个概念关联式的 GREECE-ROMAN，笔者很想在其后加上符号"//"，最后还是放弃了。因为，这确实是 GREECE-ROMAN 文明的独特性，其他古老文明也许存在相应的政治理念（如我国儒家学说），但不曾存在过与 a13i9ie21 相对应的"政治制度"，甚至连这一制度的萌芽或初级形态都未曾出现过。这大约就是可敬的顾准先生在那不可思议的凄苦景况中，还要潜心研究希腊城邦制度的原因了。

农业时代的特殊权力 a13i9t=a 是所有历史糟粕中最可诅咒的一项，这两项特殊权力将分别定名为滥刑权和奴役权，简称农业时代特权，具有下列基本概念关联式：

(a13i9t,jl111,j806d01)
（滥刑权与奴役权是最大的邪恶）

(a10e2ne25,jl11e22,a13i9t)
（"新型"政治制度不存在滥刑权与奴役权）

a13i99≡a109
（滥刑权强关联于王权制度）

a13i9t≡a10e26e26
（滥刑权与奴役权强关联于极权制度）

a13i99=a10e26(t)e11d01
（滥刑权强交式关联于最高统治）

a13i9a≡(a109,a10ac31)

（奴役权强关联于王权制度和初级阶段资本制度）

a13i9a≡a10e26e26

（奴役权强关联于极权制度）

a13i9a≡a10e26˜b

（奴役权强关联于专制制度的压迫和剥夺效应）

上列概念关联式并非没有争议，希特勒和萨达姆就肯定不同意其中的第一项，第二项会遭到民主自由旗手们的强烈质疑。但是，旗手们不应忘记：在西方文明最为自豪的启蒙时代，西方的权力人物不仅曾疯狂地运用这一农业时代特权于全球其他民族，也曾疯狂地运用于自己的同胞。旗手们更不应忘记：对这一农业时代特权作出强有力辩护的众多近代主义（法西斯主义只是其中之一）都孕育于西方文明，而不是东方文明。这一农业时代特权至今仍有强大的生命力。

滥刑权造成的冤案是最大的历史伤痛，在中国有司马迁和岳飞的著名案例，在西方有《乌托邦》作者托马斯·莫尔的著名案例。然而，应该指出：这些著名案例只不过是这一历史伤痛的沧海一粟，因此，应给出下列基本概念关联式：

((r3128\2uz00d01,l47,c10a),l49,a13i9t)

（历史上最严重的人祸来源于农业时代特权）

a13i9t=>a58\1

（农业时代特权强源式关联于刑法灾难）

农业时代的国际关系 a13i93 设置了并列延伸 a13i93\k=3，分别表示征服 a13i93\1、"大家庭" a13i93\2 与和亲 a13i93\3。在工业时代，这三者依然苟延残喘，但在后工业时代，它们已不复存在，这一世界知识以下列的概念关联式表示：

(pj1*a,jl11e21,a13i93\k)

(pj1*b,jl11e22,a13i93\k)

"大家族"国际关系在农业时代占有重要地位，如西欧神圣罗马帝国时期，我国东周时期，印度的大部分时期相当于我国的"春秋"时期。我国北宋实质上也属于这一情况。和亲外交的著名案例，在中国有王昭君和文成公主的远嫁，在欧洲有哈布斯堡王室的联姻。对"大家族"与和亲的进一步论述已属于专家知识的范畴，这里就从略了。

1.3.7-2 工业时代政治斗争 a13ia 的世界知识

工业时代政治斗争 a13ia 的概念延伸结构表示式拷贝如下：

```
a13ia:(e2n,t=b,3)
  a13iae2n            工业时代的政权交替
  a13iae25            选举
  a13iae26            胁迫
  a13iat=b            民权活动
  a13ia9              公民权
  a13iaa              福利权
  a13iab              知情权
```

```
a13ia3                          工业时代的国际关系
  a13ia3\k=2                    工业时代国际关系的基本描述
  a13ia3\1                      结盟
  a13ia3\2                      战争
```

工业时代政治斗争 a13ia 与农业时代政治斗争 a13i9 的延伸概念具有下列对应关系：

```
a13iae2n:=(a13i9e0n,a13i9i)
（工业时代的政权交替对应于农业的武力或非武力政权争夺）
(a13iat=b):=(a13i9t=a)
（工业时代的民权活动对应于农业时代的特殊权力）
a13ia3\1:=a13i93~\1
（工业时代的结盟对应于农业时代的"大家族"与和亲）
a13ia3\2:=a13i93\1
（工业时代的战争对应于农业时代的征服）
```

上列对应关系反映了政治斗争时代性巨变的三项基本内涵，对此，汉语有下列生动描述：在政权更迭方面，农业时代信奉"枪杆子里出政权"，工业时代遵循"以选票赢得政权"；在官民关系方面，农业时代"只有主子和奴才"，工业时代"才有公仆和人民"；在国家关系方面，农业时代以"不共戴天"为旗帜，工业时代以"国家主权"为神圣。

从"枪杆子"到"选票"、从"主子与奴才"到"公仆与人民"、从"不共戴天"到"国家主权"，这是人类基本观念的历史巨变，这些基本观念的映射符号如下：

```
ra13i9e0n        枪杆子里出政权
ra13iae25        以选票赢得政权
ra13i9(t)e1m     主子与奴才
ra13ia(t)e1n     公仆与人民
ra13i93          帝国
ra13ia3          国家主权
```

上列映射关系表明：a13i9 和 a13ia 的全部延伸概念都是 r 强存在概念，这些 r 型概念密切联系于观念 d3，将在观念章（本卷第四编下篇第三章）里作进一步的论述，这里，只给出下列基本概念关联式：

```
(a13i9e0n;ra13i93)=>d11d01
（"枪杆子"或帝国强源式关联于强权政治理念）
(a13iae2n,a13iat)=>a10e25
（工业时代的政权交替和民权活动强源式关联于民主政治制度）
a13i9t=>d30e2n
（农业时代特权强源式关联于主奴观念）
ra13iat=>d30e2m
（工业时代的民权活动强源式关联于公仆与人民的观念）
```

在东方世界，主子与奴才的观念 d10e2n 仍具有强大的生命力，而公仆与人民的观念 d10e2m 则依然十分薄弱。虽然我国先贤孟子早就说过："民为贵，社稷次之，君为轻。"（《孟子》尽心章下），但这只是公仆与人民观念的萌芽。孟子随后的论述是："是故得乎丘民而为天子，得乎天子为诸侯，得乎诸侯为大夫。诸侯危社稷，则变置。"这里连公仆观念的影子都没有了。当然，我们不能超越时代去苛求孟子，但他老人家的三"得乎"论述是否多少对一种东方官员文化（"得乎"上级）有些影响呢？马歇尔先生曾直接向罗斯福总统表明：他是绝不"得乎"上级的（见《马歇尔》），这在东方世界确实是很难见到。

民权活动的三项基本内容 a13iat=b 分别对应于专业活动的三项基本内容，公民权 a13ia9 属于政治权利，福利权 a13iaa 属于经济权利，知情权 a13iab 属于文化权利。三者需要进一步的论述，这就留给后来者吧。

1.3.7-3 后工业时代政治斗争的世界知识

```
a13ib:(3,I;3t=b,ie2m)
    a13ib3                  后工业时代的国际关系
      a13ib3t=b             后工业时代国际关系的基本内容
      a13ib39               国际合作
      a13ib3a               国际干预
      a13ib3b               霸权干预
    a13ibi                  "古老幽灵"
      a13ibie2m             "古老幽灵"的内外表现
```

与农业和工业时代不同，后工业时代的政治斗争只设置了两项而不是三项延伸概念，但这里的"两"与前两个时代的"三"存在下面的对应关系：

```
a13ib3:=a13i(˜b)3
（后工业时代的国际关系对应于农业与工业时代的国际关系）
a13ibi:=a13i(˜b)(˜3)
（"古老幽灵"对应于农业时代的政权争夺与特权，以及工业时代的政权更迭与民权活动）
```

"古老幽灵"a13ibi 存在内外表现，以映射符号 a13ibie2m 表示，a13ibie21 表示内政幽灵，a13ibie22 表示对外幽灵。这两个幽灵不仅是后工业时代社会学面临的全新课题，也为人文学提出了全新的课题。本小节前面的长篇铺垫只是对这一"古老幽灵"进行了一点现象描述。这个延伸概念是为未来而准备的，现在不具备进行论述的条件。这里需要说明的只是："古老幽灵"的定名丝毫没有褒贬意义，为了解决"幸福追求无止境"危机，这"幽灵"或许还是不可或缺的天使呢！

第 4 节
外交活动 a14 (110)

引言

在政治斗争基本关系小节中说到，"纵横捭阖"是政治斗争谋略的精妙语言描述，外交活动的纵横捭阖特性更为典型，这一特性的现代语言描述叫外交政策，构成外交活动的第一项联想脉络 a143。外交活动当然主要由政府来操办，政府外交将构成外交活动的第二项联想脉络 a14t。但是，政府不可能包办全部外交活动，因为国家之间的交往不仅是政治活动侧面，也包括从经济 a2 到卫生与环保 a8 的所有专业活动侧面，这一交往将命名为国际交往，构成外交活动的第三项联想脉络 a14\k。最后，外交活动的显隐性十分突出，构成外交活动的第四项联想脉络 a14m。

1.4-0 外交活动 a14 的概念延伸结构表示式

```
a14:(3,t=b,\k=4,m;
  3(e0m,e6o,eam,m),9(53x,e2n,7,e2m),a\k=4,b(~x,t=a,7,3),53x\k;
  3e65e2n,3e66c3m,9e21-0,97(d0m,e2m,52x),bae2n,b7t=a,b3(\k=m,53x\k))
```

a143	外交政策
a14t	政府外交
a14\k	国际交往
a14m	外交活动的显隐性

a143	外交政策
a143e0m	外交政策的基本课题
a143e01	国际合作
a143e02	国际对抗
a143e03	国际妥协
a143e6o	外交政策的基本谋略
a143e6n	外交谋略第一侧面
a143e64	统战
a143e64e2m	统战的两种类型
a143e64e21	对友统战
a143e64e22	对敌统战
a143e65	结盟
a143e66	对抗
a143e67	"独行"
a143e6m	外交谋略第二侧面
a143e60	外交调停
a143e61	外交支持
a143e62	外交反对

	a143e63	外交中立
	a143ean	国力与外交政策
	a143ea5	强国对弱国的外交
	a143ea6	弱国对强国的外交
	a143ea7	平等外交
	a143eane2n	积极与消极的实力外交
	a143m	实现外交政策的基本手段
	a1430	软硬兼施
	a1431	硬手段
	a1432	软手段
a14t		政府外交
a14t=b		政府外交的三个基本侧面
a149		使节活动
53a149		外交承认
a149e2n		建交与断交
a1497		使节状态
	a1497d0m	使节的级别
	a1497d01	大使
	a1497e2m	使节的纵横结构
	a1497e21\k=m	使节类型
	a1497e21\1	参赞
	a1497e21\2	武官
	a1497e22-0	领事
52a1497		准使节
a14a		外交谈判
a14at=a		外交谈判基本内容
a14a9		国际争端谈判
	a14a9\1	领土争端谈判
	a14a9\2	利益争端谈判
	a14a9\3	权益争端谈判
a14aa		国际事务谈判
a14b		国际事务
˜a14b		内政
a14bt=a		"参涉"
a14b9		参与
a14ba		干涉
	a14bte2n	积极与消极参涉
a14b3		国际合作
a14b3t=a		国际合作的基本类型
a14b39		第一类国际合作
a14b3a		第二类国际合作
a14bi		国际组织
~a14bi		非政府组织
a14bi\k=3		国际组织基本类型
a14bi\1		综合性国际组织
a14bi\2		经济组织
a14bi\3		特定理念组织
a14\k		国际交往
53a14\k		国际交往的筹备

53a14\ke2m	邀请与应邀
a14\ke2m	访问与接待
a14\k=4	国际交往基本类型
a14\1	国际会议
a14\1*t=b	国际会议基本类型
a14\1*9	决策性国际会议
a14\1*a	国际商谈
a14\1*b	国际研讨会
a14\2	外交访问
a14\2d01	国事访问
a14\2-0	（不同国家）地方政府之间的交往
a14\3	友好往来
a14\4	理念交流
a14\4k=4	理念交流基本类型
a14\41	政治理念交流
a14\42	经济理念交流
a14\43	文化理念交流
a14m	外交活动的显隐性
a141	公开外交
a142	秘密外交
a140	烟幕外交

1.4-1　外交活动 a14 的世界知识

外交活动的 4 项联想脉络已如上述，下面分 4 小节依次论述。

1.4.1　外交政策 a143

外交政策即对外政策，a143::=a103e22。这两个延伸概念存在虚实关系，对外政策 a103e22 是外交政策 a143 的虚设，a103e22==a143。在所有的专业活动中，外交活动 a14 的政策性 gua103 最强，即 a143:=ua103d01。这种设置方式是平衡原则的简明体现。

外交政策 a143 又可穷举出四项概念联想脉络：一是外交政策的基本课题 a143e0m；二是外交政策的基本谋略 a143e6o；三是国力与外交政策 a143ean；四是实现外交政策的基本手段 a143m。

1）外交政策的基本课题 a143e0m

映射符号 a143e0m 对外交政策的基本课题给出了穷尽性描述，这是非黑氏对偶符号 e0m 的活用范例之一，它意味着外交政策的基本课题无非是国际合作 a143e01、国际对抗 a143e02 和国际妥协 a143e03 这三个侧面。这三个侧面的对象与内容分别是：同谁联合，联合什么；同谁对抗，对抗什么；同谁妥协，妥协什么。这里的谁（对象）和什么（内容）十分复杂，符号 e0m 仅规定妥协是对抗的转化，但并未规定妥协的对象一定是原来对抗的对象，它也可能是原来合作的对象，甚至可能是原来未包含在 a143e0m 内的新对象，这些极为复杂的状况都蕴含在下面的概念关联式里：

a143e0m=%a13e3n
（外交政策基本课题属于政治斗争基本关系）

上述复杂状况来源于政治斗争各方 a13e3n 的动态性（参看本编 1.3.1 小节）。

2）外交政策的基本谋略 a143e6o

外交谋略以变量符号 a143e6o 表示，包括 a143e6n 和 a143e6m 两个侧面。前者（外交谋略第一侧面）a143e6n 表示统战 a143e64、结盟 a143e65、对抗 a143e66 和独行 a143e67，后者（外交谋略第二侧面）a143e6m 表示外交调停 a143e60、外交支持 a143e61、外交反对 a143e62 和外交中立 a143e63。外交谋略的第一侧面强调对立与斗争，以对抗为主；外交谋略的第二侧面淡化对立与斗争，以合作与妥协为主。对外交谋略的两侧面划分与把握属于政治智慧的最高境界。

外交谋略 a143e6o 具有下列概念关联式：

```
a143e6n=a13e3n3
（外交谋略第一侧面与政治斗争基本谋略强交式关联）
(a143e6n,lj10721,43e02)
（外交谋略第一侧面以对抗与斗争为主）
a143e65:=a13e353
（结盟同政治斗争基本谋略的第一要点（利我）对应）
a143e66:=a13e363
（对抗同政治斗争基本谋略的第二要点（损敌）对应）
a143e64:=a13e373
（统战与政治斗争基本谋略的第三要点（交友）对应）
a143e6m=a14b
（外交谋略第二侧面与国际事务强交式关联）
(a143e6m,lj10721,43˜e02)
（外交谋略第二侧面以合作与妥协为主）
```

在外交谋略第一侧面 a143e6n 的四项内容中，统战 a143e64 具有 a143e64e2m 的进一步延伸，a143e64e21 表示对友统战，a143e64e22 表示对敌统战。应该说：a143e64e2m 是外交谋略第一侧面的灵魂，因为，国际关系中的敌、友是可以相互转换的，这是一种永恒的国际现象，即使在后工业时代也不例外。20 世纪 50 年代的中苏联盟是 a143e64e21 的典型，40 年代斯大林与希特勒的联盟则是 a143e64e22 的典型。政治家对 a143e64e21 喜爱用美好的言辞（如坚如磐石、牢不可破、崇高理想之类）加以包装，民众和舆论往往受其蒙蔽而不自知。

外交谋略第一侧面 a143e6n 的第四项内容 a143e67 的常用对应词语是孤立主义，似乎言不及义，这里的词语"独行"也未必适当，这是一种老谋深算、静观其变的外交政策。当然，这一政策的执行者未必就老谋深算，美国政府在第二次世界大战前期的表现就说明了这一点。

3）国力与外交政策 a143ean

国力与外交政策 a143ean 可简称实力外交，其基本概念关联式如下：

```
a143ean:=(421,110,(a143,z0pj2))
```

实力外交 a143ean 是外交政策与国力（z0pj2）之间相互依赖的体现，上述外交政策基本课题 a143e0m 和外交谋略 a143e6o 主要是大国和强国的"专利"，小国和弱国不具备全面把握和运用两者的基本条件。国家平等说是相对的，延伸概念 a143ean 是对这一世界知识的揭示。

实力外交 a143ean 具有下列概念关联式：

```
a143ea5:=u44ea5
（强国对弱国的外交具有主导性）
a143ea6::=u44ea6
（弱国对强国的外交具有从属性）
a143ea7:=ju86e25
（平等外交具有积极意义）
a143eane26:=pj1*˜b
（消极实力外交与农业和工业时代相对应）
```

消极实力外交 a143eane26 一直是历史的主流，后资本时代虽有所改进，但远远不够。积极实力外交 a143eane25 是外交政策的理想状态，也是当前国际社会的主流呼声，但其实现的前景还比较渺茫：一是因为存在着强国、弱国和超级大国的现实；二是因为政治理念冲突 a13t 依然十分严峻。

平等外交 a143ea7 当然是外交活动 a14 的理想状态，但它也容易成为政治家的魔杖，交互引擎暂时可以不掌握这一比较深奥的专业性世界知识。

4）实施外交政策的基本手段 a143m

实施外交政策的基本手段的定义式为 a143m::=s2ga143，具有下面的概念关联式：

```
a143m:=s20\2*m
（外交政策基本手段就是威胁、利诱和软硬兼施）
```

在外交术语里，威胁 a1431 也叫大棒，利诱 a1432 也叫胡萝卜，软硬兼施 a1430 也叫胡萝卜加大棒。

1.4.2　政府外交 a14t

前文已经指出：外交活动 a14 虽然不仅是政府的事，但政府外交毕竟是外交活动的主体，它可以归纳成三个基本侧面：使节活动、外交谈判和国际事务。政府外交及其三个基本侧面将以映射符号 a14t 和 a14t=b 表示，a149 表示使节活动，a14a 表示外交谈判，a14b 表示国际事务。

1）使节活动 a149

使节活动 a149 是政府之间相互交往的基本渠道，定义式如下：

```
a149::=(s23ju721va00b9,144,a119)
```

使节活动 a149 辖属一项前延伸概念 53a149 和两项(后)延伸概念 a149e2n 和 a1497。

前延伸概念 53a149 表示一个国家对另一个国家政府合法性的认同，外交术语叫承认，这是使节活动 a149 的前提，两国互不承认就不存在使节活动。不承认的映射符号自然是˜53a149。53a149 具有下面的基本概念关联式：

```
(53a149,jl111,s35gva149)
```

第一项（后）延伸概念 a149e2n 描述建交 a149e25 与断交 a149e26，建交和断交是国家之间的重大事件，建交日将成为两国之间的纪念日，需要举行相应的庆祝活动；而断交是国家之间最严重的外交举措，意味着两国转入敌对状态。a149e2n 具有下列概念关联式：

```
a149e25:=((507+j76e71;a13˜e36),l44,pj2)
（建交意味着两国之间处于正常或非敌对状态）
a149e26:=((507+j76˜e71;a13e36),l44,pj2)
（断交意味着两国之间处于非正常或敌对状态）
a149e25=>(jl099,l44,pj2)
（建交形成国家之间的节日）
a149e26=˜53a149
（断交与不承认强交式关联）
```

第二项（后）延伸概念 a1497 描述使节状态，这是一个 v 弱存在概念。a1497 又辖属三项延伸概念：a1497d0m 描述使节的级别，a1497e2m 描述使节的纵横结构，52a1497 描述过渡性使节，即准使节。其中，a1497d01 就是大使的映射符号。a1497e22\k=2 对应着参赞 a149e22\1 和武官 a149e22\2，而 a149e21-0 对应着领事。主要外交人员的基本信息已充分反映在相应的映射符号里，无须进一步赘述。

2）外交谈判 a14a

外交谈判 a14a 是外交活动的基本方式，a14a::=(a00a3a,l44,pj2)。外交谈判的内容十分复杂，但可以归结为国际争端和国际事务两大类，以交织延伸 a14at=a 表示，a14a9 描述国际争端谈判，a14a9::=(a14a,l03,(r43˜e71,l44,pj2)；a14aa 描述国际事务谈判，a14aa::=(a14a,l03,a14b)。

国际争端谈判 a14a9 具有三种基本类型，以延伸概念 a14a9\k=3 表示，a14a9\1 表示领土争端谈判，a14a9\2 表示利益争端谈判，a14a9\3 表示权益争端谈判。

a14aa 表示国际事务谈判，是外交谈判 a14a 的"不管部"。

3）国际事务 a14b

国际事务 a14b 是政府外交 a14t 的主体，a14b::=(a0,l5y,pj2)，其概念延伸结构比较复杂和独特，复录如下：

```
a14b:(˜x,t=a,3,7;te2n,3\k=m,7\k=m)
```

国际事务 a14b 辖属 4 项概念联想脉络。第一项是该概念自身的非——~a14b，汉语具有准确的映射词语——内政。内政这个概念应产生于国际事务 a14b 这一概念之后，古希腊和我国的先秦时代都不曾出现内政的明确概念。

国际事务 a14b 的另外 3 项概念联想脉络都是后延伸概念，交织延伸 a14bt=a 表示一个国家或超组织对国际事务的参与和干涉，简称"参涉"，其定义式为：

```
a14bt::=((39e613,47m),l10,a14b;l01,pj2//a03b)
```

第一类定向延伸 a14b3 描述国际合作，其定义式为：

```
a14b3::=(43e01,l44,pj2//wj2-0)
```

第三类定向延伸 a14bi 描述国际组织，其定义式为：

```
a14bi::=(3118,l10,a03b;l01,pj2)
```

"参涉" a14bt 是一个比较复杂的延伸概念，具体交织形式为 a14bt=a,a14b9 将简称 "参与"，a14ba 将简称 "干涉"。"参与" 对应的定义式为：

```
a14b9::=((39e613,47~2),l01,pj2//a03b;l10,a14b)
（"参与"是一个国家或超组织对国际事务的参与、融合和适应）
```

"干涉" 对应的定义式为：

```
a14ba::=(472,l01,pj2//a03b;l10,~a14b)
（"干涉"是一个国家或超组织对内政的干扰）
```

"参涉" 具有下列基本概念关联式：

```
a14bt:=pj1*b
（"参涉"与后工业时代相对应）
a14bt:=(24a,145,a15)
（"参涉"是征服的替代）
za14bt:=z0pj2//pea03b
（参涉的力度与参涉者的力量成正比）
(a14b9,jl111,a009abe2mpj2//pea03b)
（参与是每一个国家或超组织的权利和义务）
(a14ba,jl11e21,ju86e2n)
（"干涉"存在积极与消极的双重性）
(a14bae26,jl11e21,(ju82~e71,ju82~e75))
（消极"干涉"具有凶恶性、卑鄙性和虚伪性）
```

上列前两个概念关联式表达了 "参涉" 这一概念的基本特征，从征服到 "参涉" 的转变是人类世界观的伟大变革之一，最早把握这一伟大变革脉搏的是凯恩斯先生，他为促进这一变革作出了十分杰出的贡献，惜天不假年，他没有来得及写出这方面的理论专著。当前世界对 "参涉" a14bt 的认识还处于初期阶段，延伸概念 a14bae2n 的设置必然存在不同意见，笔者当虚心听取。

国际事务的第三项延伸概念是国际合作 a14b3，分为两种基本类型，以交织延伸 a14b3t=a 表示，a14b39 描述第一类国际合作，a14b3a 描述第二类国际合作。国际合作 a14b3 是后工业时代经济全球化的产物，它意味着国家之间的关系将从以斗争为主转变为以合作为主，这当然是人类社会最伟大的美好理想。但这一转变还处于初级阶段，当前的世界是一个农业时代、工业时代和后工业时代并存的世界，进入后工业时代的只是少数国家和人口，这是当今人类社会最严峻的现实。基于这一点，延伸概念 a14b3t=a 将具有下列概念关联式：

```
a14b39=a143e6n
（第一类国际合作与外交谋略的第一侧面强交式关联）
a14b39=(a143e64,a143e65)
```

（第一类国际合作与统战、结盟强交式关联）

a14b3a=a143e6m

（第二类国际合作与外交谋略的第二侧面强交式关联）

a14b3a≡a14bt

（第二类国际合作与国际"参与"强关联）

a14b3a<=ra25b

（第二类国际合作的主要推动力是经济全球化）

从上面的概念关联式可以看出：第一类国际合作是旧时代传统外交思维的延续，而第二类国际合作是后工业时代外交政策新思维的体现。但是，两类国际合作使用着基本相同的语言，要求交互引擎区分这两类国际合作是不现实的，毋宁说延伸概念 a14b3 和 a14b3t=a 乃为未来而设计。

国际事务 a14b 的第四项延伸概念是国际组织 a14bi，国际组织也是超组织，两者之间的区别体现在下列概念关联式里：

a14bi=%a03b

（国际组织是超组织的一部分）

a14bi:=pj1*b

（国际组织与后工业时代对应）

(a14bi,jl111,(a02,l44,a119))

（国际组织是政府之间的组织）

(a14bi,jl11e21,˜a14bi)

（国际组织存在反概念——非政府组织）

国际组织 a14bi 与超组织 a03b 都采用并列延伸，差异在于前者是一般并列延伸，后者是交织并列延伸，a14bi\k=3 与 a03bγ=b 之间存在下面的概念关联式：

a14bi\k:=a03bγ

应该指出：联合国、国际货币基金组织、世界银行在功能或性质上都正在向 a14bi 转变，但在历史上，它们都属于超组织而不是这里定义的国际组织。已经出现的国际组织极不平衡，a14bi\1 仅有一个欧盟，a14bi\2 如雨后春笋，而当今世界更为急需的 a14bi\3 却尚未出现。

1.4.3 国际交往 a14\k

国际交往 a14\k 定义为国家或地区之间的专业性交互或信息交换，其定义式如下：

a14\k:=((a00b9;a00a3),l44,pj2//wj2-0)

国际交往的延伸结构复录如下：

a14\k	国际交往
53a14\k	国际交往的筹备
53a14\ke2m	邀请与应邀
a14\ke2m	访问与接待
a14\k=4	国际交往基本类型
a14\1	国际会议
a14\1*t=b	国际会议类型

```
    a14\1*9              决策性国际会议
    a14\1*a              国际协商与谈判（国际商谈）
    a14\1*b              国际研讨会
a14\2                    外交访问
    a14\2d01             国事访问
    a14\2-0              （不同国家）地方政府之间的交往
a14\3                    友好往来
a14\4                    理念交流
    a14\4k=4             理念交流基本类型
    a14\41              政治理念交流
    a14\42              经济理念交流
    a14\43              文化理念交流
```

国际交往 a14\k 存在前挂 53、后接 e2m 及相应前后挂接的延伸概念，前挂概念 53a14\k 不存在对应的汉语词语，但后接概念 a14\ke2m 和前后挂接概念 53a14\ke2m 都存在比较准确的汉语词语。

国际交往 a14\k 可穷举出 4 种类型，以映射符号 a14\k=4 表示。

国际会议 a14\1 和外交访问 a14\2 在各个历史时代都是国际交往的主体，进入后工业时代以后更为频繁，对世界局势的作用日益增强，两者具有下列概念关联式：

```
(a14\1;a14\2)≡(52,53)pj01
（国际会议和外交访问同国际局势强关联）
a14\1=%a00a38
（国际会议属于专业性会议）
a14\1=a14a
（国际会议与外交谈判强交式关联）
a14\1*t:=a00a3˜8
（国际会议类型与专业会议类型相对应）
a14\2=%a00b97
（外交访问属于专业性交往）
a14\2≡a14\1*a
（外交访问与国际商谈强关联）
```

友好往来 a14\3 定义为政府与别国名人之间的交往：

```
a14\3::=(249ia,l44,(a119,pa00i(pj2u4072))
```

外交活动 a14 具有重视友好往来 a14\3 的优良传统，不同政治制度的国家各有自己的优先选择，因此，友好往来具有极为复杂的效应，这些世界知识体现在下列概念关联式里。

```
a14\3=a143e64e21
（友好往来与对友统战强交式关联）
(a14\3,jl11e21,ju86e2n)
（友好往来具有积极与消极的双重性）
```

理念交流 a14\4 应该成为后工业时代外交活动的重要内容之一，当前世界面临的一系列重大挑战都需要依靠国家之间的理念交流，才能找到有效的理性答案，但现实情况是理念交流尚未提上外交活动的正式日程，因此，延伸概念 a14\4 乃为未来而设置。

理念交流 a14\4 具有延续并列延伸 a14\4k=3 和相应的概念关联式：

```
a14\4k:=d1y(y=1-3)
```
（理念交流类型与理念的三侧面相对应）

1.4.4 外交活动的显隐性 a14m

在所有的专业活动中，外交活动 a14 的显隐对立统一特征最为突出，映射符号 a14m 用于描述这一特征，其定义式如下：

```
a14m::=33mgva14
```

这一定义式与概念关联式 a14m:=u33mgva14 等价。

国际新闻充斥着各种公开外交 a141 的报道，但映射符号 a141 表明，在 a141 的背后必然伴有隐蔽外交 a142 和烟幕外交 a140。外交活动显隐性的分析乃是第二代交互引擎的任务，这里就不给出 a14m 的进一步描述了。

第 5 节
征服活动 a15 (111)

引言

征服活动 a15 是国家、民族之间政治斗争 a13\1 的最高级形式，a15=:a13\1d01，在人类历史进程中产生过巨大作用，是农业时代和工业时代政治斗争的主旋律，西方的历史更是如此。因此，西方世界 pj01*e22 出现过形形色色的美化征服活动 a15 的极端错误观念。有趣的是：这一错误观念在其诞生地欧洲已趋向衰落，而曾经长期奉行不干涉主义~rua14ba 的美国现在却成了这一错误观念的主要继承者。

征服的本来意义仅指军事征服，基本表现是疆域的争夺。但征服的扩展意义则包括专业活动的 3 个基本侧面：政治 a1、经济 a2 与文化 a3。征服就必然引发反征服。这些世界知识将直接反映在 a15 的延伸结构里。

1.5-0 征服活动 a15 的延伸结构表示式

```
a15:(e0n,\k=3,t=b;e05t=a;^ye05t,e05te1n)
a15e0n          全疆域征服
a15\k           局部疆域征服
a15t            控制性征服
```

a15e0n	全疆域征服
a15e05	侵略
a15e05t=a	征服的实现及其两种形态
a15e059	兼并
a15e05a	殖民
^a15e05t	"复国"
a15e05te1n	完成征服的关系描述
a15e05te15	征服
a15e05te16	被征服
a15e05a7	"独立"
a15e06	抗战
a15e07	"投降"
a15\k=3	局部疆域征服及其基本类型
a15\1	割地
a15\2	局部占领
a15\3	租界
a15t=b	控制性征服及其基本类型
a159	政治控制
a15a	经济控制
a15b	文化控制

1.5-1 征服活动 a15 的世界知识

人类一直生活在被征服的恐惧之中。人类历史上出现过亚历山大–成吉思汗式的征服、拿破仑式的征服和希特勒式的征服。这些类型的征服将统称疆域性征服，随着后工业时代的来临，疆域性征服已随着冷战时代的结束而彻底结束了，人类完全可以免除对疆域性征服的恐惧。虽然这一恐惧的阴影在许多地区依然存在，但实际上已成为历史，这是确定无疑的。

疆域性征服有全疆域征服和局部疆域征服之分，分别以映射符号 a15e0n 和 a15\k 表示，扩展性征服则用映射符号 a15t 表示。三者构成征服 a15 的完整联想脉络。

1.5.1 全疆域征服 a15e0n 的世界知识。

全疆域性征服 a15e0n 是国家之间以消灭对方为目标的战争，其定义式为：

a15e0n::=(a42,l43,pj2;l17,v3128&4072)

全疆域性征服 a15e0n 具有下列概念关联式：

a15e0n:=pj1*~b
（全疆域征服是农业和工业时代的产物）
(a15e0n,jlv11e22;s31,pj1*b)
（全疆域征服在后工业时代已不复存在）

全疆域征服 a15e0n 的映射符号本身只直接描述了该概念的作用–过程侧面（这来自于非黑氏对偶概念 e0n 的固有属性）的知识，其效应、关系和状态侧面的描述需要映射符号的继续延伸，a15e05t 描述全疆域征服的类型，简称"征服"，其中的 a15e059 与兼并对应，a15e05a 与殖民对应。

"征服"存在反概念^a15e05t，与词语"复国"对应。

殖民 a15e05a 存在第二类定向延伸概念 a15e05a7，与词语"独立"对应。

"征服"具有下列概念关联式：

```
(a15e05txwj2,l142397,11eb1pj1*a)
（全球性"征服"是工业时代到来的标志之一）
(a15e05txwj2,l10,pj2\2)
（全球性"征服"者是欧洲国家）
(a15e05tu11e22,jl111,(USA,Japan))
（美国和日本是后来的征服者）
```

"复国"和"独立"具有下列概念关联式：

```
(^a15e05txwj2,l142397,11eb2pj1*a)
（全球性"复国"是工业时代结束的标志之一）
^a15e05txwj2=wwj2*1\(3,1)
（全球性"复国"与非洲和亚洲强交式关联）
a15e05a7=wwj2*1\(4,5,6))
（"独立"与美洲和大洋洲强交式关联）
```

兼并和殖民的差异在于征服者和被征服者是否地域相邻或隔海靠近。

兼并 a15e059 持续了几千年之久。在欧洲，随着巴尔干地区政治局势的平静已经永远消失了。世界其他地区最终也会走向欧洲和北美洲的状态，这是大势所趋。尽管许多不确定因素依然存在，但兼并已成为历史是确定无疑的，这是 a15e059 所蕴含的基本世界知识。

殖民 a15e05a 虽然古已有之，但大规模推行则是在工业时代到来之后。工业时代甚至可称为殖民时代，殖民是工业时代到来的标志之一。但殖民制度随着第二次世界大战的结束而崩溃，所有的殖民地都已宣告"复国"或"独立"。殖民现象的结束是与工业时代转向后工业时代同步的，进入后工业时代的资本制度国家之间已不得不放弃殖民的陈旧观念，这是 a15e05a 所蕴含的基本世界知识。

1.5.2 局部疆域征服 a15\k=3

局部疆域征服 a15\k 是侵略性征服的一种特殊表现，也已随着后工业时代的到来而消亡，其历史残留现象正在消除之中。

局部疆域征服 a15\k 的定义式为：

```
a15\k::=(a42,l43,pj2;l17,v3228&4072)
```

与全疆域征服定义式的差异仅在于以 3228 替换了 3128，因此，必然存在下面的概念关联式：

```
a15\k=a15e0n
```

上列全疆域征服的总体性概念关联式对于局部疆域征服全部适用，不适用的只是局部性概念关联式，"独立"不复存在，"复国"变成"回归"。

1.5.3　控制性征服及其基本类型 a15t=b

疆域征服只是征服的一种形式，上面强调了疆域征服已成为历史，但征服现象永远不会消失，因为征服 a15 根源于专业活动的前述"三争"特性。必将长期甚至永远存在的征服现象命名为控制性征服 a15t。

控制性征服 a15t 必然表现在专业活动的三个基本侧面——政治、经济和文化上，这就是映射符号 a15t=b 设置的依据。

控制性征服具有下列概念关联式：

a15t=a14bt
（控制性征服与"参涉"强交式关联）
a159<=d11\1e43
（政治征服导源于激进政治理念）
a15a<=d12e43
（经济征服导源于激进经济理念）
a15b<=d13e43
（文化征服导源于激进文化理念）

控制性征服 a15t 既是一个古老的课题，也是当前人类社会面临的一个全新课题。社会科学对这一课题的研究还远远不够，基于此，延伸概念 a15t 也可以说乃为未来而设置。

——词语和句类对应
全疆域征服 a15e0n 主要对应混合句类 R411Y1*22J。
局部疆域征服 a15\k 对应混合句类 R411Y2*22J。
——反思
a15e0n 是否后挂 e2n 以明确表示积极与消极意义？

第二章

经济 a2

政治 a1、经济 a2 和文化 a3 是社会构成的三要素，古今中外都是这样，具有时代不变性和地域不变性。

经济活动 a2 可穷举出下列 9 种殊相概念树：

a20	经济活动基本内涵
a21	生产
a22	商业
a23	服务业
a24	金融业
a25	经济与政府
a26	经济与科技
a27	经济与文化
a28	经济与自然
a29	经济与军事

这里首先应该说明的是：经济与军事概念树 a29 为虚设，具体论述放在军事与经济 a47 概念树里。

经济活动殊相概念树 a2y=1–9 划分为四大行业和五大关系。

四大行业是：生产 a21、商业 a22、服务业 a23 和金融业 a24。

五大关系是：经济与政府 a25、经济与科技 a26、经济与文化 a27、经济与自然 a28、经济与军事 a29。这五大关系分别描述政府（政治）、科技、文化、自然环境和军事与经济活动的关系。经济活动需要政府的宏观调控，需要科技发展的支持，某些经济活动强依赖于文化、自然环境和军事活动，这些是经济活动最基本的世界知识。

第 0 节
经济活动基本内涵 a20 (112)

引言

在形而上的视野里，经济活动基本内涵 a00 的描述并不复杂：一是经济活动的基础因素；二是经济活动的基本要素。两者将构成经济活动基本内涵 a00 概念延伸结构表示式设计的基点。

经济活动基本内涵 a20 设置两项延伸概念：a20t=b 和 a20\k=0-4，交织延伸 a20t 描述经济活动的基础因素，扩展并列延伸 a20\k 描述经济活动的基本要素。

经济活动基础因素 a20t=b 的具体内容分别是经济制度 a209、经济组织 a20a 和市场 a20b；经济活动基本要素 a20\k=0-4 的具体内容分别是经营 a20\0、商品 a20\1、资金 a20\2、财务 a20\3 和劳力 a20\4。

对经济活动基本内涵 a20 的上述两部分，以及对每一部分内容的相应列举满足 a20 描述的穷尽性要求么？下文会有所交代，但不作全面论述，因为在所有的具体专业活动中，经济活动最为复杂，需要采用非决定论思维。

鉴于经济活动的极端复杂性，本章在某些小节之下再分子节，以符号 2.×.×.× 表示。

2.0-0 经济活动基本内涵 a20 的概念延伸结构表示式

```
a20:(t=b,\k=0-4;
     9(e3m,3,t=b),a(e2m,d01,e1n,t=b,\k=m),b(β,\k=0-5),
     \0(e2n,e0m,ebm,^e2m,*i,*3),\1k=2,\3*3,\4(c3m,d01);
     9e31\k=2,93t=b,99(e4m,c3n),9ae1m,9be1m,ae1n(e2m,t=b),
     a9d01,aad01,bb(^e2m,e4m),b~\0*i,b\3k=2,\0*it=a,\0*3t=a;)
a20t=b              经济活动的基础因素
a209                经济制度
a20a                经济组织
a20b                市场
a20\k=0-4           经济活动的基本要素
a20\0               经营
a20\1               商品
a20\2               资金
a20\3               财务
a20\4               劳力

a20t=b              经济活动的基础因素
a209                经济制度
  a209e3m             经济制度所有制
  a209e31             公有制
```

a209e31\k=2	公有制的两种特定形态
a209e31\1	公社制
a209e31\2	国有制
a209e32	私有制
a209e33	股份制
a2093	经济制度的时代性
a2093t=b	经济形态
a20939	农业时代经济形态
a2093a	工业时代经济形态
a2093b	后工业时代经济形态
a209t	经济制度的社会效应
a2099	财富分配效应
a2099e4m	财富分配的贫富效应
a2099e41	贫富适度性财富分配
a2099e42	贫富消失性财富分配
a2099e43	贫富悬殊性财富分配
a2099c3n	财富分配的阶级效应
a2099c35	贫困阶级
a2099c36	中产阶级
a2099c37	富有阶级
a209a	剥削效应
a209ae1m	剥削与被剥削
a209b	统治效应
a209be1m	统治与被统治
a20a	经济组织（企业）
a20ae2m	企业创办与倒闭
a20ae1n	企业法人更迭
a20ae15	在任法人
a20ae16	离任法人
a20ae1ne2m	企业法人的正常与非正常更迭
a20ae1nt=b	企业法人更迭制度
a20ae1n9	家族继承制
a20ae1na	任命制
a20ae1nb	选举制
a20ad01	跨国公司
a20at=b	企业基本结构
a20a9	决策部门
a20a9d01	最高决策
a20aa	执行部门
a20aad01	最高主管
a20ab	监事部门
a20a\k=m	企业关联组织
a20a\1	企业主组织
a20a\2	职工组织
a20b	市场
a20bβ	市场的作用效应链表现
a20b9	生产
a20ba	贸易
a20bb	供求

a20bb^e2m	供求互动
a20bb^e21	供应
a20bb^e22	需求
a20bbe4m	供求势态
a20bbe41	供求平衡
a20bbe42	供小于求
a20bbe43	供大于求
a20b\k=0-5	市场基本类型
a20b\~0*i	资源
a20b\0	消费市场
a20b\1	物资市场
a20b\2	能源市场
a20b\3	信息市场
a20b\4	劳力市场
a20b\5	金融市场
a20\k=0-4	经济活动的基本要素
a20\0	经营
a20\0e2n	盈利与亏损
a20\0e0m	扩展、裁减与重组
a20\0ebm	采购、推销、加工与合同
a20\0^e2m	投入与回报
a20\0*i	经营的市场效应
a20\0*it=a	市场效应的基本内容
a20\0*i9	品牌
a20\0*ia	价格
a20\0*3	经营的财富效应
a20\0*3t=a	财富效应的基本内容
a20\0*39	资产
a20\0*3a	市值
a20\1	商品
a20\1k=2	商品基本类型
a20\11	"硬件"商品
a20\12	"软件"商品
a20\2	资金
a20\3	财务
a20\4	劳力

2.0-1 经济活动基本内涵 a20 的世界知识

经济活动基本内涵 a20 的两项一级延伸概念是关于经济活动的形而上描述，经济活动基础因素 a20t=b 对应于经济活动的本体论，经济活动的基本要素 a20\k=0-4 对应于经济活动的认识论。下面分两个小节进行论述。

2.0.1 经济活动的基础因素 a20t=b 的世界知识

a20t=b	经济活动的基础因素
a209	经济制度
a20a	经济组织
a20b	市场

经济活动的基础因素 a20t 的上列三项内容满足穷尽性要求么？本小节将通过两项对比对此进行说明：一是与 a0 对比；二是与 a1 对比。这两项对比实际上也就是形成经济活动基础因素概念联想脉络的思考过程。

第一项对比的概念关联式如下：

```
a209:=a00
（经济制度对应于专业活动基本共性）
a20a:=(a01,a03)
（经济组织对应于组织机构及泛组织）
a20b:=a02
（市场对应于专业活动的实施）
```

第二项对比的概念关联式如下：

```
a209:=a10
（经济制度对应于社会政治制度）
a20a:=a11
（经济组织对应于政权）
a20b:=(a12,a13,a14,a15)
（市场对应于国家治理、政治斗争、外交活动及征服）
```

上述两项对比表明：经济活动的基础因素 a20t 的三项具体内容可以满足穷尽性的要求。

下面分三个子节进行论述，为便利读者，在每一子节的前面，给出相应概念延伸结构表示式概要的拷贝，随后在每一段前面，给出相应概念延伸结构表示式全貌的拷贝。

2.0.1.1 经济制度 a209 的世界知识

```
a209:(e3m,3,t=b)
   a209e3m        所有制
   a209e31        公有制
   a209e32        私有制
   a209e33        股份制
   a2093          经济制度的时代性
   a209t=b        经济制度的社会效应
   a2099          财富分配效应
   a209a          剥削效应
   a209b          统治效应
```

经济制度 a209 的定义式为 a209::=a009a9ga2。不言而喻，所有的具体专业活动都需要相应的"制度 a009a9"，但政治和经济活动最为需要，政治活动的需要度又大于经济，政治和经济制度的分别映射为 a10 和 a209，反映了这种需要度的差异。

经济制度 a209 具有下列基本概念关联式：

```
a209≡a10
（经济制度强关联于政治制度与政策）
a209<=za21
（经济制度逆链式关联于生产力）
a209:=pj1*t
（经济制度随时代而演变）
```

经济制度 a209 辖属三项概念联想脉络：所有制 a209e3m、经济制度的时代性 a2093 和经济制度的社会效应 a209i。下面分三段进行论述。

1）所有制 a209e3m

a209e3m	所有制
a209e31	公有制
a209e31\k=2	公有制的两种特定形态
a209e31\1	公社制
a209e31\2	国有制
a209e32	私有制
a209e33	股份制

映射符号 a209e3m 意味着经济所有制具有三种基本形态：公有制 a209e31、私有制 a209e32 和股份制 a209e33。这里采用映射符号 a209e3m 而不采用 a209e3n 乃基于"公有与私有 461e2m"乃对立 ju71a 而不对抗~(ju71b)的思考，"公有与私有 461e2m"的互补性 u40ibe21 远大于互克性 u40ibe22，经济所有制三种基本形态 a209e3m 亦然。强调三者的对抗性和互克性只是政治经济学的理念之一，并不反映经济活动本身的客观规律。

每一种所有制都具有不同的子形态，这里只给出公有制的两种特定子形态：公社制 a209e31\1 和国有制 a209e31\2。

所有制的公、私、股排序吸收了马克思主义的社会进化论思想，共产主义这一理想经济制度的具体形态还需要大力探索，但股份制无疑是一个值得特别重视的萌芽。

所有制 a209e3m 具有下列基本概念关联式：

a209e3m=d12
（所有制强交式关联于经济理念）
a209e31=461e21
（公有制强交式关联于公有概念）
a209e32=461e22
（私有制强交式关联于私有概念）
a209e32≡a10~b
（私有制强关联于王权和资本制度）
a209e33≡a10b
（股份制强关联于后资本制度）
a209e31\2≡a10b3
（国有制强关联于社会主义制度）
((zu40ibe21>zu40ibe22),144,(a209e32,a209~e32))
（私有制与非私有制之间的互补性大于相克性）

公有制 a209e31 的两种基本形态都具有丰富的语言词汇，这里不来论述这些语言词汇的个性或差异性，放在词语的 P 描述里比较妥当。这里需要指出的是：国有制或全民所有制 a209e31\2 实际上很容易蜕化成政府所有制，而政府所有制又容易蜕化成最高层级的私有制 a209e32d01。这些概念容易引发不必要的争论，这里就不给出相应的概念关联式了。

所有制的三种基本形态古已有之，各有利弊。激进资本主义迷信私有制，过度否定国有制；激进社会主义迷信国有制，过度否定私有制。这两种"过度"现象都是思维局限性的表现，而这种局限性的根源又是 19 世纪以来形而上思维衰落的表现。这个问题比较复杂，预定在本卷第四编第二篇的 1.2 节里略加论述。

2）经济制度的时代性 a2093

a2093t=b	经济形态
a20939	农业时代经济形态
a2093a	工业时代经济形态
a2093b	后工业时代经济形态

经济制度 a209 的时代性很强，这一世界知识以映射符号 a2093 表示。但应该指出：经济制度的时代性主要表现为经济形态的变化，而非经济制度本质的变化。实际上三个历史时代经济制度的主旋律始终是私有制 a209e32，以国有制 a209e31\2 为主体的经济制度仅在不到一个世纪的时间和不到半个世界的地域进行过一次不太成功的试验。但是，经济形态在三个历史时代的差异仍然极为巨大。延伸概念 a2093t=b 即描述这一差异，它具有下面的概念关联式：

a2093t≡pj1*t
（三种经济形态强关联于三个历史时代）

经济形态带有浓厚的地域特征，a2093t:=xwj2-0，这涉及十分专业的知识，交互引擎可暂时置之不理。

3）经济制度的社会效应 a209t=b

a209:(t=b;9:(e4m,c3n),ae1m,be1m;9c37d01,9c35c01)

a2099	财富分配效应
a2099e4m	财富分配的贫富效应
a2099e41	贫富适度性财富分配
a2099e42	贫富消失性财富分配
a2099e43	贫富悬殊性财富分配
a2099c3n	财富分配的阶级效应
a2099c35	贫困阶级
a2099c35c01	赤贫阶层
a2099c36	中产阶级
a2099c37	富有阶级
a209c37d01	亿万富豪
a209a	剥削效应
a209ae1m	剥削与被剥削
a209b	统治效应
a209be1m	统治与被统治

经济制度的社会效应 a209t 一直是人类社会面临的最重大和最困难的课题。具有下列概念关联式：

a209t≡a10e2nt
（经济制度的社会效应强关联于政治制度的社会效应）
(a10e2nt,a209t)≡ju85pj01
（政治制度和经济制度的社会效应强关联于社会的"王霸"性）
(a10e25e25,a2099e41):=pj01ju85e75

（积极的民主制度和贫富适度性财富分配制度对应于公正社会）

```
(a10e26e26,a2099e43):=pj01ju85~e75
```

（消极的专制制度和贫富悬殊性财富分配制度对应于非公正社会）

有人说：西欧国家已经找到了解决 a209t 这一重大社会难题的可行方案，对此绝对不可轻信。

有人说：私有制 a209e32 是万恶之源，只要废除了私有制，就可以从源头上消除人类的私欲，实现社会公正，这是一个伟大的政治理念。然而，迄今为止就这一理念所进行的全部实践并不支持这一理念的科学性。

显然，对"经济制度的社会效应 a209t"这一重大社会课题，人类还需要不断进行反思、探索与实践。

经济制度的社会效应 a209t 具有三个基本侧面：财富分配效应 a2099、剥削效应 a209a 和统治效应 a209b。这三个侧面中，a2099 是基本侧面，a209a 和 a209b 是伴随侧面。这一特性以下列概念关联式表示：

```
a2099:=u441
（财富分配效应具有主导性）
a209~9:=u442
（剥削和统治效应具有伴随性）
```

财富分配效应 a2099 形成两种具体效应：贫富效应 a2099e4m 和阶级效应 a2099c3n。

贫富效应的映射符号 a2099e4m 表明：理论上，存在一种合理的或积极的贫富效应 a2099e41，两种不合理的或消极的贫富效应 a2099e42 和 a2099e43。但实际上，整个农业时代和工业时代前期都处于 a2099e43 状态，故孔子说"不患寡而患不均"。因此，贫富效应 a2099e4m 具有下列概念关联式：

```
a2099e43:=(pj1*9,pj1*ac21)
（贫富悬殊效应对应于整个农业时代和工业时代前期）
a2099e42=a10b3ju60e43
（贫富消失效应强交式关联于激进的社会主义制度）
a2099e41:=pj1*b
（贫富适度状态对应于后工业时代）
a2099e41=a10b
（贫富适度状态强交式关联于后资本制度）
```

财富分配的阶级效应采用 a2099c3n 乃 HNC 的必然选择，它体现了对不同社会进化论学派的尊重。a2099c3n 具有下列概念关联式：

```
(a2099c35,j1v111,j41c22;s31,pj1*~b)
（在农业和工业时代，贫困阶级占多数）
(a2099c36,j1v111,j41c22;s31,pj1*b)
（在后工业时代，中产阶级占多数）
a2099c35:=((a209ae12,a209be12),s31,pj1*~b)
（在农业和工业时代，贫困阶级处于被剥削和被统治状态）
a2099c37:=((a209ae11,a209be11),s31,pj1*~b)
（在农业和工业时代，富有阶级处于剥削和统治状态）
```

```
(a2099,jl11e21, ru~(14))
```
（阶级效应具有永恒性）
```
(a209~9,jl11e22, ru~(14))
```
（剥削和统治效应不具有永恒性）
```
a209a≡a10e26a
```
（剥削强关联于剥夺）
```
a209b=a10e26b
```
（经济意义的统治强交式关联于政治意义的统治）

剥削效应 a209a 存在多种理论阐释，这里不予介绍，而只给出下面的概念关联式：

```
a2099e43<=a209a//
```
（剥削是造成贫富悬殊效应的根源之一）

2.0.1.2 经济组织 a20a 的世界知识

```
a20a:(e2m,d01,e1n,t=b,\k=m;e1nt=b)
    a20ae2m              企业新陈代谢
    a20ad01              企业王国
    a20ae1n              企业法人更迭
    a20at=b              企业基本结构
    a20a9                决策部门
    a20aa                执行部门
    a20ab                监事部门
    a20a\k=m             企业关联组织
    a20a\1               企业主组织
    a20a\2               职工组织
```

经济组织 a20a 是经济活动的第二位基础因素，定义式为 a20a::=a01ga2，可简称企业。企业 a20a 之于经济活动 a2 如同政权 a11 之于政治活动 a1，这一基本世界知识的概念关联式如下：

$$(a20a,l14,a2):=(a11,l14,a1)$$

企业 a20a 的上列概念延伸结构表示式实质上就是这一概念关系式的演绎，它们穷举了企业 a20a 的概念联想脉络。下面分五段进行论述。

1）企业新陈代谢 a20ae2m 的世界知识

企业新陈代谢的定义式为 a20ae2m::=(c31~0,l02,a20a)。

由上面的定义式可知：企业新陈代谢也可以叫作企业的生灭。a20ae2m 是一个 z 强存在的延伸概念，映射符号 za20ae2m 表示企业生灭频度，它不仅表征经济的活力，也表征社会的活力。农业、工业和后工业时代 pj1*t 的经济巨变不仅表现为生产力的质变，也表现为 za20ae2m 的巨大量变。这些世界知识的形式化体现在下列概念关联式：

```
(za20ae2m,jlv111,(j52-0147d01,l10,z5210aga2//pj01))
```
（企业生灭频度是社会活力尤其是经济活力的标志之一）
```
za20ae2mpj1*9<<za20ae2mpj1*a<<za20ae2mpj1*b
```
（三个历史时代的演进伴随着企业生灭频度的剧增）
```
(za20ae21>za20ae22,s31,10ae51ga2)
```
（在经济活动的增长期，新办企业多于破产企业）

```
(za20ae21<za20ae22,s31,10ae52ga2)
```
（在经济活动的衰落期，破产企业多于新办企业）

20 世纪的社会主义实践曾试图消除上列第一个概念关联式，这也许是人类历史上最不可思议的"革命"行动。

2）企业王国 a20ad01 的世界知识

企业王国 a20ad01 具有符号自明性，代表超大规模的企业。当前流行的名称是跨国公司，因为当前的超大规模企业都具有国际性，新闻媒体里常见的"世界××强"都属于 a20ad01。历史上还有托拉斯、康采恩等称谓。

企业王国 a20ad01 具有长存性，在人类社会的三个历史时代都存在。消灭企业王国 a20ad01 的理念也许是最可钦佩的经济理念之一，然而似乎又是一个违背社会发展规律的错误理念。政治王国普遍存在于农业时代，这一存在具有历史必然性，对这种必然性进行谴责并不符合理性思维，然而人们仍然喜爱这种谴责。因此，对企业王国的谴责将是一个持久的时尚。我们在肯定这一谴责的合理性的同时，也要看到它的谬误性，并警惕谴责者的政治图谋。

企业的创立者 pa20ae21 往往集法人 pa20ae15、最高决策者 pa20a9d01 和最高主管 pa20aad01 三者于一身，从这个意义上说，企业王国和政治王国的创立非常相似。这种相似性只具有学术意义，重要的是两种王国的下列三项根本区别：①任一经济领域都必须保证企业"王国"的多元性，而任一国家必须保证政治"王国"的单一性；②任一经济领域都必须允许大、中、小型企业的"诸侯割据"状态，而任何国家都不能允许任何形式的政治性"诸侯割据"；③企业"王国"不受疆域的限制，政治"王国"要受到疆域的限制。政治"王国"的疆域性限制在后工业时代已成为神圣不可侵犯的原则，希特勒和萨达姆也许是最后两位胆敢破坏这一规则的"暴君"。

3）企业法人更迭 a20ae1n 的世界知识

```
a20ae1n:(e2m,t=b)
a20ae15          企业在任法人
a20ae16          企业前任法人
a20ae1ne2m       企业法人更迭的两种形态
a20ae1ne21       企业法人正常更迭
a20ae1ne22       企业法人非正常更迭
a20ae1nt=b       企业法人更迭制度
a20ae1n9         家族继承制
a20ae1na         任命制
a20ae1nb         选举制
```

企业 a20a 的第三项延伸概念 a20ae1n 描述企业法人更迭，与国家最高领导人更迭制度 a113 对应，两者的再延伸概念也具有相应的对应性。

4）企业体制 a20at=b 的世界知识

企业 a20a 的第四项延伸概念 a20at=b 描述企业的领导体制，与政权的基本结构 a11t=b 对应，其再延伸概念同样具有相应的对应性。

HNC 符号体系对经济组织 a20a 的上列四项延伸概念的表述力显然大于自然语言，故除了企业"王国"之外，这里只指出它们与 a11 的对应性就足够了。

5）企业关联组织 a20a\k=m 的世界知识

企业的第五项延伸概念 a20a\k=m 描述与企业伴生的各种组织，与本编第 0 章所定义的超组织强关联，a20a\k≡a03b，而不是仅仅与经济超组织 a03b\2 强关联。

变量延伸概念 a20a\k=m 仅给出两项具体设置，a20a\1 描述企业主组织，a20a\2 描述职工组织。企业主组织的基本成员是企业家，pfa20a\1:=(pa2//pa)；职工组织的基本成员是第一类劳动者，pfa20a\2:=(pq6//pa)。当然，这两类组织都离不开专业人员（第二类劳动者）的参与，两概念关联式包含了这一世界知识。企业主组织对促使工业时代的诞生作出过特殊贡献，是现代政党的先驱。职工组织对促进后工业时代的诞生也作出了特殊贡献，是非政府组织的先驱。这些世界知识的概念关联式如下：

```
a20a\1:=(3118,lv02,pj1*a)
(a20a\1,jl111,(12eb1,l10,a11ipj1*˜9))
a20a\2:=(3118,lv02,pj1*b)
(a20a\2,jl111,(12eb1,l10,a03bi))
```

2.0.1.3 市场 a20b 的世界知识

a20b	市场
a20b β	市场的作用效应链表现
a20b\k=0-5	市场基本类型
a20b\˜0*i	资源
a20b\0	消费市场
a20b\1	物资市场
a20b\2	能源市场
a20b\3	信息市场
a20b\4	劳力市场
a20b\5	金融市场

市场 a20b 之于经济活动 a2，如同地域 wj2 之于政治活动 a1，市场 a20b 就是经济活动 a2 的广义空间，a20b::=(wj01,l10,a2)，是经济活动的第三位基础因素。

古代的市场似乎只是"士农工商"之"商"的独占领域，其实不然，它从来就是整个社会的舞台，渗透到社会生活的方方面面，不过这一特性到了现代才更加明显而已。人类的两类劳动和三类精神生活都与它息息相关，这就是将市场列为 a20b 而不是 a209 的缘故。

当然，市场 a20b 首先还是企业的舞台，每一企业都需要定位于特定的市场，国家需要致力于营造良好的市场环境，工业时代的多数战争具有争夺市场的背景，文化、法律、科技、教育、卫生环保活动与市场的互动作用日益加强。市场的内容如此浩繁，其延伸结构如何设计？上面给出的二级延伸表示式 a20b:(β ,\k=0-5)是 HNC 的必然答案。下面分两段进行论述。

1）市场 a20b 的作用效应链表现 a20b β

a20b9	生产
a20ba	贸易

```
a20bb                    供求
  a20bb^e2m              "供求互动"
  a20bb^e21             供应
  a20bb^e22             需求
  a20bbe4m              供求势态
  a20bbe41              供求平衡
  a20bbe42              供小于求
  a20bbe43              供大于求
```

市场作用效应链表现 a20b β 的延伸描述将体现再抽象原则的精髓——去粗取精，作用效应侧面仅摘取生产 a20b9，过程转移侧面仅摘取贸易 a20ba，关系状态侧面仅摘取供求 a20bb。

生产和贸易两侧面将分别以概念树 a21 和 a22 详加描述，故两者实质上是虚概念，具有下列概念关联式：

```
a20b9==a21
a20ba==a22
```

供求 a20bb 存在两项联想脉络，一是"供求互动"，以映射符号 a20bb^e2m 表示;二是供求势态，以映射符号 a20bbe4m 表示。符号 a20bb^e21 表示供应，a20bb^e22 表示需求。符号 a20bbe41 表示供求平衡，a20bbe42 表示供小于求，a20bbe43 表示供大于求。

供求 a20bb 存在下列概念关联式：

```
a20bb^e2m::=40ibe2mga20bb
（供求互动定义为供求之间的相生相克性）
a20bb~e41=>r3228b
（供求失衡将导致荒溢之灾）
a20bbe41:=507+j76e71pj1*b
（供求平衡是后工业时代的常态）
a20bbe42:=507+j76e71pj1*9
（供小于求是农业时代的常态）
a20bbe43:=507+j76~e71pj1*a
（供大于求是工业时代的非常态）
(a20bbe42wa20b\2*i,jl111,r533228pj1*b)
（能源的供小于求是后工业时代的危机）
```

2）市场的基本类型 a20b\0-5

```
a20b\k=0-5        市场基本类型
  a20b\~0*i        资源
a20b\0           消费市场
a20b\1           物资市场
a20b\2           能源市场
a20b\3           信息市场
a20b\4           劳力市场
a20b\5           金融市场
```

市场的这一分类是 HNC "对象内容分解"思路的具体应用，劳力市场 a20b\4 和消费市场 a20b\0 概括了市场对象的两个基本侧面；物资市场 a20b\1、能源市场 a20b\2 和信息市场 a20b\3 概括了市场内容的三个基本侧面；金融市场 a20b\5 则是经济活动本身高度发达阶段的产物。

市场必有相应的资源，资源将采用变量定向延伸符号 a20b\ki。按照市场的对象内容划分，资源也有对象与内容之分。市场对象构成对象资源 a20b\ki(k=0//4)，市场内容构成内容资源 a20b\ki(k=1–3)。每一个人作为市场的对象只具有劳动者//消费者这两种身份，没有第三种身份。

每类市场可继续并列延伸，这里暂不处理。但需要先说明两点，一是信息市场将延伸为 a20b\3k=2，a20b\31 代表信息市场，a20b\32 表示知识市场。二是资源是一个强 g 类概念，具有 p//w 前挂特性，对象资源可前挂 p，内容资源可前挂 w，金融资源可前挂 gw。

2.0.2 经济活动的基本要素 a20\k=0-4 的世界知识

经济活动的基本侧面采用了扩展并列延伸 a20\k=0-4，经营定义为经济活动的基本要素的根概念 a20\0。其概念延伸结构复录如下：

```
a20\0:(e2n,e0m,ebm,^e2m,*i,*3;*it=a,*3t=a)
a20\0e2n               盈利与亏损
a20\0e0m               企业的扩展、裁减与重组
a20\0ebm               采购、推销、加工与合同
a20\0^e2m              投入与回报
a20\0*i                市场效应
  a20\0*it=a           市场效应的基本表现
  a20\0*i9             品牌
  a20\0*ia             价格
a20\0*3                财富效应
  a20\0*3t=a           财富效应的基本表现
  a20\0*39             资产
  a20\0*3a             市值
```

2.0.2.1 经营 a20\0 的世界知识

经济活动的整体效应是创造物质财富 ra2，局部效应则是盈利 ra20\0e25，利润 ra20\0e25 是企业活动的第一目标和根本动力，没有利润，企业就不能生存。盈利与亏损 a20\0e2n 是经营 a20\0 面临的第一项课题，企业经营者当然希望盈利，但实际上经常"事与愿违"，符号 a20\0e2n 是对这一经济现象的适当描述。

经营 a20\0 面临的第二项课题是企业的扩展、裁减与重组 a20\0e0m，属于经营战略层面的决策问题，具有很强的专业性。A20\0e01 对应企业扩展，a20\0e02 对应企业裁减，a20\0e03 对应企业重组。

经营 a20\0 面临的第三项课题是企业的采购、推销、加工与合同 a20\0ebm，属于经营战术层面的日常事务。A20\0eb1 对应采购，a20\0eb2 对应推销，a20\0eb3 对应加工，a20\0eb0 对应合同或合约。

经营 a20\0 面临的第四项课题是投入和回报 a20\0^e2m，经营者 pa20\0 需要在两者之间求得适度平衡，这一课题具有战略和战术、市场效应与社会效应的综合特征，其复杂性通常远超出经营者 pa20\0 的习惯思维。

经营 a20\0 面临的第五项课题是经营的市场效应 a20\0*i，它是企业生命力的标志，经营者 pa20\0 总是力求扩大企业的市场效应 a20\0*i，它具有交织延伸 a20\0*it=a，前者 a20\0*i9 对应着品牌，后者 a20\0*ia 对应着价格。

经营 a20\0 面临的第六项课题是经营的财富效应 a20\0*3，经营者总是力求扩大企业的财富效应，它也具有交织延伸 a20\0*3t=a，前者 a20\0*39 对应着资产，后者 a20\0*3a 对应着市值。

经营 a20\0 面临的基本课题当然不只上述六项，但对于交互引擎来说，上述六项所对应的世界知识是最关键的。

2.0.2.2 经营活动四要素的世界知识

经营活动四要素是商品 a20\1、资金 a20\2、财务 a20\3 和劳力 a20\4。

经营的第一要务是市场定位，而市场定位首先是商品定位。所以，商品 a20\1 是经营的第一要素。商品不仅包括有形的东西，也包括无形的东西（如信息和服务），这一广义商品概念古已有之，所以，商品这个概念并不具有历时性。物品和产品历来是而且依然是主要的商品，但两者本身并不等同于商品，而只是潜在的商品，映射符号是 rw53a20\1。

企业的类型由它所经营的商品决定。

经营的第二要素是资金 a20\2，资金是经营的生命表征。在市场 a20b 这个特殊空间里，资金 a20\2 具有作用效应链的整体表现，工业时代到来的基本标志就是资金成长为资本 ra20\2，所以工业时代也叫资本时代。资金 a20\2 这一概念导源于货币，货币是经济活动的第一伟大发明，是为了便于商品流通而发明的商品替代物。

经营的第三要素是财务 a20\3，这里的财务与专业活动的财务强关联，a20\3≡a01b，继承财务关联的全部延伸概念。但财务 a20\3 需要增加一项定向延伸 a20\3*3，命名成本。成本代表在商品进入市场之前经营者所付出的全部资金。经营的竞争归根结底是成本的竞争，所以，降低成本是经营取胜的根本途径。

经营的第四要素是劳力 a20\4，它具有两项延伸概念 a20\4c3m 和 a20\4d01，前者对应着初级劳力 a20\4c31、中级劳力 a20\4c32 和高级劳力 a20\4c33，后者对应着高层主管。

最后应该指出：所有的专业活动领域都存在与经营对应的四项要素。不过，在其他专业领域，把商品 a20\1 叫作项目、任务、产品、作品等，把资金 a20\2 叫作经费，把成本 a20\3*3 叫作费用，把高级劳力 a20\4c33 叫作干部、人才等。

经营四要素分别具有下列概念关联式：

```
a20\1:= ju725——（a20\k-01-0）
（商品具有根基意义）
a20\2:= ju726——（a20\k-02-0）
（资金具有主干意义）
((ra20\3+a62t),jl11e21e21,ju72n),l43e21,(311+pj1*a))
                            ——（a20\k-03-0）
（资本与技术是工业时代诞生的决定性因素）
a20\3:= ju72(n)e22
（财务具有"上层"意义）
a20\4d01:= ju721b
（高层主管具有关键意义）
```

第 1 节
生产 a21 (113)

引言

生产 a21 是一切经济活动 a2 的基础。生产包括"农业"和工业,"农业"符号化为 a21i, 工业符号化为 a21β。

2.1-0 生产 a21 的概念延伸结构表示式

```
a21:(I, β ;
     i(\k=4,i),9\k=2,at=a,bt=a, β i;
     9\kk=0-x, β i(\k=2, β ,i);
     9\10(*α=b,c3m,e2m),9\11*t=a,9\12(k=3,e2m,*i),9\13(k=5,*t=a),
     9\14k=3,9\15*(3,t=b),9\16k=3,9\20*t=b,9\21*α=a,9\22*(α=b,i),
     9\23(k=3,*α=a),9\24(\k=2,*t=a,*i),9\25*(3,t=b),9\26(e2m,e3m,
     c3n,e2n,*(t=b,I,3,˜2));
     9\10*9(-0,t=a),9\10*a(\k=3,e2m,i),9\10*b\k=4,9\11*9\k=5,9\11*a\k=
     4,9\121(k=3,*i),9\122*I,9\12e2m\k=4,9\12*i\k=x,9\131*t=a,9\132(k=
     2,*t=a),9\133(k=2,*t-a),9\141(k=3,*i),9\142k=4,9\143k-x,9\15*3t=a
     ,9\15*9(e9n,i),9\15*a(t=b,^e2m,i),9\15*at=a,9\20*9i,9\21*9\k=x,9\
     22*˜8i,9\22*i\k=x,9\23˜3*α=b,9\233*(t=a,i),9\23*9i,9\24k
     (e2m,*α=a,*i),9\24*tc3n,9\24*i\k=2,9\25*3 γ =a,9\25*9ebm, 9\25*a
     (t=b,^e2m,\k=x),9\25*b(e1n,e2m,i),9\26e2m\k=x,9\26e31\k=x,9\26˜e3
     1\k=x,9\26*i\k=x,9\26*3\k=x,9\26*˜2c3m,9\26*1t=b;
     9\121*i\k=3,9\131*9\k=3,9\131*at=a,9\1321*7,9\15*3a3,9\15*9e95\k=
     x,9\15*9e97\k=x,9\20*9i\k=x,9\233*ti,9\24k*i\k=2,9\25*39\k=2,9\25
     *3a(\k=2,7),9\25*9ebm\k=x,9\25*9eb2t=a,9\25*9eb3(e2m,7),9\25*abt=
     a,9\25*be2m(\k=x,3),;
     9\121*i\1k=3,9\131*aa7,9\25*3a\k*7,9\25*ab9c3m,;)
```

a21i	"农业"
a21 β	工业
a21i	"农业"
a21i\k=4	"农业"基本类型
a21i\1	种植业
a21i\2	林业
a21i\3	畜牧业
a21i\4	"渔业"
a21ii	"农"产品初级加工
a21 β	工业

a219	建造
a21a	设计与开发
a21b	技术与质量保障
a21βi	矿业

a219	建造
a219\k=2	建造的基本类型
a219\1	基建
a219\2	制造

a21a	设计与开发
a21a9	设计
a21aa	开发

a21b	技术与质量保障
a21b9	技术保障
a21ba	质量保障

a21βi	矿业
a21βi\k=2	矿业基本类型
a21βi\1	第一类矿业
a21βi\2	第二类矿业
a21βiβ	矿业自身的作用效应链表现
a21βi7	矿业安全

2.1.1 "农业" a21i 的世界知识

农业 a21i 也称第一产业，与第一类劳动强关联，a21i≡q6。其并列延伸 a21i\k=4 描述农业的基本类型：种植业 a21i\1 面向非木本植物，林业 a21i\2 面向木本植物，畜牧业 a21i\3 面向陆生动物，"渔业" a21i\4 面向水生生物。

（注：四类农业 a21i\k=1-4 的后续延伸将与第一类劳动 q6 和基本物 jw6 统筹设计，当前暂不完稿。）

2.1.2 工业 a21β 的世界知识

工业 a21β 的世界知识分四个子节进行论述，2.1.2.0 子节对工业作总体性论述，随后的三个子节分别对基建 a219\1、制造 a219\2 和矿业 a21βi 进行论述。

2.1.2.0 工业 a21β 世界知识的总体性论述

a21β	工业
a219	建造
a219\k=2	建造的基本类型
a219\1	基建
a219\2	制造
a21a	设计与开发
a21b	技术与质量保障

工业成为经济活动 a2 的主体是人类社会从漫长的农业时代进入工业时代的标志，是人类伟大创造力的综合体现，具有完整的作用效应链表现，故以符号 a21β 描述。

工业 a21β 的作用效应表现 a219 就是生产出自然界原来并不存在的物品 pwa219，可简称建造 a219。建造 a219 有两大基本类型：第一类建造 a219\1 的基本特征是其产品不可移动，命名为基建，相应的产品 pwa219\1 简称不动产；第二类建造 a219\2 的基本特征是其产品可以移动，命名为制造，相应的产品 pwa219\2 简称动产。

工业 a21β 的过程转移表现 a21a 是设计 a21a9 和开发 a21aa。建造 a219 是一个不断推陈出新的过程，设计 a21a9 和开发 a21aa 是这一过程的两个核心环节。设计 a21a9 的定义式为：

$$a21a9::=(832,102,a20\backslash 1)$$

开发的定义式为：

$$a21aa::=(62,102,a20\backslash 1)$$

这就是说，工业设计 a21a9 属于思维活动的设计 832，a21a9=%832；工业活动的开发 a21aa 属于科技活动的技术活动 a62，a21aa=%a62。

工业 a21β 的关系状态表现 a21b 是技术保障 a21b9 和质量保障 a21ba。技术保障 a21b9 的定义式为：

$$a21b9::=((440,103,pws44au10a8c22),l17,a219)$$
（技术保障就是为建造活动 a219 配置先进的装备）

质量保障 a21ba 的定义式为：

$$a21ba::=(3219\backslash 3,103,(a20\backslash 1,jlv02,jlr02))$$
（质量保障就是为商品的合格性提供保障）

按照符号 β 的约定，符号 a21a9 里蕴含着商品的过程特性，符号 a21aa 里蕴含着商品的转移特性，符号 a21b9 里蕴含着商品的关系特性，符号 a21ba 里蕴含着商品的状态特性。这些知识虽然饶有趣味，但阐释从略。

2.1.2.1 基建 a219\1 的世界知识

基建 a219\1 采用扩展并列延伸 a219\1k=0-x，根概念及 6 项具体基建内容如下：

a219\10	城建
a219\11	建筑
a219\12	交通基建
a219\13	资源基建
a219\14	环境基建
a219\15	信息设施基建
a219\16	军事设施基建

基建 a219\1 的原始形态与人类的巢居、穴居生活同步诞生，从巢穴居到村居是人类生活的第一次飞跃，促成了建筑 a219\11 的诞生。从村庄到城市是人类生活的第二次飞跃，促成了城建 a219\10 的诞生。随着城市的发展，交通基建 a219\12、环境基建 a219\14 和资源基建 a219\13 都应运而生并同步发展。信息设施基建 a219\15 和军事设施基建 a219\16 本来都只是城建 a219\10 所固有的非独立部分，随着国家的出现和第一类政治

斗争 a13\1（国家、民族之间的斗争）的发展，军事设施基建 a219\16 早已独立成为一项大规模的基建活动，信息设施基建 a219\15 的大规模发展则是工业时代到来以后了。

上列基建活动 a219\1k 皆自古有之，虽然各项基建的具体内容在三大历史时代出现了巨大变化，但基建 a219\1 概念联想脉络的主体 a219\1k=0-x 实质上并未发生变化。

基建 a219\1 具体类型可采用常量并列形式 a219\1k=0-6，但本《全书》宁愿采用变量形式 a219\1k=0-x 以适应后工业时代的不可完全预测性。

下面分七段进行论述。

1）城建 a219\10 的世界知识

```
a219\10:(*α=b,c4m,e2m;*9:(-0,t=a),*a\k=5,*b\k=4;*99\k=5,*9a\k=4)
        a219\10*α=b              城建基本内容
        a219\10*8               城市规划
        a219\10*9               "街区"建设
        a219\10*a               城市交通建设
        a219\10*b               城市"基础"设施建设
        a219\10c3m              城市规模
        a219\10e2m              市区与郊区
```

城建 a219\10 是基建 a219\1 的根概念，其基本概念关联式是：

```
a219\10:=((3118,3518),lv02,pwj2)
（城建就是对城市的建立和建设）
```

城建 a219\10 辖属三项联想脉络，其中的城建基本内容 a219\10*α=b 乃主体项，另两项是辅助项，都是 g 强存在概念。

城建基本内容 a219\10*α 的根概念叫城市规划 a219\10*8,具有下面的基本概念关联式：

```
a219\10*8:=(83,l10,pwj2)
（城市规划就是对城市的规划）
a219\10*8%=(831,l10,(a219\10c3m,a219\10e2m))
（城市规划包括城市规模和市区与郊区的策划）
```

城建的第一项内容 a219\10*9 叫"街区"建设，这是一个 pw 强存在的包含性概念，pwa219\10*9 代表"街区"，pwa219\10*9-0 代表街道，街道的出现是城市诞生的标志，也是人类社会进入高级农业时代的标志。

"街区"建设 a219\10*9 具有下面的基本概念关联式：

```
a219\10*9≡a219\11
（"街区"建设与建筑强关联）
(a219\10*99\k:=a219\11*9\k,k=1-5)
（"生活街区"建设的 5 项内容与生活建筑的 5 项内容一一对应）
(a219\1z0*9a\k:=a219\11*a\k,k=1-4)
（"工作街区"建设的 4 项内容与工作建筑的 4 项内容一一对应）
```

城建的第二项内容 a219\10*a 叫城市交通建设，具有下面的基本概念关联式：

```
a219\10*a≡a219\12
（城市交通建设与交通建设强关联）
```

城建的第三项内容 a219\10*b 叫城市"基础"设施建设，具有下列基本概念关联式：

```
(a219\10*b≡a219\1k,k=3-6)
（城市"基础"设施建设与基建的后 4 项内容强关联）
a219\10*b\1:=a219\14
（第一项城市"基础"设施建设与环境基建对应）
a219\10*b\2:=a219\13
（第二项城市"基础"设施建设与资源基建对应）
a219\10*b\3:=a219\15
（第三项城市"基础"设施建设与信息设施基建对应）
a219\10*b\4:=a219\16
（第四项城市"基础"设施建设与军事设施基建对应）
```

各项城市"基础"设施建设 a219\1*b\k 可继续并列延伸，其延伸内容与相应各项基建的延伸内容同构。

按城市 pwj2 的定义（见第二卷第八编），它不应该包括农村~pwj2，但实际的城市可以包括农村。因此，HNC 给出城市的两种定义：pwj2 和 pwa219\10，后者就可以包括农村。对于"城市 pwa219\10"，不仅需要引入城市规模 a219\10c3m 的概念，还需要引入市区与郊区 a219\10e2m 的概念。

2）建筑 a219\11 的世界知识

```
a219\11:*(t=a;9\k=5;a\k=4)
    a219\11*t=a          建筑功能
    a219\11*9            生活建筑
    a219\11*a            工作建筑
```

建筑的功能可谓千差万别，但是，从劳动与生活的视野来看，以交织延伸而不是并列延伸对它进行符号描述乃是 HNC 的必然选择。A219\11*9 描述生活建筑，a219\11*a 描述工作（劳动）建筑，生活建筑可划分成 5 种类型，工作建筑可划分成 4 种类型，如下所示：

```
    a219\11*9\1          住宅建筑
    a219\11*9\2          文化建筑
    a219\11*9\3          "休闲"建筑
    a219\11*9\4          "公益"建筑
    a219\11*9\5          体育建筑
    a219\11*a\1          公务建筑
    a219\11*a\2          商务建筑
    a219\11*a\3          厂矿建筑
    a219\11*a\4          "教医研"建筑
```

建筑 a219\11 讲究艺术性，相应的概念关联式是

```
((a219\11,lv00d13,ua32),f2y,(a219\11*9\~1,a219\11*a\1d01))
（建筑讲究艺术性，尤其广义文化建筑和最高级公务建筑）
```

两类建筑 a219\11*t 的基本概念关联式如下：

> a219\11*9:=50a9
> （生活建筑与生活对应）
> a219\11*a:=50aa
> （工作建筑与劳动对应）
> a219\11*9\2:=(a32,a36)
> （文化建筑与艺术活动和历史文化对应）
> a219\11*9\3:=q7
> （"休闲"建筑与表层第二类精神活动对应）
> a219\11*9\4:=q8
> （"公益"建筑与深层第二类精神生活对应）
> a219\11*9\5:=a33
> （体育建筑与技艺活动对应）
> a219\11*a\2:=(a22,a23,a24)
> （商务建筑与商业、服务业和金融业对应）
> a219\11*a\3:=(a219\2,a21βi)
> （厂矿建筑与制造业和矿业对应）
> a219\11*a\4:=(a7,a82,a6)
> （"教、医、研"建筑与教育、医疗和科研活动对应）

2）交通基建 a219\12 的世界知识

a219\12:(k=3,e2m,I;1(k=3,i),2i,e2m\k=4,i\k=m;1i\k=3)	
a219\12k=3	交通基建基本类型
a219\121	陆地交通基建
a219\122	水路交通基建
a219\123	空中交通基建
a219\12e2m	港站基建
a219\12i	特殊交通基建
a219\12k=3	交通基建基本类型
a219\121	陆地交通基建
a219\121k=3	陆路交通基本类型
a219\1211	路
a219\1212	铁路
a219\1213	公路
a219\121i	特殊路段基建
a219\121i\k=m	特殊路段类型
a219\121i\1	桥梁
a219\121i\1k=3	桥梁基本类型
a219\121i\11	跨水桥
a219\121i\12	跨山桥
a219\121i\13	立交桥
a219\121i\2	隧道
a219\121i\3	"梯道"
a219\122	水路交通基建
a219\122i	运河修建
a219\12e2m	港站基建
a219\12e2m\k=4	港站基本类型
a219\12e2m\1	车站

a219\12e2m\2	码头
a219\12e2m\3	机场
a219\12e2m\4	航天港
a219\12i	特殊交通基建
a219\12i\k=m	特殊交通基本类型
a219\12i\1	索道交通
a219\12i\2	管道交通

交通基建 a219\12 辖属三项联想脉络：一是交通基建基本类型 a219\12k=3；二是港站基建 a219\12e2m；三是特殊交通基建 a219\12i。三者具有穷尽性么？回答应该是肯定的。

这里要说明两点：一是交通基建的某些延伸项具有鲜明的时代性，这将在下列概念关联式里予以表述；二是某些需要继续延伸的概念节点（如各种"路"）略而未表。

交通基建 a219\12 的基本概念关联式如下：

```
a219\12:=22
（交通基建与物转移对应）
a219\12=a219\15
（交通基建与信息设施基建强交式关联）
a219\121i:=22m
（特殊路段基建与物转移的特殊状态对应）
a219\12e2m:=22e2m
（港站基建与物转移的始终状态对应）
(a219\12e2m\k:=22a\k,\k=3)
（港站基本类型与运输的基本类型对应）
(a219\123,s31,pj1*a)
（空中交通产生于工业时代）
(pwa219\12e2m\3,s31,pj1*a)
（机场是工业时代的产物）
(pwa219\121~1,s31,pj1*a)
 （铁路和公路是工业时代的产物）
(pwa219\121i\1,lv00d13,ua32)
（桥梁讲究艺术性）
((a219\12i\1,s32,wj2*12),s31,pj1*a)
（用于山区的索道交通是工业时代的产物）
(a219\12i\2,lv0053,q811)
（管道交通还处于想象阶段）
```

3）资源基建 a219\13 的世界知识

```
a219\13:(k=5,*t=a;1*t=a,2k=2,3(k=2,*t=a))
    a219\13k=5
    a219\131              水资源基建
    a219\132              衣食资源基建
    a219\133              能源基建
    a219\134              "工业"资源基建
    a219\135              战争资源基建
    a219\13*t=a           资源基建基本环节
    a219\13*9             仓储基建
```

a219\13*a	管线基建
a219\131	水资源基建
a219\131*t	水资源基建基本环节
a219\131*9	"水库"
a219\131*9\k=3	"水库" 基本类型
a219\131*9\1	天然 "水库"
a219\131*9\2	人工水库
a219\131*9\3	井
a219\131*a	"水道"
a219\131*at=a	"水道" 基本环节
a219\131*a9	"主水道"
a219\131*aa	"终端水道"
a219\131*aa7	自来水
a219\132	衣食资源基建
a219\132k=2	衣食资源基建基本类型
a219\1321	食用资源基建
a219\1321*7	盐资源基建
a219\1322	衣用资源基建
a219\132*t	衣食资源基建基本环节
a219\132*9	衣食资源仓储基建
a219\132*a	衣食资源运输渠道基建
a219\133	能源基建
a219\133k	能源基建基本类型
a219\1331	热源基建
a219\1332	电源基建
a219\133*t	能源基建基本环节
a219\133*9	能源 "仓储" 基建
a219\133*a	管线基建

　　资源基建 a219\13 采用了 a219\13:(k=5,*t=a)的延伸结构，并列延伸 a219\13k=5 描述资源基建的五种类型，a219\13*t=a 描述资源基建的两个基本环节。这一延伸结构里的约定内容皆自古有之，满足资源基建描述的穷尽性要求。但资源基建 a219\13 的内外关系都比较复杂，需要稍加解释。

　　从外部关系来说，汉语的 "衣食住行" 是对人类物质生活 50a99 需求的精练概括，但从基建 a219\1 的视野来看，把 "衣食住行" 的顺序改成 "住行衣食" 的顺序比较适当，这就是对(a219\1k,k=1-3)作上列排序依据了。建筑 a219\11 大体与 "住" 的需求对应，交通基建 a219\12 大体与 "行" 的需求对应，资源基建 a219\13 大体与 "衣食" 的需求对应。这样，对基建的 6 项内容可给出下面的基本概念关联式：

　　　　(a219\1k,k=1-3)=50ac25
　　　　（建筑、交通和资源基建同人类的物质生活强交式关联）
　　　　(a219\14,a219\15)=50ac26
　　　　（环境和信息的设施基建同人类的精神生活强交式关联）
　　　　a219\16≡a42
　　　　（军事设施基建与战争强关联）

从内部关系来说，首先，五项资源基建之间呈现出比较复杂的交式关联性，如能源里的石油是极为重要的化工原料，水也是一切重化工业不可或缺的资源。虽然这些知识十分重要，但这里并不详述。对"工业"资源基建 a219\134 和战争资源基建 a219\135 都不再设置延伸概念，只给出下面的基本概念关联式：

```
a219\134=(a219\13k,k=1-3)
（"工业"资源基建同水、衣食、能源基建强交式关联）
a219\135=a219\13~5
（战争资源基建同另外四种资源基建强交式关联）
```

其次，"仓储"和"管线"是每项资源基建的两个基本环节，但两者相对不同资源基建的个性差异十分突出，需要通过两类延伸方式（并列与交织）的交替使用予以表达，这就需要给出下面的基本概念关联式：

```
a219\13k*t=:(a219\13k,a219\13*t)
```

这一概念表示式意味着"资源基建基本环节 a219\13*t=a"实质上是一个虚设概念。

第三，资源基建基本环节 a219\13*t=a 本身存在下列概念关联式：

```
a219\13*9:=(12eb0,381)
（仓储基建是过程之"奇"和效应之"存"的综合）
a219\13*a:=(122,22γ)
（管线基建是过程之流和物转移基本特征的综合）
```

下面对前三种资源基建稍作说明。

水资源基建 a219\131 仅设置交织延伸 a219\131*t，分别描述"水库" a219\131*9 和"水道" a219\131*a，两者具有下列概念关联式：

```
a219\131*9\1=wj2*2~\1
（天然"水库"与河湖交式关联）
a219\131*9\2c3~1≡a219\13322
（大中型人工水库的基建同水电站的基建强关联）
a219\131*a9:=229
（主"水道"与物定向转移对应）
a219\131*aa:=22a
（"终端水道"与物传输对应）
pwa219\131*aa7:=pj1*a
（自来水是工业时代的产物）
```

衣食资源基建 a219\132 和能源基建 a219\133 都设置了并列延伸和交织延伸。其意义具有自明性，这里只给出下列概念关联式：

```
a219\132=a21i
（衣食资源基建与农业生产强交式关联）
a219\1321≡50ac25\1e21
（食用资源基建与吃喝强关联）
a219\1322≡50ac25\2
（衣用资源基建与穿戴强关联）
pwa219\1332:=pj1*a
（电源基建是工业时代的产物）
```

4）环境基建 a219\14 的世界知识

```
a219\14:(k=3;1(k=3,i),2k=4,3k=x;1(k)*i)
    a219\141                      环境美化
        a219\141k=3                  绿化及其基本内容
        a219\1411                    植树
        a219\1412                    种草
        a219\1413                    种花
          a219\141(k)*i                培植水生植物
        a219\141i                    "公园"建设
    a219\142                      废弃物处理设施基建
        a219\142k=4                  废弃物处理设施基本类型
        a219\1421                    排泄物处理设施基建
        a219\1422                    垃圾处理设施基建
        a219\1423                    废水处理设施基建
        a219\1424                    废气处理设施基建
    a219\143                      抗灾设施基建
        a219\143k=x                  抗灾设施基建基本类型
        a219\1431                    抗洪设施基建
        a219\1432                    抗"浪"设施基建
```

环境基建 a219\14 继续采用并列延伸 a219\14k=3。3 项环境基建满足穷举性要求，具有下列概念关联式，这些关联式充分体现了环境基建概念联想脉络的基本特征。

```
A219\14≡a83
（环境基建与环境保护强关联）
a219\141:=(3518,l02,r508)
（环境"美化"是对环境的建设）
a219\14˜1:=(3219,l02,r508)
（废弃物处理设施和抗灾设施的基建是对环境的保护）
```

环境美化 a219\141 具有两项内容：绿化 a219\141k 和"公园"建设 a219\141i。前者包括植树 a219\1411、种草 a219\1412 和种花 a219\1413；后者以公园为代表，包括私家庭园，具有下列概念关联式：

```
a219\141i=a219\11
（"公园"建设与建筑强交式关联）
```

抗灾设施基建 a219\143 采用变量并列延伸 a219\143k=x，这里只列出了两项：抗洪和抗"浪"。除此之外，沙尘暴、泥石流、龙卷风等常见天灾，瘟疫和外星撞击之灾，都涉及 a219\143，另外，为防止天灾人祸所修建的各种隔离墙也都可以纳入 a219\143，这里都一概暂时从略。

5）信息设施基建 a219\15 的世界知识

```
a219\15:*(3,t=b;3t=a,9(e9n,i),a(t=b,e2m,i),bt=a;3a3,9e9n\k=m)
    a219\15*3                    时空信息设施基建
    a219\15*t=b                  信息"处理"设施基建
    a219\15*9                    信息传递设施基建
```

```
            a219\15*a                        信息检测设施基建
            a219\15*b                        信息"存储"设施基建
```

信息设施基建 a219\15 辖属两项主体联想脉络：一是时空信息设施基建 a219\15*3；二是信息"处理"设施基建 a219\15*t。两项信息设施基建皆自古有之，观象台、界碑等属于前者，驿站、灯塔、瞭望台、烽火台、藏书阁等属于后者。信息设施基建出现过电磁技术应用的革命性跃变，这一重要世界知识对应着下面的概念关联式：

```
        a219\15xjw3:=pj1*ac37
        （电磁信息设施基建开始于工业时代后期）
```

时空信息设施基建 a219\15*3 具有下列延伸概念：

```
            a219\15*3:(t=a;a3)
            a219\15*3t=a                    时空信息设施功能类型
            a219\15*39                      时间信息设施基建
            a219\15*3a                      空间信息设施基建
              a219\15*3a3                    全球定位系统
```

其中的空间定位系统乃后工业时代的产物，具有下面的概念关联式：

```
        a219\15*3a3:=pj1*b
        （空间定位系统与后工业时代对应）
        (a219\15*3a3,jl11e21,ua219\k)
        （空间定位系统具有不动产与动产的双重特性）
```

信息传递设施基建 a219\15*9 具有下列延伸概念：

```
            a219\15*9:(e9n,I;e9n\k=m)
            a219\15*9e9n                    电磁信息传递设施基建
            a219\15*9e95                    电磁信息发射设施
              a219\15*9e95\k=m               电磁信息发射设施基本类型
              a219\15*9e95\1                 电台
              a219\15*9e95\2                 电视台
            a219\15*9e96                    电磁信息接收设施
            a219\15*9e97                    电磁信息传输设施
              a219\15*9e97\k=m               电磁信息传输设施基本类型
              a219\15*9e97\1                 电话网
              a219\15*9e97\2                 无线网
              a219\15*9e97\3                 因特网
            a219\15*9i                      邮件传递设施基建
```

信息传递设施基建 a219\15*9 辖属两项联想脉络：一是以非黑氏对偶 e9n 描述的电磁信息传递设施基建 a219\15*9e9n;，二是以混合型定向延伸 a219\15*9i 描述的邮件传递设施基建。这一延伸结构集中描述电磁信息传递和文字信息传递两大类，意味着其他类型信息传递 rva219\15*9 将以复合形式来表示。电磁信息传递设施基建 a219\15*9e9n 具有下列概念关联式：

```
        (rva219\15*9e9n,l00451,a62xjw3)
        （电磁信息传递使用电磁技术）
```

```
a219\15*9e9n:=pj1*ac37
```
（电磁信息传递与工业时代后期对应）
```
a219\15*9e97\~1:=pj1*b
```
（无线网和因特网与后工业时代对应）

信息检测设施基建 a219\15*a 具有下列延伸概念：

```
a219\15*a:(t=b,^e2m,i)
   a219\15*at=b              信息检测设施应用类型
   a219\15*a9               自然信息检测设施
   a219\15*aa               灾祸信息检测设施
   a219\15*ab               人类活动信息检测设施
   a219\15*a^e2m            信息检测设施功能类型
   a219\15*a^e21            主动式信息检测设施
   a219\15*a^e22            被动式信息检测设施
   a219\15*ai               预警系统
```

信息检测设施基建 a219\15*a 辖属三项联想脉络：一是以交织延伸 a219\15*at 描述的信息检测设施应用类型；二是以非黑氏对偶 a219\15*a^e2m 描述的信息检测设施功能类型，三是以变量定向延伸 a219\15*ai 描述的预警系统。这三项延伸概念都被定义为后农业时代的产物，因而具有下面的概念关联式：

```
(a219\15*a):=pj1*~9
```

信息"存储"设施基建 a219\15*b 仅设置单项交织延伸：

```
   a219\15*bt=a
   a219\15*b9               文本馆基建
   a219\15*ba               文物馆基建
```

上面，着重对信息设施基建 a219\15 的时代特征给出了素描，下面对 a219\15 的基本概念关联式给出一个综合性素描。

```
A219\15≡21ia//21i
（信息基础设施基建与定向接受特别是信息定向接受强关联）
(a219\15,l18,50at)
（信息基础设施基建服务于人类的生活和劳动）
(a219\15*9,l18,(a35,a34))
（信息传递设施基建服务于信息文化和大众文化）
(a219\15*9i,l18,q71)
（邮件传递设施基建服务于交往）
(a219\15*a,l18,a84//a12\2/…)
（信息检测设施基建特别服务于灾祸的防治和政治应变）
(a219\15*b,l18,a36//…)
（信息"存储"设施基建特别服务于历史文化）
```

6）军事设施基建 a219\16 的世界知识

```
   a219\16k=3
   a219\161                军事基地
   a219\162                防线
```

```
         a219\163                              阵地
```

军事设施基建也采用并列延伸表示式 a219\16k=3，三项延伸概念 a219\161 军事基
地、a219\162 防线和 a219\163 阵地代表军事设施基建的主体，似乎不满足穷举性要求，
但这无关紧要，必要时可采用 a219\16 与其他映射符号的复合表示。

三项主体军事设施基建的具体内容在三个历史时代发生了翻天覆地的变化，其基本
功能却保持不变。例如，我国的万里长城、法国的马其诺防线、美国正在兴建的导弹防
御体系就分属三个历史时代的典型防线 pwa219\162。

2.1.2.2 制造 a219\2 的世界知识

制造 a219\2 与基建 a219\1 乃同步诞生，也采用扩展变量并列延伸 a219\2k=0-x，七
项主体内容如下：

```
     a219\20    工具制造          a219\10    城建
     a219\21    生活用品制造       a219\11    建筑
     a219\22    交通运输工具制造    a219\12    交通基建
     a219\23    资源"制造"        a219\13    资源基建
     a219\24    医保用品制造       a219\14    环境基建
     a219\25    信息用品制造       a219\15    信息设施基建
     a219\26    武器制造          a219\16    军事设施基建
```

为便于观察制造与基建两者的相互关联性，基建的七项内容并列于右。可以看到，
制造 a219\2 与基建 a219\1 的对应项强交式关联，a219\2k=a219\1k。其中的交通、信息和
军事三项还具有强关联特性，相应的概念关联式就从略了。

制造的基本概念关联式如下：

```
     (a219\2k,1023118,pwa219\2k)
     (制造就是制造出相应的产品)
```

与基建 a219\1 对应，本子节也分七段进行论述。

1）工具制造 a219\20 的世界知识

```
        a219\20:(*t=b;*9i;*9i\k=m)
          a219\20*9                   机械制造
          a219\20*a                   基本工具制造
          a219\20*b                   零部件制造

          a219\20*9i                  动力机械制造
          a219\20*9i\k=m              动力机械基本类型
          a219\20*9i\1                冷动力机械
          a219\20*9i\2                热动力机械
          a219\20*9i\3                电力机械
          a219\20*9i\4                核动力机械
```

工具制造 a219\20 可看作制造 a219\2 的代表，所有制造出来的产品 pwa219\2 都可以
称作人为工具 pwa219\2，这就是将工具制造映射成 a219\20 的依据。如同一切基建都起
源于建筑一样，一切制造都起源于工具制造，因此，存在下列概念关联式：

```
a219\20:= a219\11
```
（工具制造与建筑对应）

如果对基建 a219\1 和制造 a219\2 或它们的综合——建造 a219——进行形而上思考，那么就存在下面的概念关联式：

```
a219≡q6
```
（建造与第一类劳动强关联）
```
pwa219=%ws4
```
（建造的一切产品属于物化的广义工具）

这两个概念关联式的哲学意义是：建造 a219 的出现是人类诞生的标志。

工具制造 a219\20 具有交织延伸 a219\20*t=b，这是一个"主体+两翼"类型的 t 延伸，机械制造 a219\20*9 代表主体，基本工具制造 a219\20*a 和零部件制造 a219\20*b 代表两翼。交织延伸存在多种特定的类型，将在第三卷作系统论述。不同类型交织延伸的符号表示是概念知识的内容之一，但这一符号表示的权力将留给交互引擎的设计者。

在漫长的农业时代，机械制造 a219\21*9 一直处于初级阶段，初级阶段的标志是动力机械局限于冷动力，从冷动力到热动力的跃变是工业时代到来的标志，热动力机械的第一只"燕子"是蒸汽机。基于上述思考，工具制造采用了 a219\20:(*t=b;*9i;*9i\k=m) 的延伸结构，其中的定向延伸 a219\20*9i 代表动力机械制造，其并列延伸 a219\20*9i\k 具有下列概念关联式：

```
a219\20*9i\1:=pj1*9
```
（冷动力机械对应于农业时代）
```
a219\20*9i\˜1:=pj1*˜9
```
（非冷动力机械对应于后农业时代）

上面概述了工具制造 a219\20 的形而上内容，其形而下内容十分庞杂，将在下文的交通工具制造里作进一步描述。

3）生活用品制造 a219\21 的世界知识

```
a219\21*α=a    生活用品制造的基本内容
a219\21*8      生活设施建造
a219\21*9      物质生活用品（餐饮、穿戴、家具、卫生）制造
a219\21*a      精神生活用品（娱乐、信仰）制造
```

物质与精神的哲学纷争未见穷期，但从生活的视野来看，两者的交织性显而易见，因此，生活用品制造 a219\21 采用扩展交织延伸 a219\21*α=a 延伸乃形而上思考的必然结果。三者的基本概念关联式如下：

```
a219\21*8:=50a9//50aa
```
（生活设施建造首先对应于生活，但也与劳动有关）
```
a219\21*8=a219\1
```
（生活设施建造强交式关联于基建业）
```
a219\21*9:=50ac25
```
（物质生活用品制造对应于物质生活）
```
a219\21*a:=(q72;q82;q83;q84)//50ac26
```
（精神生活用品制造对应于精神生活，首先是娱乐、宗教和红白喜事）

物质生活的世界知识极为繁杂，但汉语的词语——"衣食住行"提供了一个十分明朗的概括。这里用 a23\21k=3 来描述"衣食住行"的前三项，命名为物质生活的基本内容，简称生活内容服务，"行"独立成 a23\22。这样安排比较恰当，因为"行"的服务也要包含"衣食住"的内容。

物质生活用品制造 a219\21*9 具有并列延伸 a219\21*9\k=m，具体定义如下：

```
a219\21*9\k=m
  a219\21*9\1                      餐饮用品
  a219\21*9\2                      穿戴用品
  a219\21*9\3                      家具用品
  a219\21*9\4                      卫生用品
  a219\21*9\5                      形象用品
```

4）交通运输工具制造 a219\22 的世界知识

```
a219\22:(*α=b,*I;*˜i\k=m,*˜8i)
  a219\22*α=b                      交通运输工具的基本类型
  a219\22*8                        "特种"交通工具
  a219\22*9                        陆地交通工具
  a219\22*a                        水域交通工具
  a219\22*b                        空中交通工具
  a219\22*˜8i                      地下、水下、星际交通工具
  a219\22*i                        交通运输引擎
  a219\22*i\k=m                    交通运输引擎基本类型
  a219\22*i\1                      冷动力引擎
  a219\22*i\2                      热动力引擎
  a219\22*i\3                      电力引擎
```

交通运输工具制造 a219\22 具有两项主体联想脉络：一是交通运输工具的基本类型 a219\22*α；二是交通运输工具引擎技术 a219\22*i。

交通运输工具制造 a219\22 与运输 22a 存在下列概念关联式：

```
a219\22≡22a
（交通运输工具制造与运输强关联）
a219\22*α≡22aα
（交通运输工具与运输的基本类型一一对应）
```

交通运输引擎 a219\22*i 与动力机械 a219\20*9i 存在下列概念关联式：

```
a219\22*i=%a219\20*9i
（交通运输引擎属于动力机械）
a219\22*i\k≡a219\20*9i\k(k=x)
（交通运输引擎基本类型与动力机械基本类型一一对应）
```

交通运输工具制造 a219\22 具有显著的时代性，这一世界知识由下列概念关联式描述：

```
a219\22*i\2:=pj1*ac35
（热动力交通工具的出现是工业时代到来的技术标志之一）
a219\22*b:=pj1*ac37
```

（空中交通工具的出现是工业时代进入后期的技术标志之一）

```
a219\22*bi:=pj1*bc35
```

（星际交通工具的出现是后工业时代到来的技术标志之一）

"特种"交通工具是指水陆两用、空陆两用或陆水空三用交通工具。虽然两栖坦克在第二次世界大战中即已出现，但"特种"交通工具依然处于研发阶段。其实用前景还不明朗。

5）资源"制造"a219\23 的世界知识

```
a219\23:(k=3,*α=a;˜3*α=b,3*(t=a,i),*9i;2*αi,3*ti)
    a219\23k=3                     资源"制造"基本类型
    a219\231                       原料"制造"
    a219\232                       能源"制造"
    a219\233                       材料"制造"
    a219\23*α=a                    资源"制造"方式
    a219\23*8                      物理方式
    a219\23*9                      化学方式
      a219\23*9i                   冶炼
    a219\23*a                      生物方式

    a219\23˜3                      能源与原料"制造"
      a219\23˜3*α=b                能源与原料基本形态
      a219\23˜3*8                  多态
        a219\231*8i                油漆
      a219\23˜3*9                  固态
        a219\231*9i                水泥
      a219\23˜3*a                  液态
        a219\231*ai               酸与碱
      a219\23˜3*b                  气态
        a219\23˜3*bi              氢与氧
    a219\233*t=a                   无机材料
    a219\233*9                     金属材料
      a219\233*9i                  钢铁
    a219\233*a                     非金属材料
      a219\231*ai                 塑料
    a219\233*i                     有机材料
```

在上列七项制造业中，资源"生产"是自然语言唯一不直接使用"制造"这一词语的，所以，映射符号 a219\23 的汉语定义采用了引号，但 HNC 经济学仍把它纳入制造业的范畴。

资源"制造"a219\23 具有两项主体联想脉络：一是由并列延伸 a219\23k=3 描述的资源"制造"基本类型，二是由交织延伸 a219\23*α=a 描述的资源"制造"方式。

资源"制造"基本类型 a219\23k 与资源 s4˜4 一一对应，即

```
a219\23k:=s4˜4
```

资源"制造"方式与物质作用基本类型对应，即

```
a219\23*α:=009α
```

资源类型的形式三分和实质两分（见[260-4]）在资源"制造"的二级延伸里有充分体现。广义原料（能源与原料）a219\23~3 的形态四分特征以扩展交织延伸 a219\23~3*α=b 表示，材料的无机与有机之分则分别以交织延伸 a219\233*t 和定向延伸 a219\233*i 表示，这些表示方式不仅是形而上思考之必然，而且给交互引擎设计者留下了广阔的知识表示空间。

资源"制造"的最新物理方式 a219\23*8（如纳米技术）和最新生物方式 a219\23*a（如克隆技术）似乎正在进入一场"革命"，如同化学方式 a219\23*9 的冶炼革命 a219\23*9i 一样。这场"革命"的前景虽然已经比较明朗，但关于其细节的描述，笔者宁愿留给来者，这需要有关专家的协助。

4）医保用品制造 a219\24 的世界知识

```
a219\24:(k=2,*t=a,*I;k(e2m,*α=a,*i),*tα=9;k*i\k=2)
    a219\24k=2                "药品"制造
    a219\241                  药品
    a219\242                  "保健"品
    a219\24*t=a               医用器具制造
    a219\24*9                 检查医具
    a219\24*a                 医疗器具
    a219\24*i                 非人用"药品"制造
       a219\24*i\k=2          非人用"药品"基本类型
       a219\24*i\1            "农药"
       a219\24*i\2            "兽药"
```

医保用品制造辖属三项主体联想脉络：一是由并列延伸 a219\24k=2 描述的"药品"制造；二是由交织延伸 a219\24*t=a 描述的医用器具制造；三是由定向延伸描述的非人用"药品"制造 a219\24*i。

"药品"制造 a219\24k=2 描述了药品 a219\241 和"保健"品 a219\242 的两分，医用器具制造 a219\24*t=a 描述了检查医具 a219\24*9 和医疗器具 a219\24*a 的两分，非人用"药品"制造 a219\24*i 描述"农药"和"兽药"的两分。

```
A219\24k                     "药品"制造
    a219\24ke2m              "药品"类型
    a219\24ke21             内用"药品"
    a219\24ke22             外用"药品"
    a219\24k*α=a           "药品"制造方式
    a219\24k*8              物理方式
    a219\24k*9              化学方式
    a219\24k*a              生物方式
    a219\24k*i              特殊"药品"制造
```

"药品"制造 a219\24k 具有三项主体联想脉络：一是"药品"类型 a219\24ke2m，区分为内用药 a219\24ke21 和外用药 a219\24ke22；二是"药品"制造方式 a219\24k*α，区分为物理方式 a219\24k*8、化学方式 a219\24k*9 和生物方式 a219\24k*a；三是特殊"药品"制造 a219\24k*i，包括兴奋剂和性"药品"。

"药品"制造方式 a219\24k*α 与物质作用基本类型 009α 对应，a219\24k*α:=009α,这一概念关联式里蕴含的丰富世界知识见[110–1.1],但这里需要指出:农业时代的"药品"（如中药）制造主要是物理方式，因而存在下列概念关联式:

```
a219\24k*8:=pj1*9
（物理方式对应于农业时代）
a219\24k*˜8:=pj1*˜9
（非物理方式对应于后农业时代）
```

医用器具制造 a219\24*t 将作对比性延伸 a219\24*tc3n,描述医用器具制造的时代性，这一世界知识以下面的概念关联式表示:

```
a219\24*tc3n:=pj1*t
```

本段最后，给出下列概念关联式:

```
a219\24≡a823
（医药用品制造与医疗手段强关联）
a219\24k*9=%a219\23*9
（"药品"制造的化学方式属于资源制造的化学方式）
(a219\23*9//...)=>a84\2
（资源制造的化学方式是生态灾祸的主要根源）
```

5）信息用品制造 a219\25 的世界知识

```
a219\25:*(3,t=b;3γ=a;3γ\k=2,3a7)
    a219\25*3              时空信息用品制造
    a219\25*t=b            信息"处理"用品制造
    a219\25*9             信息传递用品制造
    a219\25*a             信息检测用品制造
    a219\25*b             信息转换用品制造
```

信息用品制造 a219\25 的延伸概念与信息设施基建 a219\15 同构,辖属两项主体联想脉络:一是时空信息用品制造 a219\25*3；二是信息"处理"用品制造 a219\25*t=b。这里的同构不只是形式意义，也具有内容对应性,其基本概念关联式如下:

```
a219\25*3:=a219\15*3
（时空信息用品制造与时空信息设施基建对应）
a219\25*˜b:=a219\15*˜b
（信息传递和检测的用品制造与设施基建对应）
```

时空信息用品制造 a219\25*3 具有下面的延伸结构表示式:

```
a219\25*3:(γ=a;γ\k=2,a7;a\k*7)
    a219\25*3γ=a           时空信息用品的半交织性两分
    a219\25*39            时间信息用品
        a219\25*39\k=2       时间信息用品的类型两分
        a219\25*39\1         钟
        a219\25*39\2         表
    a219\25*3a            空间信息用品
        a219\25*3a\k=2       空间信息用品的类型两分
```

a219\25*3a\1	定向器
a219\25*3a\1*7	指南针
a219\25*3a\2	定位器
a219\25*3a\2*7	全球定位器
a219\25*3a7	"地图"

上列时空信息用品世界知识的个性描述不属于本《全书》的职责，如指南针是中华文明的四项伟大发明之一（另外三项是造纸术、印刷术、火药），这一得到世界历史学界公认的知识就按例不纳入本《全书》的描述。这里需要给出的是下列概念关联式：

(a219\25*3a\2*7≡a219\15*3a3)
（全球定位器与全球定位系统强关联）
a219\25*3a7=>gwa219\25*3a7//…
（"地图"主要形成 gw 类产品——地图）

信息传递用品制造 a219\25*9 具有典型的 a219\25*9ebm 一级延伸，而且只具有这一项延伸，它表示信息传递用品的基本构成。

A219\25*9:(ebm;ebm\k=m,eb2t=a,eb3(e2m,7))	
a219\25*9ebm	信息传递用品的基本构成
a219\25*9eb0	信息收发
a219\25*9eb0\k=m	信息收发基本类型
a219\25*9eb0\1	电报
a219\25*9eb0\2	电话
a219\25*9eb0\3	传真
a219\25*9eb0\4	手机
a219\25*9eb1	信息发送
a219\25*9eb1\k=m	信息发送基本类型
a219\25*9eb1\1	光发送
a219\25*9eb1\2	声发送
a219\25*9eb1\3	电磁发送
a219\25*9eb1\4	激光发送
a219\25*9eb2	信息接收
a219\25*9eb2\k=m	信息接收基本类型
a219\25*9eb2\1	收音机
a219\25*9eb2\2	电视机
a219\25*9eb2t=a	信息接收基本环节
a219\25*9eb29	转换
a219\25*9eb2a	存储
a219\25*9eb3	信息传输
a219\25*9eb3\k=m	信息传输基本类型
a219\25*9eb3\1	电磁传输
a219\25*9eb3\2	激光传输
a219\25*9eb3e2m	编码与译码
a219\25*9eb37	中继

信息传递用品制造 a219\25*9 具有很强的时代性，还具有信息载体（光、声、电磁和粒子）的区分，这些特性的具体描述轻而易举，但这里并不给出这一描述，而只给出下面的基本概念关联式：

```
(pwa219\25*9eb~0,jl11e21,51xpj1*9)
```
（除信息收发之外，信息传递用品都存在农业时代的古老形态）

信息检测用品制造 a219\25*a 具有下面的延伸结构表示式：

```
a219\25*a:(t=b,^e2m,\k=m;bt=a;b9c3m)
   a219\25*at                    信息检测用品制造基本环节
   a219\25*a9                    信息转换与存储
   a219\25*aa                    测量
   a219\25*ab                    "计算"
   a219\25*a^e2m                 信息检测用品功能类型
   a219\25*a^e21                 主动式检测用品
   a219\25*a^e22                 被动式检测用品
   a219\25*a\k=m                 信息载体基本类型
   a219\25*a\1                   光信息载体
   a219\25*a\2                   声信息载体
   a219\25*a\3                   电磁信息载体
   a219\25*a\4                   粒子信息载体
```

信息检测用品制造 a219\25*a 辖属三项概念联想脉络：信息检测用品制造基本环节 a219\25*at、信息检测用品功能类型 a219\25*a^e2m 和信息载体基本类型 a219\25*a\k。前两项与信息检测设施基建 a219\15*a 的前两项在形式上完全对应，第二项还具有内容对应性，存在下面的概念关联式：

```
a219\25*a^e2m:=a219\15*a^e2m
```

信息检测用品制造 a219\25*a 与设施基建 a219\15*a 的基本环节（交织延伸 a219\k5*at）则仅具有互补性而不具有对应性，其概念关联式如下：

```
((a219\25*at,l44,a219\15*at),jl11e21,u403be21)
```

信息检测用品制造基本环节 a219\25*a 的第一项延伸概念 a219\25*a9（信息转换与存储）同信息传递的信息接收基本环节 a219\25*9eb2t 强关联，存在下列概念关联式：

```
a219\25*a9≡a219\25*9eb2t
a219\25*a9==a219\25*9eb2t
```
（信息转换与存储是信息接收基本环节的虚设概念）

信息检测用品制造基本环节 a219\25*a 的后两项延伸概念概念——测量 a219\25*aa 与"计算"a219\25*ab——具有极为丰富的内容，两者与自然科学之母——数学和物理——强交式关联。"计算"又有通用计算 a219\25*ab9 和专用计算 a219\25*aba 之分。通用计算具有 a219\25*ab9c3m 的延伸结构，最著名的 pwa219\25*ab9c31 就是中国的算盘，而 pwa219\25*ab9c33（电子计算机）的出现可视为后工业时代到来的基本标志物。专用计算 a219\25*aba 也叫信号处理，所谓信息时代实质上就是 pwa219\25*aba 无所不在的时代。

信息检测用品制造的并列（第三项）延伸概念 a219\25*a\k 描述信息载体的基本类型，信息载体这一概念将映射成 wa219\25*a\k，它可以呈现为人造物 pw 的形态，也可以呈现为基本物 jw 形态，因此具有下面的概念关联式：

```
wa219\25*a\k:=jwy(y≠0)
（信息载体与基本物一一对应）
```

这一概念关联式意味着宏观基本物 jw5 和生命体 jw6 都可以充当信息载体，也只有这六类基本物可以充当信息载体，那么，为什么不直接采用 a219\25*a\k=6 的表示方式呢？这是由于考虑到脑功能的特殊性，这里的表达方式实质上是对物质与精神的哲学之争的一种折中态度。

为什么将信息载体的映射符号同信息检测挂靠而不同信息传输挂靠呢？这是平衡原则的应用，不必深究。

信息变换用品制造 a219\25*b 具有下面概念延伸结构表示式：

```
a219\25*b:(e1n,e2m,I;e2m:(\k=m,7))
    a219\25*be1n                    单向信息形态变换
    a219\25*be2m                    双向信息形态变换
      a219\25*be2m\k=m              双向信息形态变换基本类型
      a219\25*be2m\1               声电转换
      a219\25*be2m\2               光电转换
      a219\25*be2m7                模数转换
    a219\25*bi                     信息彰示
```

信息变换用品制造 a219\25*b 辖属三项联想脉络：单向信息形态变换 a219\25*be1n、双向信息形态变换 a219\25*be2m 和信息彰示 a219\25*bi。信息变换必然伴随着信息载体的转换，因此，信息变换用品制造 a219\25*b 具有信息载体类型 a219\25*a\k 同样的挂靠特性，这一特性集中于单向信息形态变换，即应给出下面的概念关联式：

```
wa219\25*be1n:=jwy(y≠0)
```

单向信息形态变换产品具有 pwa219\25*be1n-0u12mae21 的挂靠形式，通常叫传感器。温度计和气压计是 pwa219\25*be1n 的典型产品，但 a219\25*be1n 不拟给出 a219\25*be1n\k 延伸，它们的精确映射需要采用复合表示式。

模数转换 a219\25*be2m7 是所谓数字化时代的基础，信息彰示 a219\25*bi 是一切文化得以传播和发展的基础，为两者独立设置延伸概念的必然之选。

纸张和印刷分别属于 pwa219\25*bi 和 va219\25*bi，所以华夏文明在信息彰示方面很值得自豪，但汉字（属于 gwa219\25*bi）是华夏文明更为伟大的创造，可惜这一点在语言学界都没有取得共识。五四运动还产生过"汉字不灭，中国必亡"的主张，后来还在不同程度上设置过相应官方机构执行这一主张，哪一个民族曾出现过如此荒谬绝伦的现象？这不能不说是中华文化的巨大悲剧。

6）武器制造 a219\26 的世界知识

```
a219\26:(e2m,e3m,c3n,*(t=b,i),e2n,*(3,~2);
         (e2m,e31,~e31)\k=m,)
    a219\26e2m                     武器基本类型
    a219\26e3m                     远程武器基本构成
    a219\26c3n                     武器杀伤力
    a219\26*t=b                    武器与军种
```

a219\26*i   违禁武器
a219\26e2n   常规武器与核武器
a219\26*3   尖端武器
a219\26*˜2   武器系统

　　武器制造辖属八项概念联想脉络：武器基本类型、远程武器基本构成、武器杀伤力、武器与军种、违禁武器、常规武器与核武器、尖端武器和武器系统。这八项联想脉络的排列顺序与武器制造的发展历程大体对应，存在下列概念关联式：

a219\26eom:=pj1*9
（武器基本类型和远程武器基本构成对应于农业时代）
a219\26:(c3n,*(t,i)):=pj1*a
（武器杀伤力、武器与军种和违禁武器对应于工业时代）
a219\26:(e2n,*(3,˜2)):=pj1*b
（常规武器与核武器、尖端武器和武器系统对应于后工业时代）

　　武器基本类型 a219\26e2m 和远程武器基本构成 a219\26e3m 的具体描述如下：

a219\26e2m   武器基本类型
a219\26e21   进攻型武器
a219\26e22   防御型武器
a219\26e3m   远程武器基本构成
a219\26e31   发射器
a219\26e32   载体
a219\26e33   杀伤物

　　农业时代初期人类就对武器基本类型 a219\26e2m 有明确认识，汉字的"矛"（属 a219\26e21）和"盾"（属 a219\26e22）就是明证，随后就有远程武器 a219\26e3m 的发明。但是，远程武器的载体 a219\26e32 和杀伤物 a219\26e33 的常态是组装为一体的（组合体），其映射符号为 a219\26˜e31。武器基本类型、发射器和远程武器"组合体"都具有变量并列延伸，具体定义如下：

a219\26e2m\k=m
a219\26e2m\1   "陷阱"
a219\26e2m\2   地雷和水雷
a219\26e2m\3   坦克
a219\26e31\k=m   发射器基本类型
a219\26e31\1   弓
a219\26e31\2   炮
a219\26e31\3   枪
a219\26e31\4   导弹发射器
a219\26˜e31\k=m   远程武器"组合体"基本类型
a219\26˜e31\1   箭与镖
a219\26˜e31\2   炸弹、炮弹和子弹
a219\26˜e31\3   导弹和鱼雷

上列延伸概念的细节这里不予描述，而只给出下面的基本概念关联式：

(a219\26eom\1:=pj1*9;l0050e21,ua219\26c35)
（"第一类"武器对应于农业时代，仅具有冷动力）

武器杀伤力 a219\26c3n 的具体描述如下：

```
a219\26c3n
a219\26c35                          冷兵器
a219\26c36                          热兵器
a219\26c37                          "超力"兵器
```

武器杀伤力的对比性三分是一个适当的描述，并可以给出下列概念关联式：

```
a219\26c3n:=pj1*t
（武器杀伤力的对比性三分大体与三个历史时代对应）
```

应该指出："超力"兵器的概念带有一定的政治色彩，具有比较大的模糊性。当前的流行名称是大规模杀伤性武器，具有下列概念关联式：

```
a219\26c37%=(a219\26*I,a219\26e26)
（"超力"兵器包括违禁武器和核武器）
```

武器与军种 a219\26*t=b 描述陆海空三大军种的武器特征，具体定义如下：

```
a219\26*9                           陆用武器
a219\26*a                           战舰
a219\26*b                           战机
```

对武器与军种的描述采用交织延伸而不采用并列延伸乃 HNC 的必然选择，各项 a219\26*t 显然需要细节描述，这可以留给后来者。这里顺便说一句题外话，在整个农业时代，西方文明对航海的依赖性远大于东方，这是工业时代的朝阳升起于西方的基本原因之一，我国虽有赤壁之战、"王濬楼船下益州，金陵王气黯然收"和郑和七下西洋的壮举，但毕竟只是我国历史的暂态而不是常态。

违禁武器 a219\26*i 的具体描述如下：

```
a219\26*i                           违禁武器
 a219\26*i\k=m                      违禁武器基本类型
 a219\26*i\1                        化学武器
 a219\26*i\2                        生物武器
```

常规武器与核武器 a219\26e2n 采用 e2n 延伸描述是 HNC 的必然选择。虽然核武器 a219\26e26 的诞生促成了战争观念的划时代变化，加速了后工业时代的来临，但它毕竟具有足以毁灭全人类的不可接受特征。关于核战争的种种"豪言壮语"只能看作是政治游戏语言，但对它所蕴含的疯狂量应给予足够的警惕。

尖端武器 a219\26*3 的具体描述如下：

```
a219\26*3                           尖端武器
 a219\26*3\k=m                      尖端武器基本类型
 a219\26*3\1                        导弹
 a219\26*3\2                        制导炸弹
 a219\26*3\3                        反导弹
 a219\26*3\4                        激光武器
 a219\26*3\5                        次声武器
```

武器系统 a219\26*~2 的具体描述如下：

a219\26*~2	武器系统
a219\26*1	进攻型武器系统
a219\26*19	陆基进攻型武器系统
a219\26*1a	海基进攻型武器系统
a219\26*1b	"空基"进攻型武器系统
a219\26*0	攻防型武器系统
a219\26*~2c3m	武器系统规模

武器系统描述武器 pwa219\26 与信息用品 pwa219\25 的高度综合，采用了黑氏对偶 m 的非常规表示式 a219\26*~2。这意味着传统武器的攻防特征 a219\26e2m 在这里消失了，武器系统只具有进攻型和攻防型两类，而不存在纯防御型武器系统。

进攻型武器系统的典型实例是洲际导弹系统，攻防型武器系统的典型实例是导弹防御系统或反导弹系统。

进攻型武器系统 a219\26*1 具有交织延伸 a219\26*1t=b，分别表示陆基、海基和"空基"进攻型武器系统，后者包括所谓太空武器。

一个有趣的情况是：在中小型武器系统 a219\26*~2c3~3 方面，美国当前处于绝对领先地位。

2.1.2.3 矿业 a21βi 的世界知识

矿业 a21βi 是一种特殊的工业，其映射符号就表明了这一点，存在下面的基本概念关联式：

a21βi≡a219\23
（矿业与资源"制造"强关联）

矿业 a21βi 辖属三项主体概念联想脉络：一是矿业的两种基本类型 a21βi\k=2（两类矿业）；二是矿业自身的作用效应链表现 a21βiβ；三是矿业安全 a21βi7。

两类矿业 a21βi\k=2 的概念延伸结构表示式如下：

a21βi\1k=3	第一类矿业的子类划分
a21βi\11	气田
a21βi\12	油田
a21βi\13	煤矿
a21βi\2k=2	第二类矿业的子类划分
a21βi\21	金属矿
a21βi\22	非金属矿

两类矿业具有下列基本概念关联式：

a21βi\1=>a219\23~3
（第一类矿业是能源与原料"制造"的上游产业）
a21βi\2=>a219\233
（第二类矿业是材料"制造"的上游产业）

矿业自身作用效应链表现 a21βiβ 的具体定义如下：

a21β i9	开采
a21β ia	勘探与运输
a21β ib	初级加工

矿业安全 a21β ii 是矿业区别于其他生产业的最大个性特征，因为矿业是潜在灾害最为巨大的产业，其概念关联式如下：

(a21β ii,jl11e21,u533228\0d01)

工业时代以来，人类通过矿业活动向自然界索取了大量物质资源 a20b\1*i。矿业活动 a21β i 的规模仍在日益扩大，但地球的供给能力是有限的。人们早在议论石油资源枯竭的危机，但资源危机不仅在于石油资源，而且不仅在于物质资源，实际上资源的全部领域都存在危机，这是西方文明造成的必然恶果。

第 2 节
商业 a22 (114)

引 言

商业 a22 是生产 a21 的后续经济活动，a21 生产出来的产品 pwa21 要通过商业活动 a22 才能转化成商品 a20\1。中国古代对专业活动有"士农工商"的概括，近代有"工农商学兵"的概括。两种概括里的"商"都在"工农"之后，这体现了人们对"工农"生产产品、"商"将产品转变为商品的朴素认识。近代概括的以"学"易"士"且置于"商"之后体现了当时的一种革命意识，但它贬低甚至抹杀了"士"在第二类劳动（包括生产 a21）中的关键作用，并为更简化的"工农兵"概括提供了理论依据。这种概括是认识论历史上的一项特殊突变，这一突变曾对中国现代史产生过巨大影响。

生产 a21 与商业 a22 构成经济活动的完整作用效应链，服务业 a23 和金融业 a24 实质上是商业 a22 的延伸。但现代经济学将商业、服务业和金融业都纳入服务业，这一知识将以符号 a237（广义服务业）表示。发达国家的经济标志就是广义服务业 a237 占经济活动的主要部分。例如，美国的广义服务业产值，据说，已占国内生产总值的85%。美国的这一经济状态是否科学或合理，是一个值得探索的重大经济理论课题，但本《全书》不拟涉及。

从上面的说明可知：本小节的商业 a22 实质上是狭义商业，即把产品转换成商品的商业。同时还应该指出的是：现代经济活动出现了两大趋势：一是生产 a21 与商业 a22 的一体化；二是经济活动的全球化。这三点将成为商业 a22 概念延伸结构设计的基本依据。

2.2-0　商业 a22 的概念延伸结构表示式

```
a22:(α=b,3,i;
    8(e1m,e2n,i),9e1n,a(e1n,^e2m,t=a),b(e2m,e5n,3),iβ;
    8e1m(\k=3,i),8e26i,8i\k=x,9e15t=b,9e1ni,a9\k=x,aa\k=x,i93,ia7,ib3;
    9e159e2m,i93t=b)
a22α=a            商业活动基本内容
a228             交易
a229             推销
a22a             租赁
a22b             外贸
a223             产贸一体化
a22i             经济全球化
```

商业活动 a22 辖属三项概念联想脉络：一是商业活动基本内容 a22α=b；二是产贸一体化 a223；三是经济全球化 a22i。商业活动基本内容包括交易 a228、推销 a229、租赁 a22a 和外贸 a22b，四者构成典型的扩展交织延伸 a22α=b。

2.2.1　交易 a228 的世界知识

交易是商业的本质，其定义式如下：

```
a228::=209aga20\1
（交易是商品的权益定向转移）
```

交易有广义与狭义之分，这里定义的交易 a228 是广义的，不限于经济领域，狭义交易叫做贸易，其映射符号为 a228e1m（见下文）。广义交易也叫商业化，如政治商业化、文化商业化、知识商业化、教育商业化等。商业化具有下面的基本概念关联式：

```
(a228,jl11e21,ju86e2n)
（商业化存在积极与消极的双重特性）
```

商业化的这一基本特性乃形而上思维的简明推断，但形而下思维的沉溺者则往往难以产生这种体验。

推销 a229、租赁 a22a 和外贸 a22b 是交易 a228 的三种具体形式。推销 a229 是商品的所有权定向转移，其定义式为：

```
a229::=209a\1ga20\1
```

租赁 a22a 是商品的使用权定向转移，其定义式为：

```
a22a::=209a\2ga20\1
```

外贸 a22b 是国家之间的贸易，其定义式为：

```
a22b::=(a228e1m,l44,pj2)
```

交易具有下面的概念延伸结构表示式：

```
a228:(e1m,e2n,I;e1m:(\k=i),e26i,i\k=m)
```

a228e1m	贸易
a228e2n	交易等价性
a228i	"隐性"交易
a228e1m	贸易
a228e10	批发
a228e11	买
a228e12	卖
a228e1m\k=3	贸易基本类型
a228e1m\1	货物贸易
a228e1m\2	服务贸易
a228e1m\3	知识"贸易"
a228e1mi	期货贸易
a228e2n	交易等价性
a228e25	等价交易
a228e26	非等价交易
a228e26i	欺骗性交易
a228i	"隐性"交易
a228i\k=m	"隐性"交易基本类型
a228i\1	信息交易
a228i\2	权益交易
a228i\3	"黑色"交易

交易 a228 辖属三项延伸概念：第一项 a228e1m 描述贸易；第二项 a228e2n 描述交易等价性；第三项 a228i 描述"隐性"交易。

贸易 a228e1m 是交易 a228 的主体，也是商业 a22 的主体。与贸易对应的基本词语是买 a228e11 和卖 a228e12，所以贸易也叫买卖。买卖具有鲜明的对立统一表现，其映射符号是 a228e10，对应的词语叫批发。经济转型时期特别活跃的所谓"倒爷"现象即属于 a228e10。

商品 a20\1 有"硬件" a20\11 与"软件" a20\12 之分，与此相对应，贸易 a228e1m 也有货物贸易 a228e1m\1 和非货物贸易 a228e1m\~1 之分，两者之间存在下面的概念关联式：

```
a228e1m\1:=a20\11
（货物贸易与硬件商品对应）
a228e1m\~1:=a20\12
（非货物贸易与"软件"商品对应）
```

贸易还具有期货贸易的特殊形式，以映射符号 a228e1mi 表示。

交易等价性 a228e2n 是交易的基本属性，存在下面的基本概念关联式：

```
a228e2n=j85e7n
（交易等价性与基本概念的公正性强交式关联）
```

这里应强调指出：上面的概念关联式里的强交式关联绝不能改成强关联，交易等价性的命名也绝不能改成交易公正性。商业活动中实际呈现出来的等价交易 a228e25 不一定具有公正性，但可以肯定非等价交易 a228e26 一定是不公正的。若读者对以上论述产生疑惑，可参看本《全书》第二卷第二编里关于公正性 j85e7n 的论述。

非等价交易 a228e26 的极端形态就是欺骗性交易，以映射符号 a228e26i 表示，它描述当前十分猖獗的假冒伪劣商品（包括盗版行为）。

"隐性"交易 a228i 存在下列概念关联式：

```
(a228i,jl11e21,u332)
("隐性"交易存在隐蔽性)
a228i\1=(a12\2;a13)
(信息交易同政治应变、政治斗争强交式关联)
a228i\2=(a019~e71;a019~e75)
(权益交易同贪污腐败、徇私枉法强交式关联)
a228i\3=%a59a
("黑色"交易属于犯法活动，即经济犯罪活动)
```

2.2.2 推销 a229 的世界知识

```
a229:(e1n;e15t=b,e1ni;e159e2m)
    a229e1n              推销基本表现
    a229e15              销售
    a229e16              消费

      a229e15t=b            销售三环节
      a229e159              零售
      a229e159e2m            零售的"专通"性
      a229e159e21            专门性零售
      a229e159e22            通用性零售
      a229e15a              广告
      a229e15b              库存
      a229e15i              非商业性推销
      a229e16i              消费的势态研究
```

推销 a229 是商业活动 a22 的主体，这一知识体现在下面的基本概念关联式里：

```
a229=:a20\0eb2
(推销就是经营四环节之一的推销，两推销等价)
a20b=:j01va229
(市场就是推销的广义空间)
a229≡a20bb
(推销强关联于供求)
```

推销基本表现 a229e1n 简称推销两侧面，a229e15 表示销售，a229e16 表示消费，具有下面基本概念关联式：

```
a229e1n≡a20bb^e2m
(推销两侧面强关联于供求互动)
```

销售 a229e15 包含三项内容，简称销售三环节：一是零售 a229e159，二是广告 a229e15a，三是库存 a229e15b，三者构成"一主两翼"型的交织延伸。

零售 a229e159 是销售的主体，商品都要通过零售完成它的最终旅程，到达消费者手里。零售具有专与通的基本特性，以映射符号 a229e159e2m 表示，具有下面概念关联式：

```
(a229e159e21,l03,a20\1ju731)
```
（"专售"对应特殊商品）
```
(a229e159e22,l03,a20\1ju732)
```
（"通售"对应一般商品）

当前全球最大的企业王国不属于生产业 a21，而属于零售业 a229e159，叫沃尔玛,其映射符号为 ppea229e159[USA]+Walmart。

广告 a229e15a 不仅构成多数现代城市的基本景象，而且成了许多行业的"上帝"，具有下列基本概念关联式：

```
(a229e15a,jl111,(s2,l003618,a229))
```
（广告是推动销售的基本手段）
```
a229e15a=a20\0*i9
```
（广告与品牌强交式关联）
```
a229e15a=%a35
```
（广告是一种信息文化）

广告业的大发展虽然是工业时代的事，但广告这一概念自古有之。"酒香不怕巷子深"的说法，从字面看似乎是一个落后观念，但反映了农业时代人们对广告效应 ra229e15a（品牌效应）的深刻认识。

库存 a229e15b 涉及销售的势态判断，是销售三个基本环节中科技含量最高的环节，具有下列基本概念关联式：

```
(a229e15b,jl111,(s34,lv003219\3,a229e15))
```
（库存是保障销售的物质条件）
```
a229e15b=a20\3*3
```
（库存强交式关联于成本）

销售 a229e15 设置了一项定向延伸 a229e15i，描述非商业性推销。西方世界的选举 a113b//a01a3b 早已在运用非商业性推销。非商业性推销目前似乎在形成一种时尚，但这一时尚显然缺乏理性和理念的指导。

对消费的势态研究一直是商业活动 a22 的基本课题之一。延伸概念 a229e16i 用于对这一课题的描述。

2.2.3 租赁 a22a 的世界知识

```
a22a:(t=a;t\k=m)
    a22at=a            租赁基本形态
    a22a9              实物租赁
      a22a9\k=m        实物租赁基本类型
      a22a9\1          土地租赁
      a22a9\2          "地点"租赁
      a22a9\3          建筑租赁
      a22a9\4          工具租赁
    a22aa              权益租赁
      a22a\k=m         权益租赁基本类型
      a22aa\1          "工程"承包
      a22aa\2          "生产"承包
```

租赁 a22a 具有两种基本形态：实物租赁 a22a9 和权益租赁 a22aa。两者都以变量并列延伸 a22at\k=m 划分出若干类型。

土地租赁 a22a9\1 涉及农业时代地主和农民的经济关系，也涉及后农业时代政府和农民的经济关系，具有下面基本概念关联式：

> a22a9\1=(a209;a10t)
> （土地租赁同经济制度和社会制度强交式关联）
> a22a9\1≡a21i
> （土地租赁同农业强关联）

"地点"租赁 a22a9\2 具有下面的概念关联式：

> (a22a9\2,103,wj2-000)
> （"地点"租赁的内容就是"地点"）
> a22a9\2≡(a21βi;a219\161;a15\3)
> （"地点"租赁同矿业、军事基地、租界强关联）

建筑租赁 a22a9\3 具有下面的基本概念关联式：

> (a22a9\3,103,(pwa219\11*a\2;pwa219\11*9\1)//pwa219\11)
> （建筑租赁的内容就是建筑物，特别是其中的商务建筑和住宅）

工具租赁 a22a9\4 具有下面的基本概念关联式：

> (a22a9\4,103,pwa219\20*9)
> （工具租赁的内容就是机械）

权益租赁 a22aa 似乎具有鲜明的现代色彩，其实不然，农业时代的政治家就深谙此道。现代人已经习惯于轻视古人的智慧，这里就不多说了，只给出下面概念关联式：

> a22aa≡a21β
> （权益租赁与工业强关联）
> a22aa\1:=(43e01,144,((a119;a01ua~2),a20a))
> （"工程"承包是政府或其他非经济组织同企业之间的合作）
> a22aa\2:=(43e01,144,a20a)
> （"生产"承包是企业之间的合作）

2.2.4 外贸 a22b 的世界知识

> a22b:(e2m,e5n,3)
> 　a22be2m　　　　进出口
> 　a22be21　　　　进口
> 　a22be22　　　　出口
> 　a22be5n　　　　外贸效应
> 　a22be55　　　　顺差
> 　a22be56　　　　逆差
> 　a22be57　　　　外贸平衡
> 　a22b3　　　　　走私

外贸 a22b 辖属三项延伸概念：第一项延伸概念 a22e2m 描述外贸的基本表现——进出口，a22be21 表示进口，a22be22 表示出口；第二项延伸概念 a22be5n 描述外贸效应，

a22be55 表示外贸顺差，a22be56 描述外贸逆差，a22be57 描述外贸平衡；第三项延伸概念 a22b3 描述走私。

外贸 a22b 对人类历史的发展进程产生过巨大影响。后工业时代对外贸进出口 a22be2m 的计算方式比较复杂，这些世界知识不在这里表述，仅给出下面的概念关联式：

```
(a22b≡a15e05a,l15,pj1*ac35)
（在工业时代前期 外贸曾与殖民活动强关联）
```

外贸效应 a22be5n 给出下面的定义式：

```
a22be55::=za22be21<za22be22
（顺差定义为进口值小于出口值）
a22be56::=za22be21>za22be21
（逆差定义为进口值大于出口值）
a22be57::=za22be21≈za22be22
（贸易平衡定义为进口与出口大体相等）
```

走私 a22b3 给出下面的概念关联式：

```
a22b3=%a228i\3
（走私是一种经济犯罪活动）
```

2.2.5 产贸一体化 a223 的世界知识

产贸一体化 a223 定义为生产活动 a21 与商业活动 a22 的结合：

```
a223::=(411,l44,(a21,a22))
```

工业时代以来，生产活动 a21 和商业活动 a22 都迅速朝规模化方向发展，规模化的生产和商业已不再是纯粹的"产"和"商"，而是"产"中有"商"，"商"中有"产"。产贸一体化 a223 是对这一经济现象的描述，具有下面基本概念关联式：

```
a223:=pj1*ac22
（产贸一体化是工业时代成熟期的产物）
```

概念基元 a223 暂不设置延伸概念。

2.2.6 经济全球化 a22i 的世界知识

```
a22i:(β；βi；93t=b)
  a22iβ              经济全球化的作用效应链表现
  a22i93             经济全球化目标
  a22ia7             经济全球化谈判
  a22ib3             经济全球化协议
```

经济全球化 a22i 具有 β 和 βi 的延伸特性，a22i93 的映射词语是经济全球化目标，a22ia7 的对应词语是经济全球化谈判，a22ib3 的映射词语是经济全球化协议

经济全球化 a22i 是后工业时代的基本标志之一，也是当前最引人关注的时代浪潮之一。经济全球化 a22i 的利弊虽然还存在巨大的争论，但可以肯定：这是一个不可逆转的历史潮流。

经济全球化导致世界贸易组织"WTO"的诞生，a22i=>WTO。

经济全球化目标具有交织延伸，具体定义如下：

a22i93	经济全球化目标
a22i93t=b	经济全球化目标的基本内容
a22i939	降低甚至取消关税
a22i93a	降低甚至取消政府补贴
a22i93b	扩大经济开放领域

当前世界的不同地区处于不同的发展阶段，少数国家（地区）进入了后工业时代，多数国家（地区）处于工业时代，一些国家的局部地区还处于农业时代甚至是农业时代的早期阶段，各国的政治制度和经济制度都存在巨大差异，这使得经济全球化面临着许多前所未有巨大挑战，a22i9 延伸结构的完善还有待来日。

第 3 节
服务业 a23 (115)

引言

服务业 a23 是商业 a22 的延伸，如同心理活动 71 与反应 02 的关系，具有下面的基本概念关联式：

```
a23<=a22
（服务业源于商业）
(a23,jl111,343e21ga22)
（服务业是商业的扩展）
(10a8c22ga23,jlv111,(2397,l45,pj1*b))
（服务业的成熟阶段标志着后工业时代的来临）
(a,jl11e21,ua23)
（全部专业活动都具有服务性）
```

后三个概念关联式意味着服务业 a23 已超出了纯经济活动的范畴。这是一项基本世界知识，将构成服务业 a23 的第一项延伸概念。

在后工业时代，服务业 a23 将成为经济活动的主体，但这并不能改变生产 a21 在整个经济活动中始终居于基础性地位的格局。

2.3-0　服务业 a23 的概念延伸结构表示式

```
a23:(7,t=b,\k=3;7(t=b,3),\1k=3,\2k=5,\3k=4;)
a237              广义服务
a23t=b            服务业基本侧面
```

a239	政府主导服务
a23a	市场主导服务
a23b	"混合"型服务
a23\k=3	服务业基本类型

2.3-1 服务业 a23 的世界知识

服务业 a23 辖属三项概念联想脉络：一是广义服务 a237；二是服务业的基本侧面 a23t=b；三是服务业的基本类型 a23\k=b，三者构成服务业 a23 的完整描述。

2.3.1 广义服务 a237 的世界知识

广义服务 a237 的意义已如前述，它具有下面的基本概念关联式：

$$a237 \equiv d12$$
（广义服务同经济理念强关联）

这一概念关联式的论述将放在本卷第四编第二篇第一章第二节。

广义服务 a237 是一个 z 强存在概念，国内生产总值（GDP）的概念即由此而来。

$$GDP::=(za237,147,pj2//wj2-0//)$$

GDP 或 za237 的计算非常复杂，进入了经济学的专业领域。但应该指出：GDP 或 za237 概念的提出具有重大历史意义，它不仅是经济数学化的标志，更是人类认识史上一项划时代的突破，它彻底改变了关于商品价值、关于劳动和生活、关于文明和财富的经典认识。原来以为商品价值只是第一类劳动时间的函数，后来发现这大错特错；原来以为只是劳动创造价值，而生活不创造价值，后来发现这也是大错特错；原来以为文明和财富的创造只是少数人或部分人的贡献，后来发现这更是大错特错。

广义服务 a237 设置两项延伸概念，定义如下：

$$a237:(\gamma=b,3)$$

a237γ=b	服务方式
a2379	商品服务
a237a	劳作服务
a237b	捐献服务
a2373	志愿服务

服务方式 a237t 区分商品服务 a2379、劳作服务 a237a 和捐献服务 a237b，其基本概念关联式如下：

$$a2379:=(a20bb^{\wedge}e21,103,a20\backslash1)$$
（商品服务主要是提供商品）
$$a237a:=(a20bb^{\wedge}e21,103,a20\backslash4)$$
（劳作服务主要是提供劳力（含智力））
$$a237b:=3a2a$$
（捐献服务对应于奉献）

志愿服务 a2373 是广义服务的个体实践方式，应成为后工业时代的强劲风尚，是后工业时代成熟阶段的标志，因此，它目前还处于萌芽状态是可以理解的。

志愿服务 a2373 具有下列基本概念关联式：

```
(a2373,l00~(3a0i),a01bt)
```
（志愿服务不收取报酬）
```
a2373=%a237a
```
（志愿服务属于劳作服务）

2.3.2 服务业基本侧面 a23t=b 的世界知识

服务业基本侧面 a23t=b 的论述也许是所有经济延伸概念中最困难的一项，其内涵特性具有下面的概念关联式：

```
a23t:=a209e3m
```
（服务业基本侧面对应于经济制度的基本形态）

由于交织延伸符号 t 和非黑氏延伸符号 e3m 的联想特性存在本质差异，两者对应就必然不具有明晰性，这就是说，a23t=b 和 a209e3m 的各分项大体一一对应。具体的陈述是：政府主导服务 a239 应以官办为主，市场主导服务 a23a 应以民办为主，"混合"型服务 a23b 则应官民共同努力。这样，就可以给出下面的概念关联式：

```
(a239,l00011,a119//…)
```
（政府主导服务主要由政府来承担）
```
a239=%a12
```
（政府主导服务是政府治理与管理的内容之一）
```
(a23a,l00011,a20a//…)
```
（市场主导服务主要由企业来承担）
```
(a23b,l00011,a03//…)
```
（"混合"型服务主要由泛组织来承担）

服务业基本侧面 a23t=b 也可简称服务三侧面，这是一个十分重要的概念，这一概念所描述的现象古已有之。就我国来说，都江堰和大运河就是 a239 的代表，丝绸之路和茶马古道就是 a23a 的代表，会馆和义塾就是 a23b 的代表。但是，在 18～19 世纪的西方世界，先后出现了两种具有重大历史影响的崇拜：一是对 a23a 的崇拜（肇始于亚当·斯密），可称为对无形之手的崇拜；二是对 a239 的崇拜（肇始于马克思），可称为对有形之手的崇拜，将合称"两手"崇拜。这一崇拜，虽然在 20 世纪 30 年代以后，由凯恩斯给出了理论上的初步纠正，但至今还不能说进行过形而上层次的反思，因而人类对服务三侧面特性的认识还不能说已经达到了成熟阶段，西方和东方都在这个问题上犯过并还在继续犯十分低级的错误。本小节的论述就到此为止，下文还有所说明。

2.3.3 服务业基本类型 a23\k=3 的世界知识

服务业基本类型 a23\k=3 将简称服务三类型或三类型服务，a23\1 简称第一类服务，a23\2 简称第二类服务，a23\3 简称第三类服务。

如果说广义服务 a237 和服务三侧面 a23t=b 是对服务业的形而上描述，那么，服务三类型 a23\k=3 就是相应的形而下描述，并将把下面的概念关联式强行赋予这两种描述：

```
a23\k:=a23t
```
（服务三类型与服务三侧面一一对应）

这是一个并列延伸与交织延伸的对应，它意味着服务三类型之间具有较强的交织性。而服务三侧面的概念关联式（见[130-2.3.2]小节）表明：第一类服务主要是政府主导；第二类服务主要是市场主导；第三类服务主要是泛组织主导。三类型服务的这一基本特性表明，由政府或市场包揽服务业的思路显然都是不切实际的乌托邦梦呓。

三类型服务各有子类，总计 12 个子类，可简称 12 项服务，各项服务定义如下：

a23\1k=3	第一类服务及其子类
a23\11	基础设施需求服务
a23\12	社会特定需求服务
a23\13	安全、救援服务
a23\2k=5	第二类服务及其子类
a23\21	基本生活需求服务
a23\22	行旅服务
a23\23	工具需求服务
a23\24	"运递"服务
a23\25	特殊需求服务
a23\3k=4	第三类服务及其子类
a23\31	文化生活需求服务
a23\32	信息需求服务
a23\33	知识服务
a23\34	教育服务

下面分 3 个子节进行论述。

2.3.3.1 第一类服务 a23\11 概述

2.3.3.1–1 基础设施需求服务 a23\11 的世界知识

a23\11	基础设施需求服务
a23\11k=4	
a23\111	住宿服务
a23\112	交通服务
a23\113	资源服务
a23\114	垃圾处理服务

基础设施需求服务 a23\11 位居 12 项服务之首，所属 4 项内容如延伸概念 a23\11k=4 所示，具有下面的基本概念关联式：

a23\11≡a219\1
（基础设施需求服务与基建强关联）
(a23\11k≡a219\1k,k=1-4)
（基础设施需求服务的 4 项内容分别与基建的建筑、交通、资源和环境基建强关联）
a23\11=%a237a
（基础设施需求服务属于劳作服务）

基础设施需求服务 a23\11 理应属于"政府"主导服务，延伸概念 a23\1 的概念关联式（即 a23\1:=a239:=a209e31）已给出了这一联想。由于服务三侧面 a23t=b 交织性特征的固有复杂性及上述"两手"崇拜的影响，任何政府都在 a23\11 服务方面犯过低级错误，这是完全可以理解的。重要的是：任何发展中国家都要从以往的低级错误中吸取教训。这里特别需要指出的是：不能把住宿服务 a23\111 完全推向市场。贫民区 pwa219\11c01

是社会的必然存在，工业化过程将加强这一存在，但市场力量不会自动关怀贫民区，这一关怀只能主要来自政府。

每一项基础设施服务 a23\11k 具有自己的特殊性，将以下列概念关联式予以表述：

```
(a23\111,l10,pwa219\11c01):=a239
（贫民区的住宿服务对应于政府主导服务）
(a23\112,a23\114):=a239
（交通服务和垃圾处理服务对应于政府主导服务）
(a23\113,l10,(a219\131,a219\133))=a239
（水和能源的资源服务强交式关联于政府主导服务）
```

所谓城乡差距，实质上就是基础设施需求服务的差距。在农业时代，农村基本不存在这一服务，但城市已经存在。缩小城乡差距，主要就是在农村地区普及 a23\11 服务。

基础设施 pwa219\1 本身只是基础设施需求服务 a23\11 的物质基础，要让这些设施运作起来才能形成服务功能，这就是基础设施需求服务的要点，体现在下面的概念关联式里：

```
a23\11::=(a018//831,l02,pwa219\1)
（基础设施需求服务首先是对基础设施的管理，其次是对它的策划）
```

2.3.3.1-2 社会特定需求服务 a23\12 的世界知识

```
a23\12:*(γ=b; γ\k=m)
    a23\12*γ=b          社会特定需求服务的基本侧面
    a23\12*9            弱势群体需求服务
    a23\12*a            灾后需求服务
    a23\12*b            病老需求服务

    a23\12*9\k=m        弱势群体需求服务的基本类型
    a23\12*9\1          失业救助服务
    a23\12*9\2          贫困群体服务
    a23\12*9\3          传染病患服务
    a23\12*9\4          落难儿童服务
    a23\12*9\5          残疾人服务
    a23\12*9\6          濒危文化服务

    a23\12*a\k=2        灾后需求服务的基本类型
    a23\12*a\1          难民服务
    a23\12*a\2          灾难保险服务

    a23\12*b\k=2        病老需求服务的基本类型
    a23\12*b\1          医疗保障服务
    a23\12*b\2          养老保障服务
```

任何社会都存在弱势群体，任何人都可能遭遇意外的灾难，每个人都要预防老病的艰难，这三种社会现象构成了特定社会需求服务 a23\12 的基本侧面 a23\12*γ=b。

人类三个历史时代的任何国家在不同程度上都存在着对特定社会需求服务基本侧面的认识，宗教和儒家文化更是对此有独到的认识。后工业时代的年轻人容易滋生对现代智慧的迷信，不能以谦虚的态度对待古代智慧，特别是蕴含在 a23\12*γ=b 里的古代智慧。这应该引起后工业时代哲学的重视。例如，儒家的孝道和佛教的普度众生理念就不能视为过时的智慧，而应该在后工业时代大力弘扬。

社会特定需求服务的每一基本侧面 a23\12* γ 都以变量并列延伸描述它的基本类型，实际上，对弱势群体需求服务 a23\12*9 给出了六种类型，对灾后和病老需求服务各给出了两种类型，总计 10 种服务。每一种服务都是一项重大的社会课题，这里不可能一一论述，只给出下面的概念关联式：

```
(a23\12,100011,a119//a03//(a20a;p))
（社会特定需求服务首先是政府的责任，其次是泛组织的责任，也是企业和个人的责任）
a23\12≡d12
（社会特定需求服务与经济理念强关联，不盈利）
a23\12=a237b
（社会特定需求服务强交式关联于捐献服务）
(a23\12*9\1,jl111,r30a9e52(pj2xpj1*b))
（失业救助服务是发达国家的难题）
(a23\12*9\2,jl111,r30a9e52(pj2xpj1*a))
（贫困群体服务是发展中国家的难题）
(a23\12*9\3,100011,(WHO,a119))
（传染病患服务由世界卫生组织和政府负责）
((a23\12*9\4;a23\12*9\5),100011,(a03bi,a119))
（落难儿童和残疾人服务由人道主义超组织和政府负责）
a23\12*9\6≡d13
（濒危文化服务与文化理念强关联）
a23\12*a<=r3228
（灾后需求服务来源于各种灾难）
a23\12*a≡a84
（灾后需求服务与灾祸的防治强关联）
a23\12*a=a23\13
（灾后需求服务与安全救援服务强交式关联）
a23\12*a=a03bi
（灾后需求服务与人道主义超组织强交式关联）
(a23\12*a\1,100011,(UN,a119))
（难民服务主要由联合国和各国政府负责）
a23\12*a\2=%a24\4
（灾难保险服务属于保险业）
(a23\12*b,jl111,5330a9e52(pj2xpj1*b))
（病老需求服务是发达国家的挑战）
(a23\12*b\1,100011,a119;l15,pj1*b)
（在后工业时代，医疗保障服务由政府负责）
a23\12*b\2≡d13
（养老保障服务与文化理念强关联）
```

上列概念关联式仅给出了社会特定需求服务的一些要点，大部分概念关联式的意义比较简明，也不难应用于交互引擎的运作。但是，某些概念关联式（例如最后一个）的意义十分复杂，这里不能展开论述，请读者把它们看作一块引玉之砖吧。

2.3.3.1–3 安全、救援服务 a23\13 的世界知识

```
a23\13:*(t=a;9t=b,a\k=0-3)
    a23\13*t=a              安全、救援服务的基本侧面
```

a23\13*9	安全服务
a23\13*a	救援服务
a23\13*9t=b	安全服务基本环节
a23\13*99	灾祸预警
a23\13*9a	灾祸预防
a23\13*9b	灾祸抗击
a23\13*a\k=0-4	救援服务基本类型
a23\13*a\0	灾祸救援
a23\13*a\1	天灾救援
a23\13*a\2	人祸救援
a23\13*a\3	消荒减溢

安全、救援服务 a23\13 具有下列基本概念关联式：

> a23\13<=r3228\0
> （安全、救援服务逆链式关联于灾祸）
> a23\13=>a23\12*a
> （安全、救援服务链式关联于灾后需求服务）
> a23\13=a237a
> （安全、救援服务强交式关联于劳作服务）
> a23\13=a44
> （安全、救援服务与军事活动里的安全保障强交式关联）

安全、救援服务基本侧面 a23\13*t=a 具有下列概念关联式：

> a23\13*9=:c3219
> （安全服务等同于社会性防护）
> a23\13*a=:c321a
> （救援服务等同于社会性救助）

安全服务 a23\13*9 乃防患于未然，救援服务 a23\13*a 乃解患于已然。这一世界知识已分别蕴含在上面的两个概念关联式里。

安全服务 a23\13*9 具有自身的基本环节，以交织延伸符号 a23\13*9t=b 表示，a23\13*99 描述灾祸预警，a23\13*9a 描述灾祸预防，a23\13*9b 描述灾祸抗击。救援服务 a23\13*a 具有自身的基本类型，以扩展并列延伸 a23\13*a\k=0-3 表示，a23\13*a\0 描述灾祸救援，a23\13*a\1 描述天灾救援，a23\13*a\2 描述人祸救援，a23\13*a\3 描述消荒减溢。

安全服务 a23\13*9 与救援服务 a23\13*a 具有下列基本概念关联式：

> a23\13*9<=533228\0
> （安全服务逆链式关联于灾祸的势态）
> a23\13*a<=r3228\0
> （救援服务逆链式关联于灾祸）
> a23\13*9b≡a23\13*a\0
> （灾祸抗击强关联于灾祸救援）
> (a23\13*a\k:=3228\k,k=0-3)
> （救援服务基本类型对应于灾祸基本类型）

```
(a23\13=%a23\112,l54\5e21,pj1*ac37//…)
（安全、救援服务是交通服务的一部分，特别是工业时代后期以后）
```

安全、救援服务 a23\13 的形而下描述十分烦琐，理论上应采用复合表示方式，这项工作留给交互引擎的开发者。

2.3.3.2-1　基本生活需求服务 a23\21 的世界知识

```
a23\21:(k=3,*I;1d2m,2*t=a,*i\k=2)
    a23\21k=3              生活基础要素需求服务
    a23\211               餐饮服务
    a23\212               穿戴服务
    a23\213               家具服务
    a23\21*i              生活状态需求服务
        a23\21*i\k=2          生活状态需求服务的基本内容
        a23\21*i\1           生活卫生服务
        a23\21*i\2           生活形象服务
```

生活基础要素需求服务的定义式如下：

```
a23\21k::=(a23,l10,50ac25\k=3)
（生活基础要素需求服务是面向生活的三项基础要素的服务）
a23\21*i::=(a23,l10,50a(t)\k=2)
（生活状态需求服务是面向生活的两项特定内容的服务）
```

两者具有下列概念关联式：

```
a23\21k<=50ac25
（生活基础要素需求服务逆链式关联于物质生活）
a23\21k:=a2379
（生活基础要素需求服务对应于商品服务）
a23\21*i:=a237a//a2379
（生活状态需求服务首先是劳作服务，其次是商品服务）
```

下面分四段进行论述。

1）餐饮服务 a23\211 的世界知识

古语有云"民以食为天"，这是一个富有哲理的语句，其哲理意义如下：

```
a23\211:=a2379jz00d01
（餐饮服务对应于第一号商品服务）
a23\211≡6522e21
（餐饮服务强关联于人的生命需求摄入）
(a23\211,lv00(507+j76e71),a20bbe42;l15,(pj1*9;pj1*ac21))
（在整个农业时代和工业时代前期，餐饮服务经常出现匮乏状态）
(a23\211,lv00(507+j76e71),a20bbe43;l15,(pj1*b,pj1*ac22)
（在工业时代后期和后工业时代，餐饮服务经常出现满溢状态）
```

上列概念关联式表明："民以食为天"的哲理不仅适用于农业时代，也同样适用于工业和后工业时代。人们应该牢记：满溢和荒匮都是灾难。

餐饮服务还具有下列基本概念关联式：

a23\211<=a21i\11//a21i

（餐饮服务逆链式关联于"农业"，首先是粮食种植）

a23\211≡a219\21*9\1

（餐饮服务强关联于餐饮制造业）

a23\211=a81

（餐饮服务强交式关联于保健）

餐饮服务 a23\211 具有下面的概念延伸结构表示式：

$$a23\211:(k=2,*t=a,*3;1*t=b,2k=0-2,*9\k=4,*a:(c3m,e2m)$$

a23\211k=2	餐饮服务基本类型
a23\2111	食用服务
a23\2112	饮用服务
a23\211*t=a	餐饮服务基本形态
a23\211*9	就地服务
a23\211*a	零售服务
a23\211*3	吸用服务
a23\2111*t=b	食用服务三侧面
a23\2111*9	主食服务
a23\2111*a	副食服务
a23\2111*b	"辅食"服务
a23\2111*b7	水果
a23\2112k=0-3	饮用服务基本类型
a23\21120	饮料
a23\21121	酒
a23\21122	茶
a23\21123	咖啡
a23\211*3e2n	吸用服务基本特性
a23\211*3e25	有益吸用服务
a23\211*3e26	有害吸用服务
a23\211*9\k=0-2	餐饮就地服务基本类型
a23\211*9\0	饭馆
a23\211*9\1	酒吧
a23\211*9\2	茶楼
a23\211*9\3	咖啡厅
a23\211*ac3m	餐饮服务规模性
a23\211*ae2m	餐饮服务"专通"性

餐饮服务 a23\211 的联想脉络具有形而上的两分特性：一是服务类型 a23\211k=3；二是服务形态 a23\211*t=a。这一描述使得繁杂的餐饮服务 a23\211 顿时呈现出经纬分明的景象，前者是经，后者是纬。两者的绝大多数延伸概念定义明晰，交互引擎研发者不难自行处理，这里不来赘述，只对两项带引号者稍加说明。

一是"辅食"服务 a23\2111*b，它具有效应定向延伸 a23\2111*b7，专用于描述"水果"服务。这样，主、副、"辅"三项食用服务 a23\2111*t=b 就具有统一的并列延伸 a23\2111*t\k=m 了，"辅食"并列延伸的内容就是指汉语所说的"油盐酱醋"之类了。

二是餐饮服务"专通"性 a23\211*ae2m，它具有下面的概念关联式：

```
a23\211*ae2m=%a229e159e2m
（餐饮服务的"专通"属于零售的"专通"）
```

餐饮服务的"专通"性特别突出，故依据平衡原则重叠设置。

2）穿戴服务 a23\212 的世界知识

穿戴服务 a23\212 具有下面的概念延伸结构表示式：

```
a23\212*(α=a,i;8e2m)
    a23\212*α=a          穿戴服务基本内容
    a23\212*8            时装
      a23\212*8e2m          时装的源流表现
      a23\212*8e21          时装设计
      a23\212*8e22          时装表演
    a23\212*9            穿
    a23\212*a            戴
    a23\212*i            穿戴服务的特定内容——卧
```

穿戴服务 a23\212 的联想脉络具有形而上的两分特性：一是穿戴服务的基本内容，以扩展交织延伸 a23\212*α=a 表示；二是穿戴服务的特定内容——卧，以定向延伸 a23\212*i 表示。

穿戴服务 a23\212 具有下列概念关联式：

```
a23\212:=a2379jz00d02
（穿戴服务对应于第二号商品服务）
a23\212<=a219\21*9\2c21
（穿戴服务逆链式关联于纺织业）
a23\212≡a219\21*9\2c22
（穿戴服务强关联于穿戴制造业）
(a23\212,jl11e21,(xpj1*t;xwj2-0))
（穿戴服务具有鲜明的时代性和地域性）
(a23\212*9,l02,jw63-9)
（穿对象于躯体）
(a23\212*a,l02,jw63-9-0)
（戴对象于躯体"部件"）
a23\212*8≡a23\21*i\2
（时装强关联于形象服务）
a23\212*i≡509e227
（卧强关联于睡眠）
```

穿戴服务基本内容 a23\212*α 可简称时装 a23\212*8。时装表面上是现代名词，实际上不是。从《红楼梦》里凤姐出场的描述可知：古代时装的品位不仅不亚于现代，甚至高于现代。那么，时装表演 a23\212*8e22 是否起始于工业时代后期？笔者未作考证，故不予描述。

穿 a23\212*9 和戴 a23\212*a 的内容都需要细分，这就留给交互引擎研发者了。

3）家具服务 a23\213 的世界知识

家具服务 a23\213 具有下面的概念延伸结构表示式：

```
a23\213:(k=x,*i;)
    a23\213k=x                家具服务基本类型
    a23\213*i                 家具修理

    a23\2131                  炊事、餐饮用具
    a23\2132                  坐卧用具
    a23\2133                  存放用具
    a23\2134                  盥洗、排泄用具
    a23\2135                  灯具
    a23\2136                  其他家具
```

　　家具服务 a23\213 具有形而上的两分特性：一是家具服务基本类型 a23\213k=x；二是家具修理 a23\213*i。两者具有下面的基本概念关联式：

```
    a23\213k:=a2379
    （家具服务基本类型对应于商品服务）
    a23\213*i:=a237a
    （家具修理对应于劳作服务）
```

　　家具服务基本类型 a23\213k 和家具修理 a23\213*i 都具有丰富的内容，这些内容以复合形式表达比较合理，继续采用并列延伸反而弊多利少。复合表达可以纳入形而下描述，这里就从略了。

　　4）生活状态需求服务 a23\21*i 的世界知识

　　生活状态需求服务 a23\21*i 的概念延伸结构表示式：

```
a23\21*i:(\k=2;\1*t=b,\2k=2;\21e2m,\22*t=a;\21e22\k=3)
    a23\21*i\k=2              生活状态需求服务的两项基本内容
    a23\21*i\1               生活卫生服务
    a23\21*i\2               形象服务

    a23\21*i\1               生活卫生服务
    a23\21*i\1*t=b           生活卫生服务基本侧面
    a23\21*i\1*9            个人卫生服务
    a23\21*i\1*a            场所卫生服务
    a23\21*i\1*b            地区卫生服务

a23\21*i\2                  形象服务
a23\21*i\2k=2               形象服务基本内容
a23\21*i\21                 个人形象服务
    a23\21*i\21e2m          个人形象服务的内外之分
    a23\21*i\21e21          内在（心理）形象服务
    a23\21*i\21e22          外在形象服务
        a23\21*i\21e22\k=3      外在形象服务的三项内容
        a23\21*i\21e22\1        理发服务
        a23\21*i\21e22\2        美容服务
        a23\21*i\21e22\3        整容服务
a23\21*i\22                 环境形象服务
    a23\21*i\22*t=b         环境形象服务三侧面
    a23\21*i\22*9          建筑形象服务
        a23\21*i\22*9e2m       室内与室外形象服务
    a23\21*i\22*a          城市形象服务
```

```
          a23\21*i\22*a-0                    小区形象服务
          a23\21*i\22*b                      生态服务
```

生活状态需求服务 a23\21*i 具有下列基本概念关联式：

```
a23\21*i<=50a(t)\k
（生活状态需求服务逆链式关联于人之状态的特定内容）
(a23\21*i\2,jl11e21,(xpj1*t,xwj2-0))
（形象服务具有时代性和地区性）
a23\21*i\2=a32
（形象服务强交式关联于艺术）
(a23\21*i\1*9,l10,50a(t)\1*9)
（个人卫生服务面向个人卫生）
(a23\21*i\21e22,l10,50a(t)\2e22)
（个人外在形象服务面向个人的外在形象）
a23\21*i=a30it
（生活状态需求服务强交式关联于文明基因）
```

近一个世纪以来，工业文明带来的巨大破坏引起了许多哲人的忧虑，哲人忧虑的不只是生态灾难，更有文明基因的灾难。上面的最后概念关联式是对哲人忧虑的初步表达，本编的 3.0 节将对此有所论述。

2.3.3.2-2 行旅服务 a23\22 的世界知识

```
a23\22:(k=6,*γ=a)
   a23\22k=6                 行旅服务的基本类型
   a23\221                   旅游服务
   a23\222                   避暑服务
   a23\223                   探险服务
   a23\224                   探访服务
   a23\225                   出差服务
   a23\226                   迁徙服务
   a23\22*γ=2                行旅服务基本内容
   a23\22*9                  旅馆服务
   a23\22*a                  行旅交通服务
```

行旅服务 a23\22 具有下列概念关联式：

```
(a23\22,l10,q74)
（行旅服务面向行旅）
a23\22k:=q74y
（六项行旅服务对应于行旅的六种概念树）
a23\22*9=a23\111
（旅馆服务强交式关联于住宿服务）
a23\22*a=%a23\112
（行旅交通服务属于交通服务）
pwa23\22*9=%pwa219\11*a\2
（旅馆属于商务建筑）
```

行旅服务 a23\22 中的旅游服务 a23\221 被誉为后工业时代的新兴产业，还被戴上"绿色产业"的桂冠，但这顶桂冠可能造成误导。旅游业 ga23\221 对自然环境和文明遗迹的破坏值得高度警惕，避暑 a23\222 和探险 a23\223 也存在类似的问题。

2.3.3.2-3　工具需求服务 a23\23 的世界知识

```
a23\23*(t=b;a3)
    a23\23*t=b              工具需求服务三侧面
    a23\23*9               生活工具服务
    a23\23*a               工作工具服务
      a23\23*a3             劳作性工作工具服务
    a23\23*b               信息工具服务
```

　　前面曾谈到：汉语的"衣食住行"是对人类生存的四要素的很好概括，但需要将"行"从"衣食住行"里分离出来。这里再补充一句：如果在"衣食住行"里加上一个"具"字就更好了。工具 s44 是人类生存的第五基础要素，众所周知：人造工具 pws44 的诞生是人类诞生的标志。

　　工具需求服务 a23\23 具有下列概念关联式：

```
(a23\23,l00a20bb^e21,s44)
（工具需求服务提供工具）
a23\23=a2379
（工具需求服务强交式关联于商品服务）
(a23\23*9,l00a20bb^e21,s449)
（生活工具服务提供生活工具）
(a23\23*a,l00a20bb^e21,s44a)
（工作工具服务提供劳动工具）
(a23\23*b,l00a20bb^e21,s44ba)
（信息工具服务提供信息工具）
a23\23*a3=%a237a
（劳作性工具服务属于劳作服务）
```

　　工具需求服务 a23\23 可视为第二类服务 a23\2 的"不管部"，其定义式为：

```
a23\23::=~(a23\2~3)
```

这就是所谓"否定之否定"。但就第二类服务 a23\2 来说，这一定义式只适用于 a23\23，而不适用于 a23\2k 的其他延伸项。

　　工具需求服务三侧面 a23\23*t=b 都具有非常繁杂的个性特征，因此，各项特定的 a23\23 描述采用复合表示比较适当，这就完全进入形而下的管辖范围了。

2.3.3.2-4 "运递"服务 a23\24 的世界知识

```
a23\24(k=x,*(t=a,3,i))
    a23\24k               "运递"服务的基本形态
    a23\241              陆运服务
    a23\242              水运服务
    a23\243              空运服务
    a23\24*t=a            "运递"服务的基本内容
    a23\24*9              物"运递"服务
    a23\24*a              信息"运递"服务
    a23\24*3              邮政
    a23\24*i              网络"运递"服务
```

"运递"是本《全书》杜撰的术语，其定义体现在下面的定义式里：

```
a23\24::=(a23,l10,c20˜b)
```

这就是说，"运递"是一个复合概念，是社会性定向转移 c209 和社会性传输 c20a 这两个概念的复合。

"运递"服务具有下列基本概念关联式：

```
a23\24k:=(a219\12k,a219\22*α)
（"运递"服务基本形态对应于交通基建和交通运输工具的基本类型）
a23\24*9:=22
（物"运递"服务对应于物转移）
a23\24*a:=23
（信息"运递"服务对应于信息转移）
(a23\24*3:=a239;l18,rc109)
（邮政服务传统上由政府主导）
a23\24*i:=pj1*b
（网络"运递"服务对应于后工业时代）
```

人类在日常生活中感受到的最大进步，在工业时代主要是交通运输服务，在后工业时代主要是"运递"服务，这就是设置延伸概念——网络"运递"服务 a23\24*i 的依据。

2.3.3.2–5 特殊需求服务 a23\25 的世界知识

```
a23\25:*(γ=b,)
    a23\25*γ=b          特殊需求服务的基本类型
    a23\25*9            性服务
    a23\25*a            赌博服务
    a23\25*b            吸毒服务
```

特殊需求服务 a23\25 是第二类服务业的最后一项，具体描述针对人类的三项特殊情欲的服务，具有下列基本概念关联式：

```
a23\25=a59
（特殊需求服务强交式关联于"悖法"活动）
(a23\25*9,l10,65421i)
（性服务面向性生活）
(a23\25*a,l10,q731\4e26)
（赌博服务面向赌博）
a23\25*b=%a23\211*3e26
（吸毒服务属于有害吸用服务）
a23\25*b≡a59a
（吸毒服务强关联于违法活动）
```

2.3.3.3–1 文化生活需求服务 a23\31 的世界知识

```
a23\31:(k=6,*(t=a,i);3e2m,*iγ=2;3e2mi,*i9\k=6,*ia\k=3)
    a23\31k=6           文化生活服务的基本内容
    a23\311             文化欣赏服务
    a23\312             文化参与服务
    a23\313             健身服务
      a23\313e2m             内外健身服务
```

```
        a23\313e2mi          心态与气质服务
a23\314                      节庆服务
a23\315                      休闲服务
a23\316                      儿童文化生活服务
a23\31*t=a                   文化生活需求服务的基本形态
a23\31*9                     表演服务
a23\31*a                     传授服务
a23\31*i                     场所服务
    a23\31*i γ=2             场所服务的形而上描述
    a23\31*i9               内容对应场所服务
        a23\31*i9\k=6
    a23\31*ia               综合性场所服务
        a23\31*ia\k=3
        a23\31*ia\1          馆藏服务
        a23\31*ia\2          展示服务
        a23\31*ia\3          交流服务
```

　　文化生活需求服务 a23\31 的第一项延伸概念 a23\31k=6 按照服务内容分类，文化生活服务内容 a23\31 可以归纳成六类么？为什么不采用变量并列延伸 a23\31k=x 以便留有余地呢？读者可以思考这一点，但这里就不作解释了。

　　文化生活需求服务的第二项延伸概念 a23\31*t=a 按照文化生活需求服务的形态分类，文化生活的内容尽管丰富多彩，但就其形态而言，可以归纳成表演服务 a23\31*9 和传授服务 a23\31*a 两种形态。

　　文化生活需求服务的第三项延伸概念 a23\31*i 描述文化生活的基础设施需求，命名为场所服务。

　　下面给出各项文化生活需求服务的基本概念关联式：

```
a23\31=a3
（文化生活需求服务强交式关联于文化活动）
a23\311≡(a32a,q721)
（文化欣赏服务强关联于演出与观赏）
a23\311=(a31,a32,a33,a36)
（文化欣赏服务强交式关联于文学、艺术、技艺和历史文化）
a23\312=(a32,a33)//a35
（文化参与服务首先强交式于艺术和技艺，其次是信息文化）
a23\312≡(q723,q724)//a34
（文化参与服务首先强关联于艺术参与和技艺参与，其次是大众文化）
a23\312=q73
（文化参与服务强交式关联于比赛）
a23\313≡(q725,a339)
（健身服务强关联于健身和体育）
(a23\314,l10,a349)
（节庆服务面向节庆活动）
a23\314=a36
（节庆服务强交式关联于历史文化）
(a23\315,l10,q726)
（休闲服务面向休闲）
(a23\316,l10,q727)
（儿童文化生活服务面向儿童娱乐）
```

```
a23\31*9≡a32a
（表演服务强关联于艺术表演）
a23\31*a≡a72^e21
（传授服务强关联于传授）
a23\31*i:=(a20bb^e21,l03,wj2-000ga3)
（场所服务主要是提供文化活动的场所）
a23\31*i=a22a9\2
（场所服务与"地点"租赁强交式关联）
a23\31*i9\k:=a23\31k
（内容对应场所服务——对应于文化生活服务的基本内容）
a23\31*ia\1=a72^e22//q721
（馆藏服务强交式关联学习与观赏）
a23\31*ia\1=a23\331
（馆藏服务强交式关联于收藏）
a23\31*ia\2=q721//a72^e22
（展示服务强交式关联于观赏与学习）
a23\31*ia\2=a23\332
（展示服务强关联于展览）
a23\31*ia\3=a00b9
（交流服务强交式关联于专业性交互）
a23\31*ia\3=a23\333
（交流服务强交式关联于传授）
```

东西方文化的健身概念存在重大差异，东方文化传统重视内在健身，西方文化传统重视外在健身，概念关联式 a23\313≡(q725,a339)间接表述了这一世界知识，本篇第三章第三节将对此有所论述。

2.3.3.3–2 信息需求服务 a23\32 的世界知识

```
a23\32:*(t=b;93,a\k=m,(t)i)
  a23\32*t=b              信息需求服务三侧面
  a23\32*9               信息收集服务
    a23\32*93              私人侦探服务
  a23\32*a               信息传递服务
  a23\32*b               信息咨询服务
    a23\32*(t)i            信息数字化服务

  a23\32*a               信息传递服务
    a23\32*a\k=m           信息传递服务的基本形态
    a23\32*a\1             直接传递
    a23\32*a\2             邮递
    a23\32*a\3             电话
    a23\32*a\4             电报
    a23\32*a\5             广播
    a23\32*a\6             传真
    a23\32*a\7             电视
    a23\32*a\8             网络
    a23\32*a\9             手机
```

信息需求服务有广义与狭义之分，这里定义的信息需求服务 a23\32 属于后者，广义信息需求服务即第三类服务 a23\3。

信息需求服务的三侧面特征比较典型，三侧面的语言描述也比较准确，无须赘述。下面就直接给出相应的基本概念关联式：

a23\32≡(a219\15,a219\25)
（信息需求服务强关联于信息设施基建和信息用品制造）
a23\32*(t)i:=pj1*b
（信息数字化服务对应于后工业时代）
a23\32*9<=(21i,a359)
（信息收集服务逆链式关联于定向接受和信息收集）
a23\32*9=a443
（信息收集服务强交式关联于情报斗争）
a23\32*a=q648
（信息传递服务强交式关联于传递劳作服务）
a23\24*a==a23\32*a
（信息"运递"服务是信息传递服务的虚设概念）
a23\32*a\2≡a23\24*3
（邮递强关联于邮政）
(a23\32*a\1,a23\32*a\2):=pj1*9
（直接传递和邮递对应于农业时代）
(a23\32*a\k,k=2-7):=pj1*a
（第二到第七类信息传递服务对应于工业时代）
(a23\32*a\k,k=7-9):=pj1*b
（电视、网络和手机服务对应于后工业时代）
a23\32*b≡a00a3i
（信息咨询服务强关联于咨询）
a23\32*b=%a23\33
（信息咨询服务属于知识服务）

2.3.3.3-3　知识服务 a23\33 的世界知识

a23\33:(e2n,*i,*t=a,k=3;e2ne2n,*i\k=0-3,*9γ=b,*aγ=a)

a23\33e2n	知识服务悖论
a23\33*i	知识权益保护
a23\33*t=a	知识服务两侧面
a23\33*9	知识需求服务
a23\33*a	技术服务
a23\33k=3	知识服务基本形态
a23\331	"收存"
a23\331i	"拍卖"
a23\332	展览
a23\333	传授
a23\33*i	知识权益保护
a23\33*i\k=0-3	知识权益保护的基本类型
a23\33*i\0	知识拥有权
a23\33*i\1	"著作"权
a23\33*i\2	专利权
a23\33*i\3	品牌权
a23\33*9	知识需求服务
a23\33*9γ=b	知识需求服务的基本内容

```
        a23\33*99              世界知识需求服务
        a23\33*9a              领域知识需求服务
        a23\33*ab              市场知识需求服务

   a23\33*a                     技术服务
        a23\33*aγ=a            技术服务基本类型
        a23\33*a9              面向供应的技术服务
        a23\33*aa              面向消费的技术服务
```

知识的 HNC 定义式 ra307 表明：知识服务 a23\33 即广义文化 a307 服务。为什么要指出这一点？因为，经济活动消极面的扩展是后工业时代面临的最大挑战，这一点将在经济理念 d12 里（本卷第四编第二篇的 1.2 节）进行论述。经济活动消极面的扩展表面上是生产业 a21 的无节制扩张，实质上是服务业 a23 的无节制扩展，如何描述服务业的这一消极特性？直接挂接于 a23 并非不可考虑，但笔者宁愿将这一尚未引起足够重视的世界知识挂接于知识服务 a23\33，这就是设置延伸概念 a23\33e2n 的理论思考。延伸概念 a23\33e2n 被命名为知识服务悖论，凡悖论必有 e2n 延伸，即悖论的两侧面都必然各有自身的积极与消极侧面，因此，知识服务悖论 a23\33e2n 必然具有延伸概念 a23\33e2ne2n。非黑氏对偶的串接 e2ne2n 也许是所有逻辑真理中最有趣的逻辑真理。读者应该联想到：对政治制度 a10e2n 我们也作了相同的描述。鉴于知识服务悖论 a23\33e2n 的上述特殊世界知识，下面将首先给出它的基本概念关联式：

```
        ua23\33e2n=a23
        （知识服务的悖论特性强交式关联于服务业）
        a23\33e2n-a12\1
        （知识服务悖论强交式关联于意识形态治理）
```

知识服务 a23\33 的主体延伸概念有三：一是知识权益保护 a23\33*i；二是知识服务两侧面 a23\33*t=a；三是知识服务基本形态 a23\33k=3。

知识权益保护 a23\33*i 具有扩展并列延伸 a23\33*ik=0-3，根概念 a23\33*i\0 描述对知识拥有权的保护，"著作"权 a23\33*i\1、专利权 a23\33*i\2 和品牌权 a23\33*i\3 都是知识拥有权的特例。

知识权益保护的定义式及其基本概念关联式如下：

```
        a23\33*i::=(3219\1,l10,(r461,l10,ra307))
        （知识权益保护是对知识权益的保护）
        a23\33*i=(a52,a54)
        （知识权益保护强交式关联于立法和执法）
        a23\33*i=a239
        （知识权益服务强交式关联于政府主导服务）
        a23\33*i\1<=(a3~0,a61)
        （"著作"权逆链式关联于各项文化活动和科学活动）
        a23\33*i\2=(a629,a21)
        （专利权强交式关联于技术和生产）
        a23\33*i\3≡a20\0*i9
        （品牌权强关联于品牌）
```

知识服务基本侧面 a23\33*t 概括了知识服务的日常意义，可简称知识服务，具有下面的基本概念关联式：

```
pea23\33*t:=pj1*b
（知识服务产业化对应于后工业时代）
(a23\33*t,l02,p-)
（知识服务面向大众）
```

可以毫不夸张地说：知识服务是历代哲人最关注的事，苏格拉底说过"知识就是善"，培根说过"知识就是力量"，但对知识服务的最佳论述当推张载的名言："为天地立心，为生民立极，为往圣继绝学，为万世开太平。"

但是，上列名言所蕴含的知识并不是交互引擎的急需，而上列概念关联式所蕴含的知识才是交互引擎的急需。

知识服务两侧面 a23\33*t=a 各自延伸的论述这里从略，其延伸概念的汉语定义比较准确，不难转化出相应的 HNC 表示式。

知识服务基本形态 a23\33k 采用 a23\33k=3 的形式（不是变量并列延伸）也许出乎读者的意料，但事实正是如此，古今中外都只有这三种形态。但请注意：其中带引号的汉语定义——"收存"和"拍卖"，两者具有下列概念关联式：

```
a23\331=a36
（"收存"强交式关联历史文化）
a23\331i=%a229e159e21
（"拍卖"属于专门性零售）
```

应该说明：在农业时代和工业时代前期，虽无拍卖之名，却有拍卖之实。

2.3.3.3–4　教育服务 a23\34 的世界知识

```
a23\34:*(t=a)
  a23\34*t                 教育服务基本内容
  a23\34*9                 职业培训
  a23\34*a                 就业培训
```

在所有的服务产业中，教育服务 a23\34 的延伸结构表示式最为简单，其目的性最为简明，如下面的概念关联式所示：

```
(a23\34*9,l17,(3435,l03,z50aa;l02,pa00e45))
（职业培训服务于提高在职人员的业务能力）
(a23\34*a,l17,(3435,l03,z~(a00e47);l02,pa00e47))
（就业培训服务于提高失业人员的再就业能力）
(a23\34*9,l01,pea20a)
（职业培训由企业主导）
(a23\34*a,l01,pea039//)
（就业培训主要由行业主导）
```

教育服务 a23\34 还存在下列基本概念关联式：

```
a23\34=a7
（教育服务强交式关联于教育）
```

```
a23\34=a23\33*9
```
（教育服务强交式关联于知识需求服务）

第 4 节
金融业 a24 (116)

引言

金融业 a24 是经济活动的第四大行业，其正式诞生是工业时代到来的标志之一。

金融业 a24 的研究是现代经济学的前沿，是近年诺贝尔经济学奖的热门领域。

但金融业的概念延伸结构设计并不直接反映这些世界知识，而只关注金融业的基本侧面和基本类型。

2.4-0 金融业 a24 的概念延伸结构表示式

```
a24:(α=b,\k=m)
  a24α=b          金融活动的基本侧面
  a248            资金运作
  a249            投资
  a24a            筹资
  a24b            贷放
  a24\k=m         金融活动的基本类型
  a24\1           银行
  a24\2           证券
  a24\3           基金
  a24\4           保险
  a24\5           期货
```

2.4-1 金融业 a24 的世界知识

金融业 a24 设置两项一级延伸，扩展交织延伸 a24α=b 描述金融活动的基本侧面（环节），变量并列延伸 a24\k=m 描述金融活动的基本类型。金融活动的基本侧面 a24α=b 分别对应资金运作 a248、投资 a249、筹资 a24a 和贷放 a24b，金融活动的基本类型 a24\k=m 暂设下列五项：银行 a24\1、证券 a24\2、基金 a24\3、保险 a24\4 和期货 a24\5。下面分两段进行论述。

金融业 a24 的基本概念关联式是：a24<=ra20\2（资本形成金融业）

1）关于金融活动的基本侧面 a24α=b

金融活动的基本侧面 a24α=b 具有下列概念关联式

```
a24α=b:=a20\2
（金融活动的基本侧面 a24α=b 与虚设概念 a20\2 对应）
```

在 2.0 小节里说到：在市场这一特殊空间里，资金 a20\2 具有作用效应链的整体表现，工业时代到来的基本标志就是资金成长为资本 ra20\2，所以工业时代也叫资本时代。

所谓"在市场这一特殊空间里，资金 a20\2 具有作用效应链的整体表现"，就是指投资 a249、筹资 a24a 和贷放 a24b 这三个侧面，投资 a249 代表资本 ra20\2 的作用效应侧面，筹资 a24a 代表资本 ra20\2 的过程转移侧面，贷放 a24b 代表资本 ra20\2 的关系状态侧面。这就是说，a24α=b 具有下面的概念关联式 a24~8≡a24β（投资、筹资、贷放三者构成金融活动的作用效应链）。

投资活动 a249 是资金的定向转移，目标是产生资金的"出多于入"效应，其符号定义式为

```
a249::=(209ra20\2,l17,(3a2j41c21=>3a1j41c22))
（投资活动是资本的一种定向转移，其目的是以较少的付出产生较多的获得）
```

投资活动 a249 的概念延伸结构表示式如下：

```
a249:(\k=0-x,3;\0*3)
  a249\k=0-x              投资基本类型（方式）
  a249\0                  资金投资
    a249\0*3                风险投资
  a249\1                  资产投资
  a249\2                  技术投资
  a2493                   非经济领域投资
```

扩展变量并列延伸 a249\k=0-x 描述投资活动的基本类型。资金的投入是投资的主体方式，没有资金投入，资产和技术都不能转化成资本。因此，三类投资分别符号化为 a249\0、a249\1 和 a249\2 乃必然之选。资金投资 a249\0、资产投资 a249\1 和技术投资 a249\2 当然还各有多种具体类型，这些世界知识暂时可纳入交互引擎的有所不为，这里只具体描述风险投资 a249\0*3 一项。

定向延伸 a2493 描述非经济领域的投资，包括政治、文化、科技、教育、卫生等领域。a2493 不作进一步延伸，仅作为概念基元来使用，表明投资活动有经济领域和非经济领域的重要区分。至于投资活动在经济领域的具体划分显然也不必进入延伸结构。

投资活动 a249 具有 r 强存在的概念属性，ra249 的代表词语是"收益"。

筹资活动 a24a 是把分散的资金变成集中的资金，符号定义式为：

```
a24a::=(3a1|ga20\2,l11,a20\2g39e22a=>a20\2g39e21a)。
（筹资活动就是获得资金，其方式是把分散的资金转变成集中的资金）
```

筹资活动 a24a 具有与投资活动类似的延伸结构，其表示式如下：

```
a24a:(\k=m,3)
  a24a\k=m               筹资方式
  a24a\1                 借入
```

a24a\2	合资
a24a\3	上市
a24a3	非经济领域筹资

筹资 a24a 的第一种方式是借入 a24a\1，属于经济领域的契约交换 249e1nua009aaga2，是借 249e15 的一种特殊类型，a24a\1=%249e15。借入活动 a24a\1 的 249e15 特性表明，它必然伴随 249e16 活动，而经济活动中的 249e16 主要依赖贷放活动 a24b，a24a\1≡a24b。

筹资 a24a 的第二种方式是合资 a24a\2，在企业的创办或企业的扩展与重组过程中，常采用这种筹资方式，a24a\2=a20ae21//a20\0~e01。

筹资 a24a 的第三种方式是上市 a24a\3。这一筹资方式的正式形态是工业时代的产物，与证券活动 a24\2 强关联，a24a\3=%a24\2。但农业时代的精明商人实质上早已在运用这种筹资方式。

筹资也有非经济领域的形态，以符号 a24a3 表示，代表词语是"募捐"。美国的总统大选筹资和我国的武训办学筹资是比较典型的事例。

贷放活动 a24b 也是经济领域的契约交换 249e1nua009aaga2，与 249e16 强关联，a24b=%249e16，贷放活动 a24b 既是资金运作 a248 的经常性活动，又是银行运作 a24\1 的主体活动。银行 pea24\1 是贷放活动 a24b 的主宰者，a24\1=>a24b。

贷放活动 a24b 的概念延伸结构表示式如下：

```
a24b:(e2n,3,i)
    a24be2n          贷放活动的效应
    a24b3            经济领域贷放
    a24bi            非经济领域贷放
```

贷放活动的效应 a24be2n 同经营活动 a20\0 的盈利与亏损 a20\0e2n 强关联，也同投资活动的收益 ra249 强关联，a24be2n=%a20\0e2n，a24be2n≡ra249。第二个概念关系式是平衡原则的体现，因为，盈利与亏损 a20\0e2n 仅包括经济效益，收益 ra249 则包括经济与社会效益，即 ra249%=a20\0e2n。

2）关于金融活动的基本类型 a24\k=m

金融活动的基本类型也就是资金运作 a248 的基本类型，采用变量并列延伸方式 a24\k=m，暂列下列五项：

a24\1	银行
a24\2	证券
a24\3	基金
a24\4	保险
a24\5	期货

银行 a24\1 是金融活动 a24 的第一类型，其作用是把分散的资金变成资本，是资本的产婆，因而也是金融活动之母，我国农业时代的钱庄就是原始形态的银行。其符号定义式为：

```
a24\1::= (a248#ra20\2,l11,3a0i|ga20\2u39e22a=>3a0a|ga20\2u39e21a)
```

（银行活动就是以有效的获得-付出方式将分散的资金转变成集中的资本，即将资金运作提升为资本运作）

银行 a24\1 的概念延伸结构表示式如下：

```
a24\1:(d01,e2m;e2m(e2m,e2n);e21e21^e1n,e21e22e1n,e22e21e1n,
        e22e22^e1n)
    a24\1d01            央行
    a24\1e21            储蓄
      a24\1e21e21        存款
      a24\1e21e22        取款
      a24\1e21e25        正常储蓄
      a24\1e21e26        挤兑
    a24\1e22            银贷
      a24\1e22e21        贷款
      a24\1e22e22        还款
      a24\1e22e25        正常银贷
      a24\1e22e26        呆账
```

银行 a24\1 配置了两项延伸，第一项 a24\1d01 描述银行的一项基本特性，那就是最高组织机构（中央银行，简称央行）的存在性，第二项 a24\1e2m 描述银行的特定资金运作方式：储蓄 a24\1e21 和银行贷款 a24\1e22，后者将简称银贷。

央行 a24\1d01 同"政府与经济"a25 强关联，a24\1d01≡a25。

储蓄 a24\1e21 设置了两项非黑氏对偶延伸，第一项 a24\1e21e2m 描述储蓄的存与取，第二项 a24\1e21e2n 描述储蓄的祸福。银贷 a24\1e22 也作了类似的延伸设置。

存款 a24\1e21e21 与取款 a24\1e21e22、贷款 a24\1e22e21 与还款 a24\1e22e22 的精确映射都需要后挂非黑氏对偶 e1n//^e1n，如存款的精确映射是 a24\1e21e21^e1n。存取和借贷这两对概念涉及过程的因与果、转移的入和出、关系的彼此主从，而"入出彼此"又涉及参照的选择。在银行 a24\1 的概念延伸结构里，约定以银行自身为参照点，在这一基础上，符号 e1n//^e1n 的后挂就可以对上列"涉及"给出无模糊表述。

证券 a24\2 是金融活动 a24 的第二类型，包括股份和债券两类，因此，它应具有延续并列延伸 a24\2k=2，a24\21 代表股份，a24\22 代表债券。

股份 a24\21 的概念延伸结构如下：

```
a24\21:(*t=a;*9(-0,e1n,7),*a(-0,e2m,e2n))
    a24\21*9            本体股（源股，本股）
      a24\21*9-0         本股单元（百分点）
      a24\21*9e1n        本股转移
      a24\21*93          控股
    a24\21*a            股市（流股）
      ra24\21*a-0        股市单元
      a24\21*ae2m        股票的买与卖
      a24\21*ae2n        股市状态
      a24\21*ae25        牛市
      a24\21*ae26        熊市
```

股份 a24\21 与经济制度 a209 的股份制 a209e33 强关联，a24\21≡a209e33。设置源流型交织延伸概念 a24\21*9 和 a24\21*a，分别命名为本体股和股市。两者都具有 r 强存在的概念属性，并都以其 r 元概念命名。

本体股 a24\21*9 即原始股（源股），将简称本股，它是效应概念"联合分独 39e6m"在经济活动中的表现，继承 39e6m 的全部特性 39e6m:(α=a,3,7,\k=2)。本股的纷繁世界知识（概念联想脉络）可以通过 a24\21*9 的相应延伸结构得到充分描述。但交互引擎暂时不必成为股份行家，目前仅使用一个不对称的概念关联式 a24\21*9≡39e6m 加以描述。考虑到控股这一概念在股份活动 a24\21 中的极端重要性，采用了定向延伸概念 a24\21*93 加以描述，a24\21*93::=39e61a|a24\21*9。

股市活动 a24\21*a 的主体是上市，是股份制企业 pea209e33 的扩展活动 a20\0e01 之一，其相应的概念关联式如下：

$$a24\backslash21*a=\%a20\backslash0e01pea209e33$$

股市活动 a24\21*a 设置了三项延伸概念，第一项 a24\21*a–0 代表股市构成，这也是一个 r 强存在的概念基元，对应的词语就是"股票"；第二项 a24\21*ae2m 代表股票的买与卖，第三项 a24\21*ae2n 代表股市状态：牛市 a24\21*ae25 和熊市 a24\21*ae26。

债券 a24\22 将继续采用并列延伸 a24\22k=2，a24\221 代表国家债券，a24\222 代表公司债券。

基金 a24\3 是资金运作 a248 的第三类型。

保险 a24\4 是资金运作 a248 的第四类型。

期货 a24\5 是资金运作 a248 的第五类型。

第 5 节
经济与政府 a25 (117)

引言

经济与政府 a25 是经济活动五大关系的第一位关系，描述政府对经济活动的治理与管理，亦称经济治管，a25=%a12。经济治管 a25 辖属五项概念联想脉络：一是经济治管的基本效应 a25e2n；二是经济治管的基本类型 a25c3m；三是经济治管的基本侧面 a25α=b；四是经济治管的具体措施 a25\k=0–x；五是经济法治 a253（含经济违法与犯罪^a253）。

2.5-0　经济治管 a25 的概念延伸结构表示式

```
a25:(e2n,c3m,α=b,\k=0-5,3)
    a25e2n                      经济治管的基本效应
    a25c3m                      经济治管的基本类型
    a25α=b                      经济治管的基本侧面
    a25\k=0-x                   经济治管的具体措施
    a253                        经济法治
        ^(a253)                    经济违法与犯罪

    a25e2n                      经济治管的基本效应
    a25e25                      积极效应
        a25e25c3m                  经济发展速度
        a25e257                    经济的可持续发展
    a25e26                      消极效应
    a25c3m                      经济治管的基本类型
    a25c31                      自由市场经济
    a25c32                      受控市场经济
    a25c33                      计划经济
    a25α=b                      经济治管的基本侧面
    a258                        经济政策
    a259                        财政
    a25a                        社会保障体系
    a25b                        外贸与国际经济关系
    a25\k=0-x                   经济治管具体措施
    a25\0                       经济调控
    a25\1                       货币
    a25\2                       税收
    a25\3                       国债
    a25\4                       关税
    a25\5                       外汇
```

2.5-1　经济治管 a25 的世界知识

2.5.1　关于经济治管的基本效应 a25e2n

2.0.2 小节论述经营 a20\0 时说到：盈利与亏损 a20\0e2n 是经营 a20\0 面临的第一项课题，企业经营者当然希望盈利，但实际上经常"事与愿违"，符号 a20\0e2n 是对这一经济现象的适当描述。经济活动中的上述"事与愿违"现象同样存在于经济治管 a25，延伸概念 a25e2n 是为这一政治经济现象而设置的。

经济治管的基本效应 a25e2n 与政治体制 a10m 不存在必然联系，任何政治体制 a10m 都可以产生积极（推进）效应 a25e25 或消极（破坏）效应 a25e26，但专制政体 a102 更有可能产生极大的破坏效应 a25e26，因而存在下列两项概念关联式：

$$a25e2n <= a10m \tag{1}$$
$$a25e26 <= a102 \tag{2}$$

这两个概念关联式只是对经济治管的基本效应 a25e2n 的现象描述。20 世纪 30 年代资本世界的经济大萧条和韩国 80 年代的经济勃兴是关联式（1）的有力佐证；苏联的"集体农庄运动"和中国的"三面红旗运动"是关联式（2）的有力佐证。

经济治管的基本效应 a25e2n 具有 r 强存在的概念属性，ra25e25 对应着经济发展，ra25e26 对应着经济停滞或萎缩。

经济治管的积极效应 a25e25 应配置两项延伸：一是经济发展速度的描述 a25e25c3m；二是经济的可持续发展 a25e257。

仅强调加快经济发展而不顾及经济的可持续发展的论断只适用于某些特殊情况，不是科学的论断。

2.5.2 关于经济治管的基本类型 a25c3m

a25c3m 描述经济治管 a25 的力度 z00，a25c3m::=z00ga25。不同的治管力度形成不同的经济治管基本类型。最大力度的经济治管 a25c33 命名为计划经济，最小力度的经济治管 a25c31 命名为自由市场经济，中等力度的治管 a25c32 命名为受控市场经济，简称市场经济。市场经济和计划经济当然可以纳入对偶性概念 e5m 加以描述，但这仅适用于极端形态的计划经济和市场经济观念，自由主义者和苏式社会主义者强调计划经济和市场经济的对立，对经济活动强行注入一系列异想天开的政治因素，是经济学领域（或政治经济学）的典型幼稚病，这两种极端观念已成为历史陈迹，故这里不予描述。这就是说，经济治管的类型实质上只存在对比性差异，古今中外皆然，对比性延伸 a25c3m 的引入是符合实际的选择。

经济治管的基本类型 a25c3m 与政治体制 a10m 之间，存在与经济治管基本效应 a25e2n 类似的概念关联式：

```
a10m=>a25c32                                    (1)
a102=>a25c33                                    (2)
```

概念关联式（1）表明任何政体都可以施行受控市场经济；概念关联式（2）表明只有专制政体可以施行计划经济。

2.5.3 关于经济治管的基本侧面 a25α=b

经济治管的基本侧面采用扩展交织延伸 a25α=b 乃 HNC 的必然之选。a258 描述经济政策，a259 描述财政，a25a 描述社会保障体系，a25b 描述外贸与国际经济关系。下面分四小段分别进行论述。

2.5.3-1 关于经济政策 a258

将经济政策列为经济治管的基本侧面 a25α 的根概念 a258 应该是没有争议的。经济政策 a258 具有两项延伸概念：定向延伸 a2583 和变量并列延伸 a258\k=m，a2583 描述政府的经济所有制政策，a258\k 描述政府经济调控的基本侧面。延伸结构表示式如下：

```
a258:(3,\k=m;3e2m,\1e4m)
  a2583                      经济所有制政策
    a2583e2m                 国有化与私有化
      a2583e213              贵族所有制
  a258\k=m                 政府经济调控活动的基本侧面
```

```
a258\1                    经济利益配置调节
   a258\1e4m                  经济利益配置调节基本效应
a258\2                    产业结构调节
a258\3                    资金流向调节
```

1）关于经济所有制政策 a2583

2.0.1 小节说到：经济所有制 a209e3m 的三种基本类型自古有之。从经济所有制政策的视野来考察，经济所有制治管的基本表现是国有化与私有化，这两个相互对立的概念以符号 a2583e2m 表示，a2583e21 表示国有化，是私有化 a2583e22 的转化或否定；a2583e22 表示私有化，是国有化 a2583e21 的转化或否定。

国有化并非现代概念，而是与国家同步诞生的概念。"普天之下，莫非王土"就不仅是一个关于王权的政治概念，也是一个关于土地国有的经济概念。在王权时代，国有化的基本效应是形成贵族所有制 a2583e213。贵族所有制在资本时代和后资本时代理论上应该走向消亡，实际上并非如此，可能以特权化的形式名亡实存。

经济所有制政策 a2583 的基本概念关联式如下：

```
a2583≡a209e3m
（经济所有制政策与经济制度所有制强关联）
ra2583e213<=a109
（王权制度推行贵族所有制）
ra2583e22<=a10a
（资本制度推行私有制）
a209e33<=a10b
（后资本制度推行股份制）
ra2583e21<=a10b3
（社会主义推行国有制）
```

2）关于经济利益配置的调节 a258\1

政府经济调控 a258\k 的第一位内容是经济利益配置的调节 a258\1，将简称经济利益调节，其基本目标是调节经济活动的阶级//阶层效应 a2099，a258\1::=c3608|a2099。经济利益调节 a258\1 一直是社会的基本问题，但是，农业时代不可能处理好这个问题，工业时代也不可能。经济利益调节具有典型的 e4m 特性，延伸概念 a258\1e4m 的配置乃 HNC 的必然之选，a258\1e41 表示调节适度，a258\1e42 表示调节不足，a258\1e43 表示调节过度。延伸概念 a258\1e4m（经济利益调节基本效应）的基本世界知识蕴含在下列概念关联式里：

$$a258\backslash 1e41=a10b \tag{1}$$
$$a258\backslash 1e42\equiv a10\tilde{~}b \tag{2}$$
$$a258\backslash 1e43=a10b3 \tag{3}$$

概念关联式（1）表明经济利益的适度调节 a258\1e41 可能存在于后资本制度 a10b，概念关联式（2）表明调节不足 a258\1e42 必然存在于王权制度 a109 和资本制度，调节过度 a258\1e43 可能存在于社会主义制度 a10b3。

经济利益调节基本效应 a258\1e4m 是一个 r 强存在的概念基元，ra258\1e41 表示社会财富分配基本公平，ra258\1e42 表示社会财富分配过度集中，ra258\1e43 表示社会财富分配过度平均。

经济利益调节 ra258\1 是一个极为复杂的社会问题，延伸概念 a258\1e4m 只是对这一复杂问题的基本描述。现代经济学试图用基尼系数 rza258\1 对这一社会经济现象给出定量描述，两者的对应关系大体如下：

```
ra258\1e41:=(0.3<rza258\1<0.4)
ra258\1e42:=(rza258\1>0.6)
ra258\1e43:=(rza258\1<0.2)
```

3）关于产业结构调节 a258\2

政府经济调控的第二位内容是产业结构调节 a258\2。产业结构定义为经济结构的配置 440(54ga2)，a258\2::=c3608|440(54ga2)。产业结构的映射符号是 ga258\2，这意味着 a258\2 是一个 g 强存在概念。优化产业结构 ga258\2 在后工业时代成为经济发展的头等大事，它不仅关系到一个国家的综合经济实力，也关系到一个国家的综合国力。在农业和工业时代，产业结构与一个国家的自然资源 wa20b\1*i 密切相关，一个国家的产业结构决定于自身的内部因素。但随着经济全球化的来临，外因的作用日益扩大。因此，产业结构调节具有下列概念关联式：

```
a258\2≡pj1*t
（产业结构与时代强关联，随时代而演变，具有历时性）
a258\2pj1*9<=wa20b\1*i
（农业时代的产业结构主要决定于自然资源）
a258\2pj1*a<=a629
（工业时代的产业结构主要决定于技术）
a258\2pj1*b<=a25b
（后工业时代的产业结构主要决定于外贸和经济全球化）
```

产业结构调节 a258\2 的延伸继续采用并列方式 a258\2k=2，具体定义如下：

```
a258\21              产业类型调节
a258\22              产业地域调节
```

4）关于资金流向调节 a258\3

经济调控的第三位内容是资金流向调节 a258\3，其延伸结构也继续采用并列方式 a258\3k=2，具体定义如下：

```
a258\31              资金流向类型调节
a258\32              资金流向地域调节
```

资金流向调节 a258\3 存在下列概念关联式：

```
a258\3=a258\2
（资金流向调节与产业结构调节强交式关联）
a258\3=a24//a259
（资金流向调节与金融、财政活动强交式关联）
```

```
a258\3≡ra25b
```
（资金流向调节与经济全球化强关联）

2.5.3-2　关于财政 a259

将财政列为经济治管基本侧面 a25α 的首项 a259 也应该没有争议，财政是国家的财务活动，a259::=a20\3pj2。财政的基本内容是国家的财政收入和支出，以延伸符号 a259e2m 表示。财政活动 a259 的基本概念关联式如下：

```
a259=a25\k
```
（财政活动 a259 与经济治管具体内容 a25\k 强交式关联）
```
a259e21≡a25~\0
```
（财政收入与经济调控的各项具体内容强关联）
```
a259e22=(a25a,a25\0)
```
（财政支出与社会保障体系、经济调控强交式关联）

2.5.3-3　关于社会保障体系 a25a

社会保障体系这一概念导源于价值观念，a25a<=d32。价值观念强依赖于时代，但价值观念的存在本身与时代无关。因此，社会保障体系的建立和完善 vga25a 不能被认为只是后工业时代的产物。农业时代和工业时代都存在自己的社会保障体系，只不过这两个时代的 a25a 主要不是国家行为，而是一种社会行为。中国传统文化中的"忠、孝、节、义"备受非议，殊不知后三者实际上就是我国农业时代社会保障体系的核心价值观。为什么上古四大文明只有中国文明保存下来了呢？上述中国特色社会保障体系价值观无疑起了巨大作用，其中最为五四运动所诟病的"妇节"价值观尤其值得研究。在西方，与宗教活动密切关联的慈善事业至今仍是社会保障体系的重要组成部分。上面的论述可能会引起争议，但下列概念关联式的存在性应该是没有争议的。

```
a25a≡pj1*t
```
（社会保障体系与时代强关联）
```
a25a=%a258\1
```
（社会保障体系 a25a 是经济利益配置调节 a258\1 的重要内容之一）
```
a25a=50a9c25
```
（社会保障体系与物质生活强交式关联，暗示不直接涉及精神生活 50a9c26）
```
a25a=(a649b\3,a6498\1*i)
```
（社会保障体系 a25a 是社会学和伦理学的根本问题）

2.5.3-4　关于外贸与国际经济关系 a25b

外贸与国际经济关系 a25b 具有 r 强存在的概念属性，ra25b 对应的词语就是"经济全球化"。经济全球化是一个包含性概念，符号"ra25b-"的引入乃 HNC 的必然之举。当前雨后春笋般出现的各种自由贸易联盟对应着符号 wj2ra25b-0，历史上著名的丝绸之路对应着符号 wwj2-ra25b-。

外贸和国际经济关系 a25b 的延伸结构表示式如下：

```
a25b:(t=a;9e2m,a\k=2;9e2me5m)
  a25b9                    外贸
```

a25b9e2m	进口和出口
a25b9e2me5m	顺差与逆差
a25ba	国际经济关系
a25ba\1	经济联盟
a25ba\2	经济政治联盟

外贸和国际经济关系 a25b 具有交织延伸 a25bt=a，a25b9 描述外贸，a25ba 描述国际经济关系。

交织延伸 a25bt=a 存在下列概念关联式：

a25b9≡a25ba

（外贸 a25b9 与国际经济关系 a25ba 强关联，不是交织延伸各项之间的一般交式关联）

a25b9e2me5m≡a25\5

（外贸效应 a25b9e2me5m 与外汇 a25\5 强关联）

a25b9e2me5m=>za25\5

（顺差 a25be2me51 导致外汇储备增加和汇率增值，逆差 a25be2me52 导致外汇储备减少和汇率贬值，外贸平衡导致外汇储备及汇率稳定）

国际经济关系 a25ba 设置两项并列延伸，a25ba\1 描述国家之间的经济合作与联盟，a25ba\2 描述国家之间的经济政治合作与联盟。a25ba 存在下面的概念关联式：

a25ba\1//a25ba\2≡pj1*b

（国际经济关系的两项并列延伸都是后工业时代的产物）

a25ba\1=>a03ba

（国家之间的经济合作与联盟导致经济超组织的出现）

a25ba\2=>a03b9

（国家之间的经济政治合作与联盟导致政治超组织的出现）

石油输出国组织（OPEC）是 a25ba\1 的典型，欧盟是 a25ba\2 的典型。

2.5.4 关于经济治管具体措施 a25\k=0-5

a25\0	经济调控
a25\0*i	经济调控基本目标
a25\1	货币
a25\1e5m	通货调控
a25\1*m	利息调控
a25\2	税收
a25\2k=x	税制
a25\21	个人所得税
a25\3	国债
a25\4	关税
a25\4e2m	进出口关税
a25\5	外汇
a25\5*3	外汇储备
a25\5*7	汇率

1）关于经济调控 a25\0

经济调控 a25\0 是经济治管具体措施 a25\k 的根概念，具有下面的概念关联式：

$$a25\backslash 0=a25e2n \tag{1}$$
$$a25\backslash 0*i=a25e25 \tag{2}$$

概念关联式（1）表明：经济调控 a25\0 既可以导致积极经济治管效应 a25e25，也可以导致消极经济治管效应 a25e26。应该强调指出：从经济治管效应 a25e2n 并不能反过来直接对经济调控 a25\0 给出积极或消极的评估，因此 HNC 不设置延伸概念 a25\0e2n。这不是说，a25\0 不存在 e2n 属性，而是由于这一属性的判断十分困难，与人物效应 a0039 和 a003a 类似。

概念关联式（2）表明：经济调控的基本目标是推进经济的发展。但应再次强调：经济发展不单纯是发展速度问题，更关系到可持续发展这一十分复杂的课题，将在 2.8 小节作进一步论述。

经济调控 a25\0 是经济治管具体措施的总称，各项并列延伸 a25\k=(1-5)都属于经济调控的手段，但经济调控 a25\0 的手段又远不只这些，因此，不宜用变量符号 a25\x 直接与经济调控对应。

2）关于货币 a25\1

2.0.2 小节说到：货币是经济活动的第一号伟大发明，是为了便于商品流通而发明的商品替代物。货币 a25\1::=gw24awa20\1。货币 a25\1 的制造（发行）权只能属于政府，货币是经济治管的第一号具体措施，也是经济调控的第一号手段，下面的 a25\m(=2-5) 具有同样的属性。a25\1 具体表现为对通货和利息的调控，其概念延伸表示式如下：

```
a25\1:(e5m,*m)
  a25\1e5m        通货调控
  a25\1e51        通货膨胀
  a25\1e52        通货紧缩
  a25\1*m         利息调控
  a25\1*1         提高利率
  a25\1*2         降低利率
```

通货调控 a25\1e5m 和利息调控 a25\1*m 都具有 g 强存在的概念属性。两者都具有对比性延伸，a25\1e51c3m 描述通货膨胀的程度，a25\1e52c3m 描述通货紧缩的程度，a25\1*mc3m 描述利率的状态。通货调控的最佳状态应为 a25\1e50，既不通胀，也不通缩，但现代经济学认为：适度的通货膨胀 a25\1e51 是最佳状态，HNC 符号体系可以适应这一描述，但无意迁就。HNC 认为：这一论断与过分强调经济发展速度的诸多论断一样，具有潜在的非理性因素。

3）关于税收 a25\2

税收 a25\2 是财政收入 a259e21 的主要来源，构成下面的概念关联式：

```
a25\2=>a259e21
```

税收 a25\2 设置并列 a25\2k=x，a25\2k 代表税制，a25\21 代表个人所得税。a25~21 的定义暂付阙如，但这不影响下面两个概念关联式：

```
a25\21≡a258\1
```

（个人所得税 a25˜\21 与经济利益配置调节 a258\1 强关联）
a25˜\21≡a258˜\1
（其他税制 a25˜\21 与产业结构调节 a258\2 和资金流向调节 a258\3 强关联）

4）关于国债 a25\3

国债 a25\3 是国家发行的证券，a25\3::=a24\22pj2，是国家筹措资金的方式之一，具有下列概念关联式：

a25\3=>a259e21-0ju722
（国债是国家财政收入的辅助来源之一）
a25\3==a24\221
（国债 a25\3 是国家债券 a24\221 的虚设概念）

5）关于关税 a25\4

关税 a25\4 是专门针对进出口商品设置的税收，a25\4::=a25\2(a20\1ga25b9e2m)，有进口关税和出口关税之分，以符号 a25\4e2m 表示。关税 a25\4 是调节外贸效应 a25b9e5m 的基本手段，也是国家财政收入的辅助来源。具有下列概念关联式：

a25\4=%a25\2
（关税是税收的一种）
a25\4≡ReC(c3608|a25b9e2m)
（关税是调节外贸效应的基本手段）
a25\4=>a259e21-0ju722
（关税是国家财政收入的辅助来源之一）
r00ga25\4||3432<=a25ba
（经济全球化导致关税的作用下降）
a25\4≡43e73ga25b9
（关税与外贸摩擦强关联）

6）关于外汇 a25\5

外汇 a25\5 是其他国家的货币，a25\5::=a25\1(pj2g4076)，具有两项定向延伸，定义如下：

a25\5*3   外汇储备
a25\5*7   汇率

国家拥有的外汇叫外汇储备 a25\5*3，a25\5*3::=a25\5pj2。外汇储备与外贸效应强关联，za25\5*3≡a25b9e2me5m，此式意味着外汇储备的数量与外贸顺差成正变关系。

不同货币之间交换系数 n 叫汇率 a25\5*7，由下面的概念关联式确定。

zza25\1ppj2i=:[n]zza25\1ppj2*j
（某特定国家 i 的单元货币可兑换另一特定国家*j 的[n]单元货币，数值 [n]称为汇率）
a25\5*7≡a25b9e2me5m
（汇率与外贸效应强关联）

2.5.5 关于经济法治 a253

在专业活动的八大领域中，政治活动 a1 和经济活动 a2 最需要法治，因为"政治活动 a1 的重点是'争权'，经济活动 a2 的重点是'争利'"（[130-0.0.2]小节），这两个领域是违法和犯法活动的温床。政治活动的法治比较难以规范，[130-1]章已有详尽论述，经济活动的法治相对说来要容易一些，这就是设置延伸概念经济法治 a253 的依据。

经济法治 a253 继承法治 a51 的全部属性，a253::=a51ga2，a253=%a51。经济法治 a253 的延伸结构仿效法治 a51，汉语定义如下：

```
a253:(e2m)
    a253e21              经济法治的政府侧面
    a253e22              经济法治的民众侧面
```

2.5.6 关于经济违法与犯罪^(a253)

设置延伸概念"经济违法与犯罪^(a253)"的依据与"经济法治 a253"相同，^(a253) 继承违法与犯罪 a59 的全部属性，^(a253)::=a59ga2，^(a253)=%a59。

经济违法与犯罪^(a253)的延伸结构仿效违法与犯罪 a59，汉语定义如下：

```
^(a253):(t=a;a\k=m)
  ^(a253)t=a                经济违法与犯罪的两种基本状态
  ^(a253)9                  经济违法
  ^(a253)a                  经济犯罪
   ^(a253)a\k=m             经济犯罪的基本类型
   ^(a253)a\1               贪污与行贿
    ^(a253)a\1k=2           贪污
    ^(a253)a\11             贪污
    ^(a253)a\12             行贿
     ^(a253)a\12e1n          行贿与受贿
   ^(a253)a\2              经济诈骗
    ^(a253)a\2k=x           财务诈骗
     ^(a253)a\21            财务诈骗
     ^(a253)a\22            承诺诈骗
     ^(a253)a\23            证件诈骗
     ^(a253)a\24            伪劣商品制造

   ^(a253)a\3              强取
    ^(a253)a\3k=3           强取基本类型
    ^(a253)a\31            盗窃
    ^(a253)a\32            勒索
    ^(a253)a\33            抢劫
   ^(a253)a\4              黑色经济活动
    ^(a253)a\4k=x           黑色经济活动基本类型
    ^(a253)a\41            禁品交易
     ^(a253)a\411           毒品交易
     ^(a253)a\412           武器交易
    ^(a253)a\42            偷运
     ^(a253)a\421           走私
    ^(a253)a\43            伪币制造
```

违法与犯罪具有非常微妙的联系，将在[130-5.9]节论述，这里只描述经济犯罪 ^(a253)a。经济犯罪具有并列变量延伸^(a253)a\k=4，这就是说，经济犯罪可概括为四种类型。

第 6 节
经济与科技 a26 (118)

经济与科技 a26 是经济五大关系的第二位关系。经济活动 a2 与科技活动 a6 强关联，存在下列两项概念关联式，a2≡a6，a62=>a2。人类社会从漫长的农业时代跨入工业时代的根本推动力是技术活动的突破，这就是 a62=>a2 所蕴含的世界知识。

经济与科技 a26 仅描述上述概念联想脉络的一个侧面，即科技活动 a6 对经济活动 a2 的促进，不描述经济活动对科技活动的促进，更不描述经济活动对科学探索的负面影响。

2.6-0 经济与科技 a26 的概念延伸结构表示式

```
a26:(\k=2;\1(*3,c3m),\2*(i,3))
   a26\1                技术对经济的推动作用
     a26\1*3                产品开发
     a26\1c3m               产业新技术含量
     a26\1c31               劳动密集型产业
     a26\1c32               技术密集型产业
     a26\1c33               高新技术产业
   a26\2                社会科学对经济的推动作用
     a26\2*i                经济现象研究
       a26\2*it=b               经济现象的描述、解释和控制
       a26\2*i9                 经济现象的描述
       a26\2*ia                 经济现象的解释
       a26\2*ib                 经济发展的控制
         a26\2*ibe2n               经济发展的良性和非良性控制
     a26\2*3                企业管理
       a26\2*37                 企业文化
```

2.6-1 经济与科技的世界知识

1) 关于技术活动对经济活动的推动作用 a26\1

a26\1::=(r3618ga62,l10,a2)。技术 a62 对经济的推动作用 a26\1 主要在表现在两个方面：一是新产品不断涌现，以定向延伸概念 a26\1*3 表示；二是产业的技术含量不断提升，以对比延伸概念 a26\1c3m 表示。

定向延伸概念 a26\1*3::=(v31189,l02,pwj78e81)，汉语的对应词语有"开发"、"研制"和"发明"等。a26\1*3 具有下列概念关联式：

```
(a26\1*3:=p-0,l15,pj1*9//pj1*ac21)
```
（在工业时代前期和农业时代，产品开发与个人对应）
```
(a26\1*3:=p-//pe,l15,pj1*b//pj1*ac22)
```
（在工业时代后期和后工业时代，产品开发与团队或机构对应）

对比性延伸概念 a26\1c3m 描述产业的技术含量，技术含量低的产业 a26\1c31 叫劳动密集型产业，新技术含量中等的产业 a26\1c32 叫技术密集型产业，新技术含量高的产业 a26\1c33 叫高新技术产业。a26\1c3m 具有下列概念关联式：

```
a26\1c3m≡(j60c3m,l45,a62ju78e81)                          (1)
a26\1c3m:=a10b                                            (2)
```

概念关联式（1）表明：产业的技术含量决定于新技术的含量，由于新必将转化为旧，产业的技术含量处于动态过程，今天的高新技术产业 a26\1c33 明天必将转化成技术密集型产业 a26\1c32，今天的技术密集型产业明天必将转换成劳动密集型产业 a26\1c31。

概念关联式（2）表明：三类产业的区分与后工业时代相对应。产业日新月异的技术更新是后工业时代的特色之一。这一时代特色乃市场强力驱动的结果。但这一驱动具有极大的盲目性和过度的贪婪性，它所带来的消极后果将是人类必须面对的重大反思课题之一。

2）关于社会科学对经济活动的推动作用 a26\2

a26\2::=(r3618ga649b,l10,a2)，社会科学对经济活动的推动作用主要表现在两个方面：一是经济现象研究 a26\2*i；二是企业管理 a26\2*3。

经济现象研究具有交织延伸 a26\2*it=b，三者分别对应经济现象的描述 a26\2*i9、经济现象的解释 a26\2*ia 和经济发展的控制 a26\2*ib。

描述和解释经济现象的最终目的应该是促进经济的健康发展，而不仅是加速经济的发展。因此，经济发展的控制 a26\2*ib 设置了延伸概念 a26\2*ibe2n，它描述经济控制的良性和非良性之分。非良性经济控制 a26\2*ibe26 主要导源于政治斗争，同时也导源于专制制度和错误理念，因而存在下列概念关联式：

```
a26\2*ibe26<=a13
a26\2*ibe26<=a10e26
a26\2*ibe26<=d1y:e26
```

企业管理 a26\2*3 继承管理 a01α=b 和经济组织 a20a 的全部属性，即存在下列概念关联式：

```
a26\2*3=%a01α=b
a26\2*3=%a20a
```

现代企业管理提出了建立企业文化的概念，虽然这一理念还处于萌芽状态，但应该发扬光大，特设置延伸概念 a26\2*37 予以描述。

第 7 节
经济与文化 a27 (119)

引言

很多产品 pwa21 与文化 a3 存在密切的联系，农业时代的辉煌产品——金字塔、教堂和寺庙都具有浓厚的文化品格，因而被称为文化遗产。这就是说，生产业 a21 蕴含着文化，同样，商业 a22、服务业 a23 和金融业 a24 也都蕴含着文化。我国农业时代的"士农工商"说曾经导致轻商观念的产生和蔓延，欧洲的重商观念却历史悠久。600 多年前，我国郑和七下西洋虽然是远洋航海业的空前壮举，但它仅仅是政治性的航海，不同于 500 年前欧洲开创的远洋航海事业，后者同时具有明确的经济目标。西欧最先跨入工业时代与其重商传统密切相关。

但是，概念树 a27 并不描述上述世界知识，仅描述文化产业和知识产权这两项延伸概念。

2.7-0 经济与文化 a27 的概念延伸结构表示式

```
a27:(\k=m,i)
  a27\k=m              文化产业及其基本类型
  a27\1                出版业
  a27\2                娱乐业
  a27\3                艺术业
  a27\4                文化传承业
  a27\5                传媒业
  a27i                 知识产权
    a27iα=a              知识产权的基本类型
    a27i8                广义知识产权
    a27i9                技术知识产权
    a27ia                文化知识产权
```

2.7-1 经济与文化 a27 的世界知识

经济与文化 a27 辖属两项概念联想脉络：一是文化产业 a27\k；二是知识产权 a27i。

2.7.1 关于文化产业 a27\k

文化产业 a27\k 与文化活动 a3 强关联，a27≡a3。

文化产业以变量并列延伸 a27\k=m 表示，目前仅定义五项具体内容：分别描述出版业 a27\1、娱乐业 a27\2、艺术业 a27\4、文化传承业 a27\4 和传媒业 a27\5。在农业时代，出版业 a27\1 比较成熟，但娱乐业 a27\2、艺术业 a27\3 和文化传承业 a27\4 都处于萌芽状态，而传媒业 a27\5 只能是工业时代的产物。因此，存在下面的概念关联式：

```
a27\k=%a23
（文化产业属于服务业）
a27\k=m≡a23\31
（文化产业与文化生活需求服务强关联）
a27\k=(2-4):=(11e21,l15,pj1*9)
（农业时代的娱乐业、艺术业和文化传承业都处于萌芽状态）
a27\5:=pj1*a
（传媒业诞生于工业时代）
```

2.7.2　关于知识产权 a27i

知识产权 a27i 配置了扩展交织延伸 a27iα=a，a27i8 描述广义知识产权，a27i9 描述与生产业 a21 相关的知识产权，简称技术知识产权，a27ia 描述与文化产业相关的知识产权，简称文化知识产权。

知识产权 a27i 存在下列概念关联式：

```
a27i9:=a21
a27ia:=a27\k
```

广义知识产权 a27i8 有商标和品牌等，生产业知识产权有专利和机密等，文化产业知识产权有著作权和出版权等，因此，a27iα=a 应具有 a27iα\k 的延伸。

第 8 节
经济与自然 a28 (120)

引言

后工业时代的经济发展已给地球带来了难以承受的负担，人们虽然对其灾难性后果 3228\0 有所认识，但似乎陷入了难以自拔的困境。经济与自然 a28 试图描述这一史无前例的独特现象。

2.8-0　经济与自然 a28 概念延伸结构表示式

```
a28:(e2n,3,i;e26t=b)
  a28e2n            经济活动的环境效应
  a28e25            经济活动积极环境效应
  a28e26            经济活动消极环境效应
```

a28e26t=b	经济活动消极环境效应的基本类型
a28e269	空气污染
a28e26a	水污染
a28e26b	土壤污染
a283	经济与资源
a28i	经济与自然环境

2.8-1 经济与自然 a28 的世界知识

经济与自然 a28 辖属三项概念联想脉络：一是经济活动的局部环境效应 a28e2n；二是经济与资源 a283；三是经济与自然环境 a28i。

2.8.1 经济活动的局部环境效应

经济活动与局部自然环境具有相生相克的相互关系：一方面，经济活动需要相应局部自然环境的支撑；另一方面，经济活动会对局部自然环境产生不容忽视的影响。这一相生相克的相互关系早在农业时代就已经显现出来了。在第八章还将对这个问题作进一步的阐释。

延伸概念 a28e2n 描述经济活动的积极和消极效应。

第 9 节
经济与军事 a29 (121)

a29==a47

（参见第四章第 7 节"军事与经济 a47 (136)"）

第三章

文化 a3

文化活动 a3 继政治活动 a1 和经济活动 a2 之后列为专业活动 a 的第三位，乃社会科学的基本共识。政治、经济、文化这三类概念林是社会的基本构成。专业活动概念范畴 a 的其他殊相概念林乃三者的衍生，军事 a4 和法律 a5 主要是政治的衍生，科技 a6 主要是文化与经济的衍生，教育 a7 和"卫保"a8 则是政治、经济与文化三者的衍生。因此，这里定义的文化活动 a3 不同于《现代汉语词典》所定义的广义文化和狭义文化，它由下列概念树所构成。

a30	文化活动的广义内涵
a31	文学
a32	艺术活动
a33	技艺
a34	大众文化
a35	信息文化
a36	历史文化

第 0 节
文化活动的广义内涵 a30 (122)

文化活动的广义内涵 a30 的概念延伸结构表示式如下：

```
a30:(7,i,\k=0-3,α=b)
    a307                    广义文化
    a30i                    文明基因
    a30\k=0-3               文明形态
    a30α=b                  文化活动基本表现
    a308                    继承与创新
    a309                    创作与表演
    a30a                    传播与普及
    a30b                    交流与融合
```

这一概念延伸结构表示式满足完备性要求么？对此将不作直接论述，如果读者可以通过下面各小节的论述得出自己的答案，笔者将深感欣慰。

3.0.1 广义文化 a307 的世界知识

```
a307::=(φ;q;(9;c)Φ)
```

广义文化只给出定义式，不给出延伸结构表示式，这意味着广义文化实质上是一个虚概念。上面定义式的符号"::="可以用符号"=="替换。但应该指出：广义文化是一个 r 强存在概念，ra307 的对应词语就是"文明"。

定义式表明：广义文化 a307 就是除了本能活动 65φ 之外人类一切活动的总和。为什么不给出延伸表示式呢？难道广义文化不就是《现代汉语词典》所说的"人类在社会历史发展过程中所创造的物质财富和精神财富的总和"么？

"物质财富和精神财富总和"的概括表面上是一个无所不包的高明概括，但实质上并不高明，因为它忽视了物质与精神的两可疑难。《现代汉语词典》在上面的短语后面，还有"特指精神财富，如文学、艺术、教育、科学等"的短语，其中的"等"字似乎可以回避上述两可疑难，但实际上不能。政治活动 a1 只涉及精神财富么？经济活动只涉及物质财富么？两者可以游离于广义文明之外么？

文明 ra307 是一个历史悠久的话题，汤因比先生的巨著《历史研究》和亨廷顿先生的畅销书《文明的冲突与世界秩序的重建》引发了人们对文明的热烈反思，下面各子节将给出 HNC 对这一反思的回应。

3.0.2 文明基因 a30i 的世界知识

```
a30it=b                    文明基因三要素
```

a30i9	神学基因
a30ia	哲学基因
a30ib	科学基因

是谁最先使用了文明基因这个词项呢？笔者尚未得到确切的答案。这个词项并不流行，这很令作者困惑。多数社会学家的共识是，人类历史曾经出现过 14 种文明，其中尚存于当今世界的有下列七种：西方文明、伊斯兰文明、中华文明、印度文明、日本文明、东正教文明和拉美文明。不过，汤因比先生独树一帜，在其《历史研究》中列举了 20 多种文明，探讨了各种文明的兴亡或兴衰，论述了挑战与应战的文明兴衰模式。形式上，挑战对应着文明兴衰的外因，应战对应着文明兴衰的内因，因此，这种论述似乎是外因和内因的全面综合，但应战只是文明兴衰的内在表现，而不是文明兴衰的内在本质。

那么，什么是文明兴衰的内在本质呢？

从人类历史 3 个历史时代的视野来看，为什么只有西欧那一小块地区最先进入工业时代呢？为什么历史更为悠久的中华文明和印度文明没有先行进入工业文明？为什么更早接触到希腊文明的伊斯兰文明和东正教文明却未出现西欧基督文明的那种希腊式爆发呢？这些文明能够依靠自身的内力从农业时代跨入工业时代么？许多学者探讨过这些重大问题，汤因比先生是其中之一，但他们并没有给出令人信服的答案。

文明兴衰的内在本质是文明基因的健全性。

文明基因具有三项基本要素，它们依次是神学、哲学和科学。神学肇始于对心灵的探索，集中关注信仰，宗教是其终极形态；哲学肇始于对存在本质的探索，集中关注理念，世界观和人生观是其终极形态；科学肇始于对存在形式的探索，集中关注理性，发展观和价值观是其终极形态。神学、哲学和科学这三者协同发展的文明，即信仰、理念和理性并重的文明才是基因健全的文明，否则就是基因不健全或有缺陷的文明。

HNC 认为：上述文明基因健全性的标准不仅适用于对古代文明兴衰的考察，也同样适用于对现代文明未来发展的考察。

在汤因比先生列举的 10 多种古文明中，大多数属于独尊神学的文明，少数属于神学与哲学并重的文明，三学并重的也许只有希腊文明了。西欧不过是一个蕞尔小地区，该地区主要由于地理因素而始终未能形成一个统一的帝国，这样，该地区在农业时代就成为一个不存在统一政治专制和思想压制的特殊幸运地块。第一个千禧年以后，它还有幸相继诞生了下列文明巨人：对文明三要素——信仰、理念和理性——进行了全面综合的安瑟姆和托马斯·阿奎那，对上述综合的神学中心倾向提出质疑、把理性分离出来并赋予特殊地位的司各脱和奥卡姆，对一直统治中世纪理性思维的亚里士多德体系首先提出质疑并开全面回归希腊文明先河的哥白尼，对形而上学进行全面反思，从而把西欧带入重新整合文明三要素之新时代的笛卡尔。通过近七个世纪的演进，一个三项文明基因协同发展的文明终于在蕞尔西欧诞生了，从而使西欧最先完成了从农业时代向工业时代的伟大跃变。

西欧基督文明在率先跨入工业时代以后，曾经一度征服了全世界。但值得指出的是：在第二个千禧年到来的时候，这个不可一世的文明在东半球所占据的政治地盘又基本回缩到第一个千禧年时的蕞尔小地区，东半球的其他各种文明又恢复到它们在第一千禧年时所占据的广大地区，历史经历了一个千禧年的循环。这显然是一个值得深刻反思的历史现象，为什么文明基因并不健全的文明仍然可以具有强大的生命力呢？西方基督文明是否也出现了文明基因不健全的可悲征兆呢？

神学会走向极端，那就是把自身的信仰抬高到高于一切的地位，把一切其他信仰视为异端，从而产生以铲除异教为旗帜的宗教邪心。

哲学也会走向极端，那就是把理念抬高到高于一切的地位，把自身的理念视为社会发展的终极真理，从而产生以政治革命为旗帜的征服雄心。

科学同样会走向极端，那就是把理性、技术和发展抬高到至高无上的地位，鄙视神学，轻视哲学，从而产生以经济实力和超级大国为旗帜的雄霸野心。

当前世界的基本势态是：某些文明在走向神学极端而不知反思，某些文明在走向哲学极端而不知反思，某些文明在走向科学极端而不知反思，这三项极端走向才是 21 世纪面临的最大危机。而在这三项危机中，最大的危机也许是科学极端。理性、技术和发展的观念已经如此深入人心，要让人们认识到独尊理性、技术和发展也会导致人类自身走向毁灭的极端危险状态，也许不是 21 世纪可以做到的，因为一个技术崇拜和物质崇拜联姻的时代潮流正席卷全球。这个潮流正在淹没神学、哲学和科学的真谛，正在摧毁诞生伟大圣哲（如佛陀、柏拉图、孔夫子和托马斯·阿奎那）的土壤。什么时候人类才能再一次真正体验到诺亚方舟的磨难而有所觉醒呢？不知道。

与其探讨文明的冲突，不如探讨文明的自我完善。尚存于当今世界的上列七大文明都需要各自进行自我完善，没有什么挑战比这一挑战更重大的了。

3.0.3　文明形态 a30\k=0-3 的世界知识

```
a30:(\k=0-3;\0*t=b,\1k=3,\2*t=b,\3*(i,t=a);
     \11e2n,\2*9t=a,\3*it=a)
   a30\k=0-3            文明形态基本类型
   a30\0               文明的帝国形态
   a30\1               文明的政治形态
   a30\2               文明的经济形态
   a30\3               文明的文化形态
```

上一小节我们讨论了文明基因，文明基因是一种决定文明传承的内力，而不是文明的外在表现。文明的外在表现主要是它的政治、经济和文化形态，分别符号化为 a30\1、a30\2 和 a30\3，三者的综合表现则符号化为 a30\0，这一根概念将命名为文明的帝国形态。下面分四个子节进行论述。

3.0.3.0　文明帝国形态 a30\0 的世界知识

文明帝国形态是文明的综合形态，任何产生过重大历史影响的文明都曾出现过帝国形态，如西方的罗马和东方的中国。但反之不然，亚历山大大帝的马其顿帝国和成吉思汗的蒙古帝国就是两个典型的例子，它们对东西方不同文明的连通作用没有某些历史学家所描述的那么重要。

文明的帝国形态具有明显的时代性，文明的时代性主要是通过它的帝国形态和经济形态来体现的。因此，a30\0 应设置下面的延伸概念：

```
a30\0*t=b              帝国形态的时代性
a30\0*9               农业帝国
a30\0*a               工业帝国
a30\0*b               后工业帝国
```

延伸概念 a30\0*t=b 具有下面基本概念关联式：

```
a30\0*t:=pj1*t
```

农业帝国 a30\0*9 已随着工业时代的来临而全部消亡，农业帝国的兴衰和寿命是汤因比先生最为关注的课题。工业帝国大多寿命短暂，长寿的工业帝国只有英国、法国、俄罗斯、美国四家。第二次世界大战以后，残存的工业帝国只有俄罗斯、美国两家。随着后工业时代曙光的出现，许多新的工业帝国正在兴起，而美国和欧盟则成为后工业帝国的雏形，但它能否成为后工业帝国的样板还有待观察。

3.0.3.1 文明政治形态 a30\1 的世界知识

文明政治形态 a30\1 主要与文明基因 a30i 有关，a30\1 对 a30i 的依赖远大于对 pj1*t（历史时代）的依赖。这似乎不可思议，却是活生生的现实。汤因比先生和 20 世纪的杰出哲学家们似乎都没有注意到这一点。为描述这一重要世界知识，政治形态 a30\1 将设置下面的延伸概念：

```
a30\1k=3              政治形态的基本类型
a30\11               神学主导的政治形态（信仰文明）
  a30\11e2n              宗教国家的政体
  a30\11e25             政教分离政体
  a30\11e26             政教合一政体
a30\12               哲学主导的政治形态（理念文明）
a30\13               科学主导的政治形态（理性文明）
```

文明政治形态的基本类型 a30\1k 具有下面的基本概念关联式：

```
a30\1k=a30it
（文明政治形态的基本类型强交式关联于文明基因的三要素）
```

文明政治形态基本类型 a30\1k=3 可分别简称为信仰文明 a30\11、理念文明 a30\12 和理性文明 a30\13。在当今世界，伊斯兰文明已成为典型的信仰文明 a30\11，中华文明似乎正在成为理念文明 a30\12 的代表，而导源于西欧的基督文明则已演变成为科学文明的典范。

前已指出：文明基因三要素都会出现极端倾向，概念关联式 a30\1k=a30it 表明，三种类型的文明形态都会出现极端倾向。在现代，理性文明 a30\13 经常标榜自己的救世主形象，而隐瞒自己在整个工业时代的大量罪恶。不能否认理性文明对此已有比较深刻的反思，但反思的范围还局限于学界，并没有在政治和经济领域出现应有的实际效应。

当然，应该承认理性文明对创建工业文明的巨大历史功绩，但理性文明绝不应该因此妄自尊大，鄙视甚至仇视信仰文明和理念文明。同样，信仰文明和理念文明也不应该敌视理性文明。大家都要警惕走向极端的可怕倾向，并自己清除自己的极端倾向。

不可否认：下列概念关联式是一个历史性存在，因此，信仰文明和理念文明应该进行更多的反思。

> a30\1˜3=a10e26
> （信仰、理念文明强交式关联于专制制度）
> a30\13=a10e25
> （理性文明强交式关联于民主制度）
> a30\13:=pj1*a
> （理性文明对应于工业时代）

信仰文明 a30\11 在历史上曾导致无数次宗教战争，如 20 年前萨达姆发动的两场侵略战争。理念文明曾导致德、日、意法西斯主义发动第二次世界大战，而苏联也曾多次发动过侵略性局部战争。这些战争就是概念关联式 a30\1~3=a10e26 存在性的有力证据。

信仰文明 a30\11 还独有延伸概念 a30\11e2n，用于描述信仰文明国家的政体，a30\11e25 表示政教分离政体，a30\11e26 表示政教合一政体。这一政体之争是宗教内部政治斗争的重要内容之一，这里不介绍这一方面的历史知识，只给出下面的基本概念关联式：

> a30\11e2n≡a13\21e21
> （宗教政体强关联于宗教的内部斗争）

3.0.3.2　文明经济形态 a30\2 的世界知识

文明经济形态 a30\2 将采用相同于文明帝国形态 a30\0 的概念延伸结构表示式：

> a30\2*t=b　　　　文明经济形态的时代性
> a30\2*9　　　　　农业文明
> 　a30\2*9t=a　　　农业文明的两种基本形态
> 　a30\2*99　　　　游牧文明
> 　a30\2*9a　　　　农耕文明
> a30\2*a　　　　　工业文明
> a30\2*b　　　　　"后工业"文明

文明经济形态 a30\2 的世界知识极为复杂，但仍然可以给出下面的概念关联式：

> za30\2*a>za30\2*9
> （工业文明的力量大于农业文明）
> za30\2*b>za30\2*a
> （"后工业"文明的力量大于工业文明）

延伸概念 a30\2*t 是一个 z 强存在的概念，za30\2*t 表示该文明形态的生命力。

但是，游牧文明和农耕文明的力量 za30\2*9t 是一个十分复杂的问题，在农业时代，确实频繁出现过少数人口的游牧文明征服过多数人口的农耕文明的情况，但不能因此而给出 za30\2*99 大于 a30\2*9a 的概念关联式。

3.0.3.3　文明文化形态 a30\3 的世界知识

文明文化形态具有下面的延伸结构表示式：

```
a30\3:*(i,t=a)
 a30\3*i                    文明文化形态的基因特性
  a30\3*it=a                 文明文化形态基因特性的基本表现
  a30\3*i9                   文明文化形态的神学特性
  a30\3*ia                   文明文化形态的人文特性
 a30\3*t=a                  文明文化形态的广义空间表现
  a30\3*9                    文明文化形态的民族性
  a30\3*a                    文明文化形态的地区性
```

在文明文化形态的基因特性 a30\3*i 里，哲学和科学呈现出高度融合的特征，这就是设置延伸概念 a30\3*it=a 的依据。

延伸概念 a30\3:都不存在独立的 v 概念，但仍然具有独立的领域特性。这样，它们的领域句类代码基本上只使用基本判断句，在构成语境单元时必须使用 SGUD 表示式。

备用

西方世界发轫于海洋文明，早就出现过名副其实的海军，曾活跃于整个地中海海域。东方世界发轫于大陆文明，大陆上的河流曾对大陆文明的发展产生过深厚的影响，如我国的黄河和长江、埃及的尼罗河、中东的幼发拉底河和底格里斯河、南亚次大陆的恒河和印度河。所以，河流文明在大陆文明里占有特殊的地位。

3.0.4 文化活动基本表现 a30 α=b 的世界知识

```
a30 α=b                 文化活动基本表现
a30 α:(t=a)
  a308                  继承与创新
   a3089                继承
   a308a                创新
  a309                  创作与表演
   a3099                创作
   a309a                表演
  a30a                  传播与普及
   a30a9                传播
   a30aa                普及
  a30b                  交流与融合
   a30b9                交流
   a30ba                融合
```

改革是当今世界的时尚词项，创新是当今中国的时尚词项。但本《全书》宁愿把"继承与创新"作为文化活动基本表现 a30 α 的根概念 a308，把延伸概念 a3089 和 a308a 分别赋予继承和创新。这一安排体现了如下的文化认识：继承是创新之母，创新是继承之子。继承与创新的完美结合才是文化健康发展的标志。从这个意义上说，革命的概念是不适用于文化的，中华文明需要对这个问题进行深沉的反思。

根概念 a308 的两个侧面分别具有下面的概念关联式：

```
a3089=b21e25
（文化继承强交式关联于追求活动的积极继承）
```

a308a=b109
（文化创新强交式关联于追求活动的以立为先导的改革）
a308a=8213//821
（文化创新强交式关联于探索，特别是创造性探索）

概念空间的两特殊子空间——艺术空间和科学空间——对创造性最为依赖。但两者的创造性本身又有本质区别。艺术空间在人类社会的三个历史时代中并没有发生质的变化，变化的主要是形式；科学空间则发生了质的变化，并对社会发展起决定性作用，这是一项十分重要的世界知识。"巨人肩膀"效应只出现在科学空间，在艺术空间并不存在。因此艺术界后来的巨人不一定甚至不能超越前面的巨人，而自然科学界后来的巨人一定超越前面的巨人。

文化活动基本表现的另外三组延伸概念也都具有交织延伸 t=a 特性。相应的内容在随后的各节里论述，这里就从略了。

——词语与句类对应

a309	词语对应	
	句类对应	XY10*22J
a30a	词语对应	
	句类对应	T3a0J, XT3a0*311J
a30b	词语对应	
	句类对应	T49-bY902-1*21J

——反思

轻视下里巴人是错误的，轻视阳春白雪也是错误的。对文化活动仅强调某一侧面必然导致一元化萎缩症。轻视下里巴人不只是中国传统文化的痼疾，也是各种古文化的共同痼疾。

第 1 节
文学 a31 (123)

引言

语言文字的诞生是人类社会发展脱离史前时代的一个标志，专业活动 ay=1-8 的形成都在语言的成熟发展之后，文学更是如此，文学是语言的艺术，a31::=(a32,l13,jgw)。因此，将艺术列为 a31 更符合 HNC 的概念树排序规则，这里将 a31 定义为文学，将 a32 定义为艺术，未沿用《汉书》"艺文志"这一科学性很强的语习逻辑，完全是出于对"文学艺术"或"文艺"这一现代语习逻辑的尊重。

3.1-0 文学 a31 的概念延伸结构

```
a31:(t=b,7; 93, at=a, b:(t=b,\k=2))
   a31t=b                  文学的基本形态
   a319                    情感文学
     a3193                   诗歌
   a31a                    写实文学
     a31at=a                 写实文学的基本文体
     a31a9                   真实世界的叙述
     a31aa                   真实世界的论述
   a31b                    想象文学
     a31bt=b                 想象文学的基本文体
     a31b9                   "故事"
     a31ba                   小说
     a31bb                   剧本
     a31b\k=2                想象文学的基本类型
     a31b\1                  现实世界的想象描述
     a31b\2                  想象世界的想象描述
   a317                    广义文学
```

3.1-1 文学 a31 的世界知识

文学导源于人类情感抒发和历史记叙的需要大约是没有争议的，这就产生了情感文学和写实文学。情感文学可先于文字而产生，故列为文学基本形态 a31t 的首位 a319，随后是萌生于记叙需要的写实文学 a13a，最后是想象文学 a31b。这一排序必然会引起争议，因为某些文明的想象文学似乎先于情感文学。但这类争议没有必要认真对待，概念关联式

```
a319=a31b
（情感文学强交式关联于想象文学）
```

可以消弭此类争议。

情感文学 a319 的主旋律是抒发情感和信念，a319::=(2398,l03,7//q8//)。这就是说，情感文学主要是对第一类精神生活和深层第二类精神生活的描述。情感文学的一种特殊形态是诗歌 a3193，但诗歌不仅用于抒发情感，也可用于写实和想象。存在下列概念关联式：

```
(a3193,jl11e21,(ua31a,ua31b))
（诗歌也具有写实性和想象性）
```

写实文学 a31a 的主旋律是对真实世界的叙述和论述，两者定义式分别是

```
a31a9::=(23989,l03,50α)
a31aa::=(2398a,l03,50α)
```

叙述与论述两者不可能截然分开，采用交织性延伸 t=a 乃必然之选。

想象文学的主旋律是对现实世界与想象世界的描述，《水浒》《红楼梦》是对现实世界的描述，《西游记》和《天龙八部》是对想象世界的描述。《三国演义》《战争与和平》都属于现实世界而不是真实世界的描述，在这些描述里，真实性原则可以被抛弃。这是想象文学与写实文学的基本区别。当然，写实文学也有想象成分，《史记》项羽本纪里的那一大段"此天忘我，非战之罪也"的精彩描述就应该是司马迁的想象，因为最后跟随项羽的 28 名勇士都已战死沙场了，项羽的遗言怎么会传下来呢？

那么，交互引擎如何把握文学的形态——写实文学与想象文学、真实与现实、现实与想象的分野？自然语言的词语并不直接给出这一分野信息，但是，这一分野词语与常识知识库可以为这一分野的判定提供说明信息。

想象文学 a31b 用交织性延伸 t=a 区分现实描述 a31b9 和想象描述，用并列性延伸\k=3 区分三种类型的想象文学：故事 a31b\1、小说 a31b\2 和剧本 a31b\3。

故事 a31b\1 又区分现实性与想象性延伸 a31b\1*t=a，《圣经》是前者的代表，而《庄子》则为后者的代表。

——反思

现实与真实的关系：现实高于真实，是对真实本质的抽象。语言空间是真实空间，语言概念空间是现实空间。

第 2 节
艺术活动 a32 (124)

引言

艺术活动 a32 是狭义艺术活动。首先，它既不包括前述文学 a31，也不包括后面的技艺 a33；其次，它更不包括文化之外的艺术，如管理艺术、政治艺术等。狭义艺术活动（以下省略"狭义"）具有最典型的交织性一级延伸 t=a，分别代表艺术创作 a329 和艺术表演 a32a。

3.2-0　艺术活动 a32 的概念延伸结构表示式

```
a32:(t=b; 9\k=2,a\k=0-4,bt=a; 9\1k=5,9\2(k=3,*α=a,*i); 9\2*i\k=4)
    a329                     艺术创作
       a329\1                不需要艺术表演的艺术创作
                             （简称第一类艺术）
          a329\1k=5          第一类艺术活动的五种基本类型
```

a329\11	绘画
a329\12	雕塑
a329\13	工艺
a329\14	书法
a329\15	摄影
a329\2	需要艺术表演的艺术创作
	（简称第二类艺术）
a329\2k=3	第二类艺术原始创作的基本内容
a329\21	舞蹈创作
a329\22	音乐创作
a329\23	舞蹈外形态艺术创作
a329\2*α=a	第二类艺术再创作的三种基本形式
a329\2*8	导演
a329\2*9	指挥
a329\2*a	表演
a329\2*i	综合艺术
a329\2*i\k=4	综合艺术的基本类型
a329\2*i\1	戏剧
a329\2*i\2	电影
a329\2*i\3	电视剧
a329\2*i\4	其他
a32a	艺术表演
a32a\k=0-4	艺术表演的基本类型
a32a\0	演艺
a32a\1	舞艺
a32a\2	歌艺
a32a\3	奏艺
a23a\4	技艺
a32b	建造艺术
a32b9	建筑艺术
a32ba	制造艺术

3.2-1 艺术活动 a32 的世界知识

艺术活动有两种基本类型：一是艺术创作 a329；二是艺术表演 a32a。当然某些艺术创作者 pa329 可能从事艺术表演 a32a，某些艺术表演者 pa32a 可能从事艺术创作 a329，这并不影响艺术创作与艺术表演的分工，但从一个侧面揭示了艺术创作与艺术表演的交织性，实质上艺术表演本身也蕴含着艺术再创作的内容。所以艺术创作与艺术表演一定要采用交织性延伸 t=a，而不能采用并列性延伸\k=2。艺术活动 a32 的一级延伸 a32t=a 就承载着对这些世界知识的描述。

对艺术创作 a329 的进一步描述采用两项并列延伸 a329\1 和 a329\2。前者 a329\1 代表非必需艺术表演的艺术活动，简称第一类艺术；后者 a329\2 代表必需艺术表演的艺术活动，简称第二类艺术。

第一类艺术活动 a329\1 的进一步描述仅用了并列性延伸 k=5，列举了五项基本内容：绘画 a329\11、雕塑 a329\12、工艺 a329\13、书法 a329\14 和摄影 a329\15。前三项的存在不具有时代性和地域性，书法似乎仅存在于汉文化圈，摄影则存在于工业时代之后。

第二类艺术活动 a329\2 的进一步描述采用了底层延伸的全部形式:并列性延伸 a329\2k=3、交织性延伸 a329\2*α=a 和定向性延伸 a329\2*i。并列性延伸 a329\2k=3 代表原始性创作的基本内容：一是舞蹈创作 a329\21；二是音乐创作 a329\22；三是舞蹈外形态艺术创作 a329\23，如化装舞会、时装表演等。这里将"音乐舞蹈"的语言习惯顺序改成"舞蹈音乐"是由于舞蹈乃视觉艺术，音乐乃听觉艺术，而视、听的 HNC 符号分别为 21ia\1 和 21ia\2,上面的顺序安排便于概念关联性的表达。交织性延伸 a329\2*α=9 代表第二类艺术活动从原始创作到艺术表演过程的再创作，那就是导演 a329\2*8 和指挥 a329\2*9，指挥 a329\2*9 是导演 a329\2*8 的特殊形式，专用于音乐演出。定向性延伸 a329\2*i 代表第二类艺术的综合，简称综合艺术，以戏剧为基础。这里的综合有三方面的意义:一是综合文学，综合艺术 a329\2*i 与剧本 a31b\3 强链式关联；二是综合舞蹈与音乐，戏剧 a329\2*i\1 里有舞剧和歌剧；三是综合各种舞台艺术，如化装、灯光、道具等。

综合艺术基本类型 a329\2*i\k 里的电影 a329\2*i\2 和电视剧 a329\2*i\3 诞生于工业时代之后，这一重要世界知识应放在相应概念的后台表示里。以"其他"命名的 a329\2*i\4 用于描述各种民族性综合艺术，如中国的相声。

艺术表演 a32a 仅设置扩展并列延伸 a32a\k=0-4。其中的演艺 a32a\0 相当于总称，随后的排列顺序仍遵循先视觉、后听觉的原则，但听觉艺术区分为二，a32a\2 代表歌唱艺术，a32a\3 代表演奏艺术。

建造艺术 a32b 与建造业 a21 强交式关联，两者的延伸结构保持同步。艺术因素向建造业的渗透可以说乃是建造业 a21 诞生以来的固有传统，只不过建筑艺术 a32b9 的名声比较响亮，而制造艺术 a32ba 的名声不那么响亮罢了。

——反思

艺术表演 a32a 的并列延伸可以采用 a32a\k=0-2 的方式保持先视觉、后听觉原则的一致性，但随后多级并列延伸比较烦琐，故弃而不用。

第 3 节
技艺 a33 (125)

引言

文学 a31、艺术 a32 和技艺 a33 是文化活动 a3 的三项基本内容。有趣的是三者的社会价值和市场价值在人类社会的三个历史时代里都没有处于平等状态，文学 a31 在农业时代处于至尊地位。这一重要世界知识在中国表现得最为明显，中国传统文化独尊文学特别是散文的传统确实产生了许多消极效应，其中最严重的就是削弱了哲学作为科学基本源泉、技艺作为技术基本源泉的活力。

进入工业时代以后，艺术 a32 才赢得与文学同等的地位，技艺 a33 则始终等而下之。到了后工业时代，技艺成了社会生活的主角，其市场价值最大。这一态势是否会削弱文学和艺术的精品与不朽特性？这很值得思考。

3.3-0 技艺 a33 的概念延伸结构

```
a33:(e2m,t=b;9(e2m,i,\k=4),a(\k=2,i),b(\k=2,i);9i\k=m)
  a33e2m                    教与练
  a33t=b                    技艺文化的三个基本侧面
  a339                      体育
     a339e2m                体育的内外侧面
     a339i                  奥林匹克运动及各种专项运动
     a339\k=4               体育基本内容
     a339\1                 体技
     a339\2                 田径
     a339\3                 球类
     a339\4                 游泳及水上项目
  a33a                      力技
     a33a\1                 武技
     a33a\2                 工技
     a33ai                  杂技
  a33b                      智技
     a33b\1                 棋类
     a33b\2                 牌类
     a33bi                  魔术
```

3.3-1 技艺 a33 的世界知识

文学 a31 与艺术 a32 的一级延伸都只有本体论延伸项，技艺 a33 则增加了认识论延伸项，即 a33e2m，代表教与练。汉语成语"勤学苦练""熟能生巧"不仅是对所有专业活动基本特性的概括，也是对一切生理和智能活动基本特性的概括，"练"是促成一切渐变到突变、量变到质变的必要条件。生理本能是练出来的，大脑智能也是练出来的。但练并非万能，其功效在不同领域有巨大差异，不是所有的突变与质变都可以练出来的。然而，相对来说，练的效应也许对技艺 a33 最为明显。这就是 HNC 将"练"这一重要概念安置在 a33 的中层 a33e22 的基本考虑。

为什么练 a33e22 具有非黑氏对偶 e2m 特性？因为练的本质特征是促进演变过程的质变 10aa，而这一促进需要教 a33e21 的引导，没有教，就不可能取得练的预期效应。因此，教与练形成一款非黑氏对偶 a33e2m 乃当然之选。这里的教 a33e21 和练 a33e22 与专业活动教育 a7 里的教学 a72 强交式关联，这一关联性使得教 a72^e21 与学 a72^e22 继承"教与练"的非黑氏对偶特征 e2m。

技艺的第二项一级延伸是 t=b，分别代表体育 a339、力技 a33a 和智技 a33b，三者构成技艺文化的三个基本侧面。体育 a339 具有全民性，是每一个成年人应该具有的技艺文化，是教育的三项基本要素（德育、智育和体育）之一。力技和智技则不具有全民性，不是每个成年人都必须具有的，以往，中国对知识分子就有"手无缚鸡之力"的说法，说明他们缺乏力技。

体育 a339 的进一步描述采用了定向与并列两种延伸结构，前者 a339i 用于描述奥林匹克运动及各种专项运动，后者 a339\k=4 用于描述体育的基本内容。但是，什么是体育的基本内容？这尚未形成共识。这里选择了体技 a339\1、田径 a339\2、球类 a339\3 和游泳及水上项目 a339\4 四项。

力技 a33a 的进一步描述采用并列 a33a\k=2 和定向 a33ai 两种延伸。前者 a33a\k=2 对应着武技 a33a\1 和工技 a33a\2，后者 a33ai 对应着杂技，这三项内容可视为力技 a33a 的定义。武技 a33a\1 起源于武行（见[123-1.2]节），包括武术、射箭、击剑、摔跤、拳击、射击等；工技 a33a\2 起源于专业劳作 q63 的有关专业技能，将在[150-3]章里作详细讨论；杂技 a33ai 乃服务于娱乐 q72。力技必须有足够的体力支撑，因此，力技活动是 p10a8c32（少年、青年和中年人）的"专利"。

智技 a33b 的进一步描述也采用并列与定向两种延伸 a33b\k=2 和 a33bi，前者 a33b\k=2 对应着棋类 a33b\1 和牌类 a33b\2，后者 a33bi 对应着魔术，这三项内容可视为智技 a33b 的定义。智技 a33b 起源于娱乐 q72，它所需要的体力支撑远小于力技 a33a，因此，老年人 p10a8c33 也可以继续参加。

技艺 a33 的并列延伸都具有多级特性，所有的定向延伸都需要作多级并列延伸。对这些多级并列的具体描述相当专业化，就不在这里详细说明了。

——反思

在后工业时代，技艺活动已成为巨大的文化产业，技艺和艺术表演明星的社会效应和社会回报已远远超过科学技术界的杰出人物，这在农业和工业时代是不可思议的。这一社会现象主要是经济活动的产物，而不是文化本身的产物，因此，HNC 在经济中设置文化经济 a28，而不在文化中设置经济文化。

第 4 节
大众文化 a34 (126)

引言

大众文化 a34 专业色彩比较淡薄，主体参与者不是文化人士或文化部门，而是民众及民间组织，这是大众文化 a34 最基本的世界知识。

3.4-0 大众文化 a34 的概念延伸结构

```
a34:(α=a,i,3,\k=3;9\k=7)
  a348                    民风
  a349                    节庆活动
  a34a                    交往礼节
  a34i                    演出
  a343                    知识普及
  a34\k=3                 民间艺术及其基本类型
  a34\1                   民舞
  a34\2                   民歌
  a34\3                   其他民间艺术

    a349\k=7                节庆活动基本类型
    a349\1                  人际节庆
    a349\2                  宗教节庆
    a349\3                  机构节庆
    a349\4                  事件节庆
    a349\5                  民族节庆
    a349\6                  国家节庆
    a349\7                  国际性节庆

    a349\6                    国家节庆
    a349\6:(\k=x,*7;*7γ=b)
      a349\61                 国庆
      a349\6*7                国家文化标志
        a349\6*7γ-b            国家文化标志基本类型
        a349\6*79             国旗
        a349\6*7a             国歌
        a349\6*7b             国徽
```

3.4-1 大众文化 a34 的世界知识

大众文化 a34 的第一项延伸概念是民风民俗 a348，节庆活动 a349 和交往礼节 a34a 是民风民俗 a348 的两项特殊内容，三者构成大众文化 a34 的 α=a 延伸。民风民俗 a348 具有鲜明的民族性、地域性和时代性，与深层第二类精神生活 q8 强交式关联。

民风民俗 a348 是大众文化 a34 的结晶，是最强大的精神力量，时代已在发出创立超越民族和地域之民风民俗 a348 的呼声，时代会作出响应这一呼声的创造，而这一创造的简明形式也许就是国际性节庆日，以纪念与促进战争、民族冲突、宗教理念冲突和专制政体的消亡，这里为这一必将到来的世界前景预设延伸概念 a349\7。

国庆、国旗和国歌已成为一个国家的文化标志，把它们设置在节庆活动 a349 的延伸概念 a349\6 里符合协调性原则。

大众文化 a34 的第二项延伸概念是知识普及 a343，知识普及 a343 与教育 a7 强交式关联，普及活动 a343 的内容和方式具有很强的时代性，宗教组织 peq821、政治组织 pea11t、超组织 pea03 是大众文化的主要推动者，而不仅是文化组织 pea3 或教育组织 pea7

自身。

　　大众文化 a34 的第三项延伸概念是民间艺术 a34\k，具体排序仍按照视听原则。

第 5 节
信息文化 a35 (127)

　　如果说文化 a3 的概念树文学 a31、艺术 a32 和技艺 a33 密切联系于创作 a309，那么大众文化 a34、信息文化 a35 则密切联系于传播 a30a 和交流 a30b。本节仅论述信息文化的传播特征。

　　文化也同政治一样具有强烈的征服性，文化征服主要是通过信息文化来实现的。在后工业时代，信息文化 a35 与政治征服 a15e01 的关联性更强。

　　20 世纪是政治与军事征服形式上宣告结束的世纪，但并不意味着文化征服的结束，相反，文化征服的势头在加强而不是在减弱。20 世纪冷战的结束既不是军事技术较量的结果，也不是政治较量的结果，而是欧洲大陆经济与文化较量的结果。从全球的政治、经济、文化较量来看，冷战并没有结束，而是在全球范围内继续进行着。

3.5-0　信息文化 a35 的概念延伸结构

```
a35:(t=b,\k=0-4,i,7;93,ie2m,ii,7t=a;ie21\k=2)
    a35t=b              信息文化的三个基本环节
    a359                信息收集
        a3593               民意调查
    a35a                编辑
    a35b                出版发行
    a35\k=0-4           信息文化的基本类型
    a35\0               专栏与节目
    a35\1               书、报、刊
    a35\2               广播
    a35\3               电视
    a35\4               网络
    a35i                收藏文化
        a35ie2m             公益收藏与私人收藏
        a35ie21\k=2         公益收藏的两种基本类型
        a35ie21\1           图书
        a35ie21\2           博物
```

a35ii	档案
a357	古迹文化
a357t=a	古迹文化的两种基本类型
a3579	传说古迹
a357a	原貌古迹

3.5-1 信息文化 a35 的世界知识

信息文化 a35 具有底层延伸的全部形式。交织延伸 t=b 描述信息文化的三个基本环节：信息收集 a359、编辑 a35a 和出版发行 a35b。并列延伸描述信息文化的四种基本形式，书、报、刊 a35\1 里的书籍 a35\11 是最早出现的形式，在农业时代即已盛行。报纸 a35\12 和刊物 a35\13 则起于工业时代，广播 a35\2 与电视 a35\3 起于工业时代晚期，网络 a35\4 则起于后工业时代。这些知识都必须放在相应延伸概念的后台。

信息文化 a35 并列延伸 a35\k 的特殊性在于 k 的初值不是默认值 1，而是非默认值 0，a35\0 描述专栏 a35\01 和节目 a35\02，专栏 a35\01 用于报刊和网络，节目 a35\02 用于广播和电视。

信息文化的两项定向延伸分别表示收藏文化 a35i 和古迹文化 a357。两者皆古已有之。

收藏文化 a35i 采用非黑氏对偶 e2m 延伸区分公益收藏 a35ie21 和私人收藏 a35ie22。公益收藏 a35ie21 以并列延伸 a35ie21\k=2 分别描述图书和博物。

档案以收藏文化 a35i 的再次定向延伸 a35ii 表示。按照这一延伸概念的本性，它应该安置在概念树 a0 的根概念下面，现在的安排是平衡原则的体现。

古迹文化 a357 有传说与史实之分，但两者具有交织性，不宜采用并列延伸的描述方式。这里延伸概念 a3579 描述传说古迹，延伸概念 a357a 描述史实古迹。

第 6 节
历史文化 a36 (128)

历史文化属于典型的专家知识。本节将只给出一个开放型的概念延伸结构表示式，不作世界知识的相应说明。

3.6-0 历史文化的概念延伸结构表示式

```
a36:(β,\k=3,i;it=a,;)
```
| a36β | 历史文化的作用效应链呈现 |

第四章

军事 a4

军事活动 a4 是政治活动 a1 的一个特殊部分，军事斗争（战争）a42 是政治斗争 a13 的暴力形式，被称为政治斗争的最高形式或政治斗争另一种形式的继续（克劳塞维茨《战争论》）。也有人把战争叫作流血的政治，把政治叫作不流血的战争。军事活动曾经是一切国家的产婆，在民主政治制度建立起来之前，也是国家政权更迭的基本手段。农业时代的所有王朝都是靠军事活动打下江山的；工业时代逐步定型的全部国家也主要是军事活动的产物，即战争的产物；政治活动的征服主要是通过战争来实现的。

但是，军事活动的作用 ra4 在人类的三个历史时代有本质变化。战争的征服作用和终极作用（作为解决国家、民族、政治集团之间利益冲突的终极手段）曾分别在工业时代前期和后期达到高潮，但随着后工业时代曙光的来临，战争的征服作用已不复存在，战争的终极作用也在逐步演变成威慑作用。

军事力量 za4 在人类历史的三个时代也有本质变化。在农业时代，军事力量主要是政治力量 za1 的表现；在工业时代，军事力量是政治力量 za1、经济力量 za2 与科技力量 za6 的综合表现，在后工业时代，科技力量 za6 将成为军事力量的决定性因素。

军事活动 a4 的概念树配置 a4y 如下：

a40	军事活动的基本内涵
a41	军事组织
a42	战争
a43	战争效应
a44	安全保障
a45	战备
a46	军事与科技
a47	军事与经济

这一概念树配置的基本思路将放在各节里作分别说，而其非分别说将放在本章的结束语里。

第 0 节
军事活动的基本内涵 a40 (129)

引言

　　"杀人"在伦理观念里是最不道德的暴力行为，在法律观念里是最严重的犯罪行为之一，然而在战争里它却成了英雄行为，因为战胜和消灭敌人是战争的基本目标，也不能不是军事活动的基本目标之一。但是，"战胜敌人"不等同于"消灭敌人"，"消灭敌人"不等同于"杀死敌人"，战争的"敌人"也不等同于军事活动的"敌人"，这些属于军事活动基本内涵的思考。在世界的全部古代文明中，也许只有中华文明严肃地进行过这个三"不等同"思考，从而提出了"文武之道"的伟大哲学命题，这一命题构成军事活动基本内涵的第一项延伸概念。

　　为实现战胜敌人这一特定目标，就需要进行相应的研究、训练和部署，三者构成军事活动基本内涵的第二项延伸概念，命名为军事活动的基础性要素。

　　在所有的专业活动中，军事活动的历时性最强，历时性表现构成军事活动基本内涵的第三项延伸概念。

4.0-0 军事活动基本内涵 a40 的概念延伸结构表示式

```
a40:(e2m,t=b,i;9c2n,a:(c2n,e2m),
     b:(α=a,3;8\k=2,9:(3,e1m),3:(m,i)),it=b)
 a40e2m              文武之道
 a40e21              文道
 a40e22              武道
 a40t=b              军事活动的基础性要素
 a409                军事研究
 a40a                军事部署
 a40b                军事训练
 a40i                军事活动的历时性表现

 a409                军事研究
 a409:(c2n)
    a409c2n            军事研究的基本内容
    a409c25            军事战术
    a409c26            军事战略

 a40a                军事部署
 a40a:(c2n,e2m)
    a40ac2n            军事部署基本内容
    a40ac25            战术部署
    a40ac26            战略部署
```

```
        a40ae2m                    军事部署的内外两侧面
        a40ae21                    对内军事部署
        a40ae22                    对外军事部署

    a40b                           军事训练
    a40b:(α=a,3;8\k=2,9:(3,e1m),3:(m,i);)
        a40bα=a                    军事训练基本内容
        a40b8                      基本军事训练
        a40b9                      技艺训练
        a40ba                      战术训练
        a40b3                      军事演习

        a40b8                      基本军事训练
          a40b8\k=2                基本军事训练的具体描述
          a40b8\1                  精神训练
          a40b8\2                  体能训练

        a40b9                      技艺训练
        a40b9:(3,e1m;e12d01)
          a40b93                   武器使用
          a40b9e1m                 攻防要义
          a40b9e11                 消灭敌人
          a40b9e12                 保存自己
            a40b9e12d01            自我牺牲
          a40b9e10                 同归于尽

        a40b3                      军事演习
        a40b3:(m,i)
          a40b3m                   实战演习
          a40b30                   示威性军事演习
          a40b31                   公开性军事演习
            a40b313                联合军事演习
          a40b32                   秘密军事演习
          a40b3i                   模拟军事演习

        a40it=b                    军事活动的时代性描述
        a40i9                      农业时代军事活动的基本特性
        a40ia                      工业时代军事活动的基本特性
        a40ib                      后工业时代军事活动的基本特性
```

4.0.1 文武之道 a40e2m 的世界知识

在汤因比概括的十多种古代文明中，留下了丰富古籍的文明只有中华文明、印度文明和希腊–罗马文明（西方经典文明）。而在中华文明的古籍中，最可傲视群雄的经典著作首推《孙子兵法》。它深刻阐释了文武之道 a40e2m 的精髓。

文武之道 a40e2m 当然超越了军事活动的范畴，但文武之道的概念起源于对军事活动基本内涵的思考。文武之道 a40e2m 把战胜、消灭、杀死敌人的战争基本原则提高到哲学水平思考，使流血的暴力从以暴易暴的恶性循环转换成文武之道的良性互动。《孙子兵法》对文武之道的深刻阐释，不仅引起了当代各国军事家的关注，还引起了当代各国政治家和企业家的关注。

《孙子兵法》中关于文武之道 a40e2m 的经典阐释摘引如下：

> "兵者，国之大事，死生之地，存亡之道，不可不察也。故经之以五事，校之以计而索其情。一曰道，二曰天，三曰地，四曰将，五曰法。……凡此五者，将莫不闻，知之者胜，不知者不胜。故较之以计而索其情，曰主孰有道？将孰有能？天地孰得？法令孰行？兵众孰强？士卒孰练？赏罚孰明？吾以此知胜负矣。……夫未战而庙算胜者，得算多也，未战而庙算不胜者，得算少也。多算胜，少算不胜，而况于无算乎！吾以此观之，胜负见矣"（《孙子兵法·计篇》）

> "凡用兵之法，全国为上，破国次之；全军为上，破军次之；全旅为上，破旅次之……是故百战百胜，非善之善者也；不战而屈人之兵，善之善者也。……故上兵伐谋，其次伐交，其次伐兵，其下攻城。攻城之法为不得已。"（《孙子兵法·谋攻篇》）

"计篇"论述了军事活动的基本要素，分五要素说和七要素说。五要素说以"道"为本，以客观两要素的"天与地"为二、三，以主观要素的"将与法"为四、五。七要素说仍以"道"为本，但将主观要素的"将"列为第二，而将客观因素的"天地"列为第三，随后的"法令"、与"赏罚"是主观要素，而"士卒"与"兵众"则是主客观要素的综合。要素说属于分别说（分析），最后又以"庙算"为主题进行了非分别说（综合）。提出了"多算胜，少算不胜"的巧妙论断，体现了作者对战争必然性与概然性的深刻认识。被誉为"西方近代军事理论鼻祖"的克劳塞维茨在其《战争论》中曾提出战略五要素说，五要素是：精神要素、物质要素、数字要素、地理要素和统计要素。可以看到：《孙子兵法》与《战争论》可谓"英雄所见略同"，都认为精神重于物质。但《孙子兵法》强调了"道"的统帅作用，突现了中华文明对文武之道 a40e2m 的独特理解。有人说：《孙子兵法》的"最主要的不足之处，是它没有阐述战争的性质问题"（陶汉章：孙子兵法概论，97 页），说者显然忽略了"一曰道"和"主孰有道？"这两大论断的深刻含义。

如果说"计篇"的以上引文是对文武之道的形而下论述，则"谋攻篇"的以上引文则是对文武之道更为高明的形而上论述。关于"用兵之法"的"全、破"论述在西方文明里是见不到的，"百战百胜，非善之善者也；不战而屈人之兵，善之善者也"的论述在西方文明里也是见不到的。这里的"全"与"不战"就是文道 a40e21，而"破"与"屈人之兵"就是武道 a40e22。下面将《战争论》里有关的论述引录如下：

> "慈善家们可能会梦幻般地认为一定会有种种巧妙的方法，不必造成太大的流血伤亡，就能解除敌人的武装或者打垮敌人，并且认为这是军事艺术发展的趋势。这种看法不管多么美妙，都是一种必须消除的错误思想。……火器的不断改进已经充分表明，文明程度的提高，丝毫没有妨碍或改变战争概念所固有的用暴力消灭敌人的倾向。"（《战争论》第一篇第一章）

借着后工业时代的曙光，让我们重新审视一下上面的两段引文吧，你是否觉得：孙武的识见要高于比他晚生 2200 年的克劳塞维茨呢？里根先生显然不是克氏所辛辣讽刺的慈善家，但是，他的"星球大战"计划不正是"不战而屈人之兵"的具体应用么？《孙子兵法》的基本（不是全部）论点是超越时代的，不仅适用于农业和工业时代，也适用于后工业时代，这有点不可思议是不是？我们能不能说文武之道 a40e2m 是中华文明特有的文明基因呢？

文武之道 a40e2m 不仅是军事活动的基本内涵，也是政治、法律活动乃至一切专业活动的基本内涵，更是政治理念 d11 的基本内涵。但如上所述，文武之道 a40e2m "起源于对军事活动基本内涵的思考"，故列为军事活动共相概念树 a40 的第一项延伸概念。本小节最后想说的是：本章引言中所引述的名言"战争是流血的政治，政治是不流血的战争"只是形而下思维的精妙论述，在文武之道 a40e2m 这一形而上思维的视野里，它反而是一个不及格的政治、军事论述了，"政治是不流血的战争"更是一个落后而且极为有害（参看"治国 a12"章的引言）的论点。

延伸概念 a40e2m 可暂不设置领域句类代码，其基本概念关联式也就从略了。

4.0.2 军事活动的基础性要素 a40t=b 的世界知识

军事活动的基础性要素 a40t=b 是一个一主两翼型交织延伸，主体是军事研究 a409，两翼是军事部署 a40a 和军事训练 a40b。军事研究 a409 侧重理论侧面，而军事部署 a40a 和军事训练 a40b 侧重实践侧面。因而具有下列基本概念关联式：

```
a40t=>a649b\4
（军事活动的基础性要素强源式关联于科技活动的军事学）
a409:=a63e21
（军事研究对应于科技活动的理论侧面）
a40~9:=a63e22
（军事部署和军事训练对应于科技活动的实验侧面）
```

在所有的专业活动中，人类创造性的最早集中表现不是在别的方面，而是在军事活动基础性要素 a40t=b 的上述三方面。在整个农业时代，民族勃兴的决定性因素正是其军事活动的基础性要素的强度 za40t。工业时代以前的东西方历史都清楚地表明了这一点。

下面以三个分节进行论述。

4.0.2-1 军事研究 a409 的世界知识

军事研究 a409 采取单项交织延伸 a409c2n，其汉语表述如下：

a409c2n	军事研究的基本内容
a409c25	军事战术研究
a409c26	军事战略研究

军事研究 a409 的中心课题是如何战胜敌人，赢得胜利。这一课题也是政治斗争 a13 的基本内容，同时又是竞争 b3 和经济活动 a2 的基本内容之一。因此，下面的基本概念关联式是必须给出的，而不必理会它们的重复性。

```
a409<=a15e0n//a15
（军事研究强流式关联于征服活动，首先是全疆域征服）
a409<=a13\11*9
（军事研究强流式关联于国家之间的政治斗争）
a409=(a13,b30,a20\0)
（军事研究强交式关联于政治斗争、竞争之基本内涵和经营）
```

```
(ra64ju721,l47,a409)=:a13e3n3
```
（军事研究的基本课题等同于政治斗争的基本谋略）

军事研究 a409 的战略与战术层面的分野最为突出，因此，延伸概念 a409c2n 的引入乃必然之选，a409c25 表示军事战术，a409c26 表示军事战略。两者的定义式如下：

```
a409c25::=(a618,l45,(s12a,l45,a4))
```
（军事战术是关于军事活动战术的科学）
```
a409c26::=(a618,l45,(s129,l45,a4))
```
（军事战略是关于军事活动战略的科学）

战略与战术这两个概念虽然隶属于综合概念 s12，但起源于战争。汉语这两个术语里的"战"字，应该说是对两者关联性的精彩表达，是汉语形态功能优越性（与英语的 strategy 和 tactics 相比）的突出事例之一，所以这里顺便提一下。

军事战略 a409c26 属于军事活动的形而上层次研究，是以战争为中心，对军事、政治、经济和科技的综合研究。军事战术 a409c25 属于军事活动的形而下层次研究，与战争的规模和战斗的形式密切相关。两者又具有下列基本概念关联式：

```
a409c26=(s11,s12)
```
（军事战略强交式关联于谋略与策略）
```
a409c25=(s21,s22)
```
（军事战术强交式关联于方式方法与"武器"）

4.0.2-2 军事部署 a40a 的世界知识

军事部署 a40a 的概念延伸结构表示式拷贝如下：

```
a40a:(c2n,e2m)
    a40ac2n            军事部署基本内容
    a40ac25            战术部署
    a40ac26            战略部署
    a40ae2m            军事部署的内外两侧面
    a40ae21            对内军事部署
    a40ae22            对外军事部署（国防）
     a40ae22m           对外军事部署基本类型
     a40ae220           攻守兼备型对外军事部署
     a40ae221           进攻型对外军事部署
     a40ae222           防守型对外军事部署
```

理论上，军事部署 a40a 的战术方面 a40ac25 和战略方面 a40ac26 十分清晰，两者大体对应于着围棋术语的"急所"和"大场"。实际上，这两种军事部署的辩证关系十分复杂，杰出的军事统帅都是善于处理这一关系的高手，这属于专家知识的范畴。军事部署还有内外之别，以映射符号 a40ae2m 表示，对内军事部署 a40ae21 是王权制度 a109 的产物，是所有最高统治者 pa10e26(t)e11d01 都特殊关切的军事部署，这也属于专家知识的范畴。对外军事部署 a40ae22 则属于军事部署的常态，亦称国防。下面只给出一些最基本的概念关联式：

```
a40ac26≡pj2*d01//
```
（战略部署首先强关联于帝国）

(pj2*c31,jl00e22,a40ac26)
（弱小国家不存在战略部署）
a40ae21≡a10e26
（对内军事部署强关联于专制政治制度）
((pj2,l00*a10,a10e25),jl11e22,a40ae21)
（实行民主政治制度的国家不存在对内军事部署）
a40ae21=%a12\2e21
（对内军事部署属于对内政治应变）
(a40ae22,jl111,(507+j76e71,l47,a40a))
（国防是军事部署的常态）
a40ae22=>a219\16
（国防强源式关联于军事设施基建）

4.0.2−3 军事训练 a40b 的世界知识

军事训练 a40b 采取双项延伸，第一项扩展交织延伸 a40bα=a 表示军事训练，第二项定向延伸 a40b3 表示军事演习。其概念延伸结构表示式拷贝如下：

```
a40b:(α=a,3;8\k=2,9:(3,e1m),3:(m,i);)
    a40bα=a              军事训练基本内容
    a40b8                基本军事训练
    a40b9                技艺训练
    a40ba                战术训练
```

军事训练基本内容 a40bα=a 包括基本军事训练 a40b8、技艺训练 a40b9 和战术训练 a40ba。具有下面的基本概念关联式：

```
a40bα=a33e2m
（军事训练基本内容强交式关联于教与练）
```

基本军事训练 a40b8 包括精神训练 a40b8\1 和体能训练 a40b8\2，其概念延伸结构表示式拷贝如下：

```
    a40b8\k=2            基本军事训练的具体描述
    a40b8\1             精神训练
    a40b8\2             体能训练
```

基本军事训练 a40b8 具有下列基本概念关联式：

```
a40b8=a339
（基本军事训练强交式关联于体育）
(a40b8\1,l03,(7202:(e71,e75),rc04a,c44ea2)//))
（精神训练的首要内容是勇敢、坚定、纪律和服从）
(a40b8\2,l03,z6501\1//)
（体能训练的首要内容是体能承受力）
```

技艺训练 a40b9 包括武器使用 a40b93 和攻防要义 a40b9e1m，其概念延伸结构表示式拷贝如下：

```
    a40b9:(3,e1m;e12d01)
    a40b93              武器使用
    a40b9e1m            攻防要义
```

```
a40b9e11              消灭敌人
a40b9e12              保存自己
   a40b9e12d01          自我牺牲
a40b9e10              同归于尽
```

技艺训练 a40b9 具有下列基本概念关联式：

```
(a40b9,l03,(a33a\1,l03,43e023)//)
```
（技艺训练的首要内容是关于生死对抗的"武技"）
```
a40b93::=(a40b9,100*3435,(7212t,s22,pwa21\26))
```
（武器使用是提高武器使用技艺的训练）
```
a40b9e1m::=(a40b9,100*3435,(7212t,l03,6543e023))
```
（攻防要义是提高生死搏斗技艺的训练）

《战争论》说"战争是扩大的搏斗"，这一论断不具有历时性。武器 pwa21\26 和攻防战术（a409c25，l03，a429am）本身虽然都出现了天壤之别的历时性变化，但技艺训练的基本内涵——武器使用 a40b93 和攻防要义 a40b9e1m——实质上没有变化，这一变与不变的辩证法就体现在上列概念关联式里，其中的符号 7212t 表明：这里技艺包括经验 r72129 和技能 7212a 两方面。

这里把攻防要义 a40b9e1m 简化为"你死我活"及"同归于尽"的描述，这是对战争残酷性的描述，也是对"最大限度地消灭敌人和保存自己"这一战术原则的简化描述，而不是对实际战斗状态的描述，后者安排在本章第 2 节里。

消灭敌人 a40b9e11 里的"敌人"可以是单数或复数，保存自己 a40b9e12 的"自己"也可以是单数或复数，汉语表述的高明或科学之处在这里得到了充分体现。这样，自我牺牲的符号表示 a40b9e12d01 就不存在内在矛盾了，它表示为了保护战友而献出自己的生命。

上述世界知识以下列概念关联式表示：

```
(a40b9e1m,jl11e22,xpj1*t)
```
（攻防要义不具有时代性）
```
((lg02,l47,a40b9e1m),jl12c32,j41c2n)
```
（攻防要义的对象可以是单数或复数）

军事演习 a40b3 的概念延伸结构表示式拷贝如下：

```
a40b3:(m,i)
   a40b3m             实战演习
   a40b30             示威性军事演习
   a40b31             公开性军事演习
      a40b313           联合军事演习
   a40b32             秘密军事演习
   a40b3i             模拟军事演习
```

与攻防要义 a40bqe1m 不同，军事演习 a40b3 具有较强的时代性，实战演习 a40b3m 和模拟军事演习 a40b3i 都是如此。军事演习 a40b3 当然不能替代"从战争学习战争"

的基本原则，但它毕竟是学习战争的基本课堂，这一基本世界知识以下面的概念关联式表示。

```
(a40b3,jl111,(rwsv34ju721a,100*7212,a42))
```

军事演习 a40b3 的世界知识与专家知识的交织性很强，下列概念关联式只表示了其世界知识的一小部分：

```
(a40b3m,jl11e21,u33m)
（实战演习具有显隐性）
a40b313=a14\3
（联合军事演习强交式关联于友好往来）
a40b30=(a1431;53a14ba)
（示威性军事演习强交式关联于外交政策的大棒或国际干涉的势态）
(a40b32,jl111,(507+j76e71,l47,a40b))
（秘密军事演习是军事演习的常态）
(a40b3i,154\5e21,pj1*ac37)
（模拟军事演习起于工业时代后期）
```

4.0.3 军事活动历时性 a40i 的世界知识

军事活动历时性 a40i 采取单项延伸 a40it=b，具有下列基本概念关联式：

```
(a40it:=pj1*t,t=b)
（军事活动历时性对应于历史时代性）
za40i9<<za40ia<<za40ib
（农业时代、工业时代、后工业时代的军力依次剧增）
a40ib=a13ibi
（后工业时代的军事活动强交式关联于政治斗争的"古老幽灵"）
```

这三个概念关联式只是对军事活动历时性的一个极为粗线条的描述，但这一描述十分重要。工业时代军力剧增的基本因素是热兵器的出现，后工业时代军力剧增的基本因素是核武器和导弹的出现。在漫长的冷兵器时代（即农业时代）具有征服世界雄心的异类巨人只出现过两位，那就是亚历山大大帝和成吉思汗，可谓千年一见。但在不到 300 年的工业时代，这样的异类巨人却频繁出现，不到百年一见，后工业时代会不会再出现这样的异类巨人呢？

骑兵和骑兵战术是农业时代军事艺术的灵魂，所谓"百万军中取上将之首如探囊取物"不应只看作是关羽的豪言，而应看作是那个时代军事艺术所追求的最高境界。农业时代也有水师和步兵，两者在一些特定战例中也曾发挥过决定性的作用。但整体上，农业时代就是一个"骑兵为王"的时代，是一个游牧地区不断侵凌农耕地区的时代。从军事视野来看，工业时代到来的标志就是"骑兵为王"态势的结束，于是《战争论》明确提出了"步兵为王"的论点。

军事活动时代性 a40i 的第一项表现是战争空间维度的巨大变化。农业时代的战争空间仅有两维——时间与地区；工业时代的战争空间则上升到四维——时间、陆地、海洋和空中；后工业时代的军事空间进一步扩展到六维——时间、陆地、海洋、空中、信息与太空。从"地区"到"陆地与海洋"的提升导致《海军战略论》和《地缘政治论》的诞生，从"地区"的包括"空中"导致"制空权"和"军种协同作战"战术原则的诞生。从四维战争空间到六维战争空间的提升导致以所谓 C4ISR 系统（即指挥、控制、通信、计算机、信息、监视和侦察）为核心的现代战术原则的诞生。

军事活动时代性 a40i 的第二项表现是战争胜负决定性因素的巨大变化。农业时代的决定性因素可以唯一地归于军事统帅的才能，拿破仑恰好赶上了这一场持续数千年之久的雄伟历史悲剧的谢幕演出。到了工业时代，农业时代的唯一决定性因素逐步降为第三位，排在它前面的是基于新式武器的新战术和一个国家的综合国力及其总体战略。后工业时代的决定性因素则又回归到单一性，那就是综合军事技术的领先地位。上面的论述是否过于武断？很可能！但笔者相信：黑格尔先生会支持这种说法的。

军事活动时代性 a40i 的第三项表现是战争终极目标的巨大变化。农业时代的终极目标是"灭亡之"而"君临"，工业时代的终极目标是"殖民之"而"霸主"，后工业时代的终极目标不过是"干预之"而"盟主"。虽然"灭亡之"、"殖民之"与"干预之"具有历史性传承，但其相应的效应"君临"、"霸主"与"盟主"毕竟有重大区别，蕴含在这一区别里的时代性巨变很值得研究。然而，这一研究必然涉及诸多重大而敏感的政治学课题，要求研究者具有宽广的历史视野。笔者在这里想说的只是：由于这一研究还远不成熟，无论是东方还是西方世界，都存在着大量的军事学群盲。那么，需要在文化层面进行相应的扫盲活动么？这不在本《全书》的讨论之列。但是，考虑到东方世界存在着哺育上述异类巨人的社会和文化土壤，那么，东方世界是否应该多承担一点历史责任呢？

以上的三点论述就权当本小节的结束语吧。

第 1 节
军事组织 a41 (130)

引言

军事组织列为军事活动殊相概念树之首 a41 应该是没有争议的，其思路等同于前述殊相概念树 a01（组织机构）和 a11（政权活动）的设置，后面的 a71（学校）属于同一思考。

军事活动主要由从事该项活动的专业人员和组织来承担，这种专业人员被称为军人 pa41，这种专业组织被称为部队 pea41。军方或军界 pfa4 是社会 pj01 的一个特殊构成，将定义为 pfa4::=pj01–e22，pj01–e2m 具有下列基本概念关联式：

```
pj01-e22=:(pc40\13e51;a1236)
（军方等同于军民关系里的军或军政关系的军）
pj01-e21=:(pc40\13e52;a1235)
（民方等同于军民关系里的民或军政关系里的政）
```

这两个等同式表明：pj01–e2m 所对应的两个概念形式上是界限分明的，但实质上并不是。它表明：军方 pj01–e22 与民方 pj01–e21 的意义需要作模糊理解。由此可见：对"意义"在自然语言空间给出定义的努力只不过是语言哲学的一种游戏，不可当真。

4.1-0 军事组织 a41 的概念延伸结构表示式

军事组织配置了七项延伸概念，第一项 a41e2m 描述军事组织的纵横结构，第二项 a41e5m 描述军人的基本构成，第三项 a41d01 描述统帅部，第四项 a413 描述军民转换，第五项 a41\k=m 描述部队附属机构，第六项 a41t=b 描述军兵种，第七项 a41i 描述军事院所。

这七项延伸概念的配置顺序主要基于它们的历时性，而不是它们的重要性。前两项的历时性最弱，最后两项的历时性最强。

```
A41:(e2m,e5m,d01,3,\k=3,t=b,I;
     (e2mt=a;e21t-0,e229c4m,e22a-0|),
     d01:(e2m,-0;-0\k=5),3:(e2m,0;e21(e4n,e1n),e22c2n),…)
 a41e2m              军事组织的纵横结构
 a41e5m              军人的基本构成
 a41d01              统帅部
 a413                军民转换
 a41\k=3             部队从属性活动
 a41t=b              军兵种
 a41i                军事院所

 a41e2m              军事组织的纵横结构
 a41:(e2m,;e2mt=a;e21t-0,e229-0|,e22ac4m)
   a41e21t=a         军队的两种横向基本建制
   a41e219           地域需求的军队建制（战区建制）
   a41e21a           战役需求的军队建制（战役建制）
    a41e21t-0        军队横向建制的细分
   a41e22t=a         军队的两种纵向基本建制
   a41e229           作战单元建制
    a41e229-0|         作战单元建制的细分
   a41e22a           "军衔"建制
    a41e22ac4m         尉、校、将、帅

 a41e5m              军人的基本构成
 a41e51              军官
```

a41e52	士兵
a41e53	"士官"
a41d01	统帅部
a41d01:(e2m,-0;-0\k=5)	
a41d01e2m	统帅部的基本形态
a41d01e21	统帅部经典形态
a41d01e22	统帅部现代形态
a41d01-0	统帅部的下属机构
a41d01-0\k=5	统帅部的基本部门
a41d01-0\1	作战部门
a41d01-0\2	审察部门
a41d01-0\3	装备部门
a41d01-0\4	后勤部门
a41d01-0\5	情报部门
a413	军民转换
a413:(e2m,0;e21(e4n,e1n),e22c2n)	
a413e2m	军民转换基本形态
a413e21	民转军
a413e22	军转民
a4130	亦军亦民
a413e21e4n	民转军基本方式
a413e21e45	自愿方式
a413e21e46	契约方式
a413e21e47	强制方式
a413e21e1n	民转军两说
a413e21e15	招兵
a413e21e16	参军
a413e22c2n	军转民基本方式
a413e22c25	退伍
a413e22c26	转业
a41\k=3	部队从属性活动
a41\1	精神生活服务
a41\1*t=b	精神生活服务基本类型
a41\1*9	第一类服务
a41\1*a	第二类服务
a41\1*b	第三类服务
a41\2	紧急军需服务
a41\3	特殊服务

下面分七个小节进行论述。

4.1.1 军事组织纵横结构 a41e2m 的世界知识

任何组织机构都具有纵横结构，组织机构的纵横特性具有一些基本特征，这些我们已经比较熟悉了。军事组织纵横结构 a41e2m 之延伸结构设计将以这些基本特征为基本依据，同时兼顾到军事组织机构的独特性。

```
a41:(e2m,;e2mt=a;e21t-0,e229-0|,e22ac4m)
    a41e21t=a              军队的两种横向基本建制
    a41e219               地域需求的军队建制（战区建制）
    a41e21a               战役需求的军队建制（战役建制）
     a41e21t-0             军队横向建制的细分
    a41e22t=a              军队的两种纵向基本建制
    a41e229               作战单元建制
     a41e229-0|            作战单元建制的细分
    a41e22a               "军衔"建制
    a41e22ac4m            尉、校、将、帅
```

军事组织机构的独特性就充分体现在延伸概念 a41e2mt=a 里，横向建制 a41e21 的战区建制 a41e219 属于共相，而战役建制 a41e21a 则属于殊相；纵向建制 a41e22 方面的作战单元建制 a41e229 属于共相，而"军衔"建制 a41e22a 则属于殊相。

激活 a41e2mt=a 的自然语言词语（意指不同语种）都十分丰富，这些词语本身的历时性很强，但其内涵的历时性很弱。如果回想一下 2200 多年前刘邦与韩信的著名对话（韩信自称是"多多益善"的帅才，而刘邦只是"不过十万"的将才），你不能不万分惊讶：原来"帅"与"将"的本质差异竟然历经千年而其数量标志还如此吻合。

军队横向建制 a41e21 具有下列基本概念关联式：

```
a41e21≡a40a
（军队横向建制强关联于军事部署）
a41e219≡a40ae22
（军队战区建制强关联于国防）
a41e21a≡a42bt
（军队战役建制强关联于战线与战役）
```

依据纵横结构的基本特性，原则上，横向军事建制 a41e21t 可以拥有 a41e21t-0 的延伸，但这里约定：军队横向建制到 a41e21t-0 为止。在现代汉语里，a41e219 的典型词语是军区，a41e21a 的典型词语是战区，两者最高领导人 pa41e21t 的典型词语是司令。军队地域建制的地域不限于本国的国界之内，我国的汉唐两代王朝和西方的罗马帝国就是如此，至于当前的美国，更是在这一点上达到极致了。

军队纵向建制 a41e22 具有下列基本概念关联式：

```
a41e22≡a40b
（军队纵向建制强关联于训练）
a41e229≡a42ba-0
（作战单元建制强关联于战斗）
a41e22a=%a01a3
（"军衔"建制属于干部选拔）
```

作战单元建制 a41e229 采用符号 a41e229-0|作单项再延伸，"军衔"建制 a41e22a 采用符号 a41e22ac4m 作单项再延伸。

作战单元建制 a41e229 的再延伸符号 a41e229-0|将约定止于三级，具体表示式如下：

```
    a41e229-              军
```

```
a41e229-0              师
a41e229-00             团
a41e229-000            连
```

师与团之间的旅以符号"a41e229-0-"表示，团与连之间的营以符号"a41e229-00-"表示，连之下的排以符号"a41e229-000-"表示。

"军衔"建制符号a41e22ac4m已成为全球规范表示，在现代汉语里，表示a41e22ac4m的规范汉字依次是"尉、校、将、帅"。在大国里面，美国是唯一不使用"元帅"名称的国家，而以"五星上将"代替，因此实质上还是存在a41e22ac44的军衔。符号a41e22ac4m还需要再作对比性延伸，不同国家在不同时期的规定有所不同，但具有下面的基本共性：

$$(a41e22ac4m_1ckm, m_1=1-3, k \geqslant 3)$$
（尉、校、将至少分三级）
$$(a41e22ac44, jl11e22, a41e22ac44ckm; jl11e21ju12c31, a41e22ac44d01)$$
（帅不再分级，但可能存在大元帅）

历史的过去不存在解释的唯一性，历史的未来更不存在预期的唯一性。这里的大元帅 a41e22ac44d01 也是如此，我们能肯定斯大林是人类历史的最后一位大元帅么？不管我们有多少理由可以对此作出肯定的判断，也不要把话说死。

作战单元建制 a41e229 与"军衔"建制 a41e22a 之间存在下列对应关联式：

$$(a41e229, a41e229-) := (a41e22ac43; a41e22c44)$$
（高级作战单元对应于将军或元帅）
$$(a41e229-0, a41e229-00) := a41e22ac42$$
（中级作战单元对应于校官）
$$(a41e229-00-, a41e229-000-) := a41e22ac41$$
（低级作战单元对应于尉官）
$$a41e229-0| := a119-0|$$
（作战单元级别对应于政府官员级别）

4.1.2 军人基本构成 a41e5m 的世界知识

军人的基本构成是军官与士兵。从两类劳动的视野来看，军官属于第二类劳动，士兵属于第一类劳动。那么，为什么要用映射符号 a41e5m 来描述军人的基本构成？这主要是基于体力和技艺的考虑。

军人需要健壮的体格，士兵更需要年轻力壮，因此士兵一直由男性青年人充当，作战女兵的出现是最近几十年的事，花木兰和贞德当年都需要女扮男装。另外，部队也需要拥有特殊技艺的老兵，这种需求的具体内容具有很强的历时性，但需求本身不具有历时性。本《全书》将把这种老兵命名为"士官"。于是，就形成了军人基本构成的下列表示式：

```
a41e5m              军人的基本构成
a41e51              军官
a41e52              士兵
  a41e52c3m           士兵级别
a41e53              "士官"
  a41e53c3m           "士官"级别
```

军人基本构成 a41e5m 具有下列基本概念关联式：

> a41e51≡a41e22a
> （军官强关联于"军衔"建制）
> a41e51=%50aaa
> （军官属于第二类劳动）
> a41e52=%50aa9
> （士兵属于第一类劳动）
> (a41e52,jl111ju40-c55,p10bc53+xjw63e21)
> （士兵绝大多数是年轻男性）
> (a41e53,100*461,ra40b9ju73d01)
> （"士官"拥有宝贵的军事技艺）
> (a40b,l02,a41e52;l01,a41e51//a41e53)
> （军事训练的对象是士兵，作用者是军官和士官）

4.1.3 统帅部 a41d01 的世界知识

军事活动需要一个统帅部，古往今来莫不如此。虽然任何专业活动都需要一个最高领导部门，但军事活动的这种需要可谓独一无二，故直接符号化为 a41d01。

前面我们讨论过管理基本方式的 a018e2n 特性，也讨论过政治制度的 a10e2n 特性，给出过最高统治的映射符号 a10e26(t)e11d01。这里需要首先指出的是：统帅部 a41d01 应该拥有下面的基本特性：

> (a41d01,100*461jlu13c22,(a009aae219,l45,
> (a018e26,a10e26,a10e26(t)e11d01)))
> （统帅部必须拥有独裁、专制和最高统治的权力）

这一概念关联式描述了军事活动的根本特性。可见，"战争是政治的继续"这一名言不能滥用，因为，民主这一政治活动的基本观念并不适用于军事活动，"民主是个好东西"的说法也不适用于军事活动。当然，由民主政治制度派生出来的平等、自由和人权的观念肯定有助于军队的现代化建设，但绝不像对政治活动那样具有革命意义，古代不少著名军事家就有"爱兵如子"的光荣传统，但那与民主政治扯不上关系。民主政治最得意的选举制度适用于将帅的选拔么？民主政治最得意的少数服从多数规则适用于战役指挥么？这里提出这样的问题是为了表明：对"专制政治制度 a10e26"这一特殊作用所形成的三种效应要作辩证分析，对压迫效应 a10e269、剥夺效应 a10e26a 和统治效应 a10e26b 要区别对待，前两种效应直接联系于农业时代特权 a13i9t=a（滥刑权与奴役权），因此，本编 1.0.3 小节的某些论述不得不流于简略，下面仅就其一点稍加补充。

专制政治制度的统治效应 a10e26b 及其派生概念——最高统治 a10e26(t)e11d01——是一个值得特殊关注的特殊概念。军事活动显然不能扬弃它，因为军事活动没有它，就如同人没有大脑一样不可思议。我们还可以发问：经济活动能彻底扬弃最高统治么？它在现代经济活动中究竟是在加强还是在削弱呢？我们甚至还可以发问：政治活动能彻底扬弃它么？为了应对后工业时代面临的"享乐无止境"危机（本编 1.0.3 小节），人类是否应该想一想：最高统治 a10e26(t)e11d01 不仅未必是一个坏东西，甚至可能是人类的救星呢？

最高统治 a10e26(t)e11d01 在军事活动中的具体体现就是延伸概念统帅部 a41d01 的设置，它具有下面的基本概念关联式：

```
a41d01::=(a10e26(t)e11d01,l45,a42//a4)
（统帅部定义为关于军事活动，首先是战争的最高统治）
```

在所有的政府机构中，也许统帅部 a41d01 的构成形态最为多样化，不过，下面的延伸结构表示式是适当的：

```
a41d01:(e2m,-0;-0\k=5)
    a41d01e2m              统帅部的基本形态
    a41d01e21             统帅部经典形态
    a41d01e22             统帅部现代形态
    a41d01-0              统帅部的分支机构
      a41d01-0\k=5            统帅部的基本部门
      a41d01-0\1             作战部门
      a41d01-0\2             审察部门
      a41d01-0\3             装备部门
      a41d01-0\4             后勤部门
      a41d01-0\5             情报部门
```

这些延伸概念具有下列基本概念关联式：

```
a41d01e21≡a10e26
（统帅部经典形态强关联于专制政治制度）
a41d01e22≡a10e25
（统帅部现代形态强关联于民主政治制度）
a41d01-0\1=(a40a,a429,a41e229)
（作战部门强交式关联于军事部署、作战和作战单元建制）
a41d01-0\2=a41e22a
（审察部门强交式关联于"军衔"建制）
a41d01-0\2=(a50\k,l47,a41e5m)
（审察部门强交式关联于军法）
a41d01-0\3=(a45,a46)
（装备部门强交式关联于军备和军事科技）
a41d01-0\4=(a43,a47)
（后勤部门强交式关联于战争效应和军事经济）
a41d01-0\5=(a44,a429)
（情报部门强交式关联于安保和作战）
```

关于统帅部的经典形态和现代形态，关于统帅部的五个基本部门，都具有极为丰富的世界知识，这些世界知识与专家知识的切割也并不困难，但这里暂不展开论述。

4.1.4 军民转换 a413 的世界知识

军民转换 a413 的概念延伸结构表示式拷贝如下：

```
a413:(e2m,0;e21(e4n,e1n),e22c2n)
    a413e2m              军民转换基本形态
    a413e21             民转军
    a413e22             军转民
```

a4130		亦军亦民
	a413e21e4n	民转军方式
	a413e21e45	自愿方式
	a413e21e46	契约方式
	a413e21e47	强制方式
	a413e21e1n	民转军两说
	a413e21e15	招兵
	a413e21e16	参军
	a413e22c2n	军转民基本方式
	a413e22c25	退伍
	a413e22c26	转业

军民转换 a143 是一切社会或国家的常态。古代世界存在过天生军人的现象，古希腊的斯巴达和古印度的刹帝利就属于这种特殊的城邦和阶层，这里未予考虑。军人都是由平民转换而来的，军人也可以转换成平民，这就是军民转换 a143 的基本含义，具有下面的基本概念关联式：

(a413,l45ju721,a41e52)
（军民转换主要面向士兵）

军民转换基本形态 a413e2m 的定义式如下：

a413e21::=(209b,154\5e2m,(40\13˜e51,40\13e51))
（民转军是从非军人到军人的状态转移）
a413e22::=(209b,154\5e2m,(40\13e51,40\13˜e51))
（军转民是从军人到非军人的状态转移）

军民转换基本形态具有下列基本概念关联式：

a413e2m=:a01a˜e47
（军民转换基本形态等同于人事过程管理的录用与办退）
zra413e2m=xpj529
（军民转换的价值观强交式关联于民族精神）

西方世界（包括俄罗斯）一直存在"军人光荣"的价值观，日本民族也是如此。但汉族确实流传过"好铁不打钉，好男不当兵"的谚语，这谚语所折射的可悲文化背景并非想象中的那么容易消失。

民转军 a413e21 存在三种方式，a413e21e4n 是非常合适的表示符号，具有下列基本概念关联式：

((pj2,100*a10,a10e25),jl11e22,a413e21e47)
（实行民主政治制度的国家不存在民转军的强制方式）
a413e21e46≡(a50\1,l45,a413e2m)
（民转军的契约方式强关联于兵役法）
((pj2,100*a10,a10e26),jl11e21,a413e21e4n)
（实行专制政治制度的国家存在民转军的三种方式）

对于民转军强制方式，汉语曾流行过一个词语叫"抓壮丁"，这也是一部名噪一时的剧作的名称，其矛头所指乃国民党政权的极度腐败。但最近一位四川作家却对此提出强烈质疑，说抗日战争期间四川"壮丁"的 99.99% 以上不是被抓，而是自愿的。对任何社会现象都需要从专业活动的全部要素并联系人类的三类精神活动加以综合考察，不能只考虑政治这一项要素，"抓壮丁"一词的创造者和质疑者是否都违背了这一基本原则呢？

民转军的两说 a413e21e1n、军转民基本方式 a413e22c2n、亦军亦民 a4130 三项延伸概念的含义，其符号本身都已给出了足够的世界知识，这里就略而不论了。

4.1.5　部队从属性活动 a41\k=3 的世界知识

部队从属性活动 a41\k 是军事组织 a41 中历时性较弱的最后一项延伸概念，其具体表示式拷贝如下：

```
a41\k=3
a41\1                  精神生活服务
   a41\1*t=b              精神生活服务基本类型
   a41\1*9               第一类服务
   a41\1*a               第二类服务
   a41\1*b               第三类服务
a41\2                  紧急军需服务
a41\3                  特殊服务
```

部队从属性活动 a41\k 定义为上列三项服务，这三项服务是对"生活 50ac2n"的另一种表述，两者的对应关系如下：

```
a41\1::=(901m3,143,(50ac26,147,pa41e5m))
（精神生活服务定义为对现役军人精神生活的服务）
a41\2:=(901m3,143,(50ac25,147,pa41e5m))
（紧急军需服务对应于对现役军人物质生活的服务）
a41\3%=(650123,143,(50a(c2n)3,147,pa41e5m))
（特殊服务包括对现役军人性生活的"服务"）
(a41\1*t=b)::=(901m3,143,(50ac26t=b,147,pa41e5m))
（精神生活的三类服务定义为对现役军人三类精神生活的服务）
```

部队从属性活动 a41\k 具有下列基本概念关联式：

```
(pa41\˜3,jl112jlu12c32,pa41e5m)
（从事前两类部队从属活动的人员可以不是现役军人）
(a41\3,jl111,7331ju806)
（特殊服务是一种邪恶的现实行为）
```

从事精神生活服务的人员主要是文艺工作者、信息文化工作者、神职人员、心理医生及以各种名人为代表的第二类劳动者，而从事紧急军需服务的人员则主要是第一类劳动者。这些世界知识的细化表示就留给后来者了。

4.1.6　军兵种 a41t=b 的世界知识

自军队诞生之日起，其构成就不是单一的兵种，但延伸概念 a41t=b 描述的不是兵种，

论语言概念空间的主体语境基元

而是陆、海、空三大军种。a419 表示陆军，a41a 表示海军，a41b 表示空军。陆军和海军自古有之，但空军不是。三大军种的基本世界知识以下列概念关联式表示：

```
(a41~b,154\5e21,pj1*9)
（陆军和海军起于农业时代）
(a41b,154\5e21,pj1*ac37)
（空军起于工业时代后期）
(a41~b,s22\1,(pwa219\26c3n,sv31,pj1*t))
（陆军和海军在三个历史时代分别使用冷兵器、热兵器和"超力"兵器）
(a41b,s22\1,(pwa219\26~c35,sv31,pj1*~9))
（空军在工业和后工业时代分别使用热兵器和"超力"兵器）
(a41~b,s22\1,(pwa219\26e31\2,sv31,pj1*9c37))
（陆军和海军在农业时代后期使用了大炮）
```

下面以三个分节对陆、海、空三大军种进行论述。

4.1.6-1 陆军 a419 综述

陆军 a419 的概念延伸结构表示式如下：

```
a419:(t=b;9\k=2,a:(\k=3,3),b3;a3\k=5,b3c2n)
    a419t=b              陆军的时代性表现
    a4199                农业时代陆军
    a419a                工业时代陆军
    a419b                后工业时代陆军

    a4199\k=2            农业时代陆军的基本兵种
    a4199\1              步兵
    a4199\2              骑兵

    a419a\k=3            工业时代陆军的基本兵种
    a419a\1              步兵
    a419a\2              骑兵
    a419a\3              炮兵

    a419a3               工业时代陆军新兵种
      a419a3\k=6         工业时代新生陆军兵种的基本构成
      a419a3\1           工兵
      a419a3\2           装甲兵
      a419a3\3           海军陆战队
      a419a3\4           防空兵
      a419a3\5           空降兵
      a419a3\6           "防化"兵

    a419b3               后工业时代新概念陆军
      a419b3c2n          新概念陆军的基本类型
      a419b3c25          战术陆军
      a419b3c26          战略陆军
```

陆、海、空三大军种 a41t=b 的概念延伸结构采用如下的统一表示方案。

222

（1）第一级统一采用单一 "t=b" 交织延伸，表示该军种的时代性表现，"9" 对应于农业时代，"a" 对应于工业时代，"b" 对应于后工业时代。但农业时代不存在空军 a41b，故其一级延伸取 a41b~9。

（2）后续并列延伸 "\k=m" 表示不同军种的基本构成。

（3）后续定向延伸 "3"，表示不同军种在相应时代出现的新事物。

（4）所有的定向延伸 "3" 都跟随并列延伸 "3\k=m"，用以对各种新事物的基本类型进行描述。

农业时代陆军 a4199 只给出其基本构成描述 a4199\k=2，这并不是说农业时代不曾出现过陆军的新事物，而是这里略而不述。

农业时代陆军 a4199 的基本构成是步兵 a4199\1 和骑兵 a4199\2，前文曾有 "骑兵为王"（本章 4.0.3 小节）的论断，这一世界知识以下面的概念关联式表示：

```
za4199\2>za4199\1
（农业时代骑兵的作用大于步兵）
```

工业时代陆军 a419a 的基本兵种增加了炮兵 a419a\3 这一新兵种，其步兵和骑兵也都使用了热兵器，具有下列基本概念关联式：

```
(a419a˘\3,s22\1,pwa219\26e31\3)
（工业时代的步兵和骑兵以火枪为基本武器）
(a419a\3,s22\1,pwa219\26e31\2)
（炮兵以火炮为基本武器）
```

在工业时代徐徐到来之际，一切伟人的必要禀赋之一是对新事物的时代性领悟。拿破仑也许是那个时代对军事活动具有时代性领悟的唯一巨人，从而成为当时天下无敌的军事统帅，这一领悟的切入点就是对火炮这一新型武器的领先认识。拿破仑的这一宝贵军事遗产后来为西方的一些杰出将领所继承，并在第二次世界大战中产生过令世人瞠目结舌的巨大威力。现在是后工业时代迅速到来的时期，这个时代的伟人更需要对新事物的时代性领悟，但这种领悟需要相应的文化土壤，拿破仑出现于法国自有其文化渊源。可惜，孕育伟人的文化土壤已被商业资本的破坏性因素摧毁殆尽了，这是一个基本话题，这里再次以插话的方式轻谈。笔者乃故意如此，目的在于为本卷第四编下篇的正式论述作一些铺垫。

在传统陆军兵种 a419a\k 的基础上，工业时代的陆军新生出以符号 "a419a3\k=6" 表示的六类新型兵种，其中装甲兵 a419a3\2 在第二次世界大战中的独特作用就如同拿破仑时代的炮兵。

工业时代陆军 a419a 的描述方式已经不适用于后工业时代的陆军 a419b 了，因此，仅采用延伸概念 a419b3 和 a419b3c2n 进行描述，这一描述方式同样施行于海军 a41a 和空军 a41b，其基本含义放在 4.1.6-3 分节里阐释。

4.1.6-2　海军 a41a 综述

海军 a41a 的概念延伸结构表示式如下：

```
a41a:(t=b;9e2m,a\k=3,b3;b3c2n)
    a41at=b                      海军的时代性表现
    a41a9                        农业时代海军
    a41aa                        工业时代海军
    a41ab                        后工业时代海军

        a41a9e2m                 农业时代海军的地域性差异
        a41a9e21                 水师
        a41a9e22                 "水军"

        a41aa\k=m                工业时代海军的基本构成
        a41aa\1                  战斗
        a41aa\2                  运输
        a41aa\3                  特种舰艇

        a41aa3                   工业时代海军新兵种
          a41aa3\k=2             新兵种基本类型
          a41aa3\1              潜艇
          a41aa3\2              航母

        a41ab3                   后工业时代新概念海军
          a41ab3c2n             新概念海军基本类型
          a41ab3c25             战术性舰队
          a41ab3c26             战略性舰队
```

农业时代海军 a41a9 具有东西方的明显地域性差异，这一世界知识以延伸概念 a41a9e2m 加以表示，a41a9e21 以水师定名，a41a9e22 以"水军"定名，其基本世界知识以下列基本概念关联式表示：

```
a41a9e21:=pj01*e21
（水师对应于东方世界）
a41a9e21:=a30\3*a7\11
（水师对应于大河文明）
((a41a9e21,l47,China),sv32,Changjiang River)
（中国水师活动于长江）
a41a9e22:=pj01*e22
（"水军"对应于西方世界）
a41a9e22:=a30\3*a7\2
（"水军"对应于海洋文明）
(a41a9e22,sv32,Mediterranean)
（"水军"活动于地中海）
```

农业时代海军 a41a9 的水师与"水军"差异对东西方文明的走向产生了重大影响，这是历史学的课题，这里就不来阐释了。

与工业时代陆军 a419a 对应，工业时代海军 a41aa 也设置意义类似的两项延伸概念：一是工业时代海军的基本构成 a41aa\k=3；二是工业时代海军新兵种 a41aa3 及其基本类型 a41aa3\k=2。

战斗 a41aa\1 与运输 a41aa\2 是海军的基本功能，无所谓时代性，但农业时代没有设置相应符号 a41a9\1 和 a41a9\2 的必要，刘禹锡名句"王濬楼船下益州，金陵王气黯然收"就说明了这一点，那楼船就融战斗与运输于一体了。

工业技术革命造就的战斗"楼船"pwa41a9\1 曾把那"湖南四杰"的胡林翼吓倒于黄鹤楼头。这 pwa41a9\1 应作 a41a9\1k=3 的延伸，其中的 a41a9\11 表示战列舰，a41a9\12 表示巡洋舰，a41a9\13 表示驱逐舰。战列舰曾是海军之王，关于海军舰队的世界知识可止于此。

运输"楼船"a41a9\2 不必作 a41a9\2k 的延伸，但需要设置延伸概念 a41a9\1*i 以表示登陆舰。

特种舰艇 a41a9\3 是工业时代的新生事物，如同陆军的炮兵 a419a\3。它需要设置并列延伸概念 a41a9\3k=3 以分别表示扫雷、布雷舰 a41a9\31，猎潜舰 a41a9\32 和侦察舰 a41a9\33。

工业时代海军新兵种 a41aa3 的军事意义等同于陆军的新兵种 a419a3。对这些新兵种最先具有时代性领悟的杰出将领有德国的古德里安（对装甲兵 a419a3\2）和美国的斯普鲁恩斯（对航空母舰 a41aa3\2）等。

4.1.6-3 空军 a41b 综述

空军 a41b 的概念延伸结构表示式如下：

```
a41b:(~9;a\k=3,b3;b3c2n)
   a41b~9                   空军的时代性表现
   a41ba                    工业时代空军
   a41bb                    后工业时代空军

     a41ba\k=4              空军基本构成
     a41ba\1                轰炸
     a41ba\2                战斗
     a41ba\3                侦察
     a41ba\4                运输

     a41bb3                 后工业时代新概念空军
       a41bb3c2n            新概念空军基本类型
       a41bb3c25            战术空军
       a41bb3c26            战略空军
```

空军 a41b 的概念延伸结构表示式 a41b:(~9;a\k=4,b3;b3c2n) 比较传神，时代性表现的映射符号 a41b~9 和空军基本构成的映射符号 a41ba\k=4 都十分简明，无须赘述。下面仅简要说明后工业时代的新概念空军 a41bb3。

空军基本构成 a41ba\k 应设置延伸概念 a41ba\k*c0m，以表示它们的换代巨变。美国的第四代战斗机(a41ba\2c04+F22,l47,American)已经投入使用，其 a41ba\2c04+F35 也即将投入使用，而其他大国要 20 年以上才能做到，至于赶上美国，那应该是 22 世纪的话题了。

在专业活动的 8 项殊相概念树中，是军事活动 a4 最先宣告后工业时代的到来，其标志就是原子弹和导弹的诞生。中国人习惯把这两个东西叫"纸老虎"，但也可以把它们叫作杜鹃鸟，因为它们宣告了后工业时代的来临，这一宣告作用是与冷战紧密相关的。冷战与后工业时代伴生而来，但冷战之所以未转化成全面热战（第三次世界大战），就靠着这两只老虎或杜鹃鸟的制约力量。这个强大的制约力量半个世纪以来不仅主宰着大国的军事战略，也主宰着大国的政治战略，而且，还主宰着军事活动的战术思维。后一主宰性充分体现在下面的基本概念关联式里：

$$(a419b3c2n \equiv a41ab3c2n \equiv a41bb3c2n)$$
（后工业时代的新概念陆、海、空军之间相互强关联，都有战术部队和战略部队之分）

这一基本概念式表明：陆、海、空三大军种的概念需要从分别说向非分别说发展，从而引入 a41tb3c2n 的概念，即战术部队 a41tb3c25 和战略部队 a41tb3c26 的概念。应该承认：在战术部队 a41tb3c25 方面，美国目前处于绝对领先地位，这一态势在 21 世纪不可能发生重大变化。美国还力图在战略部队 a41tb3c26 方面也取得同样的领先地位，里根的"星球大战计划"和布什的导弹防御系统都是这一努力的关键举措，不能把这些举措只看作是一种政治谋略，虽然它具有政治阴谋和虚张声势的一面，但绝不是完全如此。

如前所述，现代的战术和战略部队都是在六维战争空间里活动，如何描述这一极为复杂的六维空间特性呢？请允许笔者暂时从略。

4.1.7 军事院所 a41i 综述

军事院所 a41i 是军事学院和军事技术研究院所的简称，其概念延伸结构表示式如下：

```
a41i:(t=b,7;9\k=0-3,a\k=m,b\k=3;)
    a41it=b              军事院所的基本构成
    a41i9               军事学院
    a41ia               军事科技学院
    a41ib               军事技术研究院所
    a41i7               文职军人
```

军事院所 a41i 具有下列基本概念关联式：

```
a41i˜b=%a71c33
（军事院校属于高校）
(a41i˜b,l00*a703a,a41e51)
（军事院校就是培育军官）
(a41i9,100*a703aju721,a4299)
（军事学院主要是培育指挥员）
(a41ia,100*a703a,a41e51ua62)
```

（军事科技学院就是培育技术军官）

```
a41ib=%a60i\2
```
（军事技术研究院所属于政府研究机构）

```
(a41ib,(l00*a629e2m)ju721,a219\26)
```
（军事技术研究院所主要是研发武器）

```
(a41i7,jl110ju721,a41e51ua6)
```
（文职军人主要"是"科技军官）

下面以三个分节对军事学院 a41i9、军事科技学院 a41ia 和军事研究院所 a41ib 进行论述。

4.1.7-1　军事学院 a41i9 综述

军事学院 a41i9 可简称军校，这里只给出一级延伸概念 a41i9 α =b，其汉语表述如下：

```
a41i9α=b          军事学院类型描述
a41i98            综合军事学院
a41i99            陆军学院
a41i9a            海军学院
a41i9b            空军学院
```

在四种类型的军事学院中，综合军事学院 a41i98 的作用最大，因为这里的综合是指军种的综合。三大军种的综合是工业时代后期的新生事物，但陆海军的综合需求则与工业时代伴生。因此，综合军事学院 a41i98 在理论上应给出 a41i98c2m 延伸，但实际上可以不予设置，而仅给出下列概念关联式：

```
(a41i98,s1091,a41~b;l54\2e21,pj1*ac36)
```
（工业时代中期以前，综合军事学院只体现陆海军的综合）

```
(a41i98,s1091,a41t;l54\2e22,pj1*ac37)
```
（工业时代后期以来，综合军事学院体现三大军种的综合）

美国的西点军校和我国的黄埔军校是综合军事学院中的名校，对两者略有所知的读者应不难理解：将其世界知识的描述止于符号 a41i98 是比较明智的选择。

陆军军事学院 a41i99 可按兵种作 a41i99\k=m 的延伸，但海军和空军的军事学院并不能如法炮制，这个问题就留给后来者去处理了。

4.1.7-2　军事科技学院 a41ia 综述

军事科技学院 a41ia 将设置下列概念延伸结构表示式，其汉语表述如下：

```
a41ia:(3,\k=4)
  a41ia3          军事科学
  a41ia\k=4       军事技术及其基本类型
  a41ia\1         作战技术
  a41ia\2         军用信息技术
  a41ia\3         军用医救技术
  a41ia\4         军用"支撑"技术
```

军事科学 a41ia3 不再设置延伸概念，仅给出下列基本概念关联式：

```
a41ia3=%a618
```
（军事科学属于科学）
```
a41ia3%=a649b\4
```
（军事科学包含军事学）
```
a41ia3=a649b˜\4
```
（军事科学强交式关联于军事学之外的所有社会学科）
```
a41ia3=a649a//a6498
```
（军事科学强交式关联于人文学科和综合学科）

军事技术 a41ia\k 的分别说 a41ia\k=4 包括作战技术 a41ia\1、军用信息技术 a41ia\2、军用医救技术 a41ia\3 和军用"支撑"技术 a41ia\4。这四项军事技术皆自古有之，且古人对其各自作用的认识高度未必低于今人，今人最引以为自豪的信息技术也如此，中国的神行太保这一《水浒》人物和希腊的马拉松壮举就是明证。

军事技术 a41ia\k 具有下列基本概念关联式：

```
a41ia\k=%a629
```
（军事技术属于技术）
```
a41ia\k<=a219\2//a21β
```
（军事技术强流式关联于工业，首先是制造业）
```
(a6299,l47,a41ia\1)≡a219\k6
```
（作战技术的硬件强关联于武器制造和军事设施基建）
```
a41ia\1=a64a\20
```
（作战技术强交式关联于工具制造学科）
```
(a41ia\1,s1091ju60c44,a629t)
```
（作战技术是硬件技术与软件技术的高水平综合）
```
a41ia\2<=a219\k5
```
（军用信息技术强流式关联于信息设施基建与信息用品制造）
```
a41ia\2=a64a\5
```
（军用信息技术强交式关联于信息学科）
```
a41ia\2=>(ra64a\5,l47,˜a41ia\k)
```
（军用信息技术强源式关联于民用信息技术）
```
a41ia\3<=a219\24
```
（军用医救技术强流式关联于医保用品制造）
```
a41ia\3=a643b
```
（军用医救技术强交式关联于医药学科）
```
a41ia\4<=((a219\22,a219\16,a219\23)
```
（军用"支撑"技术强流式关联于交通运输工具制造、军事设施基建和资源"制造"）
```
a41ia\4=(a64a\22;a64a\1)
```
（军用"支撑"技术强交式关联于交通运输工具制造学科和建造学科）
```
(z557a,l47,a41ia\k)>(z557a,l47,(a629,l47,˜a41ia\k))
```
（军事技术的质量层次高于民用技术）

作战技术 a41ia\1 在军事技术 a41ia\k 中占有特殊地位，这里只对它设置延伸概念，其汉语表述如下：

```
a41ia\1:(*t=b,c3n;c36\k=2)
```

```
a41ia\1*t=b              作战技术的军种描述
a41ia\1*9                陆战技术
a41ia\1*a                海战技术
a41ia\1*b                空战技术
a41ia\1c3n               远程作战技术
a41ia\1c35               弓箭战
a41ia\1c36               枪炮战
   a41ia\1c36\k=2
   a41ia\1c36\1               枪战
   a41ia\1c36\2               炮战
a41ia\1c37               导弹战
```

作战技术 a41ia\1 的概念延伸结构表示式可止于上式。各种具体军事技术学院的描述可采用以下的基本表示方式：

```
(pea41ia\1:,l47,a41t:)
```

其示例如下：

```
装甲兵工程学院=:(a41ia\1*9,l47,a419a3\2)
潜校=:(a41ia\1*a,l47,a41aa3\1)
航校=:(a41ia\1*b,l47,a41ba\k)
```

4.1.7-3　军事技术研究院所 a41ib 综述

军事技术研究院所 a41ib 的概念结构表示式及其汉语表述如下：

```
a41ib:(e3m,t=b,3,c2n,i;)
   a41ibe3m              武器基本构成研究
   a41ibt=b              武器单元研究
   a41ib3                尖端武器研究
   a41ibc2n              作战系统研究
   a41ibi                未来武器研究
```

上列前三项延伸概念具有如下对应的基本概念关联式：

```
a41ibe3m:=a219\26e3m
（武器基本构成研究对应于远程武器基本构成）
(a41ibt:=a219\26t,t=b)
（武器单元研究对应于武器与军种）
a41ib3:=a219\26*3
（尖端武器研究对应于尖端武器）
```

上列概念关联式是下面概念关联式的简化表示：

```
(a41ib:,s108,a219\26:)
（各项军事技术研究以相应的武器为研究目标）
```

a41ib:(e3m,t=b,3,)各有自己的延伸，其表示式与 a219\26:(e3m,t=b,3,)相同。

作战系统研究的基本概念关联式如下：

$$a41ibc2n \equiv a41tb3c2n$$
（作战系统研究强关联于战术与战略部队）

未来武器研究 a41ibi 将作变量并列延伸 a41ibi\k=m，但暂不作具体表述。

第 2 节
战争 a42 (131)

引言

军事活动有两个基本战场，战争 a42 是军事活动的第一战场，安保 a44 是军事活动的第二战场。

战争 a42 具有下列基本概念关联式：

(a42,jl111,(r51d01,l47,a13))
（战争是政治斗争的最高形态）
(a42,jl111,(r51d01,l47,a0099t=b))
（战争是"三争"的最高形态）
(a42,jl111,(sg2ju41c01,l00*a10,a15e05t=a))
（战争是实现征服的唯一手段）

前两个概念关联式被称为战争的终极作用，第三个概念关联式被称为战争的征服作用。应该看到：随着后工业时代的到来，这两项作用正在逐步消失。但迷信于此者，在专制国家中仍居于主导地位，在民主国家中也大有人在。在后工业时代到来的初期，曾出现过"战争是否可以避免"的著名论争。"战争可以避免论"提出者所指的战争实际上是第三次世界大战，基本论点是第三次世界大战必然是核大战，而核大战是人类社会不可承受的。"战争不可避免论"的坚持者则泛指一切战争，基本论点有隐蔽性侧面和公开性侧面。隐蔽性侧面的基本论点是人类社会并非不能承受核大战，其理念根源是对战争征服作用的绝对信奉；公开性侧面的基本论点是战争的终极作用具有永恒性。"战争可以避免"论者对三大历史时代的巨变有所察觉，而"战争不可避免"论者则对这一巨变采取不可思议的回避态度。由于三大历史时代的进程具有极大的地区不平衡性，"战争不可避免论"依然具有现实意义，战争终极作用的信奉者即使在已经进入后工业时代的国度里依然大有人在。

4.2-0 战争 a42 的概念延伸结构表示式

```
a42:(β,e1m,e2m,3,\k=3;βt=a,3:(m,e3n),\k*t=a)
 a42β              战争的作用效应链表现
 a429              战争的作用效应侧面
 a42a              战局
 a42b              战线与战役
 a42e1m            战争结局
 a42e10            战争平局
 a42e11            战争胜利
 a42e12            战争失败
 a42e2m            战争形式
 a42e21            内战
 a42e22            外战
 a423              战争的基本关系
 a42\k=3           战争的基本形态
 a42\1             阵地战
 a42\2             运动战
 a42\3             游击战

   a42βt=a           战争作用效应链表现的分别说
   a4299             指挥
   a429a             作战
   a42a9             战争过程表现
   a42aa             战争转移表现
   a42b9             战线
   a42ba             战役

 a423              战争的基本关系
 a423:(m,e3n)
   a423m             战争关系的双方描述
   a4230             战争双方
   a4231             战争此方
   a4232             战争彼方
   a423e3n           战争关系的三方描述
   a423e35           战争第一方（发动方）
   a423e36           战争第二方（应战方）
   a423e37           战争第三方
```

战争 a42 配置了五项一级延伸概念。第一项 β 延伸 a42β 描述战争的作用效应链表现，并赋予 a42βt=a 的二级延伸，这一延伸充分展现了战争的基本特性；第二项 a42e1m 描述战争结局；第三项 a42e2m 描述战争的基本形式（简称战争形式）：内战 a42e21 与外战 a42e22；第四项 a423 描述战争的基本关系：以延伸概念战争关系的双方 a423m 和三方 a423e3n 分别表示；第五项并列延伸 a42\k=3 描述战争的基本形态：阵地战 a42\1、运动战 a42\2 和游击战 a42\3。

4.2.1 战争的作用效应链表现 a42β 及战争结局 a42e1m 综述
本小节将以四个分节进行论述。

4.2.1-1 战争的作用效应侧面 a429 综述

战争作用效应侧面 a429 的分别说 a429t=a 命名为指挥 a4299 与作战 a429a。指挥与作战的关系类比于大脑与身体，两者的世界知识充分体现在下列基本概念关联式里：

```
a4299=a0189
（指挥强交式关联于决策）
a429a=a018a
（作战强交式关联于执行）
a4299=a40a
（指挥强交式关联于军事部署）
a429a=a40b
（作战强交式关联于军事训练）
a429t=a41e2m
（指挥与作战强交式关联于军事组织的纵横结构）
a4299≡a41d01
（指挥强关联于统帅部）
(a4299,l00*011,a41e51)
（指挥由军官承担）
(a429a,l00*011ju721,a41˜e51)
（作战主要由战斗员承担）
```

汉语的"指挥"是多义词，a4299 和 a329\2*9 是其义境表示的两个基本项。在语义上，两者强交式关联，但在语境上并不存在关联性，因此，不能给出 a4299=a329\2*9 的概念关联式。本《全书》的导论里，强调了语言概念空间与其他四类概念空间（包括艺术概念空间）存在着本质差异，强调了 HNC 是自然语言的义境学，而不是自然语言的语义学，强调了义境学才是自然语言理解的基石。符号 a4299 和 a329\2*9 可以对这三个关键点给出足够的启示。

克劳塞维茨说过：军事艺术是比军事科学更好的军事学语言描述，这个意见对指挥 a4299 尤为适用。因此，只对指挥 a4299 给出下面的简要延伸描述。

```
a4299:(e2n;e25d01)
  a4299e2n              指挥的基本特性
  a4299e25             正确的指挥
    a4299e25d01          天才指挥
  a4299e26             错误的指挥
```

指挥 a4299 的上列延伸概念无须说明。需要说明的是：为了挖掘出蕴含在指挥 a4299 里的其他世界知识，概念关联式 a4299≡a41d01 可提供足够的引导。这一知识挖掘的技术侧面不属于本《全书》的讨论范围。但这里不妨多说一句，对于许多历史名人（如我国古代的项羽和霍去病、古迦太基的汉尼拔、英国的纳尔逊、德国的隆美尔、美国的巴顿）来说，最重要的世界知识是什么？那就是 pa4299e25d01。

作战 a429a 的概念延伸结构表示式如下：

```
a429a:(m,e1m;13,^y2)
```

```
a429am              作战的基本形态
a429a0              （无）
a429a1              进攻
   a429a13             奇袭
a429a2              防御
  ^a429a2             反击
a429ae1m            作战基本效应
a429ae10            平局
a429ae11            战胜
a429ae12            战败
```

上列各项延伸概念具有下列基本概念关联式：

```
a429am≡a40b9e1m
（作战基本形态强关联于攻防要义）
a429am=b30m
（作战基本形态强交式关联于竞争基本形态）
a429ae1m=b30e1m
（作战基本效应强交式关联于竞争基本效应）
```

这三项概念关联式的哲学意义如下。

所谓战争艺术，本质上就是攻与守的艺术，而攻与守的艺术也是竞争艺术与生存艺术的灵魂。《孙子》是战争艺术的巨著，《老子》是竞争艺术的巨著，《论语》是生存艺术的巨著。这是三部艺术性或理念型专著，而不是科学性或理性型专著。中华文明的艺术与理念基因比较发达，而科学与理性基因则比较欠缺。这一基因特性在三部巨著里必然有所表现，它也表现在汉语的语言符号系统里，汉语是艺术型语言符号系统，不是科学型语言符号系统。五四运动的先行者隐约地感觉（不是科学认识）到了这一点，所以他们大胆地提出了废除汉字的主张。当西方列强征服全球的浪潮奔腾到中华大地时，西方的浪漫理性和实用理性正处于兴旺时期，他们受到这两种理性的深刻影响，而对于造就列强的真正孕育者——经验理性与先验理性——反而所知甚少，这一局限性造成了浪漫理性与实用理性在 20 世纪的中国大行其道，对 20 世纪的中国产生了巨大的误导作用（这一误导的严重性也许还需要一个世纪以后才能看得比较清楚）。

关于攻与守的哲学论述太多了，"进攻是最好的防御"是其中之一。但面对"享乐无止境"危机，人类应该反思这一流行于工业时代的攻守哲学，向《孙子》与《老子》的攻守哲学回归。当前是一个对各种硬道理充满迷信的时代，而这两部巨著的精髓恰恰在于质疑任何硬道理的理念价值，在这一点上，25 个世纪以来，还没有任何一部哲学著作可以与《孙子》与《老子》比肩。

延伸概念 a429a0 不存在相应的汉语词语，"交火"貌似其对应词语，但实际上不是，其映射符号是 a429a~0。"进攻是最好的防御"这一语句是 a429a0 的合适"词语"之一，"长城"是合适"词语"之二，这两个"词语"似乎可以反映 a429a0 的全部内涵。前者表述了寓守于攻的战略，后者体现了寓攻于守的战略。"长城"说大约很难为人们所接受，这里需要多说两句话。修建长城的最初目的也许仅仅是防御北方游牧民族的劫掠，但后来的长城（特别是明长城）则不仅是为了防御，也是为了进攻，位于长城之外的无数军事设施就是明证。明成祖朱棣的名气远不如汉武帝刘彻，但两人的雄才大略是大体相当的。

进攻 a429a1 的延伸概念奇袭 a429a13 和防御 a429a2 的延伸概念反击^a429a2 都必须配置各自的领域句类代码。与两者相应的定义式和概念关联式这里从略，留给来者的难题并不多，这是其中之一吧。

关于战争作用效应侧面 a429 的分别说，还应该给出下列基本概念关联式：

```
a4299:=00a
（指挥对应于精神作用）
a429a:=30a
（作战对应于实现）
```

精神作用 00a 具有 00at=b 延伸，实现 30a 具有 30a:(e2n,e7m.e7n,t=b)延伸。这意味着指挥 a4299 的联想脉络关涉到人类的三类精神生活，而作战 a429a 的联想脉络关涉到实现 30a 所面对的四个基本侧面。这些联想脉络在军人的大脑里越发达越好，但在常人的大脑里并不需要那么发达。这就是区分世界知识与专家知识的基本思路。指挥 a4299 与作战 a429a 之概念延伸结构表示式的设计体现了这一基本思路，对上述联想脉络进行了化繁为简和突出重点的处理。

4.2.1-2 战争的过程转移表现 a42a 综述

战争的过程转移表现 a42a 的分别说 a42at=a 直接命名为战争的过程表现 a42a9 和战争的转移表现 a42aa，两者都具有极为丰富的世界知识，其概念延伸结构表示式只能采取突出重点的做法，不奢求对其概念联想脉络给出全面的概括。

战争过程表现 a42a9 的概念延伸结构表示式如下：

```
a42a9:(~eb0,53y;eb1e2m,eb2e2m)
a42a9~eb0                战争过程侧面的基本描述
a42a9eb1                 战争爆发
a42a9eb2                 战争结束
a42a9eb3                 战争进程
53a42a9                  备战

a42a9eb1e2m              战争爆发的基本形态
a42a9eb1e21             常规形态
a42a9eb1e22             异常形态

a42a9eb2e2m              战争结束的基本形态
a42a9eb2e21             常规形态
a42a9eb2e22             异常形态
```

战争的过程表现 a42a9 当然不限于战争的爆发、结束与进程，但毫无疑义，三者属于战争过程的基本描述，符号 a42a9~eb0 是对三者的传神表示。战争的准备（备战）非常重要，往往对战争的胜败起决定性作用，符号 53a42a9 是对这一延伸概念的传神表示。两者的基本概念关联式如下：

```
a42a9˜eb0=11˜eb0
（战争过程侧面的基本描述强交式关联于过程的开始、结束与持续）
53a42a9=11e21
（备战强交式关联于过程之先）
```

　　战争的过程表现 a42a9，我们只选取了过程之序 11 加以描述，为什么过程的因果源流 12、过程的趋向与转化 13 和新陈代谢 14 都置之不理呢？请读者思考。

　　对战争爆发 a42a9eb1 和结束 a42a9eb2 赋予 a42a(˜eb3)e2m 的延伸，以描述两者的常规与异常形态。延伸概念 a42a9eb1e2m 和 a42a9eb2e2m 的内涵非常复杂，但仍然可以给出下列基本概念关联式：

$$a42a9eb1e21:=(a42a9eb1,jl11e21,3318) \tag{1}$$
（战争爆发的常规形态对应于宣战）
$$a42a9eb1e22:=(a42a9eb1,jl11e22,3318) \tag{2}$$
（战争爆发的异常形态对应于不宣而战）
$$a42a9eb2e21=(a42a9eb2,jl11e21,a43c2n) \tag{3}$$
（战争结束的常规形态强交式关联于战争"条约"的存在）
$$a42a9eb2e22=(a42a9eb2,jl11e22,a43c2n) \tag{4}$$
（战争结束的异常形态强交式关联于无战争"条约"）
$$a42a9eb1e22=a42˜0e26 \tag{5}$$
（战争爆发的异常形态强交式关联于非正义战争）
$$(a42a9eb1+a42a9eb2)e22=a42e21 \tag{6}$$
（战争爆发与结束的异常状态强交式关联于国内战争）

　　战争转移表现 a42aa 具有下面的概念延伸结构表示式：

```
a42aa:(e9m,e9n,\k=m;e9ot=b)
a42aae9m              "行军"第一类描述
a42aae91             "行军"目的地描述之一
a42aae92             "行军"目的地描述之二
a42aae93             "行军"起点描述
a42aae90             回师
a42aae9n              "行军"第二类描述
a42aae95             出发
a42aae96             到达
a42aae97             途径
a42aa\k=6            战争转移的功能描述
a42aa\1              作战
a42aa\2              "侦察"
a42aa\3              "巡逻"
a42aa\4              驻防
a42aa\5              退转
a42aa\6              抢救

  a42aae9ot=b              "行军"的陆、海、空三军的分别说
```

战争转移表现 a42aa 设置了三项延伸概念，前两项 a42aae9m 和 a42aae9n 统称"行军"，第三项 a42aa\k=5 定名为战争转移的功能描述。显然，战争转移侧面 a42aa 只考虑了自身转移，因此，应给出下列基本概念关联式：

```
a42aa:=22b
（战争转移侧面对应于自身转移）
```

"行军"加了引号，因为其原意仅用于陆军的转移，这里扩展到陆、海、空三军。海军和空军的转移拥有各自的专用术语，可捆绑到符号 a42aae9o~9 里。

战争转移的功能描述未采用变量并列延伸，这意味着 a42aa\k=6 是完备的描述。其中的"侦察"a42aa\2 与"巡逻"a42aa\3 都加了引号，因为，两者都具有战争与安全的双重意义，而这里专指前者。退转 a42aa\5 的含义比较复杂，这里就不来详述。我国的东周、东晋和南宋王朝就属于退转的产物，第二次世界大战时英军的敦刻尔克大撤退是典型的退转，抗日战争时我国的"以空间换时间"战略催生了艰苦卓绝的大西南退转，著名的红军万里长征实质上也是退转。抢救 a42aa\6 未加引号，包括战争与安全双重意义上的抢救（但不包括医疗、生态和政治意义上的抢救），因此，具有下面基本概念关联式：

```
a42aa\6=:a23\13*a
（战争意义上的抢救等同于安全意义上的抢救）
```

4.2.1–3 战争关系状态侧面 a42b 综述

战争关系状态侧面 a42b 的分别说定名为战线 a42b9 与战役 a42ba。

战线 a42b9 指称战争双方进行战争的特定空间，战线的两侧对应着战争双方各自控制的地区。双方都把战线叫前线，把离开前线较远的地区叫后方。农业时代的战争只发生在前线，工业时代的战争已从前线伸展到后方，后工业时代的战争则更从狭义空间伸展到广义空间了，这是战线含义的时代性巨变。尽管如此，战线这一词义依然是战争双方关系的集中体现，虽然其原意仅着眼于战争的狭义空间描述。战线也叫战区，通常由若干个战场构成。

战役 a42ba 着眼于战争的空间–时间联合描述，指称在特定空间和特定时间段进行的战争，一个战役通常由若干次战斗构成，战斗存在时代性巨变。

上述世界知识是战线 a42b9 和战役 a42ba 之概念延伸结构表示式设计的基本依据。

战线 a42b9 的概念延伸结构表示式如下：

```
a42b9(-0,e2m;-0~9)
    a42b9-0              战区
    a42b9e2m             战线的效应描述
    a42b9e21             前线
    a42b9e22             后方

     a42b9-0~9           战区的时代性巨变
     a42b9-0a            工业时代的战区延伸
     a42b9-09            后工业时代的战区延伸
```

战线 a42b9 设置了两项延伸概念：一是战区 a42b9-0；二是战线的效应描述 a42b9e2m。

战区延伸符号 a42b9-0~9 用于战线时代性巨变的描述，它包含两项的延伸概念 a42b9-0a 和 a42b9-0b，分别表示工业与后工业时代的战区延伸。为什么不采用符号 a42b9-0t=b 以表示战区概念的时代性巨变呢？因为符号 a42b9-09 的使用会形成误导，这一农业时代形成的战区概念实质上并没有时代性变化。这样，符号 a42b9-0a 和 a42b9-0b 就可以分别作上面的定名，并赋予下列基本概念关联式：

```
(a42b9-0a,l54\5e21,pj1*a)
（工业时代的战区延伸起于工业时代）
a42b9-0b:=pj1*b
（后工业时代的战区延伸对应于后工业时代）
```

工业时代的战区延伸主要是针对空军对后方的轰炸和海军潜艇对海上军用物资运输线的攻击。两者的符号表示可使用延伸概念 a42b9-0a\k=2。

后工业时代战区延伸主要是针对导弹袭击、信息攻击及未来的太空攻击。三者的符号表示可使用延伸概念 a42b9-0b\k=3。

描述 a42b9-0~9\k 世界知识的概念关联式需要一定的专家知识，这就留给来者吧。

战线的效应描述 a42b9e2m（前线与后方）的后方 a42b9e22 当然也存在时代性巨变，但不必直接予以描述，给出下面的概念关联式就足够了：

```
(a42b9e22,jl11e21,xpj1*t)
（后方具有时代性巨变）
```

战役 a42ba 的概念延伸结构表示式如下：

```
a42ba:(\k=2,-0,˜eb0;-0t=b)
  a42ba\k=2              战役基本类型
  a42ba\1               陆地战役
  a42ba\2               水上战役
  a42ba-0               战斗
  a42ba˜eb0             战役的基本过程描述
  a42baeb1              战役开始
  a42baeb2              战役结束
  a42baeb3              战役中

    a42ba-0t=b           战斗基本类型
    a42ba-09             陆战
    a42ba-0a             海战
    a42ba-0b             空战
```

战役 a42ba 配置了三项延伸概念：一是战役基本类型 a42ba\k=2，分别描述陆地战役 a42ba\1 和水上战役 a42ba\2；二是战斗 a42ba-0，其延伸概念 a42ba-0t=b 分别表示陆战 a42ba-09、海战 a42ba-0a 和空战 a42ba-0b；三是战役的基本过程描述 a42ba˜eb0，a42baeb1 表示战役开始，a42baeb2 表示战役结束，a42baeb3 表示战役中。

战役基本类型 a42ba\k=2 具有下列基本概念关联式：

```
(a42ba\1,sv32,wj2*1)
（陆地战役以陆地为主战场）
(a42ba\2,sv32,wj2*2)
（水上战役以水域为主战场）
```

这两个概念关联式表明：类战役 a42ba\k 都可作 a42ba\k₁k=3 的延伸，以分别描述陆地战役的平原、山区与沙漠战，水上战役的海战、河战与湖战。我国解放战争的三大战役（辽沈战役、平津战役和淮海战役）属于 a42ba\11，中印和中越边界战争属于 a42ba\12，第二次世界大战中的北非之战属于 a42ba\13，第二次世界大战中的中途岛战役属于 a42ba\21，我国著名的赤壁之战属于 a42ba\22，朱元璋与陈友谅的鄱阳湖之战则属于 a42ba\23。显然，对 a42ba\2~1 应给出下面的基本概念关联式：

```
a42ba\2~1:=pj1*9
（河战与湖战对应于农业时代）
```

战斗 a42ba-0 是战役的单元 j41-0，这一重要世界知识已充分蕴含在该符号里，不必另行写出概念关联式。需要写出的是下面的基本概念关联式：

```
(a42ba-0t,l00*44ea1,a41t,t=b)
（陆战、海战和空战分别以陆军、海军和空军为主力）
```

战役基本过程描述 a42ba~eb0 具有下列基本概念关联式：

```
a42baeb1:=(11eb1,147,a42ba//a42ba-0)
（战役开始对应于战役或战斗的开始）
(a42baeb1,jl001jlu12c31,a42a9eb1)
（战役开始可能等同于战争开始）
a42baeb2:=(11eb2,147,a42ba//a42ba-0)
（战役结束对应于战役或战斗的结束）
(a42baeb2,jl002,a42a9eb2)
（战役结束不同于战争结束）
a42baeb3:=(11eb3,147,a42ba//a42ba-0)
（战役中对应于战役或战斗的进程）
```

本分节最后，还应该给出下面的基本概念关联式：

```
(a42ba//a42ba-0):=a42a9eb3
（战役或战斗对应于战争进程）
```

4.2.1-4 战争结局 a42e1m 综述

战争结局 a42e1m 是关于战争过程、效应与关系的非分别说，这里的过程是指战争的全过程，而不是一个战役或战斗的过程；这里的效应密切联系于战争的政治目的，而不仅是军事目的；这里的关系是指战争结局造成的战争双方的新关系（如战胜方 p-a42e11 和战败方 p-a42e12），而不是指作战双方的关系。这些世界知识以下列概念关联式表示：

$$a42e1m \equiv (sg108,l47,a42) \tag{1}$$
（作战结局强关联于战争目的）

$$a42e1m = a429ae1m \tag{2}$$
（战争结局强交式关联于作战基本效应）

$$a42e11 = a15e05t \tag{3}$$
（战胜强交式关联于征服的实现）

$$a42\tilde{}e12 \equiv (30ae25,l45,(sg108,l47,a42)) \tag{4}$$
（战胜与平局强关联于战争目的的达到）

$$a42e12 \equiv (30ae26,l45,(sg108,l47,a42)) \tag{5}$$
（战败强关联于战争目的的落空）

$$a42e1m => a43c2n \tag{6}$$
（战争结局强源式关联于战争"条约"）

战争目的(sg108,l47,a42)通常包括政治、经济、军事三侧面，有的战争还包括文化的宗教侧面，当然，这多个侧面有主次之分，但单一目的的战争毕竟是罕见的。概念关联式（2）表明：战争结局与作战基本效应之间只是强交式关联，而不是强关联；概念关联式（4）表明：战胜与平局具有等价性。两者似乎与常识相悖，然而这正是战争目的多重性的反映。因此，我们不仅可以宣告金门炮战完胜，也完全有理由宣告赢得了抗美援朝战争的伟大胜利。不过，对上列概念关联式的深入讨论已跨入专家知识的范畴，就此打住为宜。

战争结局的胜败 a42~e10 需要配置延伸概念 a42(~e10)d01，其义境不言自明，姑名之"最大限度胜败"吧。第二次世界大战中盟军曾坚持"无条件投降"的原则，这个短语的映射符号就是 a42e12d01。

4.2.2 战争形式 a42e2m 综述

战争类型的描述不是一个复杂的课题，因为我们已经对政治斗争的类型进行了比较详尽的描述，对战争给出对应的描述是一件顺手牵羊的易事，但我们决定不牵，因为，这一牵既多余，又不智。因此，我们决定放弃战争类型的内容描述，而只给出战争类型的形式描述，简称战争形式 a42e2m：内战 a42e21 与外战 a42e22。

孟子曾提出"春秋无义战"的著名论断，这一论断当然值得商榷。但义战这个概念十分重要，将在下一子节里给出直接表示。而战争类型的一般内容描述，建议采用 a42ua13\k:的复合表示。

战争形式描述 a42e2m 存在历史视野的今昔之别。南宋的抗金战争，在岳飞的视野里，当然是外战 a42e22。那么，今人就可以从中华民族大家庭的视野把它说成是内战么？这类别出心裁的世界知识就不必告知交互引擎了。

战争形式 a42e2m 需要给出下面的延伸概念：

a42(e2m)e1n	内外交错战争
a42(e2m)e15	"讨逆"
a42(e2m)e16	"反叛"

对于内外交错战争 a42(e2m)e1n，需要给出下面定义式与对应式：

```
a42(e2m)e1n::=(a42,144,(43e06,43e07))
```
（内外交错战争定义为主战者与投降者之间的战争）
```
a42(e2m)e15::=(a42,101,43e06;102,43e07)
```
（"讨逆"定义为主战者对投降者的战争）
```
a42(e2m)e16::=(a42,101,43e07;102,43e06)
```
（"反叛"定义为投降者对主战者的战争）
```
pa42(e2m)e15:=43e06
```
（"讨逆"者对应于主战者）
```
pa42(e2m)e16:=43e07
```
（"反叛"者对应于投降者）

内外交错战争 a42(e2m)e1n 的现实表现极为复杂，在字面意义上，讨逆与反叛具有下列基本属性：

```
a42(e2m)e15:=j805
```
（"讨逆"对应于正义）
```
a42(e2m)e16:=j806
```
（"反叛"对应于邪恶）

但现实情况远非如此简单，所以，对讨逆与反叛都加了引号。因为，既有正义的"讨逆"，也有邪恶的"讨逆"，"反叛"亦然。在"颠倒是非，混淆黑白"方面，内外交错战争 a42(e2m)e1n 大约是最为严重和离奇的领域。这些复杂现象不仅是历史的赫然存在，也是现实的赫然存在。因此，似乎有必要设置延伸概念 a42(e2m)e15e26 和 a42(e2m)e16e25 以警示那些天真的正义认定者。但是，这种警示本身也是一种可笑的天真，因此，这两项延伸概念只作为备用。

符号 a42(e2m)e1n 自身无褒贬性，但相应自然语言的论述常常显示出强烈的褒贬性，这是一项贵重的信息资源，它暴露了作者的立场信息，交互引擎应不难据此作出 BACA 的相关判定。

在后工业时代，早期进入民主政治制度的国家已消除了内战的根源，因此，本小节将以下面的概念关联式作为结束。

```
((pj2,100*a10,a10e25;154\5e21,pj1*a),jl11e22,a42e21;sv31,pj1*b)
```
（在后工业时代，自工业时代已实行民主政治制度的国家不存在内战）

4.2.3 战争基本关系 a423 综述

关系基本构成 407 具有比较复杂的延伸结构 407:(m,n,-,e3m,e3n;)，战争基本关系取其中的两项 407m 和 407e3n 构成战争基本关系 a423 的描述，其一级概念延伸结构表示式拷贝如下：

```
a423                    战争基本关系
a423:(m,e3n)
  a423m                 战争关系的双方描述
  a4230                 战争双方
  a4231                 战争此方
  a4232                 战争彼方
```

a423e3n	战争关系的三方描述
a423e35	战争第一方（发动方）
a423e36	战争第二方（应战方）
a423e37	战争第三方

战争关系的双方描述 a423m 对应于关系双方构成的Ⅰ型描述，a423m:=407m，战争关系的三方描述 a423e3n 对应关系三方构成的Ⅱ型描述，a423e3n:=4073e3n。这样的描述已经是战争关系的简化描述了，不过，交互引擎可以满足于这一简化。自古以来，战争关系 a423 就不是只涉及战争的双方，而是必然涉及第三方。a423e3n 具有下列基本概念关联式：

a423˜e37:=407-e21
（战争关系的第一方与第二方对应于关系双方构成Ⅲ型描述的同方）
a423e37:=407-e22
（战争关系的第三方对应于关系双方构成Ⅲ型描述的另方）

在我国历史上著名的"围魏救赵"战例中，魏是 a423e35，赵是 a423e36，齐则是 a423e37。近代著名的朝鲜战争中，朝鲜是 a423e35，韩国与美国是 a423e36，中国与苏联是 a423e37。在这两个战例中，可以约定魏为 a4231，赵与齐为 a4232；约定朝鲜、中国和苏联为 a4231，则韩国、美国及所谓的联合国军为 a4232。这一约定乃基于下面的约定概念对应式：

a4231:=a423e35

但是，战争第一方（发动者）a423e35 的认定比较复杂，因为战争发动者通常都会采取倒打一耙的宣传手段，以掩盖真相。因此，这里只给出下面的模糊性概念关联式：

a423m:=a423e3n

下面给出战争正义性的符号表示：

a423˜0e1n	战争正义性的名义描述
a423˜0e15	"正义"战争
a423˜0e16	"邪恶"战争
a423me2n	战争正义性的伦理描述
a423˜0e2n	战争伦理性表述的分别说
a423(m)e26	战争伦理性表述的综合说

上列符号表示只涉及战争正义性描述的名义与伦理两侧面，不涉及战争的历史性作用，后者实质上不属于正义性的范畴。"春秋无义战"之说乃是孟子对春秋时代战争的综合性伦理描述，列宁对第一次世界大战的谴责也是如此。

上列符号表示着重于描述下列世界知识：战争的任何一方都会自称是正义者，因此，名义上的义战与非义战必然同时存在；伦理意义上的战争描述要区别分别说与综合说。战争之伦理分别说以战争的双方为参照，这时，若指定战争的某一方为正义方，则战争的另一方即为邪恶方，同一场战争对正义方为正义战争，对邪恶方为邪恶战争；战争之伦理综合说则统指战争的双方，由于战争双方皆义是不可能的，而双方皆不义是可能的，所以战争伦理综合说的映射符号必然是 a423(m)e26，"春秋无义战"之说即来于此。

中国的抗日战争属于战争的伦理分别说，其映射符号为

$$(a4231e25,l47,China;l54\backslash5e2m,1937\text{-}1945)$$

与之同时存在的对应符号是

$$(a4232e26,l47,Japan;l54\backslash5e2m,1937\text{-}1945)$$

两者都是指 1937～1945 年发生在中国与日本之间的那场战争，"抗日战争"的映射符号为前者，"日本侵华战争"的映射符号为后者。

4.2.4 战争基本形态 a42\k=3 综述

战争基本形态 a42\k=3 的汉语表述拷贝如下：

```
a42\k=3          战争的基本形态
a42\1            阵地战
a42\2            运动战
a42\3            游击战
```

这里的战争基本形态实质上是指战斗的基本形态，其符号表示 a42\k=3 密切联系于下一节论述的战争效应中的空间效应与基本效应。这就是说，战争基本形态具有下列基本概念关联式：

```
a42\k:=a42ba-0
（战争基本形态对应于战斗）
a42\1≡a43e1n
（阵地战强关联于战争的空间效应）
a42\2≡a433t
（运动战强关联于战争的摧毁效应）
a42\3≡a433c01
（游击战强关联于游击）
```

战争的空间效应、战争的摧毁效应和游击将在下节论述。

最后，以下列三点说明作为本小节的结束语。

第一，阵地战、运动战和游击战的概念并非仅适用于陆战，也适用于海战与空战。前面提到的中途岛战役就是海战的运动战，珍珠港事件是第二次世界大战中著名的空战运动战，1999 年发生的科索沃战争也是一场空战运动战。因此，战争基本形态 a42\k=3 将配置延伸概念 a42\k*t=b，以分别描述三大军种各自承担的战争基本形态，海军陆战队即主要用于海军的阵地战 a42\1*a，空降兵即主要用于空军的阵地战 a42\1*b。读者或许会问：海军和空军也会从事游击战 a42\3*~9 么？当然。第二次世界大战中，德国的 U-2 潜艇在北大西洋和北冰洋海域进行了卓有成效的海上游击战，美国的杜立德空军中队对东京的著名空袭是典型的空中游击战。

第二，三种战争基本形态的划分密切联系于战斗的具体目标，阵地战的目标是攻占或守住一个地点（通常是军事要地），运动战的目标是摧毁或消灭敌人的军力，游击战的目标只是削弱或骚扰敌人，三者本应该以交织性延伸符号 a42t=b 表示。由于延伸

概念 a42 β 的优先存在，延伸概念 a42t=b 的直接使用是不允许的，故以符号 a42\k=3 替代，虽然 a427\k=3 是更好的选择，这里却以最简原则替换最优原则了。

第三，战争形态的巨大时代性变化应有所表示，建议采用的符号是

```
(a42\(k)*t\k,t=b,k=m)
```

其中的 a42\(k)*t 具有下面的基本概念关联式：

```
(a42\(k)*t:=pj1*t,t=b)
```

延伸概念 a42\(k)*t\k 的具体化是一项不轻松的课题，但决定留给后来者。这里不妨提示一句，"\k"设置的一端应该是无数的边界战争，另一端的战例就是体现毛泽东特殊智慧的金门炮战了。

信息战、网络战、零伤亡战是当前的热门战争话题，这些新概念都可以纳入 a42\(k)*b\k 的符号表示。

结 束 语

战争关系到理念、政治、经济、文化和科技等诸多侧面，战争的理念与文化侧面即本章论述的"文武之道"，战争的政治侧面已见于政治活动章的征服 a15 节和本节的战争形式 a42e2m 子节，战争的经济侧面见下面的战备 a45 和军事与经济 a47 两节，战争的科技侧面见下面的军事与科技 a46 节。这些世界知识很容易写出相应的概念关联式，这就留给后来者了。

第 3 节
战争效应 a43(132)

引言

战争效应 a43 与战争作用效应链表现之分别说里的作战 a429a 有什么区别？或者说，两者如何分工呢？下面的概念关联式对此给出了清晰的回答。

```
a43=3˜0
（战争效应强交式关联于效应的全部殊相概念树）
a429=30a
（作战强交式关联于效应共相概念树里的实现）
```

效应的殊相概念树有 11 种，它们都会在战争中有所表现，那么，把它们分别转换成

战争效应 a43 的对应延伸概念是不是一个完美的思路？不！它不是完美而是愚蠢，因为它完全无视战争的特殊性，而正是这一特殊性才构成战争效应 a43 联想脉络的主体。效应的第一号殊相概念树是生与灭 31，与之强交式关联的殊相概念树是立与破 35，在效应那里，生 311 与灭 312、立 251 与破 352 居于同等的地位，"不灭不生""不破不立"的论断是不成立的。但是在战争这里，上述同等地位就不复存在，灭与破是第一位的，上述论断是成立的。所以，以战争赢得江山的伟人就容易对上述论断产生钟爱情结。

各效应殊相概念树在战争里的特殊表现是设计战争效应 a43 概念延伸结构表示式的基本依据。这些特殊表现集中于下列五种概念树：生灭 31、利害 32、立破 35、调控 36、获得与付出 3a。

4.3-0 战争效应 a43 的概念延伸结构表示式

```
a43:(3,e1n,c2n,t=b,˜4,˜0,i;3:(t=a,c01),^e1n,9t=a,ae1n,)
    a433                        战争基本效应
        a433t=a                     战争基本效应的分别说
        a4339                       歼灭
        a433a                       摧毁
        a433c01                     游击
    a43e1n                      战争空间效应
    a43e15                      攻占
    a43e16                      失陷
    a43c2n                      战争"条约"
    a43c25                      妥协性"条约"
    a43c26                      不平等条约
    a43t=b                      战争的人员效应
    a439                        伤亡
        a439t=a                     伤亡分别说
        a4399                       受伤
        a439a                       死亡
    a43a                        俘降
        a43ae1n                     俘降分别说
        a43ae15                     俘虏
        a43ae16                     投降
    a43b                        失踪
    a43˜4                       战争精神
    a435                        军功奖励
    a436                        军法惩处
    a43˜0                       战争的获得与付出
    a431                        战争缴获
    a432                        战争奉献
    a43i                        战争灾祸
```

4.3.1 战争基本效应 a433 综述

战争效应 a43 的第一项延伸概念定名为战争基本效应 a433。什么是战争基本效应呢？说它是消除 3128 与破坏 3528，应该是没有争议的，消除的对象是敌方的作战部队，破坏的对象是敌方的军事设施、装备与技术。两者都具有鲜明的作用，因此，其映射符号的选择只能是 a433，而不能是 a43i 或 a437。

战争基本效应 a433 的概念延伸结构表示式拷贝如下，随后给出相应的基本概念关联式：

```
a433:(t=a,c01)
    a433t=a              战争基本效应分别说
    a4339                歼灭
    a433a                摧毁
    a433c01              游击
```

a433=(3128,3528)　　　　　　　　　　　　　　　　　　　　(1)
（战争基本效应强交式关联于消灭与破坏）

a4339:=3128　　　　　　　　　　　　　　　　　　　　　　(2)
（歼灭对应于消除）

a433a:=352a　　　　　　　　　　　　　　　　　　　　　　(3)
（战争的摧毁对应于效应的摧毁）

(a4339,l02,pea429)　　　　　　　　　　　　　　　　　　　(4)
（歼灭的对象是作战部队）

a4339=a42\2　　　　　　　　　　　　　　　　　　　　　　(5)
（歼灭强交式关联于运动战）

(a433a,l02,pwa45;l03,(720~3,l47,a42))　　　　　　　　　(6)
（摧毁的对象是军事装备，摧毁的内容是战争意志）

a433a=a42\1　　　　　　　　　　　　　　　　　　　　　　(7)
（摧毁强交式关联于阵地战）

(a433c01,jl11e21,u332)　　　　　　　　　　　　　　　　　(8)
（游击具有隐蔽性）

(a433c01,sv32,(a42b9e22,l47,a4232))　　　　　　　　　　(9)
（游击在敌人的后方进行）

这里，概念关联式（9）对后方给予了敌方的说明，但在概念关联式（4）和（6）里，对作战部队、军事装备和战争意志却未给予相应的说明，这是有意为之还是省略？笔者就不回答了。

在概念关联式（6）里，摧毁 a433a 的对象与内容有别于正常情况，两者不能构成"军事装备的战争意志"或"有战争意志的军事装备"的组合，这违背了 HNC 关于对象与内容的定义。因此，摧毁 a433a 必须作 a433at=a 的交织延伸，a433a9 对应于针对军事装备的摧毁，a433aa 对应于针对战争意志的摧毁。于是，概念关联式（6）可分解成下列两式：

```
(a433a9,l02,pwa45)                            (6-1)
(a433aa,l03,(720~3,l47,a42))                  (6-2)
```

战争新闻报道中的"狂轰滥炸"大体与 a433aa 对应，典型战例有我国抗日战争期间日机对重庆的狂轰滥炸。

4.3.2　战争空间效应 a43e1n 综述

战争空间效应 a43e1n 具有下列基本概念关联式：

$$a43e1n <= a15e0n//a15 \backslash 1 \tag{1}$$
（战争空间效应首先强流式关联于全疆域征服，其次是局部疆域征服的割地）

$$(a43e1n, l02, wwj2-00; sv34, a42 \backslash 1) \tag{2}$$
（对于阵地战，战争空间效应的对象是特定地区）

$$(a43e1n, l02, wwj2-000; sv34, a42 \backslash 2) \tag{3}$$
（对于运动战，战争空间效应的对象是特定地点）

$$a43e15 := a429ae11 \tag{4}$$
（攻占对应于战胜）

$$a43e16 := a429ae12 \tag{5}$$
（失陷对应于失败）

$$((a43e1n, l02, wwj2-00), jl11e22, ju721; sv31, pj1*b) \tag{6}$$
（在后工业时代，以地区为对象的战争空间效应不具有重要性）

在上面的概念关联式里，我们实际上区分了两类战争空间效应：一类以特定地区为对象；另一类以特定地点为对象。这一区分重要么？也许对于未登录地点专名的识别是重要的，但对于交互引擎未必。因此，笔者的意见显然是：没有必要对 a43e1n 给出 a43e1n\k=2 的延伸概念。概念关联式（6）体现了战争空间效应 a43e1n 的时代性巨变，这就不展开论述了。

4.3.3 战争"条约"a43c2n 的世界知识

战争"条约"a43c2n 的汉语阐释拷贝如下：

a43c2n	战争"条约"
a43c25	妥协性"条约"
a43c26	不平等条约

战争"条约"a43c2n 的签订是战争结束常规形态 a42a9eb2e21 的标志，在关于战争过程 a42a9 的论述里已给出了相应的概念关联式（见本章 4.2.1–2 分节）。请注意：这里的条约带了引号，因为，停战协定和投降契约都将纳入战争"条约"的妥协性"条约"a43c25 里。

战争"条约"虽然自古有之，但具有鲜明的历史时代性。战争"条约"的法律地位是在《威斯特伐利亚和约》之后才逐步建立起来的，在那以"灭亡之"而"君临"为战争终极目标的漫长农业时代，不存在国际法的概念，战争"条约"实际上完全等同于政治谋略。因此，对战争"条约"，应首先给出下面的基本概念关联式：

$$(rua50(\gamma), l45, a43c2n) = a10e25$$
（战争"条约"的法律权威性强交式关联于民主政治制度）

尽管如此，在形式上还是可以对战争"条约"给出下面的定义式：

$$a43c2n ::= (a009aa, l45, a42a9eb2e21)$$
（战争"条约"是以常规形态结束战争的契约）

战争"条约"a43c2n 的符号本身就意味着存在两种战争"条约"，两者具有下列基本概念关联式：

$$a43c25 <= a42e10$$

（妥协性"条约"强流式关联于战争的平局）

a43c26<=a42˜e10

（不平等条约强流式关联于战争的胜败）

战争"条约"必然关涉到条约的双方，两类"条约"关涉到战争双方结局的基本差异，这些世界知识需要通过 a43c2n 的延伸概念加以表达。a43c2n 的概念延伸结构表示式及其汉语表述如下：

```
a43:( ,c2n,;c2ne1n;c2ne1n:(c01,d01))
    a43c2n                 战争"条约"
      a43c2ne1n            战争"条约"双方
      a43c2ne15            "条约"甲方
      a43c2ne16            "条约"乙方
        a43c2ne1nc01       停战协定
        a43c2ne1nd01       受降与投降
```

停战协定与投降契约具有下列基本概念关联式：

a43c2ne1nc01<=a42e10

（停战协定强流式关联于战争结局的平局）

a43c2ne1nd01<=a42(˜e10)d01

（受降与投降条约强流式关联于战争结局最大程度的胜败）

战争"条约"双方可给出下面的概念关联式：

((a43c2ne1n=:a42˜e10),sv35,a429a˜e10)

（在作战基本效应非平局情况，"条约"的甲乙双方分别等同于战胜方与战败方）

4.3.4 战争人员效应 a43t=b 的世界知识

战争人员效应 a43t=b 的汉语表述拷贝如下：

```
a43t=b               战争人员效应
a439                 伤亡
  a439t=a            伤亡分别说
  a4399              受伤
  a439a              死亡
a43a                 俘降
  a43ae1n            俘降分别说
  a43ae15            俘虏
  a43ae16            投降
a43b                 失踪
```

战争人员效应 a43t=b 的三侧面（伤亡、俘降与失踪）各有自身的清晰义境，其符号表示这里从略。下面直接给出三侧面的概念延伸结构表示式：

```
a43:(,t=b,;9t:(3,i)e2m,ae1n:(3,i)e2m,b:(3,i)e2m)
      a439t(3,i)e2m        军民伤亡的内外两分
      a43ae1n(3,i)e2m      军民俘降的内外两分
      a43b(3,i)e2m         军民失踪的内外两分
```

战争人员效应 a43t=b 的延伸概念采取了两级并合(3,i)e2m 的特殊形式，这里首先以定向延伸符号"3"与"i"作军民区分，然后以对偶性符号"e2m"作内外（彼此或敌我）区分。

战争人员效应 a43t=b 及其各级延伸概念都是 zz 强存在概念，其单元（j41-0）表示的典型汉语词语是"人"。

4.3.5 战争"精神"a43~4 综述

战争精神的自然语言描述十分丰富，但不存在战争精神的自然语言定义，谁试图给出一个准确的定义，谁就会陷于不智。但我们可以概括地说：战争精神必然在人类的三类精神生活中都有所表现，其第一类精神生活的表现曾被概括成"勇敢、坚定、纪律和服从"，其第三类深层精神生活的表现曾被概括成"文武之道"（皆见本章第 0 节）。这两种战争精神属于战争精神的作用侧面。战争精神在第二类深层精神生活的表现就是对战死者的纪念，它属于战争精神的效应侧面，但不在本小节论述。

本小节论述的战争精神 a43~4 密切联系于军功奖励 ra435 和"军法"惩处 ra436 两项，它仅表现战争精神效应侧面的一部分，不包括战争精神的作用侧面，所以加了引号。战争"精神"a43~4 的基本概念关联式如下：

```
ra435:=3619
（军功奖励对应于褒奖）
ra436:=3629
（"军法"惩处对应于惩罚）
```

上列概念关联式表明：战争"精神"a43~4 必然是一个 r 强存在概念，捆绑于 a43~4 的词语主要是映射于 ra43~4 的词语。但这项词语捆绑工作十分复杂，因为，它既关涉到战争"精神"的时代性巨变，又关涉到战争"精神"在军官和士兵身上的巨大差异。这是两项极为重要世界知识，必须直接体现在 a43~4 的延伸概念里。符号 a43(~4)te2m 即用于表示这一世界知识，其汉语诠释如下：

```
a43(~4)t=b          战争"精神"时代性
a43(~4)9            农业时代的战争"精神"
a43(~4)a            工业时代的战争"精神"
a43(~4)b            后工业时代的战争"精神"
  a43(~4)te2m        军人的战斗精神
  a43(~4)te21        军官的战斗精神
  a43(~4)te22        士兵的战斗精神
```

在这个符号里，战争"精神"时代性的表示在前，军官与士兵之间差异性的表示在后，这是否限制了对那种超越时代的军人战斗精神的有效表达呢？没有！因为符号 a43(~4)te2m 本身虽然采用了分别说的形式，但直接使用"t"就转换成非分别说而超越时代了，直接使用"e2m"就转换成非分别说而不区分军官与士兵之军人战斗精神的描述了。

延伸概念 a43(~4)te2m 具有下列基本概念关联式：

```
(a43(~4)t:=pj1*t,t=b)
```
(1)

（战争"精神"的时代性对应于相应的历史时代）

(a43(˜4)9,100*901m3,a11)　　　　　　　　　　　　　　(2)

（农业时代的战争"精神"服务于政权活动）

(a43(˜4)a,100*901m3,pj2)　　　　　　　　　　　　　　(3)

（工业时代的战争"精神"服务于国家）

(a43(˜4)b,100*901m3,j805)　　　　　　　　　　　　　(4)

（后工业时代的战争"精神"服务于正义）

(a43(˜4)te2m,102,a41e5m)　　　　　　　　　　　　　(5)

（军人的战斗精神以军人为对象）

(a43(˜4)te21,102,a41e51)　　　　　　　　　　　　　(6)

（军官的战斗精神以军官为对象）

(a43(˜4)te22,102,a41˜e51)　　　　　　　　　　　　　(7)

（士兵的战斗精神以士兵与"士官"为对象）

概念关联式（2）~（4）所描述的世界知识比较复杂，延伸概念 a43(˜4)te2m 的词语捆绑工作也比较复杂。下面将以"忠君""封侯"和"忠孝"这三个词语为例稍作说明。

《现代汉语词典》当然不会收录"忠君""封侯"这两个词语，因为两者不仅是典型的封建糟粕，而且似乎已在现代生活中消失了。但"忠君"和"封侯"不仅分别是 a4359 和 ra4359 的直系词语，而且其实质性内涵在实际的政治生活中未必果真消失。

在中华大地上确实趋于消失的只是"忠孝"意义下的"孝"，而不是"忠君"意义下的"忠"，当然"忠诚"意义下的"忠"也已趋于消失。"忠孝"这个概念在儒家学说里备受推崇，古汉语有"忠孝不能两全"的著名命题，这是中华文明特有的逻辑命题。不过，应该指出：这一命题里包含着"忠"重于"孝"的子命题，这是汉语表达的特色，罗素先生不了解这一点，难免对"孝"说过一些外行话。诚然，"忠孝"的观念是农业时代的产物，但有必要丑化它，把它变成一个封建、愚昧、落后的代名词（即所谓愚忠愚孝）么？诚然，在革命先行者看来，不这样做就不能扫除中国现代化进程的根本障碍。但实际情况果真如此么？当时的日本人并不做这样的扫除，怎么还是及时赶上了工业时代的列车，一点儿也没有造成误点的大错呢？孙中山先生晚年为什么要强调忠于党、忠于领袖的建国原则呢？

战争"精神"同任何精神一样，既有科学与理性的侧面，又有艺术与理念的侧面。战争"精神"的科学与理性侧面指其政治内涵，具有强时代性；战争"精神"的艺术与理念侧面指其文化内涵，仅具有弱时代性，甚至可以说不具有时代性。不理解这一点，就不能理解中华文明"艺术与理念基因的悠扬"（见本章的 4.2.1-1 分节），也就不能理解"忠孝不能两全"这一伟大命题的悠扬意义。

延伸概念 a43(˜4) 所表示的战争"精神"具有政治与文化的全方位意义，a43(˜4)t=b 所表示的战争"精神"仅具政治意义。a43(˜4)te2m 所表示的军人战斗精神也应作上述区分，符号 a43(˜4)(t)e2m 就表示全方位意义的军人战斗精神了。

下面给出延伸概念 a43(˜4)t=b 的典型汉语动态表述：

a43(˜4)9　　　　　　为君王而战

a43(˜4)a　　　　　　为国家而战

a43(˜4)b　　　　　　为正义而战

本小节最后应说明两点。

第一，延伸概念 a43(˜4)b 本身似乎具有内在的矛盾，因为，我们曾说过：在后工业时代"战争应成为人类历史记忆"。但是，后工业时代的曙光刚刚显露，世界又一次出现了"走向何方"的重大哲学课题。工业时代的思维不可能对"为正义而战"的战争"精神"a43(˜4)b 给出确切的描述，就把它当作一项对未来的预设吧。

第二，延伸概念 a436 应设置反概念^a436，表示对"对方"的"军法"惩处。对纳粹战犯和日本军国主义战犯的著名审判可以纳入(^a436)a 的案例，那么，对米诺舍维奇的审判能否纳入(^a436)a 的案例呢？笔者认为，加上参照信息也是可以的，如下式所示：

```
((^a436)a,147,pj01*e22)
```

4.3.6 战争的获得与付出 a43˜0 综述

战争的获得与付出具有下列基本概念关联式：

```
a431:=3a1\2
（战争缴获对应于效应概念的财富获得）
a432:=3a2a
（战争奉献对应于效应概念的奉献）
```

在效应的全部殊相概念树中，获得与付出 3a 最为特殊，其一级延伸概念 3am 具有形式对称性，但不具有内容的对称性，获得 3a1 和付出 3a2 的概念延伸结构表示式具有本质差异（见本卷第一编第三章）。战争的获得与付出 a43˜0 继承这一本质差异，上列概念关联式对此给出了确切的描述。

获得 3a1 是一个非常复杂的概念，其概念延伸结构表示式 3a1:(t=a,3,\k=5,e1n)的全部内容都会在战争中有所体现，这里只选出其中的一个小项 3a1\2 用于战争获得 a431 的具体描述，并命名为战争缴获，这是平衡原则的运用。实际上，本节前面论述各项战争效应都从不同侧面关涉到获得与付出 3a，特别是获得 3a1 的"得与失"3a1e1n。这里，只给出其中的一项概念关联式：

```
a43˜0=a43˜4
（战争获得与付出强交式关联于战争"精神"）
```

战争获得与付出 a43˜0 应设置下面的概念延伸结构表示式：

```
a43˜0:(3,i)
a43(˜0)3          军人的战争获得与付出
a43(˜0)i          民众的战争获得与付出
```

4.3.7 战争灾难 a43i 综述

战争效应 a43 的最后一项延伸概念 a43i 描述战争灾难。一切人灾在战争中都会降临，人类的一切暴行在战争中都会出现。所以，和平主义者反对一切战争。但是战争只能主要靠战争来免除，暴政也只能主要靠战争来铲除。因此，和平主义或非暴力主义（儒学和佛学都是古老的和平主义）的理念虽然是可钦佩的，然而在许多具体历史情况下它又是幼稚的甚至是荒谬的。

战争灾难 a43i 的概念延伸结构表示式如下：

```
a43i:(c2n,i,d01;(c2n)i,c26i)
   a43ic2n              战争灾难的基本描述
   a43ic25              战争引发的物质生活灾难
   a43ic26              战争引发的精神生活灾难
    a43i(c2n)i            寡妇效应
    a43ic26i             "民族"仇恨
   a43ii               难民
   a43id01             核冬天
```

与战争的获得与付出类似，战争效应的前五项都同战争灾难有关，特别是其中的战争人员效应 a43t=b，更是战争灾难最基本的体现。下列两项概念关联式可视为对战争灾难 a43i 这一延伸概念的特殊范定方式。

```
(a43i,jl111,(51ju721,l45,3228\2))
（战争灾难是人祸的基本形态）
(a43t,jl111,(51ju721,l45,a43i))
（战争人员效应是战争灾难的基本形态）
```

这两项概念关联式表明：战争灾难 a43i 这一概念或符号本身的意义是广义的，但其概念延伸结构表示式所描述的内容是狭义的。为什么不像文化活动的基本内涵 a30 那样，设置一项延伸概念 a43i7（广义战争灾祸）加以描述呢？答案是上面的概念关联式足以承担这一描述。

战争灾难 a43i 各项延伸概念的汉语表述比较准确，这里就不详细论述了。寡妇效应 a43i(c2n)i 在第二次大战后的苏联远比德国与日本严重，这似乎表明不同国家战争人员效应的官方数据的可信度差异很大。请注意"民族"仇恨 a43ic26i 加了引号，这里的"民族"是广义的，包括从国家到部落之间的一切人群，可以采用下面的概念关联式加以表示。

```
(a43ic26i,l44,a13\11)
（"民族"仇恨关涉到民族国家之间政治斗争的双方）
```

有什么形态的政治斗争，就会有什么形态的战争，因而战争引发的仇恨当然存在多种形态。但这里只选择了政治斗争的一个小项作为战争引发的精神生活灾难 a43ic26 的代表，这是平衡原则的运用。战争引发的精神生活灾难当然存在阶级斗争和宗教斗争的形态，美国在南北战争之后还必然存在过党派斗争的形态。但这些都不是主流，这里就略而不论了。

能不能断然宣称"民族"仇恨 a43ic26i 不是个好东西呢？不能，这是一个关系到情感空间的复杂课题。我们不应该讥笑"楚虽三户，忘秦必楚"的狂妄，更不应该批判"壮志饥餐胡虏肉，笑谈渴饮匈奴血"的狭隘。但是，强化"民族"仇恨 a43ic26i 的做法肯定是不明智的，甚至是别有用心的。后工业时代的哲学精神尚未形成，但笔者以为：淡化"民族"仇恨 a43ic26i 应成为新时代新启蒙运动的起点，它符合佛学、基督学和儒学的基本理念。

核冬天 a43id01 的概念即前文提到的"核战争会毁灭整个人类家园"这一说法的简

称，它是科学家的推断，不是实存。但西方政治家相信它的存在性，实际上已构成现代战略思维的基础，不仅核大战是必须阻止的，核小战也是必须阻止的。

结 束 语

战争效应 a43 的七项延伸概念囊括了战争效应之效应侧面的基本内容，熟悉效应各项概念树的读者应对此深信不疑。战争效应的时代性很强，本节只作了重点描述。战争效应的全部延伸概念都存在丰富的自然语言词语，这里应该再次强调：这里的词语是广义的。因此，相应的词语捆绑工作十分繁重。笔者认为：将时代信息和地域信息直接捆绑于词语知识库是一个可供选择的解决方案，这属于自然理解探索接力赛的第二棒的内容。本《全书》只涉及第一棒，关于第一棒与第二棒的分工将在第三卷论述。

第 4 节
安全保障 a44 (133)

引 言

军事活动的经常性运作或常态并不是战争，而是两项保障活动：一是保障国家的安全；二是保障人民的安全和社会秩序。下文将把安全保障简称安保。

安保 a44 的内容极为广泛。从保护对象来说，有个人、组织、设施、装备、技术等类别之分；从免除内容来说，有天灾、人祸、事故之别。上列保护对象的覆盖范围都很大，如个人包括一般民众直到国家领导人，组织包括区区数人的小机构直到国家甚至国家集团。本小节定义的安保 a44 具有广义与狭义的二重性。就定义本身来说，它是广义的，符号表示为 a44::=c03bua，对应的汉语描述是"对伤害的专业性免除"；就其延伸结构来说，它是狭义的，主要涉及由武装力量承担的安保活动。

情报的收集、分析与对抗对安保 a44 具有特殊意义。

安保 a44 既面对公开的和外部的敌人，也面对隐蔽的和内部的敌人。隐蔽的内外敌人是其防范的重点，因此，军事活动的特殊隐蔽性将在安保 a44 中予以凸显。

上列三点是安保 a44 概念延伸结构表示式设计的基本依据。

4.4-0 安保 a44 的概念延伸结构表示式

```
a44:(t=b,3,i;9:(c2n,i),a:(3,\k=2),b:(^yb,\k=m),3t=b,ie4m;)
a44t=b                        安保基本功能
```

```
a449                      国防
a44a                      公安
a44b                      反恐
a443                      情报斗争
a44i                      隐蔽安保

   a443t=b                  "知蒙"原则
   a4439                    情报收集
   a443a                    情报分析
   a443b                    情报烟幕
     a443bd01                反间

   a44ie4m                 隐蔽安保的度表现
   a44ie41                 适度隐蔽安保
   a44ie42                 安保麻痹
   a44ie43                 过度隐蔽安保
```

4.4.1 安保基本功能 a44t=b 的世界知识

安保基本功能 a44t=b 分别定名为国防 a449、公安 a44a 和反恐 a44b。

前文曾说到："军事活动有两个基本战场"，战争 a42 是第一战场，安保 a44 是第二战场。活动于这两个不同战场的军事组织和人员有不同的名称。通常把活动于第一战场的组织和人员叫国防军，而活动于第二战场的组织和人员可统称"警察"。本章第一节（军事组织 a41）并未对此加以区分，但这一区分的语境意义十分重要，这里将引入下列概念关联式予以表示：

```
pea41=:pea44t
（军事组织由国防军和"警察"两者构成）
a449≡a40ae22
（国防强关联于对外军事部署）
a44a≡a40ae21
（公安强关联于对内军事部署）
a44b≡a40ae2m
（反恐强关联于内外军事部署）
```

下面以三个分节进行论述。

4.4.1-1 国防 a449 综述

国防 a449 的概念延伸结构表示式如下：

```
a449:(c2n,i;c26t=b)
  a449c2n                国防的层次性表现
  a449c25                局域性国防
  a449c26                全局性国防
    a449c26t=b            国防观念
    a449c269              农业时代的国防观念
    a449c26a              工业时代的国防观念
    a449c26b              后工业时代的国防观念
  a449i                  边防
```

国防 a449 的基本特性是其层次性表现，以符号 a449c2n 表示。a449c25 定名为局域性国防，a449c26 定名为全局性国防。两层次国防具有下列基本概念关联式：

```
a449c2n≡a40ac2n
（国防的层次性强关联于军事部署的层次性）
a449c26≡pj2*d01
（全局性国防强关联于帝国）
a449c26=pj2*˜c31
（全局性国防强交式关联于非弱小国家）
(a449c26,j100e22,pj2*c31)
（全局性国防无关于弱小国家）
```

国防之层次性 a449c2n 概念自古有之，这一概念无所谓时代性，但全局性国防 a449c26 则具有鲜明的时代性，这一世界知识以延伸概念 a449c26t=b 表示。下文将把这一延伸概念简称国防观念，并赋予它下面的基本概念关联式：

```
(a449c26t:=pj1*t,t=b)
```

罗马帝国与美国的国防观念具有本质差异，第二次世界大战后的美国与此前的美国也有本质差异。罗马帝国的国防观念属于 a449c269，曾号称日不落帝国的英国的国防观念属于 a449c26a，而当今美国的国防观念则具有 a449c26b 的萌芽因素。国防观念的具体论述已进入专家知识的范畴，这里暂时从略，但不妨说几句关于丘吉尔和罗斯福的话。这两位先生无疑都是伟大的战略家，但丘吉尔先生完全听不到后工业时代正在悄然来临的脚步声，而罗斯福先生听到了。历史一般不宜以假定为前提进行探讨，但我们仍不妨设想一下：如果丘吉尔先生和罗斯福先生的具体历史角色调换一下位置，那么，马歇尔计划能否在第二次世界大战结束后及时推出是值得怀疑的。21 世纪在呼唤后工业时代的国防观念 a449c26b，当今的许多大国领导人是否像当年的丘吉尔先生一样，完全没有听到这一呼唤呢？备受俄罗斯人崇拜的普京先生似乎就是此类国家领导人的典型之一。

国防 a449 是一个 pw 强存在的特殊概念，pwa449 的现代名称叫军事基地。残存的古代军事基地现在都已成为旅游景点，这一世界知识以下面概念关联式表示：

```
pwa449c269=>q741b
（农业时代的军事基地强源式关联特色旅游）
```

国防 a449 的一项定向延伸概念 a449i 描述边防。边防 a449i 当然具有鲜明的时代性，是否需要设置延伸概念 a449it=b 以描述这一世界知识呢？请后来者酌定。

4.4.1-2 公安 a44a 综述

公安是"公共安全保障"的简称，而"公共安全保障"的映射符号就是 c03b。公安这一概念是政治、军事、法律三大领域发生紧密联系的纽带，这一基本世界知识以下列概念关联式表示。

```
a44a=a12\2
（公安强交式关联于政治应变）
a44a=:a54e31
（公安等同于执法三侧面之首）
```

这两个概念关联式分别表述了政治意义和法律意义的公安。政治意义的公安实质上是"以官为本"的公安，法律意义的公安才是"以民为本"的公安。法律意义公安的实现是民主政治制度的辉煌成果之一，但这不等于说：法律意义的公安具有与专制政治制度互不相容的特性。这种不相容性的观念在西方世界确实存在，但我国包青天的史实就足以明证这一观念的错误性。西方世界的"民主幼稚病和专政恐惧症"（见本编第一章第 0 节，下同）就包括这一错误观念，但也应该指出：东方世界严重存在的"专政幼稚病和民主恐惧症"也为这一错误观念的形成和传播起了推波助澜的作用。

公安 a44a 的概念延伸结构表示式如下：

```
a44a:(3,\k=2)
  a44a3              首长安保
  a44a\k=2           公安本体
  a44a\1             警察公安
  a44a\2             宪兵公安
```

首长安保 a44a3 实质上就是上述政治意义的公安，公安本体 a44a\k 实质上就是上述法律意义的公安。这一世界知识以下列概念关联式表示：

```
a44a3:=(a44a,102*3219\1,p40\12e51d01//p40\12e51)
（首长安保的保护对象是官，特别是国家元首）
a44a\k:=(a44a,102*3219\1,p40\12)
（公安本体的保护对象是官民整体）
```

将首长安保 a44a3 排在安保本体 a44a\k 之前也许会引起部分读者的质疑，但这符合军事活动的事理逻辑。

对公安本体 a44a\k 作警察与宪兵两分 a44a\k=2 也符合军事活动的事理逻辑，是社会分工关系 40\1k 的演绎。事理逻辑一般不是线性逻辑，a44a\k 与 40\1k 的简单对应关系是不存在的。但警察公安与宪兵公安在执法对象方面的分工是非常明确的，前者的执法对象是民 p40\13~e51，而后者的执法对象是军人 p40\13e51。

本节引言曾指出安保 a44 有广义与狭义之别，又说安保的延伸概念只涉及狭义安保，那么，广义安保如何表示呢？它体现在下面的概念关联式里：

```
a44a\1=a23\13
（警察公安强交式关联于安全及救援服务）
```

4.4.1-3　反恐 a44b 综述

反恐 a44b 是公安 a44a 的一个特殊侧面，也是国防的一个特殊侧面。具有下列基本概念关联式：

```
(a44b=%a44a,sv31,pj1*~b)
（后工业时代以前，反恐属于公安）
(a44b≡(a44a,a449),sv31,pj1*b)
（在后工业时代，反恐强关联于公安与国防）
```

第一个概念关联式表述了传统意义的反恐，第二个概念关联式则表述了现代意义的反恐。传统意义的反恐属于国家内政，而现代意义的反恐则兼具国际性，这是一项十分重要的世界知识，以下列概念关联式表示：

```
(a44a,jl11e21,ua13e21)
（公安仅具政治斗争的内部性）
(a44b,jl11e21,ua13e2m)
（反恐兼具政治斗争的内外性）
```

这就是说，本分节所论述的反恐 a44b 具有双重意义，这在对外政策上就表现为双重标准。所以，东西方世界经常在反恐问题上发生争论是必然的（如俄罗斯的车臣事件），这一争论停止之日，应是东西方世界的概念不复具有实质意义之时，那显然是遥远未来的事。

恐怖主义这一词语随着 21 世纪的到来而流行，其映射符号是(d11,l83,^a44b)。其中的符号^a44b 表示恐怖活动。有读者可能对这个符号觉得别扭，那就请你想一想"蛋与鸡的先后之争"吧。HNC 对正反概念的约定无先后之分。

恐怖活动^a44b 自古有之，刺客就是 p(^a44b)，荆轲和年轻的张良就是恐怖分子，汪精卫也做过恐怖分子。因此，对于延伸概念^a44b，将设置延伸概念(^a44b)c2m，(^a44b)c21 表示传统意义的恐怖活动，它以首长为刺杀目标；(^a44b)c22 表示现代意义的恐怖活动，以无辜的人群为杀害目标。p(^a44b)c21 是荆轲、张良和汪精卫的映射符号之一。

延伸概念(^a44b)c2m 的引入有利于反恐领域句类知识的表达。

当前的反恐 a44b 虽然名目繁多，但可以归纳成以下三种基本类型："布什型"反恐、"普京型"反恐和"以色列型"反恐。因此，反恐应设置延伸概念 a44b\k=m，其汉语表述如下：

```
a44b\k=m        反恐基本类型
a44b\1          第一类反恐（"布什型"反恐）
a44b\2          第二类反恐（"普京型"反恐）
a44b\3          第三类反恐（"以色列型"反恐）
```

这三类反恐 a44b 具有下列基本概念关联式：

```
a44b\1<=a138
（第一类反恐强流式关联于政治理念冲突）
a44b\2<=a133
（第二类反恐强流式关联于统独之争）
a44b\3<=a13\11
（第三类反恐强流式关联于国家、民族之间的斗争）
```

4.4.2 情报斗争 a443 综述

《孙子兵法》的著名论断"知己知彼，百战不殆"是一切竞争中克敌制胜的基本原则，下文将把这一基本原则简称"知蒙"原则，这个"蒙"就是"蒙骗"的"蒙"，《孙子兵法》里有详尽论述，"知己知彼"里的"知"是包含"蒙"的。不了解这一点就等于没有读懂《孙子兵法》。"知蒙"原则对于战争具有特殊重要性，对于安保很重要，对于反恐则最为重要。

基于上述，情报斗争 a443 的概念延伸结构表示式应设置如下：

```
a443:(t=b;bd01)
    a443t=b                 "知蒙"原则
    a4439                   情报收集
    a443a                   情报分析
    a443b                   情报烟幕
        a443bd01               反间
```

实现"知蒙"原则的技术手段 In 和方式 Ms 必须进入情报斗争 a443 的领域句类表示式。a443t=b 要分别设置领域句类代码，反间 a443bd01 要独立设置。

4.4.3 隐蔽安保 a44i 综述

任何事物都有其显隐两侧面，但军事活动的隐蔽侧面尤为突出，而安保工作的隐蔽性最为突出。隐蔽性是一切安保工作的基本属性，这就是设置延伸概念"隐蔽安保 a44i"的基本依据。

隐蔽安保是一个 r 强存在概念，ra44i 的对应汉语词语就是"国家机密"。

隐蔽安保 a44i 应设置延伸概念 a44ie4m，其汉语表述如下：

```
a44ie4m                 隐蔽安保的度表现
a44ie41                 适度隐蔽安保
a44ie42                 安保麻痹
a44ie43                 过度隐蔽安保
```

隐蔽安保度 a44ie4m 是一个非常复杂的课题。实行民主政治制度的国家大体采取"宁适勿过"的指导原则，而实行专制政治制度的国家则基本采取"宁过弃适"的指导原则。因此隐蔽安保度具有下列基本概念关联式：

```
a44ie41=a10e25
（适度隐蔽安保强交式关联于民主政治制度）
a44ie43=a10e26
（过度隐蔽安保强交式关联于专制政治制度）
```

从事隐蔽安保的工作人员 pa44i 可统称"特务"，这里对"特务"一词没有贬义。特务当然有专业的分工，这一世界知识不在 a44i 的延伸概念里表示，而采用 (a44i,l47,ay//q821) 的复合表示方式。

上面复合表示式里的"ay//q821"通常就是特务 pa44i 的掩护职务。

隐蔽安保 a44i 有国内与国外之分，其映射符号为 a44ie2m，故 a44i 的概念延伸结构表示式如下：

```
a44i:(e4m,e2m)
```

对此式就不作说明了，而只给出下列概念关联式：

```
a44ie21ua44ie43=>a10e26e26
（对内过度隐蔽安保强源式关联于过度专制制度）
a44ie22=>a13\11*i
（对外隐蔽安保强源式关联于外交冲突）
```

结 束 语

本节引言说到：军事活动的常态是安保而不是战争，这个说法当然是有条件的。汉语有治世与乱世的说法，治世是指一个国家或地区的和平时期或没有战争的时期，乱世是指一个国家或地区处于战乱的时期。在乱世，战争就成为军事活动的常态了。不过，治世和乱世的实际区分非常复杂，刘彻和李世民当皇帝的时期算不算治世？其答案并不简单。因此，HNC 并不追求对治世与乱世的定义或给出一个符号表示。

但是，战争和安保这两个概念的区分十分重要，两者都必须作为军事活动的独立殊相概念树来设置。国防观念是一个极为重要的概念，这个概念可以安置在政治斗争或战争的延伸概念里，但 HNC 选择了安保，映射符号选用 a449c26t。这个符号不仅突出了国防观念的时代性巨变，而且包含着后工业时代的国防观念 a449c26b 还有待探索的暗示。

"知蒙"原则的实质就是专业知识要与世界知识相融合。美国在 21 世纪发动的两场战争，其根本缺陷不是源于专业知识的不足，而是世界知识的极度匮乏，从而导致对普世价值这一著名伪命题的迷信。对恐怖活动的概念也应作类似的反思。

第 5 节
战备 a45 (134)

引 言

任何专业活动不仅需要相应的物质建设，也需要相应的精神建设。军事活动的第一项需要最为突出，第二项需要最为特殊。本节把这两种需要统称战备。自然语言把军事活动的物质建设叫军备，但相应的精神建设似乎没有相应的专用词语，不过，汉语很容易制造这样的词语，那就是精神战备。不过，精神战备实质上只是战备谋略的一部分，战备谋略与军备两者才构成战备 a45 的全部内容。而战备谋略本身又存在物质侧面，可见，物质与精神的简单二分法并不适用于战备 a45 的描述需求。

战备 a45 的概念延伸结构表示式主要是描述军备，精神战备只是其中的一项二级延伸概念。但在 HNC 的视野里，这项延伸概念是不可或缺的。

4.5-0 战备 a45 的概念延伸结构表示式

```
a45:(t=b,m,i,3;a:(3,i),bt=b,i:(e1m,t=b),3t=b;a3c3n,ait=a,)
    a45t=b                    军备的基本侧面
    a459                      军事设施
```

a45a	军事装备
a45b	军事技术
a45m	军备的基本特性
a450	攻防型军备
a451	进攻型军备
a452	防御型军备
a45i	军备竞赛
a453	战备谋略

a45a:(3,i;3c3n,it=a)

a45a3	武器
a45a3c3n	武器三阶段
a45a3c35	冷兵器
a45a3c36	热兵器
a45a3c37	核武器
a45ai	军需
a45ait=a	军需两侧面
a45ai9	"生活"军需
a45aia	劳动军需

a45b:(t=b;tckm)

a45bt	军事技术的时代性演变
a45btckm	各时代军事技术的阶段性演变
a453t=b	战备谋略三侧面
a4539	战备谋略的政治侧面（政治战备）
a453a	战备谋略的经济侧面（经济战备）
a453b	战备谋略的文化侧面（精神战备）

战备 a45 概念延伸结构表示式的前三项 a45:(t=b,m,i,)将简称军备，对战备、军备和战备谋略应给出下列基本概念关联式：

a453//a45=>a42e1m
（战备特别是战备谋略强源式关联于战争结局）
a45:(t=b,m,i,)≡a449
（军备强关联于国防）
a45:(t=b,m,i,)=(50aa,50ac25)
（军备强交式关联于人类的劳动与物质生活）
a453b=50ac26
（精神战备强交式关联于人类的精神生活）

4.5.1 军备基本侧面 a45t=b 的世界知识

军备基本侧面 a45t=b 也可以叫作军备的基本内容，共三项。其汉语表述和映射符号分别是军事设施 a459、军事装备 a45a 和军事技术 a45b。

军事设施 a459 与经济活动建造业 a21 的基建 a219\1 密切相关，军事装备 a45a 与经济活动建造业 a21 的制造 a219\2 密切相关，军事技术 a45b 与科技活动的广义技术 a62 的技术 a629 密切相关。这些世界知识包含在下列概念关联式里：

a459≡(a219\16,a62a\1)　　　　　　　　　　(1)
（军事设施强关联于军事设施基建和军事工程）

```
a459=a40a                                        (2)
（军事设施强交式关联于军事部署）
a459=a449                                        (3)
（军事设施强交式关联于国防）
a45a%=a219\26                                     (4)
（军事装备包含武器制造）
a45b=a629                                        (5)
（军事技术强交式关联于科技活动的技术）
a45b≡a45a                                        (6)
（军事技术强关联于军事装备）
a45b=a409c25                                      (7)
（军事技术强交式关联于军事战术）
a45˜b:=a6299                                      (8)
（军事设施与军事装备对应于硬件技术）
a45b:=a629t                                       (9)
（军事技术对应于技术的硬件与软件两侧面）
```

上列概念关联式对军备基本侧面 a45t=b 的概念联想脉络给出比较全面的描述，也体现了 HNC 所引入的概念关联性表示符号的魅力。例如，为什么要分别设置军事装备 a45a 与军事技术 a45b 呢？概念关联式（6）似乎对此提出了质疑，而概念关联式（8）和（9）却把它化解了。

军备三侧面 a45t=b 的军事设施不设置延伸概念，也不再进行论述。下面对军事装备与军事技术略加——不以分节的方式——进行说明。

军事装备 a45a 的概念延伸结构表示式拷贝如下：

```
a45a:(3,i;3c3n,it=a)
    a45a3                武器
        a45a3c3n              武器三阶段
        a45a3c35              冷兵器
        a45a3c36              热兵器
        a45a3c37              核武器
    a45ai                军需
        a45ait=a              军需两侧面
        a45ai9                "生活"军需
        a45aia                劳动军需
```

军事装备 a45a 配置了两项定向延伸概念 a45a3 和 a45ai，前者表示武器，后者表示军需。两者仅分别配置了单项延伸 a45a3c3n 和 a45ait=a。

武器 a45a3 在军事装备 a45a 中占有特殊地位，而其延伸概念 a45a3c3n 更具有特殊意义，这一极为重要的世界知识体现在下列概念关联式里：

```
a45a3c3n:=pj1*t
（武器三阶段对应于人类的三个历史时代）
((311,102,pwa45a3c37),100*147d01,(5311eb1,102,pj1*b))
（核武器的出现标志着后工业时代的来临）
```

科学家、政治家和军事家都对核武器的出现说了各种各样意味深长的话。这些话语不仅是针对武器的发展本身，更是针对全球政治、军事与科技的发展。核武器的出现迫使人们不得不进行人类思想史上最伟大的一次反思（可惜康德先生没有晚生 200 年）：战争还能继续扮演流血政治的角色么？！这些反思的主流效应应该是使人类得以基本免除第三次世界大战的噩梦。但遗憾的是：这一噩梦并未完全消失，试图使这一噩梦成真的政治家或政治集团在当今的所谓第二和第三世界还拥有可观的追随者。

武器 a45a3 是一个 z 强存在概念，这类概念必然具有"ckm"延伸的特性，这是 HNC 符号表示的一条基本原则，不必在概念延伸结构表示式直接写出。"大规模杀伤性武器"这一词语曾在布什政府发动伊拉克战争前后风行一时，它不难在符号 a45a3ckm 里找到它的位置，但如何具体设定就留给后来者去处理了。

本小节只涉及武器 a45a3 的形而上描述，其形而下描述已放在延伸概念 a219\26 里了。

两者的关系只需要给出下面概念关联式：

a45a3≡a219\26
（武器强关联于武器制造）

如何辨认武器与武器制造的形而上下之分？它们的映射符号本身已经给出明确的答案了，无须另行表示。

每一个历史时代的武器 a45a3c3n 当然存在各自的发展阶段，那么，是否需要再给出"ckm"的延伸呢？没有必要。这方面的世界知识放在军事技术 a45b 里来描述比较适当。

军需 a45ai 是军备的另一重要内容，其概念延伸结构表示式 a45ait=a 的设计乃是对人之状态基本描述 50at=a 的继承，具有下面的基本概念关联式：

(a45ait:=50at,t=a)

延伸概念 a45ait=a 是对军需的形而上描述，其形而下描述则与延伸概念 a219\2~6 对应。相应的对应关联式如下：

a45ai9:=a219\21
（"生活"军需对应于生活用品制造）
(a45aia:=a219\2m,l52ie21,m=(6,1))
（劳动军需对应于除武器和生活用品以外的全部制造）

军事技术 a45b 的概念延伸结构表示式拷贝如下：

```
a45b:(t=b;tckm)
   a45bt          军事技术的时代性演变
   a45b9          农业时代的军事技术
   a45ba          工业时代的军事技术
   a45bb          后工业时代的军事技术
    a45btckm      各时代军事技术的阶段性演变
```

军事技术 a45b 的世界知识与专家知识很难截然分开，特别各个时代的军事技术阶段性演变 a45btckm 更纯然是专家知识了。专家们都喜爱把军事技术的演进叫做革命，从亚当·斯密的《国富论》到现代的诸多军事论述都是如此。自然语言里"革命"这一词语的泛滥是语言理解的梦魇之一，但是，只要把各种各样的"革命"定位到相应的语境单元，这个梦魇就不难转化成可以把握的实存了。

4.5.2 军备基本特性 a45m 的世界知识

以延伸概念 a45m 来描述军备的基本特性也许是符号"m"最传神的应用了，因为军备的攻守特性是矛盾对立统一性的最典型表现。汉语"矛盾"这一词语和概念即来自于"以子之矛，攻子之盾"的著名寓言。世间最可原谅的谎言就是关于军备特性的谎言了，几乎没有人会对外公然宣称其军备是进攻型的，连希特勒都不会。因此，对 a45m 应给出下列基本概念关联式：

```
(a450,jl11e21,(ju721,ju81e2n))
（攻防型军备具有主体性和真伪两面性）
(a451,jl11e21,(ju721,u332))
（进攻型军备具有主体性和隐蔽性）
(a452,jl11e22,ju721)
（防御型军备不具有主体性）
```

城堡的建设（包括我国的长城）是古代攻防型军备的典范，美国当前正在实施的战略导弹防御计划是现代攻防型军备的典范。骑兵的建设是古代进攻型军备的典范，陆海空战略攻击力量的建设是现代进攻型军备的典范。古代防御型军备的主要内容是粮食和饮水，现代防御型军备的主要内容是防空。

那个著名的法国马其诺防线算哪个类型的军备呢？它可以纳入 a452 么？笔者以为是可以的，那是上帝对浪漫法国或法国浪漫（法国人具有特别崇尚浪漫理性的特殊民族传统）施与的惩罚。

4.5.3 军备竞赛 a45i 综述

军备竞赛 a45i 的概念延伸结构表示式如下：

```
a45i:(e1m,t=b;b:(n,e2n))
    a45ie1m              军备竞赛结局
    a45ie11              军备竞赛胜利
    a45ie12              军备竞赛失败
    a45ie10              军备竞赛平局
    a45it=b              军备竞赛的时代性表现
    a45i9                农业时代军备竞赛
    a45ia                工业时代军备竞赛
    a45ib                后工业时代军备竞赛
      a45ibn             军备谈判
      a45ibe2n           军备竞赛的辩证表现
      a45ibe25           "冷战"
      a45ibe26           "热战"
```

上面的概念延伸结构表示式不同于一般综述里的形式，因为，其中有的延伸概念直接进入了概念树的延伸结构，如表示式里的 a45ie1m；有的则未进入，如表示式里的 a45it=b。这代表了两类延伸概念：直接进入者，将称为直接延伸概念；未直接进入者，将称为间接延伸概念。前者将用于描述一般世界知识，后者则专门用于描述强专家性世界知识。这里的军备竞赛的时代性表现 a45it=b 就属于强专家性世界知识。

军备竞赛 a45i 的定义式如下：

```
a45i::=((b30,l47,a45),l44,ppj2)
（军备竞赛定义为特定国家之间在战备方面的竞争）
```

军备竞赛结局 a45ie1m 具有下列基本概念关联式：

```
a45ie1m<=(a476,l47,ppj2)
（军备竞赛结局强流式关联于特定国家的经济军事化）
(a45ie1m<=(a46i,l47,ppj2),s31,pj1*˜9)
（在工业和后工业时代，军备竞赛结局强流式关联于特定国家的军事技术代谢）
(a45ie1m≡(a470,l47,ppj2),s31,pj1*b)
（在后工业时代，军备竞赛结局强关联于特定国家的经济国防）
```

上列三项概念关联式代表了三种战备思维，不属于一般世界知识。其中的经济军事化、军事技术代谢和经济国防这三个概念在下两节里有所论述，但这些都属于强专家性世界知识，这里就不展开论述了。

军备竞赛的时代性表现 a45it=b 十分鲜明，具有下面的基本概念关联式：

```
(a45it:=pj1*t,t=b)
```

对后工业时代的军备竞赛 a45ib，设置了两项三级延伸概念 a45ibn 和 a45ibe2n，前者定名军备谈判，后者定名军备竞赛的辩证表现。两者都是后工业时代的产物，可以看作是后工业时代的晨曦。老牌工业帝国的思想家和政治家对此认识较早，从而产生了冷战的概念。

"冷战" a45ibe25 和 "热战" a45ibe26 代表着两种战备思维，由于冷战思维已成为一个贬义词（这是一个可悲的误解），所以这里对冷战和热战都加了引号。当前，经典社会主义的大潮已转变为市场社会主义的大潮，"热战" 战备思维 a45ibe26 已失去了其主要基地。当然，这种战备思维并没有在这个世界上绝迹，其他形态的专制制度国家里也会出现这种战备思维，但这毕竟不是当今世界的主要挑战。可是布什先生没有看到这一点，他也不理解 "冷战" a45ibe25 的确切含义，热衷于一些 "成事不足，败事有余" 的蠢事。

农业和工业时代的军备竞赛 a45i˜b 具有丰富的世界知识，但那属于专家知识的范畴了，这里可以略而不论。下面，只给出一项关于军备谈判 a45ibn 的基本概念关联式：

```
a45ibn=%a14a9\3
（军备谈判属于权益争端的外交谈判）
```

4.5.4　战备谋略 a453 综述

历史上的大政治家几乎都是战备谋略 a453 的绝顶高手，尤其是政治战备 a4539 和精神战备 a453b 的绝顶高手。本小节对政治战备 a4539 和经济战备 a453a 仅作单项延伸 a453(˜b)e2m，但对精神战备 a453b 则给出下面的概念延伸结构表示式：

```
a453b:(e4m,t=b)
```

```
a453be4m            精神战备的实际表现
a453be41            适度精神战备
a453be42            "文恬武嬉"
a453be43            过度精神战备
a453bt=b            精神战备的层级表现
a453b9              第一类精神战备
a453ba              第二类精神战备
a453bb              第三类精神战备
```

政治战备 a4539 的单项延伸概念 a4539e2m 分别表示内政战备 a4539e21 和外交战备 a4539e22，外交战备在西方世界的流行术语叫地缘政治。经济战备 a453a 的单项延伸概念 a453ae2m 分别表示国内经济战备 a453ae21 和外贸战备 a453ae22。这些概念都不难写出相应的基本概念关联式，这就留给读者作练习之用了。下面仅着重论述精神战备。

精神战备 a453b 的第一位概念关联式是：

```
a453b=a12\1*9
（精神战备强交式关联于治国谋略的理念宣传）
```

由于理念宣传具有 "e2n" 的延伸特性（见本编的治国谋略 a12\k 小节），那么，精神战备 a453 是否也要设置同样的延伸概念？否！这里用符号 a453be4m 予以代替。当然，这需要给出下面的概念关联式。

```
a453be43=a12\1*9e26
（过度的精神战备强交式关联于消极理念宣传）
```

精神战备 a453b 的内容将以三类精神生活予以概括，因而具有下面的基本概念关联式：

```
(a453bt:=50ac26t,t=b)
（三层级精神战备对应于人类的三类精神生活）
```

结 束 语

本节的论述方式有点头重脚轻，乃笔者有意为之。中国在 19 世纪末期曾试图努力赶上工业时代的列车，甲午战争把这一努力的势头摧毁殆尽。中国在甲午战争中的惨败主要不是军备的失败，而是战备谋略的失败。清王朝战备谋略的无能似乎已成为不治之症，这成了当时中国爱国者或时代先驱的基本共识，这种共识正是浪漫理性大行其道的沃土。于是，当时正在西方盛行的浪漫理性就乘机在中华大地占据了上风，并主宰了中国百年来发展进程的走向，对 20 世纪中国历史的反思不能离开这一基本势态。笔者对理性 d2 这一概念林给出了经验理性 d21、先验理性 d22、浪漫理性 d23 和实用理性 d24 共四种概念树的划分，没有对这四种理性的基本了解，讨论与理性有关的命题无异于隔靴搔痒。对 20 世纪中国历史的反思不仅涉及对理性 d2 的认识，更涉及对理念 d1 的认识，涉及对西方文明和中华文明基本差异的认识，涉及对后工业时代应该如何发展的认识。对这样一个巨大命题的论述当然不是一件易事，有人把它视为易事而以哲学乌鸦自封或以哲学终极者自居，笔者可没有这个胆量。但本《全书》又不能回避这一命题，因此，本章前几节的论述中作了一些铺垫，战备谋略及其延伸概念（特别是其中的精神战备）、军备竞赛的时代性表现都是很好的铺垫性课题，但铺垫太多必将招致反感，所以就出此"头重脚轻"的下策了。

第 6 节
军事与科技 a46 (135)

引言

军事与科技 a46 这一概念树不是"军事科学与军事技术"的简称，这里需要首先回顾一下军事科学和军事技术的相应映射符号 a41ia3 和 a41ia\k，并对其作一点辩护。这一辩护必然要涉及以下四个层次的问题：第一层，为什么把军事科学和军事技术捆绑于军事组织 a41 这一概念树？为什么把两者捆绑于军事院所 a41i 这一一级延伸概念？为什么又把两者捆绑于军事科技学院 a41ia 这一二级延伸概念？为什么军事科学和军事技术可以在三级延伸里用符号"3"和"\k"加以区别？

汉语词语的"学术"是"学"与"术"这两个词语的综合，"学"与"术"有本质区别。笔者曾听到一位训诂学家说过下面的话："学只有三种：哲学（含神学）、数学和文学（含艺术），其他都是术，不是学。无天赋不能成学，但可以成术。"这一论断可能失之偏颇，但笔者在专业活动概念树的设计中借鉴了这一论断里的合理内核——学与术存在本质差异：学强关联于个人和个人的天赋 7211，术强关联于组织和个人的学习 7212。专业活动的共相概念林 a0 和三项基本殊相概念林的第一号 a1（政治活动）都分别设置了以组织命名的概念树 a01 和 a11，而基本殊相概念林的第三号 a3（文化活动）不作此项设置，基本殊相概念林的第二号 a2（经济活动）则采取了一个折中方案，以一级延伸概念 a20a 表示经济组织。为什么这样做？因为政治与经济的主体属于术，而文化活动的主体则属于学。

应该说：每一项专业活动概念林都具有学与术同在的特性，但其主体表现存在着重大差异。主体表现为术者设置以组织命名的概念树或一级延伸概念，主体表现为学者不设置以组织命名的概念树。军事活动的主体表现是术而不是学应该是没有争议的，军事科学实质上是军事活动之术，这是对第一层问题的回答。军事活动当然也有其学表现，那就是文武之道了。为什么克劳塞维茨说相对于军事科学而言，他更喜欢军事艺术这一术语？因为，克氏意识到军事活动具有学与术的两侧面特性。

军事组织 a41 设置了七项一级延伸概念，是领域概念树的冠军。军事院所 a41i 居于七项延伸概念的末位（前文已指出：这突出了它的历时性表现，而无关于它的重要性），实质上"军事院所"这个命名就是"军事领域科技活动"的简称。这是对第二层问题的回答。

军事院所（或军事领域科技活动）a41i 属于非分别说，那么，如何进行分别说呢？这参考了作用基本侧面 00t=a 的描述方式，将 a41i 区别为物质作用、精神作用及物质与精神之融合作用这三个侧面，以交织延伸 a41it=b 表示，同时，调整了三者的顺序，将精神作用排在第一号，定名为军事学院 a41i9；将物质与精神之融合作用排在第二号，定名为军事科技学院 a41ia；将物质作用排在第三号，定名为军事技术研究院所 a41ib。三者的定位也可以采用如下的分别说：军事学院 a41i9 主要是出人才，军事技术研究院所 a41ib 主要是出成果，而军事科技学院 a41ia 则既要出人才，又要出成果。以上是对第三层问题的回答。

第四层问题就比较简单了，军事科学的基本特征是高度综合，军事技术的基本特征是极度庞杂，因此，军事科学之映射成 a41ia3、军事技术之映射成 a41ia\k 就是 HNC 的唯一选择了。至于军事技术 a41ia\k=4 的常量约定，那不过是世界知识表示的常用技巧而已。

以上所说，是从军事谈科技，在这个谈法里，科技是从属于军事的。但是，军事 a4 与科技 a6 分别是专业活动的两种领域概念林，军事强流式关联于政治 a1，科技强流式关联于文化 a3。因此，我们需要从主从性 44~ea3 的视野转换到平等性 44ea3 的视野对军事与科技加以考察，这就是本节——军事与科技 a46——的任务了。

4.6-0 军事与科技 a46 的概念延伸结构表示式

```
a46:(ean,t=a,i;o)
  a46ean          军事科技互动性
  a46ea5          军事主导
  a46ea6          科技主导
  a46ea7          军事与科技互动
  a46t=a          军事演进
  a469            军事科学
  a46a            军事技术
  a46i            军事技术代谢
```

军事与科技 a46 设置了三项一级延伸概念，第一项 a46ean 描述军事与科技之间的互动性，简称军事科技互动性，第二项 a46t=a 描述军事演进，第三项 a46i 描述军事技术代谢。三者的定义式如下：

```
a46ean::=(40bean,l44,(a4,a6))
（军事与科技的互动性定义为军事与科技的相互推动作用）
(a46t,t=a)::=((40ibe21,l01,a4),l43,a6)
（军事演进定义为军事对科技的催生性）
a46i::=((40ibe22,l01,a6),l43,a46a)
（军事技术代谢定义为科技对军事技术的催灭性）
a46i:=l4ebm
（军事技术代谢对应于过程代谢）
```

上列定义式分别采用了不同的语言逻辑符号 l44 和 l43，此点请读者注意。

4.6.1 军事科技互动性 a46ean 综述

在现代视野里，军事与科技之间的相互推动作用是一清如泉的，以符号 a46ean 来表示这一互动性似乎显得可笑，难道存在过军事主导科技 a46ea5 和科技主导军事 a46ea6 的情况么？下面的论断也许更令你吃惊，这论断是：农业时代是一个军事主导科技的时代，工业时代是一个科技主导军事的时代，后工业时代才是一个军事与科技真正互动的时代。因此，军事科技互动性具有下面的基本概念关联式：

$$a46ean:=(pj1*t,t=b) \tag{0}$$
（军事科技互动性的三种表现对应于三个历史时代）

这个概念关联式就是上述论断的数学表示式，该论断包含三个命题，下面对这些命题作必要的阐释。

"农业时代是一个军事主导科技的时代"（下文将临时简称命题 1）与"工业时代是一个科技主导军事的时代"（下文将临时简称命题 2）是一对孪生命题，无此即无彼。"后工业时代是一个军事与科技互动的时代"将简称命题 3，这三个命题的基本概念关联式如下：

$$a46ea5:=((a4,a6),sv3,(40aea5,40aea6)) \tag{1}$$
（军事主导意味着军事处于主动而科技处于被动的状态）
$$a46ea5:=((a4,l47d01,a2bb\hat{}e22),l00*3618,(a6,l47d01,a20bb\hat{}e21)) \tag{2}$$
（军事主导意味着作为需求者的军事推动着作为供应者的科技）
$$a46ea6:=((a4,a6),sv3,(40aea6,40aea5)) \tag{3}$$
（科技主导意味着军事处于被动而科技处于主动的状态）
$$a46ea6:=((a6,l47d01,a20bb\hat{}e21),l00*3618,(a4,l47d01,a2bb\hat{}e22)) \tag{4}$$
（科技主导意味着作为供应者的科技推动着作为需求者的军事）
$$a46\tilde{}ea7:=40bu409e22 \tag{5}$$
（军事主导和科技主导意味着单向互动性）
$$a46ea7:=40bu409e21 \tag{6}$$
（军事与科技互动意味着双向互动性）

概念关联式（1）～（6）是（0）的"注释"。蕴含在这些概念关联式里的知识是一类比较特殊的世界知识，其特殊性在于它不仅为常人所不知（非常识），亦为专家所不知（非专家知识）。这些世界知识无关于常态事理，但与异态事理密切相关。什么是常态事理与异态事理？下面稍作说明（详见本《全书》第二卷第六编第一章）。

在漫长的农业时代，亚历山大帝国和成吉思汗帝国的建立是两个**最不寻常**的历史事件；在工业时代，不寻常的历史事件更是层出不穷，**蕞尔**荷兰曾称雄世界，**区区**英伦三岛曾创下"日不落帝国"这一空前绝后的霸业，拿破仑统治下的法国和希特勒统治下的德国曾一度创下一统西欧大陆的**空前**伟业，俄罗斯曾在 18 世纪脱颖而出成为赶上工业时代列车的唯一落后国家，日本也曾在 19 世纪脱颖而出成为赶上工业时代列车的**唯一落后国家**，这些都属于不寻常的历史事件。其不寻常性似乎未得到足够的重视。

事件是表象，造成表象的内在核心要素是事理。为了描述这类不寻常的事件，我们需要对事件给出常态与异态之分，更准确地说，需要对事件的事理给出常态与异态之分：常态事理与异态事理，其映射符号是 s10e2m，s10e21 表示常态事理（将简称常理），s10e22 表示异态事理（将简称异理）。常态事件可以用常理进行充分的解释，但常理不能充分解释异态事件，异态事件需要异理的解释。专家习惯于用常理分析一切事件，对上列事件，我只见过就事论事的常理分析，没有见过俯瞰这些事件的异理分析。这里的异理必须直接针对上文用黑体标出的"最不寻常"、"蕞尔"、"区区"、"空前"和两个"唯一"，无数的专著是否回避了这些关键词语所传递的特定信息呢？回答是"基本如此"。为什么上文会使用"亦为专家所不知"这样的不敬话语？原因就在这里了。

问题是：异理如何表述呢？这里先这么简单回答：上面的（0）~（5）概念关联式就是关于军事与科技这一命题的异理表述，特别是其中的（3）和（4）概念关联式。人们已经习惯于"需求拉动供应"之类的单向思维模式，以为一切军事科技都是军事活动拉动起来的，而没有看到：最重大的军事革命反而是科技活动"拉动"的结果。最浅显的事实是："汽车与坦克"、"飞机与空军"、"电磁学与雷达"、"原子物理与原子弹"、"航天科技与洲际导弹"之间的关系并不存在"鸡与蛋"的吊诡，而存在明确的源流关系。后者是前者"拉动"出来的（下文将简称拉动1），当然，后者反过来又对前者产生巨大的拉动作用（下文将简称拉动2）。这里要强调的是：只认识拉动2而不认识拉动1（下文将简称"只知其二而不知其一"）是典型的单向思维，是形而下思维的典型表现之一。既深知拉动2又深知拉动1才是双向思维，是形而上思维的基本表现。那些最早深知拉动1的智者就属于专业活动的先知。前面我们提到的拿破仑、古德里安和斯普鲁恩斯都是这样的先知。要问上列"最不寻常"、"蕞尔"、"区区"、"空前"和两个"唯一"的奥秘何在，最关键的因素就在于它们的背后存在这样的专业性先知，那两个"唯一"背后的先知人物就是彼得大帝、明治天皇和伊藤博文。这些人物的共同特点就是对概念关联式 ECR3 和 ECR4 的先知先觉，从而某些先知也同时就是工业时代来临的先知（如彼得大帝）。他们对国家最关键的贡献不仅在于对政治与经济制度的变革或革命，而更在于将科技力量注入军事与经济（即现代语言的军事现代化和经济现代化），这两个现代化才是任何国家在那个伟大历史转折时代的国家命运之大急。在工业时代来临的那段历史时期，哪个国家抓住了这个大急，哪个国家就会赶上历史的时代列车，哪个国家就会在国际战争中创造奇迹[01]。实践这一大急并非一定要从根本上铲除原有的政治经济制度，因为**任何政治经济制度都可以容纳这一注入，其不容纳性远没有浪漫理性思想家所夸大的那么严重**，俄罗斯和日本这两个唯一性的后起之秀和那个另类后起之秀的德意志（也具有另类**唯一性**）的历史实践都清楚地证明了这一点。历史和社会学家如果不明白这个历史学或社会学的基本要点，其某些历史阐释一定是不得要领而苍白的。

4.6.2 军事演进 a46t=a 综述

4.6-0 里说到"军事演进定义为军事对科技的催生性"，但这一催生性具有鲜明的时代特色，军事演进 a46t=a 的世界知识就是对这一演进的时代性阐释，这将以下面的概念延伸结构表示式和下列概念关联式加以表示。

```
a46:(,t=a,;9:(c2m,d01),ac3m)
    a469c2m                 军事科学演进的两阶段说
    a469d01                 军事科学的最高境界
    a46ac3m                 军事技术演进的三阶段说
```

a469c2m:=pj1*9c2m   (1)
（军事科学演进的两阶段对应农业时代的初级与高级阶段）

a469d01:=pj1*b~c35   (2)
（军事科学的最高境界在后工业时代初期不会出现）

a46ac3m:=(pj1*t,t=b)   (3)
（军事技术演进的三阶段对应于三个历史时代）

　　读者应该注意到：本小节再次定义了军事科学与军事技术的概念，两者分别以映射符号 a469 和 a46a 表示。在本章的第一节，我们曾给出了军事科学与军事技术的另一定义，其映射符号分别是 a41ia3 和 a41ia\k。在本章的第五节也给出了军事技术的定义 a45b。这些定义之间不具有等同性，更不具有强关联性，而只具有强交式关联性，其概念关联式如下：

```
a469=a41ia3
（军事与科技意义下的军事科学强交式关联于军事组织意义下的军事科学）
a46a=a41ia\k
（军事与科技意义下的军事技术强交式关联于军事组织意义下的军事技术）
a46a=a45b
（军事与科技意义下的军事技术强交式关联于军备意义下的军事技术）
```

　　这些概念关联式表明：军事科学应从两种不同的视野加以考察，一是军事组织 a41 的视野，二是军事与科技 a46 的视野。军事技术则应从三种不同视野加以考察，除了上述两种视野外，还要加上军备的视野。军事组织视野里的军事科学是现实的，而军事与科技视野里的军事科学是超越现实的，是历史的与未来的；军事组织和军备里的军事技术是现实的，而军事与科技视野里的军事技术是历史的与未来的。用语言学的术语来说，a469 和 a46a 是军事科学与技术的历时性表现；a41ia3 和 a41ia\k 是军事科学与技术的共时性表现；而 a45b 则是军事技术的现实表现。这样，军事科学和军事技术的描述就完全满足了透彻性的要求，而其各自延伸概念设置应该凸显的联想脉络也就十分清晰了。

　　军事科学演进两阶段说及概念关联式（1）所传达的世界知识是单向思维习惯者难以理解的，这需要稍加解释。在单向思维的定式里，科学水平是在不断提高的，后人的科学水平一定高于前人。因此，概念关联式（1）a469c2m:=pj1*9c2m 是荒谬的。但这一论断只适用于狭义科学，而不适用于广义科学，而本章和第六章所定义的军事科学都属于广义科学。在广义科学方面，古人的智慧与水平高于今人是正常现象，因为古人体现了历史长河的累积，而今人不过是历史的一瞬。前面关于《孙子兵法》与《战争论》的论述就是概念关联式（1）的有力证实。这里不说证伪的话题，如果有人找到或完成了证伪，请及时相告。

　　至于延伸概念 a469d01 当然是对未来的憧憬，但仍然可以给出下面的基本概念关联式：

```
a469d01≡a40e2m
（军事科学的最高境界强关联于文武之道）
```

军事技术三阶段说及其基本概念关联式a46ac3m:=(pj1*t,t=b)可以写出一系列的派生概念关联式，这就留给后来者了。

4.6.3 军事技术代谢 a46i 综述

军事技术代谢 a46i 是军事演进 a46t=a 的必然伴生概念，两者是关系共相延伸概念关系生克性 40ibe2m 在军事与科技 a46 中的特殊体现。军事对科技具有催生性 40ibe21，这是军事演进 a46t 所要描述的世界知识；反过来，科技对军事技术具有催灭性，这是军事技术代谢 a46i 所要描述的世界知识。这一基本世界知识已在 4.6-0 节里以定义式的方式加以表述了。

军事技术代谢 a46i 也是军事与科技的历时性描述，但不是着眼于军事科学与军事技术的分别说，而是着眼于军事技术的代谢性演进，其概念延伸结构表示式如下：

```
a46i:(\k=4,i,3;oc2n,\kd01,i3,3d01;)
    a46i\k              主体进攻技术的代谢
    a46i\1              作用距离演进
    a46i\2              杀伤力演进
    a46i\3              命中率演进
    a46i\4              机动力演进
    a46ii               主体防御技术的代谢性演进
    a46i3               军事自动化技术的代谢性演进
```

军事技术代谢 a46i 设置了三项二级延伸概念，第一项 a46i\k 描述主体进攻技术的代谢性演进，第二项 a46ii 描述主体防御技术的代谢性演进，第三项 a46i3 描述军事自动化技术的代谢性演进。这三项延伸概念都拥有自己的三级延伸，未设置四级延伸，也未给终止符号，这就是说，军事技术代谢 a46i 采取了开放的概念延伸结构表示式。

三级延伸概念中统一采用了"c2n"符号，这个统一符号就代表了 a46i 的一种共性，即替代性。因此，应给出下列基本概念关联式：

```
(a46ioc2n,jl11e21,u24a)                                    (1)
 （a46ioc26军事技术对a46ioc25军事技术具有替代作用）
a46ioc25:=pj1*9                                            (2)
 （a46ioc25军事技术对应于农业时代）
a46ioc26:=pj1*~9                                           (3)
 （a46ioc26军事技术对应于工业和后工业时代）
(~a46ioc2n,jl11e22,u24a)                                   (4)
 （a46ioc2n之外的军事技术不具有替代性）
~a46ioc2n:=pj1*b                                           (5)
 （a46ioc2n之外的军事技术对应于后工业时代）
```

对上列概念关联式需要强调下列四点。

第一，演进必然形成代谢，但代谢存在两种基本类型，一是完全替代性代谢，二是非完全替代性代谢。完全替代性代谢在军事领域的表现最为突出，以符号 a46ioc2n

表示。替代性代谢构成了军事领域的第一场伟大革命，这一重要世界知识由概念关联式（1）～（3）表示。彼得大帝大约是这场军事革命的第一位先知，他正是凭借着这一先知，在那工业时代悄然来临的拂晓时期带领俄罗斯赶上了工业时代的列车。

第二，这里对"替代"加了"主体"的限制，关羽的大刀和张飞的长矛诚然完全被替代了，但刺刀和匕首依然存在，因为它们不属于主体。

第三，符号~a46ioc2n 表示的军事技术演进不具有完全替代性，但它们构成军事领域的第二场伟大革命，这一世界知识由概念关联式（4）～（5）表示。军事领域的第二场伟大革命有两大类型：第一类型以符号 a46iod01 表示，第二类型以符号 a46ii3 表示。

第四，第一场军事革命是科技拉动军事的典范，是第一次时代飞跃（从农业时代跃进到工业时代）的产物；第二场军事革命则是军事与科技互动的典范，是第二次时代飞跃（从工业时代跃进到后工业时代）的产物。

在上面的论述里，直接使用了 HNC 符号语言，有些 HNC 符号还故意先不给出相应的汉语说明，这种表述方式便于形而上论述，请读者好奇之。下面补作相应的汉语说明。

```
a46i\kc2n            主体进攻技术的第一次时代跃进
a46i\kc25            低级主体进攻技术
a46i\kc26            高级主体进攻技术
a46i\kd01            主体进攻技术的第二次时代跃进
                     （终极进攻技术）
a46iic2n             主体防御技术的第一次时代跃进
a46iic25             低级主体防御技术
a46iic26             高级主体防御技术
a46ii3               隐形技术
a46i3c2n             军事自动化技术的第一次时代跃进
a46i3c25             低级自动化军事技术
a46i3c26             高级自动化军事技术
a46i3d01             军事自动化技术的第二次时代跃进
                     （机器战士）
```

上列延伸概念的世界知识与专家知识具有很强的交织性，因此，下面的论述将不得不适应这一情况采取突出重点的方式，而降低系统性的要求。

主体进攻技术 a46i\k 的概念延伸结构表示式以符号 a46i\k:(c2n,d01)分别表示两次时代性跃进，为什么不直接以符号(a46i\k=3,a46i\k:=pj1*t)表示？请读者不要放过这一点。HNC 希望以这种表示方式来强调指出：a46i\kd01 军事技术是不能实际用于战争的，因为这一军事技术的使用将造成核冬天的灾难，这一事关人类存亡的世界知识表现在下面的基本概念关联式里：

```
a46i\kd01=>a43id01
（终极进攻技术强源式关联于核冬天）
```

本章第 2 节曾谈到"战争是否可以避免"的著名论争，谈到"核战争会毁灭整个人类家园"的命题。所有这些论述的世界知识依据就是上面概念关联式。

这一概念关联式对终极进攻技术采取了分别说与非分别说并行的表述方式。如果要对终极级进攻技术给出一个汉语的具体表述，那就是高度机动与精确制导的洲际热核导弹，这些汉语词语具有下列对应性：

> 洲际:=a46i\1d01
> 热核导弹:=a46i\2d01
> 精确制导:=a46i\3d01
> 高度机动:=a46i\4d01

还应该指出的是：终极进攻技术的前三个侧面已处于十分成熟的水平，但在机动性方面仍有巨大的改进余地，这一世界知识以下列概念关联式表示：

> (a46i(~\4)d01,s3,jr51c22;s31,j11^e83)　　　　　　　　　　(1)
> （终极进攻技术的作用距离、杀伤力和命中率在现时都已达到成熟状态）
> (a46i\4d01,s3,jr51c21;s31,j11^e83)
> （终极进攻技术的机动力现时尚处于非成熟状态）　　　　　　　(2)

本章的 4.0.3 小节曾提到过毛泽东主席的"'X 一万年也要造出来！'的狠话"，毛主席为什么要抛出那样的"狠话"呢，因为，作为运动战的大师，他是上列两概念关联式的先知，因此，在那个特定历史时期在终极进攻技术的机动力方面与美苏争锋一定是他的首选。

主体防御技术的代谢 a46ii 采用了 a46ii:(c2n,3)延伸结构表示式，符号 a46ii3 意味着主体防御技术不存在主体进攻技术之 a46\kd01 那样的终极形态，这是主体进攻与主体防御技术之间的本质区别。正是这一本质区别使得 HNC 在军事技术代谢 a46i 里对进攻与防御不采用通常的"m"或"e2m"对偶性表示方式，而分别采用并列"\k"和定向"i"的表示方式。

对三级延伸概念 a46iic2n 和 a46ii3 可分别给出 a46iic2n\k=3 和 a46ii3t=b 的四级延伸。a46iic2n\k=3 用于描述 3 种类型的防御，a46iic2n\1 对应于参战人员的防护，a46iic2n\2 对应于军事装备的防护，a46iic2n\3 对应于军事设施的防护；a46ii3t=b 用于描述三大军种的隐形技术，a46ii39 对应于陆军的隐形技术，a46ii3a 对应于海军的隐形技术，a46ii3b 对应于空军的隐形技术。

军事自动化技术 a46i3 采用了与主体进攻技术完全相同的概念延伸结构表示式。这意味着军事自动化技术也存在相应的终极形态 a46i3d01，将简称机器战士。机器战士已经是实际的存在，不过还没有达到成熟状态，因此，应给出下列基本概念关联式：

> (a46i3d01,s3,jr52c21;s31,j11^e83)
> （机器战士当前还处于非成熟状态）

机器战士可设置延伸概念 a46i3d01c2m，其汉语说明如下：

> a46i3d01c21　　　　　　　侦察机器人
> a46i3d01c22　　　　　　　作战机器人

低级自动化军事技术 a46i3c21 这一延伸概念也许会引起部分读者的质疑，自动化技术是工业时代的产物，农业时代不可能存在。这种说法未免过于忽视了古人的智慧，古代战争技术不乏杠杆、重力与滚动原理的运用，更不能把火攻和水淹战术只视为《三国演义》作者制造的神话，这两种战术里都含有自动化因素的运用。

结 束 语

军事与科技 a46 各级延伸概念的符号表示可作为 HNC 延伸符号的典型教材，军事技术代谢 a43i 的概念延伸结构表示式 a46i:(\k=4,i,3;oc2n,\kd01,i3,3d01;)更值得读者玩味，用自然语言很难表述的世界知识用 HNC 符号来表达反而易如反掌，请玩味一下 a46ioc2n 和 a46i\kd01 所表示的世界知识吧，看看能否找到这种感觉。

笔者在撰写本章的过程中受到这些符号的启发而对一些历史事件和历史人物发表了一些个人的看法，提出了"只知其二而不知其一"和"专业活动先知"等说法，为了替这些说法辩护，引用了常理 s10e21 与异理 s10e22 的概念。这两个概念属于综合逻辑的重要概念，将在本《全书》第二卷第六编里论述。

注 释

[01] 例如：拿破仑的军事奇迹主要是炮兵的奇迹，希特勒德国闪电战的奇迹主要是"装甲部队＋制空权"的奇迹，中途岛海战的奇迹主要是斯普鲁恩斯天才首创的航空母舰战术的奇迹。

第 7 节
军事与经济 a47 (136)

引 言

军事与经济 a47 是军事活动 a4 的最后一株殊相概念树，其命名方式无别于军事与科技 a46，但两者的内涵具有本质差异。军事与科技 a46 着重阐释军事与科技之间的互动性 40bean、军事对科技的催生性 40ibe21 及科技对军事的催灭性 40ibe22，这三性虽然不能说在军事与经济 a47 里完全不存在，但毕竟不是主要因素，不必纳入 a47 的概念延伸结构表示式里予以描述。那么，军事与经济 a47 的世界知识描述应该把焦点放在关系的哪些侧面？答案是应该放在"关系的单向依存排斥性表现 42n"和"关系相互依存性 42~2"这两个特定侧面。前者将简称军事与经济的单向关系，后者将简称军事与经济的依存关系，这两种关系都具有鲜明的时代性。军事与经济 a47 这一概念树的概念延伸结构表示式，将以这些世界知识为其设计的基本依据。

4.7-0 军事与经济 a47 的概念延伸结构表示式

```
a47:(n,~2;(n)i,nt=b,~2t=b,6d01;nid01)
    a47n                军事与经济的单向关系
    a475                军事依存经济（"军工"）
```

a476	军事排斥经济（"经济军事化"）
a474	战时经济
a47(n)i	重工业
a47(n)id01	重工业第一
a47nt=b	军事与经济单向关系的时代性表现
a476d01	"穷兵黩武"
a47~2	军事与经济的相互依存关系
a470	经济国防
a471	军事经济
a471d01	军事经济帝国

4.7.1 军事与经济单向关系 a47n 的世界知识

军事与经济的单向关系应给出下面的定义式

$$a47n::=((42n,101,a6),143,a2)$$
（军事与经济的单向关系定义为军事对经济的依存排斥性表现）

读者可能对这个定义式里的 42n 感到难以理解，如果以 42~4 来替代 42n（即以 a47~4 替代 a47n）岂非更为简明？在设计延伸概念 42n 的时候，也曾遇到类似的困惑，那里的 424 就不存在相应的汉语词语。但是 424 却在这里遇到了"知音"，那就是战时经济 a474。

基于 42n 与 47m 的强交式关联性，下列基本概念关联式是定义式"a47n::="的必然推论。

$$a475:=((471,101,a4),143,a2) —— (a475-1)$$
（军事依存经济意味着军事要适应经济）
$$a476:=((472,101,a4),143,a2) —— (a476-1)$$
（军事排斥经济意味着军事会干扰经济）
$$a474:=(470,144,(a4,a2)) —— (a474-1)$$
（战时经济意味着军事与经济的融合）

本小节将以三个分节作分别说，最后在结束语里作非分别说。

4.7.1-1 军事依存经济 a475（"军工"）的世界知识

第二次世界大战中，当日本"偷袭珍珠港战役"完胜的那一天，有两位先生——丘吉尔和蒋介石——毫无掩饰地表现出异常的兴奋甚至欢呼之情，因为，两位深知：这一天就是法西斯末日来临的第一天。那么，这一深知的基本依据是什么？那就是下列基本概念关联式和一项特定概念关联式。

在给出这组概念关联式之前，需要引入军工的概念，军工的诞生就是军事依存经济的直接效应，这就是说，a475 是一个 r 强存在概念，ra475 的汉语说明就是军工，而符号 pera475 和 p-ra475 就分别代表军工企业和军工界。因此，"军事依存经济 a475"这一延伸概念也用带引号的"军工"作汉语表达。

$$a42e1m<=za4 —— (a42a4-n-110)$$
（战争结局强流式关联于军事力量）
$$a42e1m=a429ae1m —— (a42-n)$$
（战争结局强交式关联于作战基本效应）

```
a429ae1m<=a46i\k —— (a42a46-n)
（作战基本效应强流式关联于主体进攻技术）
a46i\k<=a219\26 —— (a46a21-n-011)
（主体进攻技术强流式关联于武器制造）
a219\26<=ra475 —— (a21a47-n)
（武器制造强流式关联于军工）
ra475%=a219\26 —— (a47a21-n)
（军工包含武器制造）
ra475<=za2 —— (a47a2-n-011)
（军工强流式关联于经济力量）
ra475=za4 —— (a475-1-011)
（军工强交式关联于军事力量）
ra475=%a20a —— (a47a20-n)
（军工属于经济组织）
((za2,l47,U.S.A),jl11,ju40d01;s32,wj01;s31,World WarⅡ) —— (U.S.A-n)
（美国是第二次世界大战时全球最大的经济力量）
```

上面的前九个概念关联式属于基本概念关联式，最后一个属于特定概念关联式。基本概念关联式的编号里加了概念树和时代信息的标记，概念树的信息直接以概念树的符号表示，时代信息以"–n–$m_1m_2m_3$"表示，与时代无关的概念关联式以符号"–n"表示。符号"–n–$m_1m_2m_3$"里的二值数字符号 $m_1m_2m_3$ 分别对应于三个历史时代，"1"表示适用，"0"表示不适用。以前未给出这一信息的概念关联式不拟改动，因为，如果该概念关联式与时代有关，在表示里一般会给出相应的表示项，所以概念关联式的历史原貌将予以保留。例如，上面的第一个概念关联式，这里给出了时代标记"–110"，以前则可能给出"s31,pj1*~b"的表示项。当年，丘吉尔和蒋介石两位先生对主体进攻技术的基本概念关联式 a46i\k<=a219\26 有十分沉痛的亲身感受，对战争结局的基本概念关联式 a42e1m<=za4 和关于美国的特定概念关联式有十分清楚的认识。这就是两位先生对"珍珠港事件"抱着"幸灾乐祸"态度的首要原因了，至于罗斯福先生的内心是否也是如此（曾有人写书对此给出了言之凿凿的肯定），那恐怕永远是一个历史之谜了。

"军工"a475 或军工 ra475 诚然是现代词语，但概念 a475 或 ra475 早已存在，与三个历史时代无关。刘邦和彼得大帝对"军工"重要性的认识水准绝不低于当代美国的国防部长，这有充分的历史文献为证。当然，"军工"具有鲜明的时代特征，这在本小节的结束语里略加论述。

"军工"a475 还具有下列两项基本概念关联式：

```
a475=a41d01-0\2//a41d01-0\4 —— (a47a41-n)
（"军工"强交式关联于统帅部的装备部门及后勤部门）
a475=a62a\1//a62a\5 —— (a47a62-n)
（"军工"强交式关联于军事工程及信息工程）
```

4.7.1–2　军事排斥经济 a476（"经济军事化"）的世界知识

上面说到：军事依存经济 a475 是一个 r 强存在概念，这一世界知识同样适用于 a476。延伸概念 ra476 和 ra476d01 都存在合适的汉语表述，那就是"经济军事化"和

"穷兵黩武"。因此,下面也同上一分节一样,将把这两个汉语表述加上引号以构成 a476 和 a476d01 的汉语定名。这两项延伸概念的基本概念关联式如下:

```
a476d01//a476=>3228\2 —— (a476-n)
("经济军事化"强源式关联于人祸,"穷兵黩武"更是如此)
a476d01//a476<=a15 —— (a476-n)
("经济军事化"强流式关联于征服,"穷兵黩武"更是如此)
(a476,100*3218,(139e55,145,za4)) —— (a476-n)
("经济军事化"有利于军事力量的壮大)
(a476d01//a476,100*3228,(139e55,145,a21)) —— (a476-2)
("经济军事化"有害于生产的发展,"穷兵黩武"更是如此)
```

在农业时代,亚历山大大帝、成吉思汗和努尔哈赤的崛起;在工业时代,法西斯德国和军国主义日本的崛起,都密切联系于"经济军事化",这一重要世界知识的概念关联式如下:

```
((1079c26,145,(pj2*d01,f31a|(马其顿;蒙古;清王朝)),149:,a476)
                                          —— (pj2*d01-n)
(亚历山大帝国、蒙古帝国和清王朝崛起的原因之一是其"经济军事化")
((1079c26,145,(pj2*d01,f31a|(法西斯德国;军国主义日本)),149:,a476)
                                          —— (pj2*d01-n)
(法西斯德国和军国主义日本崛起的原因之一是其经济军事化)
```

作为经典社会主义的苏联,其崛起与消亡都与"经济军事化"密切相关,有关的概念关联式如下:

```
((pj2*d01,147d01,a10b3c25;f31a|苏联),sv105,(a103,145,a476)))
                                          —— (a10b3c25-n)
(作为经典社会主义的苏联采取了"经济军事化"的政策)
((14eb2,145,(pj2*d01,147d01,a10b3c25;f31a|苏联)),149:,a476;
s33,pj1*b)                                —— (pj2*d01-n)
(苏联在后工业时代灭亡的原因之一是其"经济军事化")
```

上列三项关于帝国的概念关联式表明:"经济军事化"是一个比较复杂的课题,历史学家早就注意到了帝国 "其兴也勃焉,其亡也忽焉" 的现象,这一兴亡的"勃忽"现象是"大国兴衰"的重要子课题之一,上列概念关联式不过是这一现象的数学描述,但它为"大国兴衰"提供了一种因果性阐释。

这里值得指出的是:最先警觉到后工业时代曙光的是个别科学家和政治家,而不是哲学家和社会学家。尼克松和赫鲁晓夫的著名厨房辩论是这一警觉的体现,邓小平先生的"改革开放"也是这一警觉的体现。这一警觉的基本内容就是对"经济军事化"的恶性效应——(a476-2)——形成了比较深刻的认识。

本分节最后,给出下面的特定概念关联式:

```
((pj2,100*a10,a10b3c26),sv106,(a103,145,a476)) —— (a10bc26-n)
(实行市场社会主义的国家放弃了"经济军事化"政策)
```

4.7.1-3 战时经济 a474 综述

战时经济 a474 的"战"指大战，大战才会对经济产生决定性效应而形成战时经济。因此，应给出下面的定义式：

```
a474::=((309,l45,a20\k),l01,a42ju40c33)
（战时经济定义为大战导致的经济结构性变化）
```

这一定义式来于下面的基本概念关联式：

```
((a20bb^e2m,l44,(a2,a4))≡a42ju40c33,s31,pj1*˜b) —— (a2a4-n)
（在农业和工业时代，经济与军事活动之间的供求关系强关联于大战）
```

此基本概念关联式也可写成下面的形式：

```
(a20bb^e2m,l44,(a2,a4))≡a42ju40c33 —— (a2a4-110-n)
```

在农业时代，为什么游牧民族国家经常战胜农耕民族国家呢？因为前者更便于实施战时经济；商鞅变法以后的秦国为什么成为虎狼之师最终战胜了经济力量比它强大得多的六国呢？因为商鞅变法的实质就是实行战时经济，而六国都未进行这一变革。在工业时代，为什么法西斯德国曾一度横扫欧洲，其疆域规模甚至超过了拿破仑帝国呢？因为德国在开战之前就已经实施了战时经济，而其西线对手则不可能做到这一点。为什么本国资源极度贫乏的日本曾一度称霸于广袤的西太平洋地域呢？因为日本自明治维新以来即实行了战时经济。在后工业时代，为什么萨达姆先生敢于发动两伊战争，试图去征服那个经济力量比它强大的伊朗呢？原因之一是他以为伊拉克拥有战时经济的巨大优势。因此，实行战时经济 a474 是实现"富国强兵"的捷径，这个"富国强兵"的映射符号就是 r53a474。

这就是说，延伸概念 a474 是一个带前挂符号"53"的概念，而 53a474 又是一个 r 强存在概念，许多对世界历史产生过重大影响的政治家对 r53a474 有深刻认识甚至有特殊偏好。但是，应该指出：民主政治制度不可能实行 53a474，r53a474 存在下列基本概念关联式：

```
53a474≡a476 —— (a474-n)
（"富国强兵"强关联于经济军事化）
(r53a474z,s35,a10e26) —— (a474-n)
（"富国强兵"以专制政治制度为前提）
(r53a474,s108,a15) —— (a474-n)
（"富国强兵"以征服为目标）
(r53a474,100*311ajlu12d01,(50a(c2n)c35,l45,40\12˜e51)) —— (a474-n)
（"富国强兵"必然导致民贫）
r53a474≡a10b3c25 —— (a474-n)
（"富国强兵"强关联于经典社会主义制度）
r53a474≡(sg11,l45,pj2*d01) —— (a474-n)
（"富国强兵"强关联于帝国谋略）
```

"富国强兵"还是爱国主义的兴奋剂，类似的概念关联式甚多，就不一一列举了。在汉语里，"富国强兵"是一个完全积极意义的词语，但上列概念关联式表明："国富"

必然导致"民贫"、"兵强"可能导致"侵略","富国强兵"实质上往往是"经济军事化"的掩饰性表述,古今中外的精明政治家都深谙此道。

军事对经济的单向关系 a47n 存在一项非分别说的延伸概念 a47(n)i,其汉语表述是重工业,它还具有一项派生概念 a47(n)id01(三级延伸概念),其汉语表述是重工业第一。重工业和重工业第一的映射符号必然会遭到质疑,笔者也不是不曾疑虑过,但最终还是把这两个延伸概念安排在概念树"军事与经济 a47"里,而没有安排在概念树"生产 a21"里。为什么?因为,重工业第一 a47(n)id01 的概念是重工业 a47(n)i 这一概念的自然发展,重工业 a47(n)i 的概念又是"军工"、"经济军事化"和战时经济三者(即 a47n)的自然发展。就经济活动本身来说,重工业这一概念本身并不重要,其重要性的突现完全是军事参与的结果。与重工业对应的概念是轻工业,其映射符号选取 ~a47(n)i。轻重工业是对工业和矿业的另一种描述方式,它们的概念关联式不难给出,这里从略。

上列以编号(a47n-n)表示概念关联式和重工业第一的概念 a47(n)id01 是理解斯大林和毛泽东这两位历史人物及其事业的关键,斯大林的工业化和集体农庄,毛泽东的"大跃进"和人民公社都是 a476 的产物。对伟大政治家一味谴责或盲目歌颂的人们,都十分缺乏这一基本世界知识,某些专家也不例外。因此,谴责者和歌颂者都应该有所反思,补一点相关世界知识的 ABC。

小 节 结 束 语

延伸概念 a47nt=b 存在下面的基本概念关联式:

```
(a47nt:=pj1*t,t=b) —— (a47-n)
```

此式表明:"军工"a475、"经济军事化"a476 和战时经济 a474 都具有鲜明的时代特征。这一世界知识与专家知识形成了强烈的交织性,这里就略而不述了,而只说几句题外话。本书的撰写时间预定为 10 年,但动笔时笔者已年届七十,又逢癌疾之累,因此,本书的论述方式常在"凝练"与"详尽"、"点睛"与"系统"、"粗放"与"精细"之间徘徊。概念关联式的列举原定采取彻底的粗放方式,但近来放弃了,开始朝着精细的方向倾斜。以前的概念关联式没有编号,后来加了简单编号只是为了便于论述。本子节开始,对概念关联式加了两种带有语境信息的编号,以后将沿用这一改进,但已经给出的概念关联式将保持原貌。

4.7.2 军事与经济相互关系 a47~2 的世界知识

上一子节论述了军事与经济之间的单向关系 a47n,这一子节当然就要转向军事与经济之间的双向关系,这一关系以符号 a47~2 表示,其定义式如下:

```
a47~2::=(42~2,144,(a4,a1))
（军事与经济的相互关系定义为两者之间的相互依存关系）
```

军事与经济相互关系 a47~2 存在两项延伸概念 a470 和 a471,两者的汉语表述分别是经济国防 a470 和军事经济 a471,具有下列基本概念关联式:

a470=%a449c26——(a470-n)

（经济国防是全局性国防的一部分）

a470:=pj1*b——(a470-1)

（经济国防对应于后工业时代）

a470=a41ab3——(a470-n)

（经济国防强交式关联于后工业时代新概念海军）

a471=%a20b——(a471-1)

（军事经济是市场活动的一部分）

a471≡ra475——(a471-n)

（军事经济强关联于军工）

a471d01:=pj1*ac21——(a471-2)

（军事经济帝国对应于工业时代初期）

结 束 语

上面列举了 a47~2 的六项概念关联式，带常量编号的和带变量编号的各三项。不言而喻，前者的重要性大于后者。本节一共给出了七项一级延伸概念的常量编号概念关联式，它们构成了军事与经济 a47 世界知识的大场。下面对这七项概念关联式作进一步的说明。

凯恩斯的老师阿弗里德·马歇尔先生在其名著《经济学原理》中曾写道："经济学既是一门研究经济的学问，也是一门研究人的学问。宗教力量和经济力量共同塑造了世界历史。……虽然对于武力的崇尚或对于艺术的热爱在各地也曾盛行一时，但宗教和经济的影响仍居第一位，这在任何时候、任何地方都从未被取代过，而且它们几乎总是比所有其他影响合在一起还重要。"这段论述（下面将简称"论述"）实质上是与"经济基础决定上层建筑"这一著名论断（下面将临时简称"论断"）的争鸣。"论述"是二元论 s10e32 的代表，"论断"是一元论 s10e31 的代表，这是两者的差异（殊相）侧面；但两者都忽视甚至否定多元论 s10e33，这是两者的共同（共相）侧面，也是两者的弱点。"论述"适用于理性文明，但不适用于理念文明；"论断"恰恰相反，它不适用于理性文明，而适用于理念文明。这就是"论述"胜利于整个西方世界而"论断"胜利于部分东方世界的根本原因，本编的政治体制 a10m 小节（1.0.2 小节）曾对此有所论述。历史的最佳阐释方式是多元论、二元论、一元论的结合，而不能是单一的二元论或一元论。本节的概念关联式都是多元论阐释方式的尝试，其中带常量编号的七项概念关联式又是这一尝试的重点。

概念关联式（a475-1）描述了"军工"最重要的特质，概念关联式（a476-1）和（a476-2）描述了"经济军事化"最重要的特质，概念关联式（a474-1）描述了战时经济最重要的特质，概念关联式（a470-1）描述了经济国防最重要的特质，（a471-1）和（a471-2）描述了军事经济最重要的特质。这些话是典型的"点睛"式论述，但也只好点到为止了。

章 结 束 语

军事活动 a4 这一概念林设置了七项殊相概念树,军事组织和战争分别占据前两项位置 a41 和 a42 在当前应该是没有异议的。500 年后或千年后的读者可能会提出异议,那是另外的问题了。军事组织 a41 和战争 a42 大体对应于军事活动的作用侧面,战争效应 a43 和安全保障 a44 大体对应于军事活动的效应侧面,军备 a45 大体对应于军事活动过程转移侧面,军事与科技 a46 和军事与经济 a47 大体对应于军事活动的关系状态侧面。在军事活动的共相概念树 a40 里,突出阐释了文武之道 a40e2m 的超时代性,文武之道的概念是中华文明对人类智慧的一项独特贡献,是这样一个伟大的命题:军事者,乃文武之道也。这应该是本章的最佳告别语吧。

第五章

法律 a5

　　政治活动 a1 具有文武两个基本侧面，文侧面里独立出法律活动 a5，武侧面里独立出军事活动 a4。文侧面的集中体现是治国 a12，武侧面的集中体现是征服 a15。因此，存在下列基本概念关联式。

$$a5=a12$$
（法律活动强交式关联于治国）
$$a4=a15$$
（军事活动强交式关联于征服）

　　这两个概念关联式只能是强交式关联，而不能是强关联。

　　法律活动 a5 配置了 11 项殊相概念树，这里既不对各殊相概念树作分别说，也不对它们作非分别说，只直接给出它们和共相概念树的定名：

a50	法律活动基本内涵
a51	法治
a52	立法
a53	法理
a54	执法及其基本原则
a55	检察
a56	审判
a57	行裁（执行裁决）
a58	法难（法律灾难）
a59	悖法（违法、犯法与违规）
a5a	法律关系
a5b	判决反应

第 0 节
法律活动基本内涵 a50 (137)

引言

　　社会需要秩序，法律活动起源于人类社会对社会秩序 rc048 的需求，这一需求的集中体现就构成法律活动 a5 的共相概念树 a50（法律活动基本内涵）。它包括两项基本内容：一是法律的基本特性，以半交织延伸 a50γ=b 表示；二是法律的基本类型，以并列延伸 a50\k=4 表示。法律活动基本内涵 a50 的概念延伸结构表示式的设计将以此为基本依据。

5.0-0　法律活动基本内涵 a50 的概念延伸结构表示式

```
a50:(d01,γ=b,\k=m,7;d01:(α=a,e2n),b3,\k:(c01,-0))
    a50d01              宪法
    a50γ=b              法律基本特性
    a509                法律公正性
    a50a                法律稳定性
    a50b                法律局限性
      a50b3               法律阶级性
    a50\k=4             法律基本类型
    a50\1               民法
    a50\2               管理法
    a50\3               国际关系法
    a50\4               刑法
      a50\kc01            法规
      a50\k-0             "案例"
    a507                法律原形态
```

　　法律活动基本内涵 a50 设置了四项而不是两项延伸概念，居于四项之首的是宪法 a50d01，居于四项之末的是法律原形态 a507。这里先不对这样的设置方式进行说明或辩护，只对法律基本特性 a50γ 给出下面的非分别说。

　　法律基本特性 a50γ 是一个 u 强存在概念，与 ua50(γ)相对应的词语就是法律的强制性，与 rua50(γ)相对应的词语就是法律的威慑性。a50(γ)的这一基本属性来源于下面的基本概念关联式：

　　　　a50(γ)≡rc048
　　　　（法律基本特性强关联于社会秩序）

　　在专业活动基本共性 a00 的论述（本编第 0 章第 0 节）中，曾谈到伟人与暴君的特定交织性。这里可以依据两者对法律基本特性 a50(γ)的运用给出如下判据。

```
a00i9e25:=(sv20ju60e41,l03,rua50(γ))
```
（伟人适度运用法律的威慑性）
```
a00i9e26:=(sv20ju60e43,l03,rua50(γ))
```
（暴君滥用法律的威慑性）

5.0.1 宪法 a50d01 的世界知识

法律活动需要一个根本大法——宪法，这一概念并非现代产物，如果我们说：巴比伦的《汉谟拉比法典》和我国的《周礼》就是宪法的始祖，那肯定会引起争论。但应该承认：历史上所有伟大帝国的创立者或维护者都十分重视基本法典的制定，他们试图实现的目标就是后来的所谓宪法的目标。

第一，宪法是社会制度的一面镜子，也是政治体制和政治制度的一面镜子，因此，宪法具有下列基本概念关联式：

```
a50d01<=a10t
```
（宪法强流式关联于社会制度）
```
a50d01<=a10m
```
（宪法强流式关联于政治体制）
```
a50d01<=a10e2n
```
（宪法强流式关联于政治制度）

第二，宪法可以涉及公民的基本权益和义务，这一世界知识以下面的概念关联式表示：

```
a50d01:=(c3118,l03,a009aae2m;l02,40\12e5m)
```
（宪法可以对三类公民的基本权益和义务作出规定）

第三，宪法可以涉及民族关系，这一世界知识以下面的概念关联式表示：

```
a50d01:=(c3118,l45,40\4)
```
（宪法可以对民族关系作出规定）

第四，宪法可以涉及政教关系，这一世界知识以下面的概念关联式表示：

```
a50d01:=(c3118,l45,40\2*3)
```
（宪法可以对政教关系作出规定）

第五，宪法可以涉及阶级关系，这一世界知识以下面的概念关联式表示：

```
a50d01:=(c3118,l45,40\5)
```
（宪法可以对阶级关系作出规定）

第六，宪法可以涉及军政关系，这一世界知识以下面的概念关联式表示：

```
a50d01:=(c3118,l45,a123n)
```
（宪法可以对军政关系作出规定）

以上六点属于宪法的基本内容，这些内容的组合及其他未提到的内容（如我国最近制定的《反国家分裂法》）将都能以 a50d01+的复合形式来表示。宪法的时代性和地域性很强，这一世界知识以下面的概念关联式表示：

```
a50d01=a30i\k
```
（宪法强交式关联于文明形态）
```
a50d01=za30i(t)
```
（宪法强交式关联于文明基因综合指数）

宪法 a50d01 具有下面的二级延伸结构表示式：

```
a50d01:(α=a,e2n)
    a50d01α=a              宪法的过程效应表现
    a50d018                立宪
      53a50d018              制宪
    a50d019                修宪
    a50d01a                废宪
    a50d01e2n              宪法的关系状态表现
    a50d01e25              护宪
    a50d01e26              违宪
```

宪法的"立、修、废"不是一般意义的"立、修、废"，因此，这里的符号描述不能采用 a50d01m8。"修、立、废"具有第一类对偶的生灭性（31m8）。但宪法不具有这一特性，这是由宪法的神圣性所决定的。没有神圣性的宪法实质上是伪宪法，这一认识应成为后工业时代的跨文明共识，符号 a50d01α=a 可以使这一世界知识得到体现。

"制宪"、"立宪"、"修宪"、"护宪"和"违宪"虽然都尚未纳入《现代汉语词典》，但这些词项里的"宪"字是不可或缺的，也是不可替代的，因此，领域句类代码 SCD(a50d01α)和 SCD(a50d01e2n)仍不乏激活词项。这里需要特别指出的是：这两个领域句类代码一般不独立使用，而只是作为 SCD(a00:)或 SCD(a12:)里的一个分项出现。

宪法 a50d01 的领域句类代码具有双对象效应特性。所谓双对象效应就是指领域句类以双对象效应句 Y902J 为主体。在这里，宪法以语义块 Y9B2 表示，宪法内容以语义块 Y9B1 表示。语义块 Y9B2 可以具有 Y9B2(a50d01)和 Y9B2(a50d01+)两种形态，前者对应于整部宪法，后者对应于宪法的部分内容。部分如何划分？即"+"的具体内容是哪些？答案就在上列概念关联式里。

5.0.2　法律基本特性 a50γ=b 的世界知识

延伸概念 a50γ=b 描述的法律三项基本特性是：法律公正性 a509、法律稳定性 a50a 和法律局限性 a50b。这三项法律基本特性对应于下列概念关联式：

```
a509=:(ra52,jl11e21,ju85e75)
a50a=:(ra52,jl11e21,ju76e75)
a50b=:(ra52,jl11e21,jur75e21)
```

法律公正性 a509 是法律的第一位基本特性，这一特性是人类理性原则的集中体现，是人类社会的精神"上帝"，是法律权威性和强制性的根本保障。西方的"上帝"概念实质上即导源于此，《老子》的"天网恢恢，疏而不失"论断也是导源于此。所谓"王子犯法，与庶民同罪"就是这一法律公正性的汉语生动表述。

当然，法律公正性 a509 只可能是相对的，而不可能是绝对的。法律公正度 za509 是历史时代和政治制度的函数，具有下列基本概念关联式：

```
(za509,s31,pj1*9)<(za509,s31,pj1*a)<(za509,s31,pj1*b)
（农业时代的法律公正度最低，后工业时代的法律公正度最高）
(za509,s33,a10e26)<(za509,s33,a10e25)
（专制政治制度的法律公正度小于民主政治制度）
```

法律稳定性 a50a 是法律的第二位特性，是法律权威性的另一根本保障。当然，法律稳定性 a50a 也是相对的。在农业时代，王朝的交替必然伴随着法律体系的一定变动，但每一个王朝都会极力维持其法律体系的稳定性。法律稳定性指已有法律不能轻易变动，尤其是宪法，不涉及法律的增设。后工业时代法律的膨胀性激增属于法律在量与范围方面的扩展，与法律稳定性并行不悖。

法律稳定性 a50a 的基本概念关联式是：

```
a50a=b21
（法律稳定性强交式关联于整体性继承）
```

法律局限性 a50b 是法律的第三位特性，与法律公正性 a509 形成特殊对偶，HNC 还没有为这一特殊对偶设置相应的表示符号。"公正"这一概念本身只不过意味着对不公正现象的某种平衡，公正必然与不公正并存。法律的基本目标是保护、惩治或禁止某些人类活动，而人类活动都具有利害二重性 320。某些人类活动的利益受到保护 321，另一些人类活动的利益就会受到损害 322，公正性是这一利害均衡的适度性表现。适度本身就很难把握，而利益均衡的适度性就更难把握。这就是法律局限性 a50b 的深层意义。

法律局限性的基本概念关联式是：

```
a50b<=a10e2ne2n
（法律局限性强流式关联于政治制度的两重性）
a50b<=a258\1~e41
（法律局限性强流式关联于经济利益调节的非适度性）
```

法律局限性 a50b 的一项突出表现是法律阶级性，用定向延伸符号 a50b3 表示。后工业时代的特征之一就是法律阶级性 a50b3 将趋于淡化。这一世界知识以下列概念关联式表示：

```
a50b3:=(139d33,s31,pj1*b)
（后工业时代的法律阶级性向小概率趋向转化）
```

法律基本特性 a50γ=b 不分设领域句类代码，具有下面的统一表示式：

```
SCD(a50γ)=:jDJ
DB:=ra52
DC:=ua50γ
```

5.0.3 法律基本类型 a50\k=4 的世界知识

法律基本类型也许应该采用变量并列延伸，但这里仍决定采用常量 a50\k=4 的形式，因为笔者实在想象不出第五种类型的可能了。四类法律的定义式如下：

```
a50\1::=(ra52,lv45,(408,l44,p))
（民法是针对人际关系的法律）
a50\2::=(ra52,lv45,a12)
（管理法是针对国家治理与管理的法律）
a50\3::=(ra52,lv45,(408,l44,pj2))
（国际关系法是针对国际关系的法律）
a50\4::=(ra52,lv45,a59)
（刑法是针对违法与犯法行为的法律）
```

以上法律基本类型的排序未遵循通常的时序原则，这主要是为了悖法 a59 概念树世界知识表述的便利。因为刑法应该是最早的成型法律，随后是民法和管理法的逐步丰富，至于国际关系法，虽然古代就有"两国交恶，不斩来使"的约定，但其法律体系的建立毕竟是工业时代的产物。现代的法律膨胀现象主要表现在管理法方面。

法律基本类型 a50\k=4 的领域句类代码具有双对象效应特性。

法律基本类型 a50\k 具有两项延伸概念：一是法规 a50\kc01；二是"案例" a50\k-0。二者已进入专家知识的范畴，这里仅给出提示性表示。

5.0.4 法律原形态 a507 的世界知识

法律原形态 a507 是指这样一类法规，它不是由国家或超组织制定的，但具有法律的功效。这些世界知识以下列概念关联式表示：

```
ra507=:ra52
（法律原形态的功效等同于法律的功效）
a507:=(ra52c01,l01*3118,~pj2//~pea03b)
（法律原形态对应于不是由国家或超组织制定的法规）
```

法律原形态 a507 具有对比性延伸 a507c4m，定义如下：

```
a507c4m               法律原形态基本类型
a507c41               家族法规
a507c42               部落法规
a507c43               行业法规
a507c44               宗教法规
```

四类法规具有下列基本概念关联式：

```
(a507c41,l01*3118,pj01-0)
（家族法规是由家族制定的法规）
(a507c42,l01*3118,pj2*c01)
（部落法规是由部落制定的法规）
(a507c43,l01*3118,pea039)
（行业法规是由行业制定的法规）
(a507c44,l01*3118,peq821)
（宗教法规是由宗教组织制定的法规）
```

法律原形态基本类型 a507c4m 的领域句类代码也具有双对象效应特性。

第 1 节
法治 a51 (138)

引言

本节的法治与法制同义，其定义式如下：

```
a51::=((7331,l83,ra52),l02*01,p40\12e5m)
（法治定义为全体公民依法行事）
```

该式表明：①法治不可能规范人类的一切行为，而只能规范人类的现实性行为 7331；②法治的对象不仅是民众，也包括官员。

法治 a51 是一个 r 强存在概念，ra51 的对应词项是法律意识。

法治在《现代汉语词典》中的解释是"根据法律治理国家"。按照这一解释，法治 a51 就只是政府的事了，法制在《现代汉语词典》中的解释就把这一点讲得更加突出了。这样的解释显然不符合上列定义式的约定或精神。本节讨论的法治 a51 不仅是政府的事，而且是全体公民的事。民众不应该只是法治或法制的对象(p012)，也应该是法治或法制的参与者(p011)；同理，政府或官员不应该只是法治或法制的执行者(pa018a)，也应该是法治或法制的对象(p012)。下面将基于这一基本认识设计法治 a51 的概念延伸结构表示式。

法治 a51 具有下面的基本概念关联式：

```
a51<=d11
（法治强流式关联于政治理念）
a51<=(a10t,a10m,a10e2n)
（法治强流式关联于广义政治制度）
```

进入后工业时代以后，法治出现了一个新情况，那就是法治不再完全是一个国家的内政了，这就需要引入法治国际化的新概念。

以上论述是法治概念延伸结构设计的基础。

5.1-0 法治 a51 的概念延伸结构表示式

```
a51:(e2m,3;e21m,e22:(\k=m,c3m);e212d01)
   a51e2m                法治两基本侧面
   a51e21                法治政府侧面
   a51e22                法治公众侧面
   a513                  法治国际化

   a51e21m               法治政府侧面的第一类对偶性表现
```

```
a51e210              "仁治"
a51e211              法治主导（"法治"）
a51e212              人治主导（"人治"）
  a51e212d01           独裁
a51e22\k=m           法治基本包含
a51e22\1             行为法治
a51e22\2             争端法治
a51e22\3             权益法治
a51e22\4             意愿法治
a51e22c3m            法治成熟度
a51e22c31            "低度"法治
a51e22c32            "中度"法治
a51e22c33            "高度"法治
```

5.1-1　法治 a51 的世界知识

法治 a51 设置了两项延伸概念，a51e2m 表示法治两基本侧面，a513 表示法治国际化。

法治两基本侧面 a51e2m 是政府侧面 a51e21 和公众侧面 a51e22，具有下面的基本概念关联式：

```
a51e21:=(a5,101,40\12e51)
（法治政府侧面对应于官方的法律活动）
a51e22:=(a5,101,40\12~e51)
（法治公众侧面对应于民众的法律活动）
```

法治国际化 a513 是后工业时代的新生事物，具有下面的基本概念关联式：

```
a513:=pj1*b
（法治国际化对应于后工业时代）
```

5.1.1　法治两基本侧面 a51e2m 的世界知识

法治两基本侧面 a51e2m 实质上对应于法治 a51 作用效应链表现的两分，政府侧面 a51e21 描述法治的广义作用，而公众侧面 a51e22 则描述法治的广义效应。因此，法治两基本侧面必然具有不同特质的概念联想脉络，需要分别说，这意味着两者需要各自设置独立的领域句类代码。

5.1.1-1　法治政府侧面 a51e21 的世界知识

法治政府侧面 a51e21 具有第一类对偶性延伸 a51e21m，a51e211 定名为法治主导，将简称"法治"，a51e212 定名为人治主导，将简称"人治"，a51e210 不予正式定名，将简称"仁治"。

映射符号 a51e21m 未接纳自然语言赋予人治这一词语的贬义。因为法律必然存在局限性，法律不是国家治理的万能灵药，许多情况下，国家治理还需要治理者的创造性发挥，这就是赋予人治主导 a51e212 的基本意义。这就是说，这里定义的"法治"a51e211 与"人治"a51e212 是互补的对偶。两者的对立统一概念 a51e210 似乎不存在对应的具体词语，但必然存在对应的事件，著名的刘邦约法三章就是 a51e210 的成功典范。从这一典范可以看到：将"人治"a51e212 与"法治"a51e211 绝对对立起来有失公允，甚至是错误的。

自然语言的法治和人治具有褒贬义，这来于下面的概念关联式：

```
a51e211≡a10e25
("法治"强关联于民主政治制度)
a51e212≡a10e26
("人治"强关联于专制政治制度)
a51e212d01=:a018e26
(极端的"人治"等同于独裁)
```

这些概念关联式是人类历史实际状态的如实反映，"不以人们的意志为转移"。但应该指出：符号 a51e21m 表达了"法治"与"人治"概念的实质，具有先验理性的透彻性。而自然语言的法治与人治两术语实际上带有浪漫理性局限性。我们敬佩彭真先生在"文化大革命"运动前夕敢于喊出"法律面前人人平等"，我们也敬佩巴金先生的"要讲真话"的呐喊，但是，我们也不能不悲叹他们可能并不理解上列概念关联式所表达的世界知识。

5.1.1-2 法治公众侧面 a51e22 的世界知识

法治公众侧面 a51e22 描述法治 a51 的社会基础。如果一个社会的大多数公民不具有最基本的法律意识，那法治只是一个幻想。所谓法治 a51 "也是全体公民的事"就是指法律意识的存在性及其效应。

法治公众侧面 a51e22 配置了两项延伸概念，变量并列延伸 a51e22\k=m 描述法治的基本包含，对比性延伸 a51e22c3m 描述法治成熟度。

法治公众侧面 a51e22 具有下面的基本概念关联式：

```
a51e22≡ra51
(法治公众侧面强关联于法律意识)
法治基本包含 a51e22\k=m 具有下列概念关联式：
a51e22\1:=((048,103,7331r4075),183,ra52)
(行为法治对应于依据法律制约自身的现实性行为)
a51e22\2:=((3128,103,(43˜e71,144,407m)),183,ra52)
(争端法治对应于依据法律处理彼此之间的争端)
a51e22\3:=((3219\1,103,a009aae21r4075),183,ra52)
(权益法治对应于依据法律维护自身的权益)
a51e22\4:=((3318,103,7123r4975),183,ra52)
(意愿法治对应于依据法律表达自身的意愿)
```

法治基本包含 a51e22\k 当然不只是上列四项，但这四项具有不可缺少性。法治基本包含 a51e22\k 当然具有一个历史演进过程，"\k"的排序反映了这一演进过程的顺序。西方古典文明大体完成了从"\1"到"\4"的演进，但东方古典文明似乎只完成了从"\1"到"\2"的演进（我国的崇法贬儒学派请注意这一点），东西方文明的这一基本差异密切联系于文明本体观的差异。为什么当代许多国家的权益法治和意愿法治长期处于徒有虚名的状态呢？对此，经验理性和浪漫理性的形而下解释只会添乱，然而，这又有什么办法呢？

一个国家的法治成熟度 a51e22c3m 决定于法治基本包含 a51e22\k 的落实程度，这一世界知识以下面概念关联式表示：

```
a51e22c3m:=(z013a,l03,a51e22\k)
```

法治成熟度具有下列基本概念关联式：

```
a51e22c3m:=pj1*t
```
（三级法治成熟度对应于三个历史时代）

在人类社会从农业时代向工业时代的历史性转折中，曾发生过极为巨大的历史阵痛，将简称第一次历史阵痛。当前，人类社会正处在从工业时代向后工业时代的转折时期，这一次的历史性转折也必将伴随着巨大的历史阵痛，不妨以第二次历史阵痛称之。

这两次历史阵痛也许都可以简单归结为法治阵痛。

遗憾的是：人们还远没有对第一次历史阵痛的历史启示取得基本共识。哲学家和历史学家还没有对此进行过形而上层次的系统探索，这包括黑格尔的《历史哲学》、斯宾格勒的《西方的没落》、汤因比的《历史研究》和波普尔的《开放社会及其敌人》。笔者曾不辞浅陋，写出《一位形而上老者与一位形而下智者的对话》的感言式小文，就是出于对第二次法治阵痛的深深忧虑。

第一次历史阵痛最后以两次世界大战的惨重代价而宣告结束，那么，第二次历史阵痛的结束也需要付出一场世界大战的代价么？20 世纪 60 年代的中苏论战直接关联到这一重大问题，这场争论涉及的核心问题并没有引起人们的足够警觉，更没有因为苏联的解体或冷战的结束而自然消失。应该看到：金正日、内贾德和查韦斯三位先生对第二次历史阵痛的驾驭能力比布什和布莱尔两位先生高明，更远比希拉克和施罗德两位先生高明。这不是人类的吉兆，因为，直接斗争的双方都缺乏历史大视野，都在采取赌徒策略，都不理解下面将要浅说的法治国际化。

5.1.2 法治国际化 a513 的基本思考

本小节不以"世界知识"冠名，而以"基本思考"冠名，因为法治国际化 a513 是后工业时代面对的新课题，是面向未来的概念。但这个概念并不是新概念，大体对应于孟德斯鸠在其名著《论法的精神》里所阐释的关于法的形而上思考。

a513 将设置包含性延伸 a513-0，a513 表示全球性法治国际化，a513-0 代表地区性法治国际化。

在经济领域，全球性法治国际化的进程实际上已经开始了，联合国和世界贸易组织正在艰难地推进 a513+a2 的事业。在整个专业活动领域，欧盟正在从事 a513-0+a 的伟大事业。

法治国际化只是一种政治理念，将以"她"为代词。除了 a513-0 之外，这里不对她另设延伸概念。考虑到强者的帝国观念还是如此根深蒂固，而弱者的多元化呼声又是如此强烈而诡异，亨廷顿先生对此仅以"文明的冲突"概括之，这只是对当今世界的共时性描述，而不是对世界未来发展的历时性揭示。人类社会毕竟是"母子平安"地度过了第一次历史阵痛，其历史教训应该成为人类社会度过第二次历史阵痛的宝贵知识，但这一知识目前还只是一个隐性的存在，笔者觉得：法治国际化的概念将有助于推进这一隐性知识的揭示。这就是设置延伸概念 a513 的基本思考了。

结 束 语

本节论述的法治，不是词典意义的法治，而是法律活动 a5 的形而上描述，因此，我们把它列为法律活动 a5 殊相概念树的第一位 a51。这样，法律活动的本体项——立法——就降为法律殊相概念树的第二位 a52 了。

第 2 节
立法 a52 (139)

引 言

如果仿照政治活动 a1 和军事活动 a4 的殊相概念树首选原则，立法应占据 a51 的位置，为什么没有这么做呢？这涉及对第二次历史阵痛的思考。

当今世界存在的潜在冲突也许比已经显现出来的严重得多，潜在的危机也许比已经显露出来的可怕得多，生态的灾难人们已有所感受，但心态的灾难就完全是另外一番景象了，许多自以为在从事人性或个性解放之启蒙事业的人们，是否在从事制造和扩大心态灾难的错事？

面对已经显现出来的第二次历史阵痛中的冲突，有基于普适价值观的新型征服思维对策，有基于利益至上的功利主义对策，有基于不同文明和平共处的政治多元化对策，更有基于斗争理念的"新社会主义"对策，所有这些对策都出现了代表性人物和国家，但都没有出现善于形而上思考的智者。所谓的普适价值观未必具有普适性，所谓的利益至上未必具有至上性，所谓的和平共处未必具有现实性，而所谓的"新社会主义"也许其乌托邦特性更重。那么，是否应该考虑其他的对策？

笔者以为：建立法治的共识是可以考虑的对策之一。在全部专业活动中，不同文明对政治活动 a1 已具有共和的基本共识，对经济活动 a2 已具有开放的基本共识，对文化活动 a3 已具有"百花齐放"的基本共识，对军事活动 a4 已具有不使用违禁武器的共识，对法律活动也具有宪法的共识。但所有这些共识都存在真伪之别，其中以宪法共识的真伪性最为突出。法律活动 a5 的共识首先必须建立在法治共识的基础上。因此，本《全书》将法治列为法律活动的殊相概念树之首，这样，立法就只好屈居第二，而取符号 a52 了。

立法 a52 是一个 r 强存在概念，ra52 对应的词语就是法律。具有下面的基本概念关联式：

```
ra52=:a50\k
（法律等同于法律基本类型）
```

立法 a52 具有典型的第一类对偶特性，立法必须具有特定的程序（模式），这两点是其概念延伸结构设计的依据。

5.2-0 立法 a52 的概念延伸结构表示式

```
a52:(m,\k=2;\kk=2)
    a52m                    立法第一类对偶表现
    a521                    法律制定
    a522                    法律废除
    a520                    法律修改
    a52\k=2                 立法模式
    a52\1                   立法模式Ⅰ
        a52\11                  领袖模式
        a52\12                  先知模式
    a52\2                   立法模式Ⅱ
        a52\21                  议会模式
        a52\22                  公投模式
```

立法 a52 只涉及"立"的内容，不涉及"法"的内容。后者的形而上描述已经放在共相概念树 a50 里了。"立"的内容比较简明，所以，其延伸结构表示式也十分简明。

5.2.1 立法第一类对偶表现 a52m 的世界知识

立法的第一类对偶表现 a52m 具有下面的基本概念关联式：

```
a52m:=(c31m8,l03,ra52)
（立法的第一类对偶表现对应于法律的生灭）
```

此式表明：法律 ra52 具有第一类对偶的生灭性，而正如前文所指出的：宪法不具有这一特性，这就是法律与宪法的根本区别。

立法第一类对偶性表现 a52m 也可以叫作法律的代谢表现，这是一个 u 强存在的概念，ua52m 的对应词项就是"法律代谢性"，由于法律本身具有这一特性，所以，对"依法治国"这个词项就需要保持必要的清醒，如同对"改革"这个词项一样。不是所有的"违法"都是错误的选择，同样，也不是所有的"依法"都是正确的选择。

延伸概念 a52m 只描述法律的生灭过程，不涉及法律的内容。虽然法律内容必然对其生灭过程产生决定性影响，但在 a52m 的领域句类代码里应对此置之不顾。

5.2.2 立法模式 a52\k=2 的世界知识

两种立法模式将分别称为第一类立法模式 a52\1（立法模式Ⅰ）和第二类立法模式

a52\2（立法模式Ⅱ）。

立法模式Ⅰa52\1是农业时代的主流，立法a52取决于个人决断，可称个人决断模式。形式上有领袖模式a52\11和先知模式a52\12之分，实质上都是领袖模式。由政治领袖或宗教领袖个人充当立法的主宰者。差异仅在于先知模式要借用上帝的旨意，而领袖模式则采取"朕即上帝"的姿态。当然，农业时代的许多著名立法者本人并不是"朕"，然而"朕"仍然起着决定性作用，立法活动的成败以"朕"的态度为转移。

综上所述，立法模式Ⅰa52\1应具有下列基本概念关联式：

```
a52\1≡a10e26
（立法模式Ⅰ强关联专制政治制度）
a52\1≡a51e212
（立法模式Ⅰ强关联于"人治"）
a52\1:=pj1*9
（立法模式Ⅰ对应于农业时代）
a52\1:=(a52m,l01*3118,pa00i9+(a11;q821))
（立法模式Ⅰ的主宰者是政权活动或宗教活动的领袖）
```

立法模式Ⅰa52\1又区分领袖模式a52\11和先知模式a52\12。两种立法模式存在于基督文明、伊斯兰文明和印度文明，而中华文明则只有领袖模式，这是中华文明的基本特色之一，这一特色的祸福就超出本《全书》的探索范围了。

立法模式Ⅱa52\2勃兴于工业时代，在后工业时代已经成为西方立法模式的主流。这一立法模式在西方的经典时代（即希腊罗马时代）曾一度风行，但在中华文明、印度文明和伊斯兰文明的经典时代，甚至连这一立法模式的雏形都未曾出现过。这一世界知识将体现在下列概念关联式里：

```
a52\2≡a10e25
（立法模式Ⅱ强关联于民主政治制度）
a52\2≡a51e211
（立法模式Ⅱ强关联于"法治"）
a52\2=a30\3*a7
（立法模式Ⅱ强交式关联于地区文明）
((a30\3*a7+(China;India;Islam)),jl11e22, a52\2;s31,pj1*9)
（中华、印度和伊斯兰文明在农业时代不存在立法模式Ⅱ）
```

对比两种立法模式的基本概念关联式可知：即使在理论上，立法模式Ⅱ并非一定优于立法模式Ⅰ，更别说具体实践了。这里，既关系到民主与专制政治制度的辩证性a10e2ne2n，又关系到"法治"与"人治"的辩证性a51e21m。因此，对两种立法模式不能采取简单的肯定或否定态度，对每一个国家的具体立法模式，要依靠形而上思维的透彻性去作具体考察。

立法模式Ⅱ也存在二分的并列延伸a52\2k=2，a52\21描述议会模式，a52\22描述公投模式。

立法模式a52\k不需要设置独立的领域句类代码，它只在相应语境单元SGU里充当事件背景BACE的方式项Ms(a52\k)。至于相应的语境单元，当然首先是立法本身a52，但也可以是政治斗争a13和法学a649b\5。

在当前的现实世界里，立法模式 I 似乎已经消失，这只是基辛格者的幻觉。也许有人愿意这么说："立法模式 I 消失之日，就是后工业时代成熟之时"，但笔者对此深表怀疑。如果读者将来有机会看到沈永聪先生的"智者论"，就明白笔者的疑之有据了。

结 束 语

本节将给人一种言犹未尽的强烈感觉，这不是知而不言使然，而是由于笔者对第二次历史阵痛里的许多现象存在许多迷茫。本《全书》完稿时，笔者或许会对本节另写一篇补论。

第 3 节
法理 a53 (140)

引 言

这里的法理 a53 是法律理念的简称，不是词典的"法律的理论根据"定义。

惩恶扬善是人类社会的永恒课题，惩恶与扬善是精神文明建设的两个基本侧面，缺一不可。惩恶属于法治或武治，扬善属于德治、礼治或文治。治国 a12 在政治理念意义上可划分为文治与法治的这两个基本侧面，我国先贤对此有十分系统和精辟的阐释，但不能认定"文武之道"的治国理念就是中华文明的独创，其他文明的古代先贤也有类似的思想，柏拉图的《理想国》就是最明显的证据。波普尔先生仅从"开放社会之敌人"的视野考察《理想国》的政治理念，是有失公允的。那么，法治与礼治这两者谁是治国 a12 之本？这本来是一个浅显的伪命题，然而，有些学者却宁愿把它当作真命题来对待。我们都熟悉下面的说法：儒家主张以礼治为本，法家主张以法治为本。其实，这一说法未必反映儒家和法家创立者的初衷。因为，善恶现象乃社会的永恒存在，惩恶扬善都是治国的必然之举，不必强行赋予本末之分。

治国的"文武之道"是政治理念 d11 的一项特殊概念联想脉络。这一特殊概念联想脉络太重要了，值得提升到概念树的地位，这就是设置法理 a53 的基本思考了。因此，法理 a53 具有下列基本概念关联式：

```
a53=%d11
（法理属于政治理念）
a53%=a51
（法理包含法治）
```

由于法理就是治国"文武之道"的描述，其概念延伸结构表示式将十分简明。

5.3-0 法理 a53 的概念延伸结构表示式

```
a53:(e2m;e2m3;e2m3d01)
  a53e2m                    治国的文武之道
  a53e21                    法治
    a53e213                 法治为本
      a53e213d01              法治极端化
  a53e22                    文治
    a53e223                 文治为本
      a53e223d01              文治极端化
```

这是一种全程单极延伸的概念树，是概念树中的奇品。

5.3-1 法理 a53 的世界知识

法理 a53 在三个历史时代的具体内容当然有很大变化，但法理的双剑合璧作用始终如一，两者的结合是治国"文武之道"的真谛，其映射符号可取 a53m，但采用 a53e2m 更为简明，a53e21 对应于法治（武），a53e22 对应于文治。这里，"文武之道"在语言概念空间的排序与语言空间不同，实际上改成"武文之道"了，"武"先"文"后。这一顺序的颠倒与结构 54 延伸概念 54e2m 的"纵横"颠倒出于同一思考。

从概念本质来说，法治 a53e21 与礼治 a53e22 无所谓本末之分，但两者毕竟需要轮流坐庄。对这一轮流坐庄势态的把握是领导艺术或统治艺术的最高境界。这一势态的"急所"表现就孕育了法治为本 a53e213 和文治为本 a53e223 这两种主张或举措。

应该指出：这两种主张和举措都会走向极端化，分别用符号 a53e213d01 和 a53e223d01 表示。一项极为有趣的世界知识是：a53e213d01≡a53e223d01，这就是说，两者强关联而不是强交式关联。实行法治极端化的政权必然同时实行德治极端化，我们在古代秦始皇和近代希特勒的统治术里清楚地看到了 a53e213d01≡a53e223d01 的存在。这一概念关联式是这项真理的符号表达，如果说真理具有"放之四海而皆准"的特性，那么，没有什么真理的这一特性比 a53e213d01≡a53e223d01 更为明显的了。

我国的一些学者对"德治"的概念采取讥笑和蔑视的态度，这种态度是历史盲人（可简称史盲）的共性。各种文明都存在大量的史盲，史盲的大量存在没有引起社会学的足够重视，这里要特别指出两点：第一，发达国家虽然基本不存在文盲，但其史盲的比例之高也许高于非发达国家；第二，史学界应该不存在史盲，但事实并非如此，史学界恰恰是产生高级史盲的温床。罗素先生呼唤的新哲学里应该包括"史盲学"，我在《对话》里憧憬的未来形而上学也应该包括"史盲学"。这里不给出史盲的定义，而只指出：不理解治国文武之道 a53e2m 和基本概念关联式 a53e213d01≡a53e223d01 的人们就属于史盲。

最后应该指出：在印度文明、基督文明和伊斯兰文明里，文治的直接体现是宗教治理（将简称教治），所以，文治包括"教治"。在这个意义上，某些西方学者把儒学称为儒教有一定道理，但中国学人不应该盲目接受这一概念，因为，儒教的提法混淆了学说与宗教、信仰与理念、第二类精神生活与第三类精神生活的本质区别。

最后，引用卢梭先生在《社会契约论》里关于文治（虽然他并没有使用这一术语）一段精彩论述，作为本节的结束语。

"除了以上三种法律（注：指政治法、刑法和民法）外，还必须要加上第四种，这第四种法律是所有法律中最重要的，它不是刻在大理石上或铜表上的，而是刻在人民心里的，它形成了国家真正的体制，它每天都会积聚新的力量，而且在其他法律衰亡的时候，它激励或者代替它们。……我这里就是在说道德、习俗，而且最重要的是信仰：这些未能为我们政治理论家所认识的重要方面，正是其他所有法律赖以成功的基础；伟大的立法者所密切关注的正是这些东西，因为虽然立法者看上去好像把自己局限于具体法律的制定，而这些具体法律实际上只是拱顶的拱架而已，他知道只有那些发展缓慢的道德才是拱顶不可移动的基石。"

第 4 节
执法及其基本原则 a54 (141)

引言

法律活动的集中体现是执法。现代汉语对执法活动有"公检法"的简明概括，这表示执法存在独立而相互依存的三方。但是，执法必须遵循一些基本原则，违背这些基本原则的执法就会变成暴政。这就是说，执法必须与执法的基本原则紧紧地捆绑在一起，不遵循执法基本原则的执法不是执法而是犯法，不明确执法基本原则的法治不是法治而是暴政。基于这一认识，这里将执法及其基本原则融合成一株概念树 a54，其一级概念延伸结构的设计也就变得比较简明了。

5.4-0 执法及其基本原则 a54 的概念延伸结构表示式

```
a54:(e3m, γ=b;9t=a,aα=b,bc2n;^aα,a9t=a,bc25d01)
    a54e3m              执法三侧面
    a54e31              公安
    a54e32              检察
    a54e33              审判（法院）
    a54γ=b              执法基本原则
    a549                证据原则
```

a54a	程序原则
a54b	独立原则
a549	证据原则
a549t=a	证据原则基本内涵
a5499	物证
a549a	人证
a54a	程序原则
a54aα=b	程序原则基本内涵（理想办案原则）
a54a8	无罪推定原则
a54a9	拘禁审批原则
a54a99	拘押审批
a54a9a	监禁审批
a54aa	审讯辩护原则
a54ab	上诉原则
^a54aα=b	镇压原则
^a54a8	有罪推定
^a54a9	非法拘禁
^a54aa	逼供
^a54ab	剥夺上诉权
a54b	独立原则
a54bc2n	独立原则的第二类对比性表现
a54bc25	低度司法独立
a54bc25d01	镇压工具
a54bc26	高度司法独立

5.4.1 执法三侧面 a54e3m 的世界知识

执法三侧面 a54e3m 的现代汉语描述——"公检法"——充分体现了汉语的简约性，而第二类对偶符号 e3m 的运用充分体现了该符号语义表达的传神性。

但是，延伸概念 a54e3m 实质上是一个虚设概念，其虚设性体现在下列基本概念关联式里：

a54e31==(a44,a57)
（执法三侧面之一的公安是公共安全保障和行裁两概念树的虚设）
a54e32==a55
（执法三侧面之二的检察是概念树检察的虚设）
a54e33==a56
（执法三侧面之三的法院是概念树法院的虚设）

公安在《现代汉语词典》中的解释是"社会整体的治安"，对"社会整体"作了"包括社会秩序、公共财产、公民权利等"的说明。这个说明表现了自然语言的局限性，编者显然意识到了这一点，所以用了一个"等"字加以弥补，但上面的第一个概念关联式却把"公安"的意义表达得比较完整，不需要另加弥补的符号了。

公检法的语言概念空间符号 a54e3m 意味着这三个侧面的相互独立性，也意味着相应政权机关 pea54e3m 的存在性。公检法 a54e3m 与政权基本结构 a11t=b 的概念关联式如下：

```
a54e31=%a119
（公安属于政府）
a54˜e31=%a11b
（检察与法院属于司法机构）
```

当前，东方世界和西方世界对公检法的认识差异甚大，这一认识差异密切联系政治理念的差异，关于这一差异的论述见政治理念 d11 节（本卷第四编第二篇第一章第 1 节）。

5.4.2　执法基本原则 a54γ=b 的世界知识

执法基本原则 a54γ=b 也可称执法三原则。三者分别是证据原则 a549、程序原则 a54a 和独立原则 a54b。执法三原则的落实是实现法律公正性的基本保证，这一基本世界知识以下面的基本概念关联式表示：

```
((013a,103,a54γ=b),jl111,(3219\3,103,a509))
```

广义作用型逻辑关联式都是三维表示式，这里只给出了其中的内容维，没有给出对象维和施事维。考虑到当前东西方文明对对象维和施事维的理解差异甚大，这里只给出下面的基本概念关联式：

```
X1B(a54):=pa5ae36
（执法的对象对应于受法方）
X0A(a54):=pea54e3m
（执法的施事对应于公检法）
```

上列概念关联式也可以表述成下面的形式：

```
(a54,˜(182),a54γ):=ra10e26te11d01
（不遵循执法基本原则的执法对应于暴政）
```

证据原则 a549 是保障法律公正性的第一项原则。但证据原则必然具有下述局限性，当证据明显不符合事理 jlr12d01 时，事理必须服从证据。悖法者 pa59 经常利用证据原则的这一局限性从事高级犯罪活动。证据 ga549 分物证和人证，两者分别以 a5499 和 a549a 表示。

约定 a549 是一个 r 强存在概念，ra549 的对应词语就是罪证或证据，两词语的映射符号分别是：

```
罪证=:ra549
证据=:jlr11e21+{ra549}
```

程序原则 a54a 是保障法律公正性的第二项原则，是最容易受到破坏的原则。它又包含四项子原则，以扩展交织延伸 a54aα=b 表示，定名为程序原则基本内涵，简称理想办案原则。其中的 a54a8 定名为"有罪假设，无罪推定"原则，简称"无罪推定"原则，a54a9 定名为拘禁审批原则，a54aa 定名为审判辩护原则，a54ab 定名为上诉原则。

理想办案原则存在相应的反概念，以符号 ^a54aα 表示，总称镇压原则。其中，"无罪推定" a54a8 原则之反 ^a54a8 定名为有罪推定，拘禁审批原则 a54a9 之反 ^a54a9 定名为非法拘禁，审判辩护原则 a54aa 之反 ^a54aa 定名为逼供，上诉原则之反 a54ab 之反定名为剥夺上诉权 ^a54ab。

程序原则 a54a 具有下列基本概念关联式：

a54aα = a10e25
（理想办案原则强交式关联于民主政治制度）
^a54aα ≡ a10e26e26
（镇压原则强关联于极权政治）

独立原则 a54b 是保障法律公正性的第三项原则，即司法独立原则。这项原则也容易受到破坏，但破坏方式通常比较隐蔽，不像对程序原则的破坏那样明目张胆。独立原则应具有理论上的绝对性，但又具有现实的相对性，这一特性适合于以第二类对比性 c2n 加以表示。

独立原则的第二类对比性表现 a54bc2n 具有下列基本概念关联式：

a54bc25 ≡ a10e26
（低度司法独立强关联于专制政治制度）
a54bc26 ≡ a10e25
（高度司法独立强关联于民主政治制度）

上面已经指出：东方世界和西方世界对公检法 a54e3m 的认识差异甚大，这里应进一步指出：两个世界对执法基本原则 a54γ = b 的认识差异更大。延伸概念法治国际化 a513 的设置正是基于对这一巨大差异的思考。

公检法 a54e3m 具有虚设性，因此不必设置相应的领域句类代码。执法基本原则 a54γ 则需要分别设置各自的领域句类代码。但应该指出：这些领域句类代码并不独立使用，而只是分别充当公检法三方领域句类代码的必备项。

镇压原则 ^a54aα = b 需要设置独立的领域句类代码，所涉及的四项内容也需要分别独立设置。就符号本身来说，这里并没有对镇压原则直接赋予贬义，这个问题十分复杂，这里不展开讨论，除了上面已给出的基本概念关联式 ^a54aα ≡ ra10e26te11d01 之外，还应该给出下面的基本概念关联式：

^a54aα ≡ a13
（镇压原则强关联于政治斗争）

结 束 语

执法及其基本原则 a54 存在大量的形而上学课题，需要康德型的哲学大师对此进行探索，这是后工业时代的呼唤。读者对本节的失望是可以预期的，但笔者无能为力，谨致歉意。

第 5 节
检察 a55 (142)

　　检察 a55 是执法三侧面 a54e3m 的第二项 a54e32，是执法三侧面 a54c3m 中最复杂的一个侧面。法律公正性 a509 似乎最终体现于审判 a56，但实际上主要体现于检察 a55；执法基本原则 a54γ=b 似乎不难贯彻，但具体运用于检察 a55 时，就不由得使人想起伟大诗人李白的名句"蜀道之难难于上青天"；前面我们论述了法治两基本侧面 a51e2m，其中的公众侧面 a51e22 主要体现于"公检法"的"检"，而不是"公"与"法"；前面我们还论述了治国的文武之道 a53e2m，其中的德治 a53e22 也是主要体现于"公检法"的"检"，而不是"公"与"法"。

　　以上所述表明：检察 a55 是一种很特殊的概念树，我国的最高人民检察院并不能直接以符号 pea55d01 映射。这里，先给出下列基本概念关联式：

　　　　　a55=a51e22
　　　　　（检察强交式关联于法治的公众侧面）
　　　　　a55=a53e22
　　　　　（检察强交式关联于治国"文武之道"的文治）
　　　　　a55=a54γ
　　　　　（检察强交式关联于执法基本原则）
　　　　　a55=a509
　　　　　（检察强交式关联法律的公正性）

　　这 4 项基本概念关联式是检察 a55 概念延伸结构表示式设计的基本依据。

5.5-0　检察 a55 的概念延伸结构表示式

```
a55:(t=b,\k=3,3;t:(e2m,3),b\k=2,~y9,~yb,^yb,53y\k)
    a55t=b              检察程序原则
    a559                立案
    a55a                审查
    a55b                起诉
    a55\k=3             检察基本类型
    a55\1               社会检察
    a55\2               政党检察
    a55\3               政府检察
    a553                专项检察

      a55te2m               检察的两种基本形态
      a55te21               理想检察
```

a55te22	镇压检察
a55t3	检察的公众参与
53a55\k	监察
a5593	检举
a55a3	"民审"
a55b3	处分
a55b3\1	社会组织处分
a55b3\2	政党组织处分
a55b\k=2	起诉基本类型
a55b\1	公诉
a55b\2	诉讼
~a559	撤案（不起诉）
~a55b	撤诉
^a55b	反诉

5.5.1 检察程序原则 a55t=b 的世界知识

检察程序原则的第一概念关联式是

a55t<=a54a
（检察程序原则强流式关联于执法程序原则）

上节已经论述：执法程序原则 a54a 的具体实施存在着理想办案原则 a54aα 和镇压原则^a54aα的重大区别。这一区别必将对检察程序原则 a55t=b 的实施造成明显影响，这种影响在符号上将呈现为下列两种复合形式：

a55t+a54aα
a55t+^a54aα

这两种复合形式将以延伸概念 a55te2m 表示，定名为检察的两种基本形态：理想检察 a55te21 和镇压检察 a55te22，两者分别具有下面基本概念关联式：

a55te21:=(a55t,182,a54aα)
（理想检察依据理想办案原则进行检察）
a55te22:=(a55t,183,^a54aα)
（镇压检察基于镇压原则进行检察）

读者应注意到：在这两个概念关联式里，分别采用了"依据"(182)和"基于"(183)的不同逻辑符号。这里还应该说明：理想检察与镇压检察采用符号 a55te2m 而不采用 a55te2n 的表示方式可能会引起部分读者的质疑甚至谴责，笔者对此表示理解。但笔者愿意在这里坦陈一项挥之不去的疑惑：对镇压检察 a55te22 的一味谴责究竟是否明智？它有利于人类历史视野的提高么？

检察程序原则 a55t=b 所描述的是检察过程的三部曲：立案 a559、审查 a55a 和起诉 a55b，具有下列基本概念关联式：

a559:=(11eb1,103,a55)
（立案对应于检察过程的开始）

```
a55a:=(11eb3,103,a55)
```
（审查对应于检察过程的持续）
```
(a55b;~a559):=(11eb2,103,a55)
```
（上诉或撤案对应于检察过程的结束）

最后一个概念关联式里出现了符号~a559，其对应的汉语词语是"撤案"。这就是说，上诉只是检察的可能结果之一，而不是唯一的结果。这里顺便说明一下：检察过程三部曲中的上诉 a55b 不仅存在非概念~a55b，还存在反概念^a55b，~a55b 的对应汉语词语是撤诉，^a55b 的对应汉语词语是反诉。

如果检察以上诉 a55b 结束，那就会启动执法的第三侧面审判 a56，因此，存在下面的基本概念关联式：

```
a55b=>a56
```
（起诉强源式关联于审判）

检察程序原则 a55t=b 具有比较复杂延伸结构表示式，其中的非、反和"e2m"延伸已经说过了，下面以两个子节专门论述二级延伸概念"检察公众参与 a55t3"和"'起诉'基本类型 a55b\k=2"的世界知识。

5.5.1.1 检察公众参与 a55t3 的世界知识

检察公众参与 a55t3 是一个非常复杂的课题，为便利读者，将其说明式拷贝如下：

```
a5593                    检举
a55a3                    "民审"
a55b3                    处分
   a55b3\1                  社会组织处分
   a55b3\2                  政党组织处分
```

这里首先需要说明的是："检察公众参与"里的公众包括个人和组织，这一世界知识以下面的基本概念关联式表示：

```
(a55t3,l01*00,(p;(pe,l52ie21,~pea55\3)))
```
（检察公众参与的施事是个人和政府检察机关的组织机构）

这一概念关联式只给出了广义作用概念 a55t3 的施事维，而没有给出对象维和内容维。这并非由于存在理论描述的特殊困难，而是基于下面的思考。

检察公众参与 a55t3 存在着两种极端情况，以符号 a55t3d01 和 a55t3c01 进行描述似乎十分贴切，但自然语言还没有对这两种极端情况给出确切的描述。当代基督文明世界发明的一些语言标签并不是对这两种极端情况的适当描述，虽然他们自以为"是"。作者也不打算在这里运用汉字的特殊优势另立新词，因为 a55t3d01 和 a55t3c01 所涉及的形而上课题太复杂了。曾经探讨过历史上重大政治运动的学者都没有对 a55t3d01 和 a55t3c01 现象进行过深入的哲学思考。两位法国大作家罗曼·罗兰和纪德都曾在 20 世纪 30 年代写过内容相近的"访苏日记"，纪德的《归来》当时就发表了，引起一片哗然；罗兰的《日记》则在 60 多年以后才以遗著的形式公之于世，又引起一片哗然。遗憾的是：这时隔 60 多年的两次"哗然"几乎都没有哲学思考的含量。真理永远不会自明，然而某些人却自以为已经找到那自明真理了。

那么，a55t3d01 和 a55t3c01 蕴含的真理何在？下列基本概念关联式也许可以提供一点线索：

```
((a55t3d01;a55t3c01),l01*00,pa00i9)
(a55t3d01;a55t3c01)=%a13
a55t3d01≡a55t3c01
```

5.5.1.2 起诉基本类型 a55b\k=2 的世界知识

起诉存在两种基本类型：一是通过政府检察部门 pea55\3 向法院 pea56 起诉，亦称公诉；二是不通过政府检察部门直接向法院起诉，俗称告状。两者存在下列基本概念关联式：

```
(a55b\1,l01*23e22,pea55\3)
(a55b\2,l01*23e22,(p;~pea55\3))
```

5.5.2 检察基本类型 a55\k=3 世界知识

检察基本类型 a55\k=3 的三分设置——社会检察 a55\1、政党检察 a55\2 和政府检察 a55\3——体现了关于法治的基本认识（见本章第一节）。这里，社会检察排在第一位，政党检察排在第二位，政府检察则排在第三位。采用这一排序乃基于对后工业时代的思考，因为，后工业时代具有下面的基本概念关联式：

```
(za55\1>za55\2>za55\3,s31,pj1*b)
（在后工业时代，社会检察的价值大于政党检察，政党检察的价值又大于政府检察）
```

也许有人认为：在整个农业时代，根本不存在社会检察和政党检察。也可能有人认为：农业时代的社会检察具有主导作用。这两种截然相反的观点，笔者都不排斥，因为，这一悖论的存在是检察概念树 a55 的固有特性。

社会检察 a55\1 具有下列基本概念关联式：

```
(a55\1=a12\1*a,s31,pj1*b)
（在后工业时代，社会检察强交式关联于舆论监督）
(a55\1<=a12\1*(t)e25,s31,pj1*b)
（在后工业时代，社会检察强流式关联于宣传与舆论的包容性）
```

政党检察 a55\2 具有下列基本概念关联式：

```
a55\2<=(pea11ie55e22,jl11e21)
（政党检察强流式关联于相对优势政党的存在）
```

结 束 语

本节的世界知识论述未包含全部延伸概念，四项特别重要的延伸概念——专项检察 a553、处分 a55b3、"民审" a55a3 和监察 53a55\k——都暂付阙如。这属于《全书》撰写的战术性安排，此后将"屡见不鲜"，就不一一通告了。

——词语和句类对应

诉*：诉（讼、状）//（败、反、公、起、上、申、胜、原、自）诉

第 6 节
审判 a56 (143)

　　审判 a56 是执法三侧面 a54e3m 的第三项 a54e33。虽然浪漫理性早就提出过"全民共诛、全国共讨"的概念，邪恶势力 p–a13\13e26 更有私设公堂的悠久历史，但审判 a56 毕竟具有超越时代、社会制度、政治体制和政治制度的鲜明共性。因此，本节将约定符号 pea56 的对应词语就是法院或法庭，pa56 的对应词语就是法官，我国最高人民法院的映射符号就是 ppea56d31+China。

　　审判 a56 上接起诉，下连行刑，具有下列基本概念关联式：

$$a56<=a55b$$
（审判强流式关联于起诉）
$$a56=>a57a$$
（审判强源式关联于行刑）

　　人们都比较熟悉现代基督文明的一项伟大发明——立法、行政与司法的"三权分立" a11t=b，这项发明的专利权属于基督文明似乎是没有争议的。但人们似乎不太熟悉现代基督文明的另一项类似发明，那就是"公检法"的"三权分立" a54e3m。然而，必须指出："分立"必然是相对的，而不可能是绝对的，这就是说，"分立"者之间必然存在复杂的交织性。在执法三侧面 a54e3m 小节（本编的 5.4.1）的基本概念关联式里，我们已经给出了这一交织性基本表现的符号描述，本节将给出这一交织性的其他表现，这是审判 a56 概念延伸结构表示式设计的基本思考。

5.6-0 审判 a56 的概念延伸结构表示式

```
a56(t=b,3,i;˜9,a\k=4,b:(e1n,e2m),3\k=3,i\k=4;
    a\k*i,be21:(i,3,d01,c01);be213c2m,)
```

a56t=b	审判程序（审判基本内涵）
a569	受理
a56a	庭审（审讯）
a56b	判决
a563	传讯

```
a56i                    判决善后

  ~a569                 不受理
  a56a\k=4              庭审类型
  a56a\1                民事庭审
  a56a\2                管理纠纷庭审
  a56a\3                国际纠纷庭审
  a56a\4                刑事庭审
    a56a\k*i                庭外和解

  a56be1n               胜诉与败诉
  a56be2m               有罪与无罪
    a56be21i               徒刑
      a56be21ic2m              有期和无期徒刑
    a56be213               肉刑
    a56be21d01             极刑（死刑）
    a56be21c01             处罚

  a563\k=3              传讯基本类型
  a563\1                公安传讯
  a563\2                检察传讯
  a563\3                法院传讯

  a56i\k=4              判决善后基本类型
  a56i\1                民事判决善后
  a56i\2                管理纠纷判决善后
  a56i\3                国际纠纷判决善后
  a56i\4                刑事判决善后
```

审判 a56 设置了三项延伸概念，第一项"审判程序 a56t=b"描述审判的基本内涵，后两项则用于描述执法活动的交织性，定向延伸 a563 描述"公检法"之间的交织性，定向延伸 a56i 描述司法与政府活动之间的交织性。

5.6.1 审判程序 a56t=b 的世界知识

审判程序 a56t=b 可简称审判，描述审判的基本内涵，其三项内容分别定名为受理 a569、审讯 a56a 和宣判 a56b，具有下列基本概念关联式：

```
(a56t,l01*00,pea56)
（审判由法院主持）
```

与检察程序原则 a55t=b 对应，审判程序 a56t=b 也具有相应的下列基本概念关联式：

```
a569:=(11eb1,l03,a56)
（受理对应于审判过程的开始）
a56a:=(11eb3,l03,a56)
（庭审对应于审判过程的主体）
a56b:=(11eb2,l03,a55)
（判决对应于审判过程的结束）
```

受理 a569 具有非概念~a569，即拒绝受理，或者简称"拒理"。但"拒理"是有条件的，一般情况下不能拒绝公诉 a55b\1，只可能拒绝诉讼 a55b\2。这一世界知识以下面的概念关联式表示：

```
(˜a569,1v45j1u12c35,a55b\2)
（"拒理"只能面对诉讼）
```

庭审 a56a 对应于过程之序的持续 11eb3，是审判过程的主体，具有并列延伸 a56a\k=4，描述庭审的四种基本类型，与法律的基本类型一一对应，这一世界知识以下面的概念关联式表示：

```
(a56a\k:=a50\k,k=1-4)
```

a56a\1 描述民事庭审，a56a\2 描述管理纠纷庭审，a56a\3 描述国际纠纷庭审，a56a\4 描述刑事庭审。前三项庭审可简称广义民事庭审。

庭审类型 a56a\k 具有下列基本概念关联式：

```
((a56a\k,k=1-3),103,a599;102,p53a599;101,(pea56;pea03bγ))
（广义民事庭审的内容是违法活动，对象是待定违法分子，施事是法院或国际超组织机构）
(a56a\4,103,a59a;102,p53a59a;101,pea56)
（刑事庭审的内容是犯罪活动，对象是待定罪犯,施事是法院）
```

庭审 a56a 可以以庭外和解的方式结束，这一特殊的庭审方式以映射符号 a56a\k*i 表示，其定义式如下：

```
a56a\k*i::=(24a,145,(a56a,a56b))
（庭外和解是对庭审和判决的替代）
```

为什么庭外和解采用符号 a56a\k*i 而不直接采用符号 a56ai 呢？因为庭外和解的具体操作方式密切依赖于审判的类型。

判决 a56b 设置了两项以第二类对偶表示的延伸概念：a56be1n 和 a56be2m。a56be1n 的定名直接使用法律术语"胜诉与败诉"，适用于 4 种类型的审讯。这里不妨再次提请读者领略一下符号"e1n"的传神性，并思考一下为什么不使用符号"e1m"？a56be2m 的定名也直接取自法律术语"有罪与无罪"，只适用于刑事判决。这一世界知识以下列概念关联式表示：

```
a56be1n:=(a56a\k,k=1-4)
a56be2m:=a56a\4
```

a56be1n 与 a56be2m 之间存在简明的概念关联式，就留给后来者和读者做练习吧。

有罪判决 a56be21 具有 4 项延伸概念：a56be21i（徒刑）、a56be213（肉刑）、a56be21d01(极刑)和 a56be21c01（处罚）。徒刑又有有期与无期之分，以符号 a56be21ic2m 表示。

有罪判决 a56be21 具有下面基本概念关联式：

```
a56be21=>a579
（有罪判决强源式于行刑）
```

5.6.2 传讯 a563 的世界知识

庭审 a56a 是法院 pea56 的专利，但定向延伸概念"传讯 a563"则不是，检察部门 pea55 和公安部门 pea44 也同法院 pea56 一样，具有传讯 a563 的权利。因此，传讯具有下面的基本概念关联式：

```
(a563,101,pea54e3m)
```
（"公检法"三部门都可以执行传讯）

现代汉语的"审讯"或"审问"包含了庭审和传讯两者的意义（见《现汉》），笔者以为是不妥当的。这是因为：①判定疑犯与判定罪犯的过程必须有所区别；②"公"与"检"只有判定疑犯的权力，没有判定罪犯的权力，只有"法"才具有这一权力；③对待刑事疑犯与非刑事疑犯的态度和方式应该有所区别。"审讯"这一概念的过于宽泛不利于法治精神的落实，专制政治制度的国家的"公"、"检"部门必然存在着大量的过度行为，这是否与"审讯"这一概念的定义过于宽泛有一定联系呢？如果将"审讯"的权力只赋予法院，是否有利于消除"公""检"部门对"审讯"权力的滥用呢？

传讯 a563 具有并列延伸 a563\k=3，分别描述公安传讯 a563\1、检察传讯 a563\2 和法院传讯。三者具有下列基本概念关联式：

```
(a563~\3,102,p53a5ae36e16)
```
（"公"与"检"的传讯对象只能是疑犯）
```
(a563\3,102,pa5ai)
```
（法院的传讯对象只能是证人）

与这两个概念关联式相对应的另一概念关联式是

```
(a56a,102,pa5ae36)
```
（庭审对象只能是当事人）

上列概念关联式都属于广义作用型逻辑关联式，式中只给出了对象维。施事维具有"同行"性，内容维应按法律基本类型 a50\k=4 描述。这些世界知识的表示显然需要一个统一的表示方案，这一课题就留给 HNC 知识库设计师去处理吧。

5.6.3 判决善后 a56i 的世界知识

判决善后 a56i 也是执法的"不管部"（参看下节），具有下列基本概念关联式：

```
a56i=a57a
```
（判决善后强交式关联于行法）
```
a56i=a123e2m3
```
（判决善后强交式关联于民务管理）
```
a56i=a03bi
```
（判决善后强交式关联于非政府组织）
```
(a56i\k:=a50\k,k=1-4)
```
（判决善后基本类型——对应于法律基本类型）

判决善后 a56i 的概念非常庞杂，笔者目前还不能对这一概念给出一个明确的表述。但笔者感到有引入这一延伸概念的必要。法院的工作形式上止于判决 a56b，但实质上不能止于判决。例如，民事判决的败诉方拒不执行判决该怎么办？一个死刑犯如果留下了生活没有着落的孤儿寡母又该怎么办？……这些就应该纳入判决善后 a56i 的范畴了。

结 束 语

本节未论述的课题甚多，这包括某些特殊审判（如军事审判和国际法庭）、陪审团制度、死刑的废除、审判与裁决的交织（如某些超组织实质上承担着一定审判功能）、"公检法"之不可分立性乃专制政治制度的基本特征之一等。这些课题都处于两个极端，要么十分简单（如前三项），要么十分复杂（如后两项），故本节的不述乃预定安排。

本节着重论述了"只有法院才具有审讯权力"的命题，这一命题意味着"公"与"检"只具有传讯的权力，而没有审讯的权力。这应该是法律知识中最最基本的一个概念，所谓"无罪推定"的原则就是由此而来的。然而，汉语词典的解释却与此相悖，因此，本节只得以"庭审"替换笔者心目中的"审讯"。这一替换确实影响了笔者的心情，因此，原计划在本节论述的"公检法"与法律基本特性的关系，也就略而不论了。

——词语对应

判：判（案、处、词、决、例、罪）//（改、*公、审、宣）判

讼：诉讼

审：审（判、问、讯）//（*初、*复、公、候、*会、陪、*受、提*、原、*再、终）审

讯：讯（实、*问）//（传、审、提、刑）讯

法（官、庭、院）

第 7 节
行裁 a57 (144)

引 言

行裁是执行法律裁决的简称。法院的判决 a56b 当然是法律裁决中的要项，但只是其中之一。上节曾论述：审判的权力只能赋予法院，不能赋予"公"与"检"。但是，"公"与"检"必须拥有某些行裁的权力，以保证法律的威慑性 rua50(γ)能适时出现在社会公共生活的各种场所。因此，行裁应该具有两项基本内容：一是对法院有罪判决的执行，将简称行刑；二是对社会公共生活中各种违法或违规现象的处理，将简称行罚。显然，行刑与行罚将构成行裁概念树 a57 的基本内容，a57 概念延伸结构表示式的设计将以此为基本依据。

5.7-0 行裁 a57 的概念延伸结构

```
a57(γ=a,3;9t=b,53ya,a:(\k=3,i),3t=b;9b(i,3,d01))
    a57γ=a                    行裁基本内容
    a579                      行刑
    a57a                      行罚
    a573                      行裁悖论

        a579t=b               行刑三侧面
        a5799                 逮捕
        a579a                 拘禁
        a579b                 刑罚
         a579bi               牢狱
         a579b3               施刑
         a579bd01             处死

        53a57a                联系于处罚的检查
        a57a\k=3              行罚基本类型
        a57a\1                通用性行罚
        a57a\2                行业性行罚
        a57a\3                特定情况行罚
        a57ai                 行罚方式

        a573α=b               行裁悖论基本内容
        a5738                 虐待
        a5739                 非法关押
        a573a                 刑讯
        a573b                 流放
```

5.7.1-1 行刑 a579 的世界知识

行刑 a579 与行罚 a57a 构成行裁的基本内容，两者的关系是典型的松散交织性关联，以映射符号 a57γ=a 表示非常贴切。

行刑 a579 具有交织延伸 a579t=b，这是一种源流型交织，a5799 描述逮捕，a579a 描述拘禁，a579b 描述刑罚。三者具有下列基本概念关联式：

```
((a579;a579a),101*00,(pea44:;pea55))
（逮捕和拘禁由公安或检察部门执行）

(a579b,101*00,pea579b)
（刑罚由监狱部门执行）

a579b<=(a56be21,152ie21,a56be21c01)
（刑罚强流式关联于除处罚以外的有罪判决）

a579b:=(a56be21i;a56be213;a56be213d01)
（刑罚包括徒刑、肉刑和死刑）

a579bi:=a56be21i//
（牢狱首先对应于徒刑）

a579b3:=a56be213
（施刑对应于肉刑）
```

```
a579bd01:=a56be213d01
```
（处死对应于死刑）

当前，绝大部分发达国家已经废除了肉刑 a56be213，死刑 a56be21d01 的废除也已成为一种趋向，这两项废除应该成为后工业时代的标志之一。这一世界知识不难给出符号表示，但这里从略。考虑到不同文明 "ra307+" 对于这两种刑罚（特别是肉刑）的观念差异甚大，笔者可能在本《全书》结稿时，对此进行补述。

5.7.1–2　行罚 a57a 的世界知识

行罚 a57a 是执行处罚的简称，是执法活动 a54e3m 的一个超级"不管部"，是"公检法"的综合与简化，负责对各种违规行为 a599 给予适时处理，具有下列基本概念关联式：

```
a57a::=(a54(e3m)su21:,l03,a599;101*00,pa57a)
```

此概念关联式里的表示项 a54(e3m) 体现"公检法"之综合的含义，行罚者的表示项取 pa57a、而不取 pea57a 体现"公检法"之简化的含义。

行罚 a57a 具有三项延伸概念，53a57a 表示联系于行罚的检查，a57a\k=3 表示行罚的基本类型，a57ai 表示处罚方式。三者不宜再作延伸，其庞杂内涵以复合形式 "a57a:+" 表达比较恰当，如我国改革开放后流行的"罚款"，拟以符号 "a57ai+3a23:" 表示。

5.7.2　行裁悖论 a573 的世界知识

任何专业领域都存在自身特有的悖论，但法律活动的悖论现象最为突出，是当之无愧的悖论冠军，其他专业活动无从望其项背，高明的律师都是制造法律悖论的高手。

理论上，执法应遵循程序原则 a54a，但是，国际争端、冷战、战乱及所谓的"家法帮规"等都会构成对程序原则的破坏，非法性执法必然存在，定向延伸概念 a573 即用于描述这一社会现象，其扩展交织延伸 a573 α =b——虐待 a5738、非法关押 a5739、刑讯 a573a 和流放 a573b 代表非法性执法的 4 项基本内容。

行裁悖论 a573 存在下列基本概念关联式：

```
a573≡a10e26
```
（行裁悖论强关联于专制政治制度）
```
a573=3328
```
（行裁悖论强交式关联于隐蔽）
```
(a573,jl11e21lb1\2:;s33,a10e25)
```
（民主政治制度也存在行裁悖论）
```
(a573b,jl11e22;s33,a10e25)
```
（民主政治制度不存在流放）
```
a573=>(a35\0,s33,pj2ua10e25)
```
（行裁悖论强源式关联于民主政治制度国家的新闻）

行裁悖论的四项内容应独立设置各自的领域句类代码。

结 束 语

世界知识的两端分别是常识和专家知识，这两端当然不存在清晰的端点，但这并不影响概念延伸结构的设计，因为，常识与专家知识的分野一般是清晰的，而延伸概念本身也并不需要清晰的终点。因此，联系于延伸概念的世界知识论述一般不会受到这一不清晰性的困扰。但是，概念树行裁 a57 却是一个明显的例外，这里，世界知识的巨大模糊性使笔者感到困扰，其中的行罚 a57a 和行裁悖论 a573 两延伸概念尤为突出。因为，这一概念树的常识与专家知识并不存在清晰的分野。例如，"劳改"这一词语在《现代汉语词典》中的解释是"劳动改造"，它把常识和专家知识巧妙地融为一体了。那么，我们有必要让计算机去充分理解"劳改"这一词语的世界知识么？似乎没有必要了，把它纳入流放 a573b 就足够了。

第 8 节
法难 a58 (145)

引言

法难 a58 是法律灾难的简称，也可以名之法治灾难。法律灾难特别是法治灾难的提法必然会引起争论，但这是人类历史的赫然存在。如果你同意商鞅先生临死前的慨叹是事实，而不是司马迁的文学捏造，那么，在你浏览了法难 a58 延伸概念所描述的具体内容之后，也许就不会对这术语坚持反对的立场了。

5.8-0 法难 a58 的概念延伸结构

```
a58:(\k=2,^(y);\1:(e43,*t=b),\2~e41,^(a58)t=b;\1e43t=b)
  a58\k=2                   法难的基本类型
  a58\1                     刑法灾难
  a58\2                     广义民法灾难
  ^(a58)                    平反

    a58\1e43                刑罚过度
    a58\1e43t=b             刑罚过度的典型表现
    a58\1e439               种族屠杀
    a58\1e43a               宗教清洗
    a58\1e43b               政治迫害
  a58\1*t=b                 刑法灾难的基本内容
  a58\1*9                   冤案
```

```
a58\1*a                  假案
a58\1*b                  错案

a58\2˜e41               广义民法灾难基本表现
a58\2e42                法治缺失灾难
a58\2e43                礼治缺失灾难

^(a58)t=b               平反基本内容
^(a58)9                 冤案平反
^(a58)a                 假案平反
^(a58)b                 错案平反
```

这里首先需要说明的是广义民法的定义，广义民法是民法、管理法和国际法的总和。对于计算机来说，下面的基本概念关联式似乎足以保证它对法难和法难基本类型的理解。

```
a58<=(j60e43gd2,j60e41gd1)
（法难强流式关联于理性的过度和理念的不足）
(a58\k,k=2)<=(a50\k,k=4)
（法难基本类型强流式关联于法律基本类型）
a58\1<=a50\4
（刑法灾难强流式关联于刑法）
a58\2<=a50˜\4
（广义民法灾难强流式关联于民法、管理法和国际法）
```

5.8.1　法难基本类型 a58\k=2 的世界知识

为什么法难基本类型 a58\k 的描述不与法律基本类型 a50\k 的描述一一对应起来呢？这是由于刑法灾难是法难的基本表现，人们对此不难取得共识，而其他三种类型法律所引发的灾难兼有法治缺失和礼治缺失的双重表现，人们对此不容易取得共识。

5.8.1-1　刑法灾难 a58\1 的世界知识

在特殊语境概念之一的灾祸里设置了人祸 3228\2，刑法灾难 a58\1 理应属于人祸，但本《全书》约定：不赋予"a58\1=%3228\2"概念关联式，而以下面的概念关联式替代：

```
a58\1=3228\2
（刑法灾难强交式关联于人祸）
刑法灾难 a58\1 具有下列基本概念关联式：
a58\1<=a10e26
（刑法灾难强流式关联于专政制度）
a58\1e43<=a13e26
（刑罚过度强流式关联于政治斗争的暴力形态）
a58\1e43t≡a10e26e26
（刑罚过度的典型表现强关联于消极性专政）
a58\1e43t≡a53e213d01
（刑罚过度的典型表现强关联于法治极端化）
```

刑法灾难 a58\1 设置了两项延伸概念：一是刑罚过度 a58\1e43；二是刑法灾难的基本内容 a58\1*t=b。

刑罚过度 a58\1e43 具有众多的激活词语，如我国古代的连坐法、满门抄斩、株连九族，以及女皇帝武则天所特别钟爱的各种酷刑等。这些都可以直接激活 a58\1e43 的领域句类代码，但其领域表示式应采取 a58\1e43+的形式。"+"的具体内容已进入专家知识，而不属于世界知识。这类专家知识都可以直接采用"汉字表示"（内码表示），这并非交互引擎初级阶段的权宜之计，而应视为交互引擎专家知识表示方案的一项基本约定。

刑罚过度 a58\1e43 设置了交织延伸 a58\1e43t=b，用于描述刑罚过度的三种典型表现。

a58\1e439 表示种族屠杀，a58\1e43a 表示宗教清洗，a58\1e43b 表示政治迫害。这三者必须采用交织延伸，而不能采用并列延伸，因为，这三种刑罚过度经常是同时发生的。三级延伸概念 a58\1e43t=b 可设置统一的领域句类代码。

刑法灾难的基本内容 a58\1*t=b 属于一主两翼型交织延伸，可采用统一领域句类代码。冤案是总称，假案是人为制造的冤案，错案是法院判决失误造成的冤案。三者具有下列基本概念关联式：

```
a58\1*9:=a56bju81e72
（冤案对应于谬误判决）
a58\1*a:=a56bju82e72
（假案对应于恶意判决）
a58\1*b:=a56bju84e72
（错案对应于错误判决）
a58\1*a≡a58\1e43b
（假案强关联于政治迫害）
```

5.8.2 广义民法灾难 a58\2 的世界知识

广义民法灾难 a58\2 采用延伸概念 a58\2~e41 以表述其基本表现，其中的 a58\2e42 描述法治缺失灾难，a58\2e43 描述礼治缺失灾难。

据说：美国律师数量在专业人士中所占的比例是全球之冠，是日本的 10 倍，打官司成了美国人的癖好。同时，美国宗教人口的比例又似乎是发达国家之冠，这两项冠军的并存不意味着某种反常么？法治的成熟与健全必须依靠众多的律师么？这符合上帝的意愿么？

上帝给人类的基本启示是：法治要与礼治并重，而且法治易而礼治难。当前的所谓发达国家 pj2xpj1*b 是否忽视甚至忘记了上帝的这一基本启示？如果出现了这种情况，则必将出现礼治缺失的灾难 a58\2e43，即法治过度的灾难。某些发达国家是否已经出现了法治灾难呢？请读者思考。

至于工业时代国家 pj2xpj1*a，法治缺失 a58\2e42 是一种普遍现象。我们看到一些国家和地区在加强立法、宣传法治方面做了大量的工作，但有的成效甚微，有法不依的现象依然十分猖獗。有人仅把这一现象看作是专制政治制度的痼疾，看作是官商勾结或权钱交易的必然产物。这当然有一定道理，但没有看到问题的本质。专制政治制度也拥有铲除官商勾结或权钱交易的有效手段，如果你对 20 世纪的俄罗斯、德国、日本三国的巨大历史变迁稍有了解，你就会相信这一论断，并进而明白：官商勾结或权钱交易这一丑恶现象并非专制政治制度的必然产物，而是广义民法灾难 a58\2 的必然产物。表面上，法治缺失灾难 a58\2e42 似乎是主要因素，实质上，礼治缺失灾难 a58\2e43 的因素也许更为重要。人们往往把社会的广泛罪恶现象简单地归因于资本原始积累过程的必然现象，这是由于受到经济决定论的误导。有人不仅不思考礼治缺失灾难的严重社会后果，甚至把礼治 a53e22 视为封建礼教与制度的代名词，还在热衷于鞭挞所谓吃人的礼教，他们根本不懂得政治治理的文武之道 a53e2m，不懂得法治 a53e21 与礼治 a53e22 的互补性和不可偏废性。在人类社会正在步入后工业时代的今天，如果中国人还不对吴虞先生（"五四精神"的急先锋之一）在 20 世纪初的浪漫论断作起码的反思，那是否会陷入现代"无知之最"者的可悲行列？

基于上述，广义法治灾难具有下列基本概念关联式：

```
a58\2<=d3ga53e213
（广义法治灾难强流式关联于法治为本的观念）
a58\2e42≡j60e42ga53e2m
（法治缺失灾难强关联于治国文武之道的双重不足）
a58\2e43≡j60e42ga53e22//j60e43ga53e21
（礼治缺失灾难首先强关联于礼治的不足，其次是法治的过度）
a58\2e42:=50b2
（法治缺失对应于社会混乱）
a58\2e43:=50b9i˜e71
（礼治缺失灾难对应于人际关系的道义沦丧与冷漠）
a58\2e43:=50ba˜e71
（礼治缺失灾难对应于社会风尚的堕落与贪婪）
```

5.8.3 平反^(a58)的世界知识

这里的平反^(a58)定义为对冤假错案的纠正，不包括终审判决之前的各种改判。这一定义直接体现在平反的交织延伸^(a58)t=b 里。

平反^(a58)具有下面的基本概念关联式：

```
^(a58)t:=(3503,l03,a58\1*t)
（平反等同于对冤、假、错案的改正）
```

结 束 语

刑法灾难 a58\1 和广义民法灾难 a58\2 的划分是概念树法难 a58 的立论之本。法难的立论既是基于人类不能只满足于第一类和第二类精神生活，更需要第三类精神生活(b,d)的论断，也是基于中华文明关于治国文武之道 a53e2m 的独特哲学智慧。论述中笔者尽力告诫自己，不要使用浪漫理性的语言；若有违反，请读者见谅。

第 9 节
悖法 a59 (146)

引言

悖法 a59 是违法、犯法和违规的总称。本节将以交织延伸 a59t=a 描述违法与犯法现象，以定向延伸 a59i 描述违规现象。前者必须经由法院作最终处理，而后者则可在法院外处理。这就是将三者分别配置成两项延伸概念的缘故。

5.9-0 悖法 a59 的概念延伸结构表示式

```
a59:(t=a,i;9\k=3,a:(t=b,3),i:(t=b,\k=2);aa\k=m,ab(\k=m,3),a3e1n;
    aa\2e2m,aa\3c2m,aa\3d01,aa\4*3,ab\ke1n))
```

a59t=a	悖法的基本表现
a599	违法
a59a	犯法
a59i	违规
a599\k=3	违法基本类型
a599\1	违犯民法（第一类违法）
a599\2	违犯管理法（第二类违法）
a599\3	违犯国际法（第三类违法）
a59at=b	犯法基本内涵
a59a9	谋杀
a59aa	经济犯罪
a59ab	伤害罪
a59a3	绑架
a59it=b	违规基本表现
a59i9	违约
a59ia	违纪
a59ib	犯规
a59i\k=2	违规基本类型
a59i\1	第一类违规（违反法规）
a59i\2	第二类违规（违反原形态法律）
a59aa\k=m	经济犯罪基本类型
a59aa\1	贪贿
a59aa\1e2m	贪贿两形态
a59aa\1e21	贪污
a59aa\1e22	贿赂
a59aa\2	盗劫
a59aa\2c2m	盗劫两类型
a59aa\2c21	偷窃
a59aa\2c22	抢劫
a59aa\3	非法经营
a59aa\3k=x	非法经营基本类型
a59aa\31	人员买卖
a59aa\32	非法色情买卖
a59aa\33	走私
a59aa\34	贩毒
a59aa\4	勒索
a59aa\4d01	谋财性绑架

a59aa\5	诈骗
a59aa\5*3	网络诈骗
a59ab	伤害罪
a59ab\k=m	人伤害罪
a59ab\1	奸淫
a59ab\2	殴打
a59ab\3	虐待
a59ab\4	诽谤
a59ab\5	"报复"
a59ab\ke1n	伤害关系描述
a59ab\ke15	伤害
a59ab\ke16	被伤害
a59ab3	物伤害罪
a59ab3\k=2	物伤害罪基本类型
a59ab3\1	人造物伤害罪
a59ab3\2	自然物伤害罪
a59a3	绑架
a59a3e1n	绑架关系描述
a59a3e15	绑架
a59a3e16	被绑架

悖法 a59 的概念延伸结构表示式形式上显得比较复杂，实质上十分简明。下面的世界知识论述不完全以这一概念延伸结构表示式为归依，将插入一些笔者个人的思考。

5.9.1-1　违法 a599 的世界知识

当前，全球各类国家和各种文明都在向所谓法治社会迈进，这当然是社会进步的表现。但是，当今世界是否出现了"民法在泛滥，管理法在泛滥，国际法也在泛滥"的景象呢？三法的泛滥是否不仅不能阻止违法现象的泛滥，反而起着"有所促进"的反作用呢？这样的提问似乎是逻辑混乱，危言耸听。对此，笔者愿意说出下面的感受：半个世纪以后，如果一位有成就的人士在临终前扪心反思，肯定不会出现笔者这一代人所熟悉的保尔·柯察金式的自问，而会自问"我这一辈子做过多少违法的事"呢？而不是"我这一辈子做过违法的事"么？不要以为这是时代的悲剧，其实，50 年后的临终者如果能够这样扪心自问，那倒是应该感到庆幸了。请读者深思。

老子的名言"天网恢恢，疏而不失"，佛家的名言"善有善报，恶有恶报，不是不报，时候未到"，虽然从来只是一种理念，但在重视礼治的社会里，它们确实具有统计意义上的最大似然性。天网者，治国的文武之道也，非单一之武道也。如果只一味追求法治而忽视礼治，那上述名言的警示价值是否就会荡然无存呢？严肃的神学家和哲学家都一直在探索这一重大课题，而视野狭隘的法学家和浪漫理性浓重的思想家则断然否定"天网"在人类心灵中的存在性和必要性，这是笔者绝对不敢苟同的。

基于上述，违法 a599 具有下列基本概念关联式：

```
a599≡j60e42gd10:
（违法强关联于理念的缺失）
a599<=j60e42ga53e22
（违法强流式关联于礼治的缺失）
```

违法 a599 定义为对广义民法的违犯：

```
a599::=(7310:,l03,a50˜4)
```

违法基本类型 a599\k=3 具有下列定义式和基本概念关联式：

```
a599\1::=(7310:,l03,a50\1)
（第一类违法是对民法的违犯）
a599\2::=(7310:,l03,a50\2)
（第二类违法是对管理法的违犯）
a599\3::=(7310:,l03,a50\3)
（第三类违法是对国际关系法的违犯）
(a599\k≡a56a\k,k=1-3)
（三类违法强关联于三类广义民事庭审）
a599\2=a59i
（第二类违法强交式关联于违规）
(zra599,l01,p40\12e51)>>(zra599,l01,p40\12˜e51)
（官员违法的危害远大于民众违法）
(zra599,l01,p40ea1)>>(zra599,l01,p40ea2)
（上级违法的危害远大于下级违法）
(a599ju73e21,l01,pa54e3m):=50b9e21e26
（执法者的普遍违法对应于乱世）
```

上列概念关联式的最后三项已进入世界知识与常识之间的模糊地带。这里特意把它们写出来是有感于下列习惯性官方思维的泛滥：法治主要是治民众而不是治官员，法治主要是治下级而不是治上级，为伟人讳乃革命事业的需要，伟人违法乃崇高事业不可避免的牺牲等。

违法 a599 是一个 r 存在概念，ra599 的对应词语是民事案件。

5.9.1–2 犯法 a59a 的世界知识

犯法 a59a 定义为对刑法的违反：

```
a59a::=(7310:,l03,a50\4)
```

犯法具有下列基本概念关联式：

```
a59a<=xpj82e72
（犯法强流式关联于人性恶）
a59a<=gva0099tju60e43
（犯法强流式关联于对权势、利益和成就的过度争夺）
a59a≡a56a\4
（犯法强关联刑事审判）
```

犯法 a59a 也是 r 存在概念，ra59a 的对应词语是刑事案件。不言而喻，ra59t 也存在对应词语，那就是案件或案子。

前面论述过广义民法的泛滥，但刑法不大可能出现这一现象。尽管如此，本小节仍然只能对犯法现象进行形而上论述。这就是由交织延伸概念 a59at=b 所描述的犯罪基本内涵和定向延伸 a59a3 所描述的绑架。A59a9 表示谋杀罪，a59aa 表示经济犯罪，a59ab 表示伤害罪。

谋杀罪 a59a9 当然是犯罪之首，汉语的"杀人偿命"是对这一犯罪行为严重性的科学概说，当然，对于那些废除了死刑的国家，偿命采取了另外的形式，但实质未变。谋杀罪名目繁多，进一步描述以复合形式表示比较适当。

经济犯罪 a59aa 仅设置了一项变量并列延伸 a59aa\k=m，描述经济犯罪的基本类型，目前定义了五项：第一项是贪贿 a59aa\1，第二项是盗劫 a59aa\2，第三项是非法经营 a59aa\3，第四项是勒索 a59aa\4，第五项是诈骗 a59aa\5。各项都需要作进一步延伸，贪贿需要作 a59aa\1e2m 的延伸，以分别描述贪污 a59aa\1e21 与贿赂 a59aa\1e22；盗劫需要作 a59aa\2c2m 的延伸，以分别描述偷窃 a59aa\2c21 和抢劫 a59aa\2c22；非法经营需要作 a59aa\3k=x 的延伸，以对非法经营作基本类型描述，勒索需要作 a59aa\4d01 延伸，用于描述谋财绑架，诈骗需要作定向延伸 a59aa\5*3，用于描述后工业时代才出现的网络诈骗。

伤害罪 a59ab 设置了两项延伸概念，变量并列延伸 a59ab\k=m 描述对人的伤害，定名人伤害罪，定向延伸 a59ab3 描述对物的伤害，定名物伤害罪。两者具有下列基本概念关联式：

```
a59ab\k:=(93228,102,p)
a59ab3:=(93228,102,w%=(pw;gw;jw6;wj2*2;))
```

约定对 a59ab\k 统一作 a59ab\ke1n 延伸，以分别表示伤害 a59ab\ke15 与被伤害 a59ab\ke16。人伤害罪目前定义了五项：第一项是奸淫 a59ab\1，第二项是殴打 a59ab\2，第三项是虐待 a59ab\3，第四项是诽谤 59ab\4，第五项是"报复" 59ab\5。

物伤害罪 a59ab3 作了并列延伸 a59ab3\k=2，分别描述人造物伤害罪和自然物伤害罪，两者具有下列基本概念关联式：

```
a59ab3\1:=(93228,102,(pw;gw))
a59ab3\2:=(93228,102,(jw6;wj2*2;))
a59ab3\1:=pj1*t
（人造物伤害罪自古有之）
a59ab3\2:=pj1*b
（自然物伤害罪对应于后工业时代）
a59ab3\1=a59ab\4
（人造物伤害罪强交式关联"报复"）
```

前两个概念关联式表明：a59ab3\1 可以自然延伸出 a59ab3\11 和 a59ab3\12，a59ab3\2 可以自然延伸出 a59ab3\21 和 a59ab3\22，这就留给语境单元知识库建设者去处理了。

绑架 a59a3 是一种特殊形式的犯罪，是当前恐怖活动 a13\13e26 常用的斗争手段，具有下列基本概念关联式：

```
a59a3=(a13e26,147,a13\13*6)
（绑架强交式关联于相对邪恶方的暴力政治斗争）
```

```
(a59a3,jl11e21,ju806)
（绑架具有邪恶性）
a59a3=a59ab\4d01
（绑架强交式关联于谋财绑架）
```

5.9.2 违规 a59i 的世界知识

违规 a59i 具有两项二级延伸概念，a59it=b 描述违规的基本表现，a59i\k=2 描述违规的基本类型。违规具有下列基本定义式：

```
a59i::=(7310:,l03,(ra50\kc01;ra507))
（违规是对法规或原形态法律的违反）
a59i\1::=(7310:,l03,a50\kc01)
（第一类违规是对法规的违反）
a59i\2::=(7310:,l03,ra507)
（第二类违规是对原形态法律的违反）
```

违规与违法强交式关联，但违法必须由法院处理，而违规则不经由法院处理，这些世界知识以下列概念关联式表示：

```
a59i=a599\2
（违规强交式关联于第二类违法）
(a59i,l01*013b,(pe,l52ie21,pea56))
（对违规的处理由法院以外的机构来执行）
```

违规 a59i 的主体延伸概念是 a59it=b，这是一个一主两翼型的交织延伸，简称违规基本表现。其中 a59i9 表示违约，a59ia 表示违纪，a59ib 表示犯规。三者都具有极为丰富的内涵，这里只简要说明以下三点。

第一，中华文明具有特别重视约定(843d32;a00bie25)的优秀传统，笔者幼年生活在传统文化氛围十分浓厚的环境里，养成了"违约 a59i9 是天大罪过"的牢固观念，所以笔者在中学时期虽然是一个捣蛋鬼，经常违纪 a59ia 与犯规 a59ib，但从不违约 a59i9。这一现象是否具有某种启示意义呢？最近有人在批判诸葛亮的前出师表，笔者深感痛苦。因为前出师表里的那段"臣本布衣……遂许先帝以驱驰"，因文采无双而让笔者十分感动（这需要朗读才能感受，而且必须懂得一点汉语古文的韵律知识），那个"许"字可真是具有一字千钧的语用力量啊！它注定了诸葛亮必然走上"鞠躬尽瘁，死而后已"的献身之路。这体现了一种伟大的文化理念，而文化理念允许愚忠的存在，热衷于批判愚忠的先生们还是对文化理念的经典著作补点课以后再说话吧。

第二，犯规 a59i9 强交式于比赛 q73，这里就不详细论述了，只给出相应的基本概念关联式：a59i9=q73。

第三，官员违规的危害远大于民众的违规，虽然民众的数量远大于官员。因此，这里给出下面的基本概念关联式：

```
(zra59i,l01,p40\12e51)>>(zra59i,l01,p40\12~e51)
（官员违规的危害远大于民众的违规）
```

```
(zra59i9,l01,p40\12e51)>>(zra59i~9,l01,p40\12e51)
```
（官员违约的危害又远大于违纪与犯规）

结 束 语

　　本节的一般性论述延续了法理 a53 和法难 a58 两节的基本论点。也许写了一些多余的话，那就当作法理和法难论述的补充吧。

　　悖法 a59 的世界知识比较繁杂，它与专家知识的分野存在较大的模糊。笔者勉力于形而上描述的详尽，但毕竟留下了不少尾巴（如对违规主体 a59it=b 未分别给出相应的定义式），只好向读者和来者致歉了。

第 10 节
法律关系 a5a (147)

引言

　　法律活动构成一种特殊的人际关系，这一关系与关系基本构成之 II 型三方 407e3n 对应，是法律关系的 II 型三方，简称法律关系或法律三方。与 407e35（我方）对应的法律第一方是执法方，与 407e36（敌方）对应的法律第二方是当事人方，与 407e37（友方）对应的法律第三方是律师方。律师是古已有之的专业职称，《圣经》的旧约里就有多处关于律师的论述，古汉语也有讼师的名称，战国时代的法家邓析子被誉为讼师之祖。但讼师与律师有重大差异，这一差异展示了中华文明的根本缺陷。但在整个农业时代，无论是西方还是东方，律师都没有取得法律关系方的独立地位。这一法律地位的确立是工业时代进入成熟期的标志之一。

5.a-0 法律关系 a5a 的概念延伸结构表示式

```
a5a:(e3n,I;e35t=b,e36e1n,e37:(e1n,e22,3),i:(e2m,e5n,3);
     e35(t)e2n,e36e1n:(e2m,7,\k=4);e36e15e21i,53ye36e1n\3)
     a5ae3n              法律三方
     a5ae35              执法方
     a5ae36              当事人方
     a5ae37              律师方
     a5ai                证人方

        a5ae35t=b           执法的法院主导阶段
        a5ae359             法院
```

a5ae35a	检察
a5ae35b	公安
a5ae35(t)e2n	法院主导阶段的虚实性
a5ae35(t)e25	法院主导实存在
a5ae35(t)e26	法院主导虚存在
a5ae36e1n	当事人双方
a5ae36e15	起诉方（控方，原告方）
a5ae36e16	被告方
a5ae36e1ne2m	当事人基本类型
a5ae36e1ne21	官方
a5ae36e15e21*i	检方悖论
a5ae36e1ne22	民方
a5ae36e1n7	当事人权益
a5ae36e1n7e2n	当事人权益的虚实性
a5ae36e1n7e25	当事人权益实存在
a5ae36e1n7e26	当事人权益虚存在
a5ae36e1n\k=4	四类官司
a5ae36e1n\1	官告官（第一类官司）
a5ae36e1n\1*3	"官"告官
a5ae36e1n\2	官告民（第二类官司）
a5ae36e1n\2*3	"官"告民
a5ae36e1n\3	民告官（第三类官司）
53a5ae36e1n\3	上访
a5ae36e1n\4	民告民（第四类官司）
a5ae36e1n\k*7	国际官司
a5ae37e1n	民事律师
a5ae37e15	控方律师
a5ae37e16	辩方律师
a5ae37e22	刑事律师
a5ae37i	律师悖论
a5aie2m	证方类型
a5aie21	原告证方
a5aie22	被告证方
a5aie5n	证方真伪性
a5aie55	真实证方
a5aie56	伪证方
a5aie57	真伪难辨
a5ai3	证方合格性检验

法律关系 a5a 设置了两项一级延伸概念 a5ae3n 和 a5ai，前者定名法律三方，这是一个将在下文重点论述的重要法律概念；后者定名证人方或简称证方。

5.a.1 法律三方 a5ae3n 的世界知识

法律三方 a5ae3n 是法律关系的基本构成，这一符号本身意味着法律三方（执法方 a5ae35、当事人方 a5ae36 和律师方 a5ae37）的平等地位，"法律面前人人平等"的说法实质上就是指法律三方 a5ae3n 概念的确立。

5.a.1-1　执法方 a5ae35 的世界知识

执法方 a5ae35 是法律三方的主体。如前所述：执法方按其源流关系有"公检法"之分，但作为法律三方的第一方，"公检法"的顺序应改成"法检公"的顺序，这时，"法"是主体，而"检"与"公"只是两翼。三者以交织延伸 a5ae35t=b 表示，定名为执法的法院主导阶段，其中 a5ae359 表示法院，a5ae35a 表示检察，a5ae35b 表示公安。三者都是虚设概念，具有下面的基本概念关联式：

```
a5ae359==a54e33=:a56
a5ae35a==a54e32=:a55
a5ae35b=a54e31==(a44,a57)
```

执法的法院主导阶段 a5ae35t=b 实际上有虚实之分，这一世界知识十分重要，以延伸概念 a5ae35(t)e2n 表示，a5ae35(t)e25 表示法院主导实存在，而 a5ae35(t)e26 表示法院主导虚存在。两者具有下列基本概念关联式：

```
a5ae35(t)e25≡a10e25
（法院主导实存在强关联于民主政治制度）
a5ae35(t)e26≡a10e26
（法院主导虚存在强关联于专制政治制度）
```

延伸概念执法方 a5ae35 不需要独立设置领域句类代码，其语境单元表示式已经分别在执法 a54、检察 a55 和法院 a56 里分别给出了。这里重复给出延伸概念 a5ae35 及其再延伸概念 a5ae35t=b，是为了表述官司的基本特征——法院、当事人和律师三者之间的法律活动。

而官司本身的语境单元表示式将依托于延伸概念当事人 a5ae36 给出。

5.a.1-2　当事人方 a5ae36 的世界知识

当事人方 a5ae36 必然存在原告与被告双方，这一基本世界知识以延伸概念 a5ae36e1n 表示，a5ae36e15 表示起诉方或原告，a5ae36e16 表示被告方，具有下列基本概念关联式：

```
a5ae36e1n:=43e02
（当事人之间是对抗关系）
a5ae36e15:=(40bea5,s33,a56)
（起诉方是审判中的主动方）
a5ae36e16:=(40bea6,s33,a56)
（被告方是审判中的被动方）
```

对原告 a5ae36e15 和被告 a5ae36e16 需要分别进行非分别说、分别说和半分别说，非分别说的延伸概念有 a5ae36e1ne2m 和 a5ae36e1n7，a5ae36e1ne21 表示官方，a5ae36e1ne22 表示民方，a5ae36e1n7 表示当事人权益；分别说的延伸概念是 a5ae36e15e21*i，定名检方悖论；半分别说的延伸概念是 a5ae36e1n\k=4，定名四类官司。

下面从四类官司 a5ae36e1n\k=4 说起，它来于当事人的官民之分 a5ae36e1ne2m，四类官司是这一划分的简单排列组合。a5ae36e1n\1 表示官告官，a5ae36e1n\2 表示官告民，a5ae36e1n\3 表示民告官，a5ae36e1n\4 表示民告民。

"法律面前人人平等"当然是一个美好的政治理念，但这里的平等绝不意味着官民现实差异的自然消亡。自古以来，官告民 a5ae36e1n\1 都比较顺畅，而民告官 a5ae36e1n\3 就比较困难。这就是对 a5ae36e1n\3 必须引入延伸概念 53a5ae36e1n\3（上访）的缘故了。

四类官司的定义式如下：

```
a5ae36e1n\1::=(a5ae36e15e21,143,a5ae36e16e21)
（第一类官司是官告官）
a5ae36e1n\2::=(a5ae36e15e21,143,a5ae36e16e22)
（第二类官司是官告民）
a5ae36e1n\3::=(a5ae36e15e22,143,a5ae36e16e21)
（第三类官司是民告官）
a5ae36e1n\4::=(a5ae36e15e22,143,a5ae36e16e22)
（第四类官司是民告民）
```

四类官司里的官与民可以属于不同国家，这一世界知识以下面的概念关联式表示：

```
(a5ae36e1ne2m,152e21,pj2u407e2m)
```

但是，四类官司 a5ae36e1n\k=4 毕竟主要是面对一个国家内部的官司，不同国家之间的官司将以定向延伸概念 a5ae36e1n\k*7 来描述，定名国际官司。

现在，可以对当事人 a5ae36 的另外两个延伸概念作简要说明了：一是 a5ae36e15e21*i，定名检方悖论；二是 a5ae36e1n7，定名当事人权益。

检方悖论 a5ae36e15e21*i 是官方起诉人的特殊权力，汉语的"欲加之罪，何患无辞"成语和"莫须有"词语就是对检方悖论的生动描述。

当事人权益 a5ae36e1n7 包括起诉人和被告两者的权益，这一权益具有明显的虚实性，以延伸概念 a5ae36e1n7e2n 描述，a5ae36e1n7e25 表示当事人权益的实存在，a5ae36e1n7e26 表示当事人权益的虚存在。

检方悖论和当事人权益具有下列基本概念关联式：

```
a5ae36e15e21*i≡a10e26
（检方悖论强关联于专制政治制度）
a5ae36e15e21*i≡a58\1e43t
（检方悖论强关联于刑罚过度的典型表现）
a5ae36e1n7e25≡a10e25
（当事人权益实存在强关联于民主政治制度）
a5ae36e1n7e26≡a10e26
（当事人权益虚存在强关联于专制政治制度）
(a5ae36e15e21*i;a5ae36e167e26)=>a58\1
（检方悖论和被告权益虚存在强源式关联于刑法灾难）
a5ae36e157e26=>53a5ae36e1n\3
（起诉权益虚存在强源式关联于上访）
```

上列基本概念关联式仅对当事人方 a5ae36 的世界知识进行了形而上论述，这里世界知识的范定比较困难，如当事人权益 a5ae36e1n7 的基本内容就未作描述，那是不可以完全推给专家知识的，欢迎来者加以补充。

延伸概念当事人 a5ae36 是一个 r 强存在概念，ra5ae36 的对应词语就是官司或诉讼，

vra5ae36 的对应词语有打官司、告状或绳之以法等。SIT(a5ae36:)的设计饶有趣味，在对象方面，它不仅涉及受事（被告），还涉及施受事（律师）和三类施事（法院、起诉方和证人），在内容方面，它不仅涉及违法与犯法，还涉及检方悖论和律师悖论。已给出和即将给出的概念关联式能够对如此复杂的景象作一个清晰的描述并实现计算么？笔者热切而满怀信心地期待着：领域句类代码 SIT(a5ae36:)的设计者和运用者将共同给出这一具体课题的答案，并由此对 SIT 就是自然语言理解基因这一论断有所领悟。

5.a.1–3　律师方 a5ae37 的世界知识

律师方 a5ae37 设置了三项延伸概念：民事律师 a5ae37e1n、刑事律师 a5ae37e22 和律师悖论 a5ae37i。三者分别具有下列基本概念关联式：

```
a5ae37e1n:=ra599
（民事律师对应于民事案件）
a5ae37e22:=ra59a
（刑事律师对应于刑事案件）
a5ae37e1n:=43e02
（民事律师之间是对抗关系）
(a5ae37e22,l44,a5ae36e15e21):=43e02
（刑事律师与检方之间是对抗关系）
(a5ae37e16;a5ae37e22):=a5ae36e16
（辩方律师或刑事律师对应于被告方）
a5ae37e15:=a5ae36e15
（控方律师对应于起诉方）
a5ae37i=a5ae36e15e21*i
（律师悖论强交式关联于检方悖论）
a5ae37i:=(24a\12,l03,(a56be22,a56be21jlu13c21)
//(a56be15,a56be16jlu13c21))
（律师悖论是将应该的有罪变成了无罪，将应该的败诉变成了胜诉）
a5ae36e15e21*i:= (24a\12,l03,(a56be21,a56be22jlu13c21)
（检方悖论是将应该的无罪变成了有罪）
```

5.a.2　证方 a5ai 的世界知识

证方 a5ai 设置三项延伸概念，a5aie2m 表示证方类型，a5aie5n 表示证方真伪性，a5ai3 表示证方合格性检验。

证方类型 a5aie2m 比较简明，这里需要说明的是：符号 a5aie1n 并非不能采用，而是不宜采用。于是选择了 a5aie2m，它具有下列基本概念关联式：

```
a5aie2m:=a5ae36e1n
a5aie21:=a5ae36e15
a5aie22:=a5ae36e16
```

证方真伪性 a5aie5n 比较复杂，其基本概念关联式有

```
a5aie5n=a5ai3
（证方真伪性强交式关联于证方合格性检验）
a5aie56=:a59ab\4
（伪证等同于诽谤罪）
```

在宗教文明的国度里，向上帝宣誓是实施 a5ai3 的简明方式。我们当然不能说这一措施就一定行之有效，但它毕竟是宗教文明国度的一项宝贵精神财富。

结 束 语

本节着重论述了法律三方 a5ae3n 的当事人方 a5ae36 的世界知识，执法方 a5ae35 的世界知识主要见第 6 节审判 a56。从过程的视野来看，"公检法"对应于执法过程的源汇流奇 11ebm，"公"对应于源 11eb1，"检"对应于"流"11eb3，而"法"对应于"汇"11eb2 和"奇"11eb0。为什么把法律三方 a5ae3n 和证方 a5ai 这两项延伸概念纳入法律关系 a5a 这一概念树而不纳入审判 a56 概念树？那就是为了充分展现"法"的"汇奇"特性，a5ae3t=b 的重复（虚）设计是这一用意的直接体现。

法律关系三方的正式确立是一个伟大的历史事件，是工业时代进入成熟期的标志之一，这一世界知识以下列基本概念关联式表示：

```
a5ae3n ≡ a509
（法律三方强关联于法律公正性）
(c3118,l03,a5ae3n):=pj1*ac37
（法律三方的确立对应于工业时代的成熟期）
(pj1*9+CHINA//,jl11e22,a5ae37)
（中国的农业时代或农业时代的中国不存在律师）
```

最后一个概念关联式的出现似乎多余，为什么要把它特意写出来？因为在笔者看来，中华文明(r3079+CHINA)最大的缺陷正在于此而不在其他。这当然需要作专门论述，它可能出现在本《全书》的附篇里，但笔者不能保证。

第 11 节
判决反应 a5b (148)

引 言

《论语》泰伯篇里曾子有言，"人之将死，其言也善"，这里的"善"是有价值的意思。这一命题应该是没有太大争议的。仿此，可以给出"人之被判，其言也善"的命题。概念树"判决反应 a5b"的概念延伸结构设计将以此为重点。

5.b-0 判决反应 a5b 的概念延伸结构表示式

```
a5b:(e2m,i;e2me6m,e22i,i:(e6m,i);e2me623,ie623)
```

a5be2m	当事人反应
a5be21	起诉方反应
a5be22	被告方反应
a5bi	舆论反应

a5be2me6m	当事人表层反应
a5be2me60	默认
a5be2me61	认可
a5be2me62	不服
a5be2me623	当事人后续法律行动 （上诉、反诉、再起诉）
a5be2me63	保留
a5be22i	被告深层反应

a5bie6m	表层舆论反应
a5bie60	默认
a5bie61	支持
a5bie62	反对
a5bie623	抗议
a5bie63	保留
a5bii	深层舆论反应

法治 a53e21 的直接体现是判决 a56b，或者是某些人特别喜爱的词语——绳之以法 a56be21（有罪判决）。绳之以法固然重要，可以收到杀一儆百 ra56be21 的效果。但对判决社会效应的考察，不能仅限于法治，也要考虑到礼治 a53e22。为此，判决反应概念树 a5b 不仅设置两项一级延伸概念——当事人反应 a5be2m 和舆论反应 a5bi，而且设置了两项二级延伸概念——被告深层反应 a5be22i 和深层舆论反应 a5bii。

5.b.1 当事人反应 a5be2m 的世界知识

判决反应 a5b 应包括法律三方 a5ae3n 的反应，但这里选择当事人反应作为描述的重点，以映射符号 a5be2m 表示，a5be21 表示起诉方反应，a5be22 表示被告方反应。执法方和律师方的反应可以分别通过复合概念"(a5b+pa5ae35)+"和"(a5b:+pa5ae37)+"来表示。

当事人反应 a5be2m 具有下面的基本概念关联式：

$$a5be2m:=a5ae36e1n$$

当事人反应 a5be2m 的具体表现分别以延伸概念 a5be2me6m 和 a5be2mi 来表示，前者定名当事人表层反应，后者定名当事人深层反应。

映射符号 a5be2me6m 是对当事人表层反应的传神表示，但相应的汉语词语绝大部分不能直接激活领域信息，这会给 SGU(a5be2me6m)的处理带来特殊困难么？这里就不来论述了。而只给出下面的概念关联式：

```
a5be2me623:=(v00#107a8,103,ra5ae36)
（当事人后续反应将启动另一轮官司）
a5be22i:=(3218,103,a53e22)
（当事人深层反应有益于礼治）
```

```
a5be22i=>ra35\k
```
（当事人深层反应强源式关联于信息文化）

5.b.2 舆论反应 a5bi 的世界知识

判决必然引起社会反应，这一世界知识以延伸概念 a5bi 表示，定名舆论反应。a5bi 的再延伸结构与被告反应 a5be22 相同，分表层舆论反映 a5bie6m 和深层舆论反应 a5bii，也对应设置了抗议 a5bie623。

表层舆论反应 a5bie6m 主要是信息文化关心的课题，也会受到政府的关注，深层舆论反应 a5bii 主要是社会心理学关心的课题，这些世界知识以下列概念关联式表示。

```
a5bie6m=>a35\k
```
（表层舆论反应强源式关联于信息文化）
```
a5bie6m<=a12\1*a
```
（表层舆论反应强流式关联于舆论监督）
```
a5bii=>(a6498\2,145,pj01-)
```
（深层舆论反应强源式关联于社会心理学）
```
a5bie623=%a138
```
（抗议属于政治理念冲突）

与当事人反应相比，激活舆论反应 a5bi 领域句类代码 SIT(a5bi:)的直系词语也许更为稀少，这就是说，判决反应概念树 a5b 存在着领域确认的特殊课题。请允许我就用这句话替代本节的结束语吧。

第六章

科技 a6

科技活动是人类社会发展的根本动力。

科技活动起源于人类的创造性追求，创造性追求是人类的本质特征。创造性追求的原始动力是人类对自然和社会现象的探索性思考。对自然现象的深入探索最终导致自然科学的诞生，自然科学促进了技术的发展与应用，技术的发展与应用促进了经济活动水平的空前提高，从而为人类社会从农业时代向工业时代的转变奠定了经济基础。自然科学体系诞生的意义不仅在于科技活动本身，更在于它从根本上改变了人类的思维模式，原有的一切思想体系被重新思考，人们发现：神圣的王权体制不过是农业经济造就的虚幻洞穴，于是，一个崭新的人文科学和社会科学体系诞生了，从而为人类社会从农业时代向工业时代的转变奠定了政治与文化基础。

人类早期的探索性思考曾导致神学和古典人文科学的诞生，在公元前几百年间，神学和古典人文科学在东方和西方都曾出现过十分辉煌的时期，但后来都曾长期处于停滞不前的封闭教条状态，严重束缚了人类创造性的发挥。

我们都熟悉西欧从 15 世纪开始的一段神奇历史，它通过文艺复兴、宗教改革、启蒙运动和科技革命把人类带进了工业时代，我们也知道这一过程的关键因素是科技与产业革命。但我们也许并不熟悉这一革命的导火线，那不是别的，而是托马斯·阿奎那的"哲学（包括科学）是神学仆从"的论断，于是，出现了"哲学并非神学仆从"的论争，这一论争持续了 500 年之久，到 1687 年，才因牛顿的《自然哲学的数学原理》的问世而画上了完美的句号。

"哲学是神学仆从"的论断只是一位伟大的反面教员么？人类正在步入后工业时代的又一重大历史转折时期，需要重新思考这个问题。农业时代的基督文明是神学坐庄，工业时代的基督文明是哲学和科学坐庄，即理性主宰一切，于是，浪漫理性的第一号大师尼采就可以坦然宣告"上帝死了"。

但是，理性可以主宰一切么？本章不回答这个问题，但将突出这一问题的存在，因此，科技活动 a6 的共相概念树 a60 将不以常规的"科技活动基本内涵"命名，而以"探索与研究"命名。其殊相概念树的命名如下所示：

a61	科学
a62	广义技术

| a63 | 理论与实验 |
| a64 | 学科 |

科技活动 a6 首先是文化活动 a3 的一部分, 同时也是经济活动和军事活动的一部分, 因而具有下列基本概念关联式:

a6＝％a3

（科技活动属于文化活动）

a6=a2

（科技活动强交式关联于经济活动）

a6=a4

（科技活动强交式关联于军事活动）

第 0 节
探索与研究 a60 (149)

引言

探索与研究 a60 是科技活动 a6 之母，具有下面的基本概念关联式：

```
a60≡82
```
（探索与研究强关联于思维活动的探索与发现）

探索与研究 a60 辖属三项概念联想脉络：一是哲理探索 a60t，二是研究机构 a60i，三是个体研究 a603。

6.0-0 探索与研究的概念延伸结构表示式

```
a60:(t=b,i,3;
     ~(yt),9t=b,a:(e1m,e3m),b:(t=b,e4m,^),i:(\k=4,3);
     99:(e2m,3),9a:(t=b,3),9b:(e2n,7);
     9be25\k=2;9be25\1*i,9be25\2*3;
     9be25\1*i\k=5)
```

a60t	哲理探索
a60i	研究机构
a603	个体研究
a60t	哲理探索
a60t=b	哲理探索的基本课题
a609	本体论探索
a60a	认识论探索
a60b	进化论探索
~(a60t)	形而下学
a609t=b	本体论的三种基本形态
a6099	中华形态本体论
a6099e2m	中华二元本体论
a6099e21	自然
a6099e213	天
a6099e22	社会（社稷）
a60993	家族论
a60993-0	人
a609a	希腊形态本体论
a609at=b	希腊三元本体论
a609a9	神
a609a93	上帝
a609aa	自然
a609ab	人

a609a3	国家论
a609b	印–伊形态本体论
a609be2n	印–伊二元本体论
a609be25	神
a609be26	生命
a609be267	人
a609be25\k=2	印–伊神本体的两分
a609be25\1	梵天
a609be25\1*i	种姓论
a609be25\1*i\k=5	人
a609be25\2	真主
a609be25\2*3	部落论
a60ae1m	知识的特定二元对偶性（知识基本特性）
a60ae11	验前知识
a60ae12	验后知识
a60ae3m	知识基本构成
a60ae31	神学
a60ae32	哲学
a60ae33	科学
a60bt=b	社会进化三段论
a60b9	第一次社会历史性演变
a60ba	第二次社会历史性演变
a60bb	第三次社会历史性演变
a60be4m	社会进化论的基本观念
a60be41	辩证进化论
a60be42	保守进化论
a60be43	激进进化论
^(a60b)	退化
a60i\k=4	研究机构的基本类型
a60i\1	宗教研究机构
a60i\2	政府研究机构
a60i\3	大学研究机构
a60i\4	企业研究机构
a60i3	民间研究机构

6.0.1　哲理探索 a60t 的世界知识

哲理探索 a60t 是一切探索与研究活动的理性基础，也叫形而上学或玄学。本小节将先对哲理探索 a60t 作非分别说，随后进行分别说。a60t 是哲理探索非分别说的符号表示，它存在非概念~(a60t)，其对应词语是形而下学，即联系于各种具体对象的探索与研究，如联系于自然现象的自然科学、联系于政治现象的政治学和法学、联系于经济现象的经济学、联系于文化现象的各种人文科学等。

哲理探索 a60t 包含那些基本内容？这涉及哲理探索的分别说，哲学界并没有对此形成共识，这允许 HNC 采用"哲理探索的基本课题"这一定名，并以交织延伸符号 a60t=b，其中 a609 表示本体探索，a60a 表示认识探索，a60b 表示进化探索。

哲理探索基本课题 a60t=b 是一个 r 强存在概念，ra609 的对应词语是本体论，ra60a 的对应词语有认识论和知识论，ra60b 的对应词语是进化论。故哲理探索的三项基本课题也可叫作本体论探索 a609、认识论探索 a60a 和进化论探索 a60b。

哲理探索 a60t 从本体论 ra609 向认识论 ra60a 的转变被认为是哲学第一次伟大革命，笛卡尔是这一革命的开创者，这一点当然并非没有争议。哲理探索由认识论 ra60a 向进化论 ra60b 的转变是哲学的第二次伟大革命，自然进化论(ra60b,l45,509)的创立者是达尔文，社会进化论(ra60b,l45,50b)的创立者是马克思。由于这一课题的极端复杂性，达尔文理论和马克思理论都不可能是一个完美的理论体系，但他们毕竟是开创这一哲理探索的先驱。20 世纪初期出现的语言哲学曾被称为哲学的第二次革命，那只是部分语言哲学家的自许，其研究目标和学术成就远不具备第二次哲学革命的资格。

康德自许完成了形而上学 a60t 的哥白尼式革命，这一自许当然不可能得到哲学界的普遍认同，但康德关于验前综合知识存在性的论证对于形而上学确实具有哥白尼式革命的意义。HNC 认同这一点，这就是设置延伸概念 a60ae1m 的依据。ra60ae11 表示验前知识，ra60ae12 表示验后知识。HNC 所定义的概念知识都属于验前知识，也叫世界知识。让计算机把握这些世界知识才是催生交互引擎的关键举措，这些世界知识是统计手段无法得到的，必须依靠人工注入，这是 HNC 的基本论点。具体的语言知识、常识性知识和专家知识都属于验后知识，交互引擎的运作过程（理解与记忆）就是以验前知识为依托去整合自然语言中所蕴含的验后知识，包括上述三类验后知识的学习。

6.0.1-1 本体论探索 a609 的世界知识

本体探索 a609 是对 HNC 所定义的基本概念 j 的综合与演绎。什么是本体？基本概念 j 的总和就是哲学意义的本体。对基本概念 j 的形而上表述即构成本体论的基本内容。虽然不同文明的本体探索存在巨大差异，但本体探索的对象与内容都符合上述定义，概莫能外。因此，本体探索 a609 具有下面的基本概念关联式：

```
a609:=((8111,812e21),lv45,j)
（本体探索对应于基本概念的综合与演绎）
```

中华文明对本体的形而上表述最为简明，凝聚成下列词语："天"、"天下"、"道"、"天地"。用现代汉语来说，"天"大体对应于自然，"天下"大体对应于"社会"，两者是本体的分别说，"道"与"天地"则是本体的非分别说。老子名言"道法自然"、孔子名言"朝闻道，夕死可已"、陈子昂名句"念天地之悠悠，独怆然而泪下"里的"道"和"天地"都是本体的非分别说。范仲淹名言"先天下之忧而忧，后天下之乐而乐"、顾炎武名言"天下兴亡，匹夫有责"里的"天下"则单指社会，项羽豪言"此天亡我，非战之罪也"里的"天"则单指"自然"，是本体的分别说。

中华文明拥有本体形而上表述的简明词语，但不等于拥有本体论探索的最佳成果。这里将给出本体论探索的三种基本形态，以二级延伸概念 a609t=b 表示，其中的 a6099 定名中华形态本体论，简称中华本体论；a609a 定名希腊形态本体论，简称希腊本体论，

a609b 定名印度-伊斯兰形态本体论，简称印-伊本体论。这三种形态的本体论具有本质差异，学界对这一差异的认识与表述并没有达成一致，因此，请读者将下面的表述看成是 HNC 的一家之言，HNC 的表述方式密切联系于她对世界知识的特殊范定，这是需要再次强调的。

　　中华本体论 a6099 具有两项一级延伸概念 a6099e2m 和 a60997，前者定名为中华二元本体论，后者定名家族论。中华二元本体论的二元是自然 a6099e21 和社会 a6099e22。但中华二元本体的自然 a6099e21 具有定向延伸概念 a6099e213，定名"天"，即上文项羽豪言里的"天"，也是董仲舒基本论断"道之大原出于天，天不变，道亦不变"里的"天"。

　　希腊本体论 a609a 也具有两项一级延伸概念，但符号是 a609at=b 和 a609a7，前者定名为希腊三元本体论，后者定名为国家论。希腊三元本体论的三元是神 a609a9、自然 a609aa 和人 a609ab。这里应该强调指出的是：希腊三元本体论论的符号表示 a609at=b 是一个一主两翼型的交织延伸，它对应着上帝创造了宇宙和人类这一伟大宗教信念，正是这一信念的三元论孕育着文明基因的三要素——神学、哲学和科学。

　　印-伊本体论 a609b 仅具有一项一级延伸概念 a609be2n，定名印-伊二元本体论，其二元是神 a609be25 和生命 a609be26。但印-伊神本体 a609be25 又有印度与伊斯兰的区别，以延伸符号 a609be25\k=2 表示，a609be25\1 表示印度神梵天，a609be25\2 表示伊斯兰神阿拉。

　　可以清楚地看到：中华本体论 a6099 与希腊本体论 a609a 具有共同要素"自然"，希腊本体论与印-伊本体论具有共同要素"神"。

　　中华本体论的特有要素是社会 a6099e22 和家族 a60993，希腊本体论的特有要素是人 a609ab 和国家 a609a3，印-伊本体论的特有要素是生命 a609be26，印度本体的特有要素是种姓 a609be25\1*i，伊斯兰本体的特有要素是部落 a609be25\2*3。

　　从本体探索 a609 这一基元概念演绎出来的众多概念具有下列基本概念关联式：

```
(a6099e21;a60aa)=508
（中华本体的自然或希腊本体的自然对应于状态的自然）
a6099e21=:a60aa
（中华本体的自然等同于希腊本体的自然）
(a609a9; a609be25):=rq821
（希腊本体的神或印-伊本体的神对应于宗教的"上帝"）
a609a93=:a609be25\2
（希腊本体的上帝等同于伊斯兰本体的阿拉）
a6099e22=:pj01
（中华本体的社会等同于基本挂靠概念的社会）
a60993=:pj01-0
（中华本体的家族等同于基本挂靠概念的家族）
a609a3=:pj2
（希腊本体的国家等同于基本挂靠概念的国家）
a609be25\2*3=:pj2*c01
（伊斯兰本体的部落等同于基本挂靠概念的部落）
```

　　本体意义上的"神"既有 a609a9（希腊的神）、a609be25（印-伊的神）和 a6099e213

（中华的天）的区别，又有 a609a93（基督教的上帝）、a609be25\1（印度教的梵天）和 a609be25\2（伊斯兰教的阿拉）的区别；本体意义的"社会"既有 a6099e22（中华的社稷）与 a609a3（希腊的城邦或国家）的区别，又有 a60993（中华的家族）、a609be25\1*i（印度的种姓）和 a609be25\2*3（伊斯兰的部落）的区别；本体意义的"人"既有 a609ab（希腊的相对于自然之人）与 a60993−0（中华的家族成员之人）的区别，又有印−伊的 a609be267（自然物的特定形态）与 a609be25\1*i\k（印度的种姓成员）的区别。总之，"神"、"社会"和"人"的世界知识非常复杂，与常识和专家知识的交织性很强，上列基本概念关联式只是这一世界知识的极其粗略的表达。但是，有了这么一点点世界知识，交互引擎在阅读《摩奴法典》时，也许就有可能激活 a50\k+(INDIA+xpj1*9)) 的领域联想了。

6.0.1−2 认识论探索 a60a 的世界知识

认识论探索 a60a 是对 HNC 所定义的综合概念 s 的综合与演绎。什么是认识？综合概念的总和就是哲学意义的认识。对综合概念 s 的形而上表述即构成认识论的基本内容。上文（6.0.1−1）说到 "不同文明的本体论探索存在巨大差异"，这一论断也适用于认识论。因此，认识探索具有下面的基本概念关联式：

$$a60a:= ((8111,812e21),lv45,s)$$

综合概念 s 设置了四类概念林：智力 s1、手段 s2、条件 s3 和广义工具 s4，智力和手段可以形而上表述为"逻辑论"或"方法论"，条件和广义工具可以形而上表述为"工具论"。所以，认识论的著名经典著作常以逻辑、工具或批判命名，三者，皆方法之分别说也。

但是，综合概念 s 的形而上表述尚未出现，笔者也无力于此。因此，认识论探索 a60a 概念延伸结构的设计将采取舍本逐末的特殊方式，这就是说，将不着眼于认识论 a60a 自身，而着重于认识论的效应 ra60a，即自然语言的"知识"。

知识 ra60a 的形而上表述比较容易把握，但这里只给出 a60ae1m 和 a60ae3m 的简明表示：前者定名知识的特定二元对偶性，即验前知识 a60ae11 与验后知识 a60ae12，a60ae1m 也可简称知识的基本特性；后者定名知识的基本构成，即神学知识 a60ae31、哲学知识 a60ae32 和科学知识 a60ae33。

验前知识 a60ae11 是知识验前性的简称，验后知识 a60ae12 是知识验后性的简称。知识的验前性 ua60ae11 与验后性 ua60ae12 是一切知识的基本特性，也是智力的基本特性。这一知识的特定二元对偶性 a60ae1m 是康德哲学的伟大发现，是哲学第一次革命中最伟大的成果。否认知识的验前性，就等于否认人类的特殊性，也等于否认动物物种千差万别的个性。对于人类知识，强调它的验前性尤为必要，这不仅关系到人之异于禽兽的解释之本，也关系到人工智能技术的开发之本。应该说明：这里的 a60ae11 乃专指人类特有的验前知识，它有两层含义：一是专指那些基于演绎与综合而获得的知识，这种知识具有自明性，无须通过实践的检验，抽象数学和理论物理的众多知识就属于此类知识；二是泛指基于人类大脑特殊结构的知识，语言概念空间的知识（集中体现为基本句类知识和领域句类知识）就是此类知识的典型示例之一。

知识基本构成 a60ae3m 乃文明基因 a30it 的必然联想，具有下列基本概念关联式：

```
a60ae3m<=a30it
（知识基本构成强流式关联文明基因）
a60ae31<=a30i9
（神学知识强流式关联于文明的神学基因）
a60ae32<=a30ia
（哲学知识强流式关联于文明的哲学基因）
a60ae33<=a30ib
（科学知识强流式关联于文明的科学基因）
```

知识基本特性 a60ae1m 具有下列基本概念关联式：

```
a60ae1m<=d2
（知识基本特性强流式关联于理性）
a60ae11<=d22
（验前知识强流式关联于先验理性）
a60ae12<=d21
（验后知识强流式关联于经验理性）
```

这组概念关联式具有明显的不对称性，而且没有给出浪漫理性 d23 和实用理性 d24 对应的知识特性。这样的安排并不是说浪漫理性和实用理性不会产生相应的知识特性，而是试图表明：知识的浪漫性和实用性不是知识的基本特性。如有必要，两者的表述可以放在 a60ae10 里。

马克思主义哲学曾对几千年来认识论探索的丰富成果给出了一个两大对立阵营的简明划分：一方是唯物论和辩证法；另一方是唯心论和形而上学。这一简明二分法只是基于目的论 s108（共产主义理念）和总体谋略 s119（无产阶级革命）的畅想性思辨，既未涉及谋略的其他侧面，也未充分考察手段 s2、条件 s3 和广义工具 s4 三要素。这一简明二分法对现代中国有巨大影响，许多老一代的学者都对此深信不疑，并据以重新治学，导致后半生的歧路徘徊而一事无成。在笔者看来，这是中华文明的巨大悲剧，因为中华文明固有的智慧原应不难看出：这一简明二分法实质上只是浪漫理性和实用理性的产物，具有背离知识基本特性的明显弊病。

6.0.1–3　进化论探索 a60b 的世界知识

无论柏拉图、老子、奥古斯丁和托马斯·阿奎那的思考多么深邃，他们都不会产生进化的伟大思想，甚至连生活在工业时代的康德，也没有萌生这一最重要的形而上思考。社会进化是马克思的天才发现，是对黑格尔思辨哲学（即思维自为性的辩证表现）的伟大改造与提升。达尔文的自然进化论似乎没有直接受益于马克思的社会进化论，但毫无疑义，马克思主义于 19 世纪后半叶和 20 世纪前半叶在学界所向无敌的态势不能不部分归功于达尔文进化论的广泛传播。

本体论、认识论与进化论三者构成哲理探索的三大基本课题。前面说道：本体论探索 a609 是关于基本概念 j 的综合与演绎，认识论探索 a60a 是关于综合概念 s 的综合与演绎，这里需要补充说明的是：进化论探索 a60b 是关于基本逻辑概念 jl 的综合与演绎。

因此，进化论探索具有下面的基本概念关联式：

```
a60b:=((8111,812e21),lv45,jl)
（进化论探索对应于基本逻辑概念的综合与演绎）
```

对进化论 a60b 的描述将如同认识论一样，采取舍本逐末的方式，不涉及自然进化和社会进化的机理，其延伸概念只给出进化的三项现象描述：一是社会进化三段论 a60bt=b；二是社会进化论的基本论点 a60be4m；三是退化^(a60b)。退化可视为进化的一种特殊形态，以符号 a60bi 表示未尝不可，但不如符号^(a60b)简明，虽然这并不完全符合"^"的定义。

社会进化三段论 a60bt=b 描述社会的三次历史性演变，第一次社会历史性演变 a60b9 描述从前农业时代 53pj1*9 向农业时代 pj1*9 的进化，第二次社会历史性演变 a60ba 描述从农业时代 pj1*9 向工业时代 pj1*a 的进化，第三次社会历史性演变 a60bb 描述从工业时代 pj1*a 向后工业时代 pj1*b 的进化。因此，a60bt=b 具有下列基本概念关联式：

```
a60b9:=(10a,154\5,(53pj1*9,pj1*9))
（第一次社会历史性演变对应于从前农业时代向农业时代的演变）
a60ba:=(10a,154\5,(pj1*9,pj1*a))
（第二次社会历史性演变对应于从农业时代向工业时代的演变）
a60bb:=(10a,154\5,(pj1*a,pj1*b))
（第三次社会历史性演变对应于从工业时代向后工业时代的演变）
(pj2xpj1*bj11^e83,sv3,a60bb)
（当前的发达国家处于第三次社会历史性演变时期）
(pj2xpj1*aj11^e83,sv3,a60ba)
（当前的发展中国家处于第二次社会历史性演变时期）
```

社会进化论的基本观念 a60be4m 描述社会进化的三种相互对立的观念，后接符号"e4m"已充分表明了三种观念的基本特征，这里就不展开论述了。

6.0.2 研究机构 a60i 的世界知识。

研究机构 a60i 是从事科技活动的组织机构，a60i::=(a01,l10,a6)。

研究机构 a60i 设置了两项延伸概念：一是研究机构基本类型 a60i\k=4；二是民间研究机构 a60i3。

研究机构基本类型 a60i\k=4 具有下列基本概念关联式：

```
a60i\1:=(a60i,101,peq821)
（宗教研究机构由宗教组织主宰）
a60i\2:=(a60i,101,a119)
（政府研究机构由政府主宰）
a60i\3:=(a60i,101,pea71c33)
（大学研究机构由大学主宰）
a60i\4:=(a60i,101,pea20a)
（企业研究机构由企业主宰）
(a60iˇ\1,154\5e21,pj1*a)
（非宗教的研究机构皆起源于工业时代）
(a60i\2,14b,a62a//)
（政府研究机构致力于工程的研究）
```

```
(a60i\3,14b,(a61;a629)//)
```
（大学研究机构主要致力于科学和技术）
```
(a60i\4,14b,a21a)
```
（企业研究机构致力于产品开发）

民间研究机构 a60i3，古已有之。柏拉图创办的阿卡得美学校、我国宋朝开始兴办的各种书院，都属于 a60i3。现代的民间研究机构主要由各种基金会支持。

6.0.3　个体研究 a603

个体研究 a603 始终是哲理探索的主体，研究机构 a60i 不能替代个体研究 a603，两者强交式关联。

科学的重大发现基本上是个体研究的结果，技术的许多重大发明也是个体研究的成果，伽利略、开普勒、牛顿、麦克斯韦、达尔文、爱因斯坦都是个体研究的光辉典范，诺贝尔、爱迪生、莱特兄弟是个体技术发明的光辉典范。历来的哲学大师全是个体研究者，康德经历过 12 年的孤寂沉思才着手撰写其不朽巨著《纯粹理性批判》，笛卡尔干脆把他的基本哲学著作定名为"第一哲学沉思录"。当前，个体研究处于衰落的势态，笔者在"对话"中表达过对这一势态的忧虑。

个体研究 a603 是一个 u 存在概念，但仍然需要设置相应的领域句类代码 SIT(a603)。

第 1 节
科学 a61 (150)

引言

这里定义的科学 a61 即上文所说的形而下学~(a60t)，它具有确定的研究对象。研究对象可分为两大类：自然现象和社会现象。对这两大类现象的研究就分别形成了自然科学和人文社会科学，两者也可分别称为物质科学和精神科学。

科学 a61 只承担现象的描述和解释，不涉及控制。笔者在"HNC 理论全书之梦"讲话中曾说过"神学是对心灵的探索，哲学是对存在的探索，科学是对形式的探索"，这一表述既有文明三基因说（见本编第三章第 0 节）和强调三学交织性的考虑，也有区分"学"与"术"（见本章下一节）的考虑。本节的科学是"学"的双字词替代，不是经验理性学派定义的科学，更不是维也纳学派所指称的科学。经验理性对科学的精确表述当然是 20 世纪科学哲学探索的一项重大成果，科学 a61 的概念延伸结构表示式不能不对这一成果给出描述。但也必须指出：维也纳学派自以为对真理作出了最科学的阐释，没有给神学和形而上学留下立足之地，这是不明智的。因此，有必要给出广义科学和狭义科学的区分，前者将直接写成科学，而后者将写成"科学"，即维也纳学派所指称的科学，也就是那些反"伪科学"斗士心目中的科学。这就是说，a61所描述的概念实际上有广义与狭义的区分，a61概念延伸结构的设计必须首先考虑这一因素。

在五四运动先驱提出"科学与民主"这一口号的时候，科学这一词语具有广义与狭义的双重性；当现代汉语开始使用人文科学和社会科学这两个词语的时候，先驱们心目中的科学是广义科学；而当他们严厉批判中华传统文化和中医的时候，其心目中的科学却是狭义科学了。五四运动先驱们对科学的这种双重理解标准正好印证了维也纳学派的不明智性。

广义科学a61和狭义科学a61-0代表了两种基本思维定式，这两种思维定势的分野可以归结为下列两种基本主张。

主张1：真理不一定能够给出并通过充分必要条件的检验标准，但必须呈现出理论透彻性的品格。

主张2：真理必须能够给出并通过充分必要条件的检验标准，理论透彻性是第二位的。

这两个主张可以共存，也必须共存，这是形而上思维的基本理念。同时认同两种主张的是广义科学论者，只认同第二种主张的是狭义科学论者。在广义和狭义科学论者内部又有不同的流派，各有宽容派和极端派的基本区分，这已进入专家知识的范畴，不属于本《全书》的论述范围了。

6.1-0 科学 a61 的概念延伸结构表示式

```
a61:(α=b,-0)
  a61α=b              科学基本侧面
  a618                科学
  a619                自然科学
  a61a                人文科学
  a61b                社会科学
  a61-0               "科学"（狭义科学）
```

上面的概念延伸结构表示式仅限于一级，这很罕见，为什么？将在下文解释。

6.1.1 科学基本侧面 a61α=b 的世界知识

科学 a61 设置了两项一级延伸概念 a61α=b 和 a61-0，前者定名为科学基本侧面，后者定名为"科学"或狭义科学。a619 对应于自然科学，a61a 对应于人文科学，a61b 对应于社会科学，a618 直接对应于科学，不另行定名。显然，自然与社会、物质与精神并不是在任何情况下都可以截然分开的，宗教学、心理学、人类学、经济学、军事学等众多学科都必然同时关涉到自然与社会、物质与精神，数学甚至超越于四者（自然与社会、物质与精神）之上，接近形而上学。因此，科学 a61 的概念延伸结构必然具有扩展交织延伸的特性，根概念 a618 的设置乃科学 a61 类型描述之必然。

汉语对人文科学有"文史哲"的说法，对社会科学有"政经法"的说法，本《全书》

将参照这一说法。如果按自然与社会、物质与精神的两分法，人文科学和社会科学都应该纳入社会和精神侧面，因此，对 a61a 和 a61b 应给出下面基本概念关联式：

    a61a=a61b
    （人文科学强交式关联于社会科学）

这就是说，在科学的四大基本类型中，交织延伸所蕴含的一般交织性还不足以表现人文科学 a61a 与社会科学 a61b 的强交式关联性。

科学基本侧面 a61α=b 不作进一步延伸，这基于两方面的考虑：①在概念树"学科 a64"中，将对科学基本侧面给出进一步的描述；②当前的世界处于科学被独尊的年代，这一现象与历史上基督文明和印-伊文明对神学的独尊和中华文明对伦理学的独尊，并没有本质区别。这一观点显然不容易得到认同，本《全书》将在第三类精神生活的理念 d1 章里对此作进一步的论述。

6.1.2　狭义科学（"科学"）a61-0 的世界知识

"科学"或狭义科学 a61-0 是符合上述第二种主张的科学，它包括全部自然科学和部分人文社会科学。其基本概念关联式如下：

    a61-0%=a619
    （"科学"包括自然科学）
    ((j40-00191\1,51191\2),145,ga61~9)=%a61-0
    （人文社会科学的某些个体或某种形态属于"科学"）

本《全书》约定："科学"a61-0 是一个 u 强存在概念，不需要独立独立设置领域句类代码。

这里顺便说一句：《周易》和中医理论都是"学"，属于广义科学，但不属于狭义科学。笔者并不赞同"中医理论是伪科学"的论断，这种狭义科学论者的极端表现利少而弊多。还应该看到：与众多古老文明的类似医学理论相比较，也许中医理论的形而上色彩更为浓重，这可能是中医理论的优势而不是糟粕，以当前生命科学和医学的认识水平，还很难对此作出确切的判断。

第 2 节
广义技术 a62 (151)

引言

汉语词语"学术"是对科学 a61 和广义技术 a62 的绝妙概括，"学术"中的"学"就是科学 a61，而"术"就是广义技术 a62。"学"与"技"存在下列基本概念关联式：

```
a61=>a62
（科学强源式关联于广义技术）
a61=a62
（科学强交式关联于广义技术）
a61=a30ib
（科学强交式关联于文明的科学基因）
```

这三个基本概念关联式所表述的世界知识需要略加说明。首先是科学与广义技术的关系，两者既呈现出源流关系，又呈现出强交式关联关系，但不是强关联关系。我国的科技发展战略曾提出过"任务带学科"的指导方针，这一方针反映了 a61=a62 的世界知识，却没有反映 a61=>a62 的世界知识。我国古代的四项伟大发明——指南针、造纸术、火药和印刷术并没有有效促进自身文明的演进，而对西方现代文明的诞生却产生了比较大的"嫁衣裳"作用，为什么？因为，严格说来，四大发明是技术而非科学，而只有科学才强交式关联于文明演进的科学基因。

概念树 a62 定名为广义技术，广义技术就是技术与工程的简称，因此，a62 的一级延伸概念将十分简明，那就是 a62t=a，a629 对应于技术，a62a 对应于工程。

6.2-0 广义技术 a62 的延伸结构表示式

```
a62:(t=a;9:(c3n,t=a,i),a:(t=b,\k=0-x))
   a62t=a                广义技术的基本内涵
   a629                  技术
   a62a                  工程

   a629                  技术
      a629c3n               技术演变
      a629c35               技术发明
      a629c36               技术创新
      a629c37               产品开发
      a629t=a               技术基本侧面
      a6299                 硬件技术
      a629a                 软件技术
      a629i                 技术的新陈代谢

   a62a                  工程
      a62at=b               工程的关系类型
      a62a9                 政府工程
      a62aa                 企业工程
      a62ab                 超组织工程
      a62a\k=0-5            工程的专业类型
      a62a\0                综合工程
      a62a\1                军事工程
      a62a\2                经济工程
      a62a\3                文化工程
      a62a\4                科技工程
      a62a\5                信息工程
```

6.2 广义技术 a62 的世界知识

广义技术 a62 具有下列基本概念关联式：

    a62=a61
    （广义技术与科学强交式关联）
    a62<=a61
    （广义技术是科学之流）
    a62=a2
    （广义技术与经济活动强交式关联）
    a62=>a2
    （广义技术是经济活动之源）
    a62=a45b
    （广义技术与军事技术强交式关联）
    a62=>a45b
    （广义技术是军事技术之源）

广义技术与科学、经济活动和军事技术都存在上述两类关联性，两者相互补充。只强调其中之一是片面性认识，如果只强调交式关联的一个侧面，那就更片面了。但是，片面性认识一直是人类认识活动的主流，并主宰着专业活动的各个领域。每一种主义就是一种片面性认识，然而，应该看到：片面性有益于认识的深化，让不同类型的片面性认识充分表现，然后把它们综合起来，以逐步趋近于全面性认识，这似乎是达到正确认识（真理）的唯一途径。

但是，对广义技术 a62 的片面性认识可能对科技事业的发展造成严重的伤害，这个问题在后工业时代似乎变得更为严峻。这也许是 21 世纪的最大危机，如果不能尽快得到纠正，21 世纪也许将以一个技术繁荣而科学衰微的世纪载入史册。

6.2.1 技术 a629 的世界知识

技术 a629 设置了三项延伸概念：一是技术演变 a629c3n；二是技术基本侧面 a629t=a；三是技术的新陈代谢 a629i。

技术演变 a629c3n 分别是技术发明 a629c35、技术创新 a629c36 和产品开发 a629c37，具有下列基本概念关联式：

    a629c35:=53a20\1
    （技术发明对应于势态商品）
    a629c37:=a20\1ju78e81
    （产品开发对应于新商品）
    a629c37≡a21a
    （产品开发强关联于经济活动的设计与开发）

技术基本侧面 a629t=a 分别是硬件技术 a6299 和软件技术 a629a。

这里定义的 a629t=a 不是计算机科学意义下的硬件和软件，而是按 HNC 的符号体系定义如下：

    a6299::=(a629,lv4b*311,pw)
    （硬件技术是产生人造器物的技术）

```
a629a::=(a629,lv4b*311,gw)
（软件技术是产生知识形态的技术）
```

依据上述定义，硬件技术只是自然科学 a619 的产物，而软件技术则是科学 a618 的产物。两者的这一根本差异体现下列概念关联式里：

```
a6299<=a619
（硬件技术强流式关联于自然科学）
a629a<=a618
（软件技术强流式关联于科学）
```

20 世纪曾出现过长达四十五年的冷战时期，冷战两大主体（苏联和美国）之间曾进行过空前激烈的技术竞争，苏联在硬件技术 a6299 方面并没有输给美国，但在软件技术 a629a 方面则远远落后，这一现象的表层解释就在上面的概念关联式里。

技术 a629 的发展会导致技术的新陈代谢 a629i，a629i::=14ga629。科学 a61 和技术 a629 都处于不断创新的过程，但技术具有明显的代谢性，而科学并不具有这一特性，文学和艺术亦然。因此，这里要给出下列基本概念关联式：

```
(a629,jl11e21,u14)
（技术具有代谢性）
(a61,jl11e21,u˜(14)s35:)
（科学具有特定条件下的永恒性）
((a31,a32),jl11e11,u˜(14))
（文学和艺术具有永恒性）
```

后两个概念关联式可能引起质疑，科学不是在不断发展么？相对论和量子力学不是颠覆了经典物理学么？汉语的白话文不是颠覆了文言文么？问题在于："颠覆"这个字眼是浪漫理性喜爱的东西，用在这里至少是不准确的。经典物理学死亡了么？文言文真的死亡了么？我们怎能让屈原的《离骚》、司马迁的《史记》和李白的诗篇死亡呢？这样一问，问题就清楚了。

技术的代谢性是技术的基本特性，因此特意设置了延伸概念 a629i 来加以描述。农业时代的技术代谢过程非常缓慢，工业时代的技术代谢过程迅猛加速。后工业时代的技术代谢过程是否过于迅猛，以致呈现出某种不正常状态呢？这值得思考。

6.2.2 工程 a62a 的世界知识

工程是科学和技术的综合运用，其定义式如下：

```
a62a::=(451u8111,143,(a629,a61))
```

工程设置两项延伸概念：一是工程的关系类型 a62at=b；二是工程的专业类型 a62a\k=0-5。

工程关系类型 a62at=b 是一个 u 强存在的延伸概念，不需要独立设置领域句类代码。其基本属性以下列基本概念关联式表示：

```
(a62a9,101,a119)
（政府工程由政府主导）
```

```
(a62aa,l01,a20a)
（企业工程由企业主导）
(a62ab,l01,a03b)
（超组织工程由超组织主导）
```

工程的专业类型 a62a\k 以扩展并列延伸 a62a\k=0-5 表示，五类具体工程是：军事工程 a62a\1、经济工程 a62a\2、文化工程 a62a\3、科技工程 a62a\4 和信息工程 a62a\5。前三类工程自古有之，万里长城是中国古代军事工程 a62a\1 的代表，都江堰是中国古代经济工程 a62a\2 的代表，金字塔是埃及古代文化工程 a62a\3 的代表。这 3 类工程具有下列概念关联式：

```
a62a\1≡a45
（军事工程强关联于军备活动）
a62a\2≡a219\1
（经济工程强关联于基建业）
a62a\3≡q8//q7
（文化工程强关联于第二类精神生活）
```

另外三类工程则与时代强关联，具有下列基本概念关联式：

```
((a62a\4, a62a\5),154\5e21,pj1*a)
（科技工程和信息工程起源于工业时代）
a62a\0=pj1*b
（综合工程强交式关联于后工业时代）
```

对工程 a62a 的专业类型描述未采用变量扩展并列形式是否有悖于前瞻原则呢？否！综合工程 a62a\0 的设置足以容纳工程专业类型的前瞻性。综合工程 a62a\0 的出现是后工业时代来临的标志之一，美国的曼哈顿工程和德国的导弹工程（代号 V2 工程）是人类历史上的头两个综合工程，这两项综合工程的伟大技术成果根本改变了大国关系的历史格局，加速了工业时代向后工业时代转变的历史进程。

工程专业类型 a62a\k 具有统一的领域句类代码，但通常应采取 SCD(a62a\k+a62at) 的复合形式。

第 3 节
理论与实验 a63 (152)

引言

理论与实验 a63 是科技活动的两种基本形态，概念树 a63 也可命名为科技活动的基本形态。理论与实验之间不是一般的相互依赖关系，而是联姻关系，正是这一伟大联姻才孕育了现代科技。这一联姻认识是第一次哲学革命的重要成果之一，形成了理论科学和实验科学的明确认识，这一伟大联姻的奠基者是英国哲学家培根。在培根之前，人类对科技活动的实验形态毫无认识，柏拉图和亚里士多德都对理论与实验的联姻特性有深刻认识，不过，柏拉图偏重于人文社会科学，而亚里士多德偏重于自然科学。孔子的情况与柏拉图类似，墨子似乎更接近亚里士多德。后来，墨子的传统虽然在广义技术 a62 领域并没有完全中断，但在科学 a61 领域完全中断了，中华文明的思维模式后来过于重视内省，极度轻视实验，佛教的融入加重了这一趋向，最终陷入了对理论与实验之联姻特性的无知状态。20 世纪初，中国新文化运动的先驱都极度热衷于反传统，可是，极具讽刺意义的是：正是他们，对这种状态最无警惕，甚至盲目继承。毛泽东先生曾针对这一情况说过一句有名的话——"没有调查研究，就没有发言权"。毛泽东的语言具有无与伦比的语用力量，可惜西方的语用力量学派不了解这一点，否则，该理论的论述可以简明十倍。"美帝国主义是纸老虎"，"原子弹也是纸老虎"，"阶级斗争，一抓就灵"等语句，具有多么巨大的语用力量呵！

与广义技术 a62 一样，理论与实验 a63 也只设置一项一级延伸概念，该延伸概念即用于表述理论与实验的联姻特性。这里应强调指出：理论与实验不是非联姻不可，不能排斥"独身"形态的理论活动，这一联姻特性只是经验理性 d21 的内在要求，并非先验理性 d22 的内在要求。但有感于我国新文化运动先驱的可悲失误，为突出理论与实验的联姻性，这里选择符号 a63e2m 而不是 a63t=a 对科技活动的基本形态作具体描述。

6.3-0 理论与实验 a63 的延伸结构表示式

```
a63:(e2m; e2mt=a,(e2m)i,e22i, ^e2m;e21te2m)
    a63e2m                 科技活动基本形态
    a63e21                 理论科技活动（理论）
    a63e22                 实验科技活动（实验）
      a63(e2m)i            计算
      a63^(e2m)            实验主导型科学

    a63e21                 理论
      a63e21t=a            理论基本类型
      a63e219              第一类理论
        a63e219e2m           第一类理论的品格表现
        a63e219e21           综合性理论
        a63e219e22           分析性理论
      a63e21a              第二类理论
        a63e21ae2m           第二类理论的品格表现
        a63e21ae21           演绎性理论
        a63e21ae22           归纳性理论

    a63e22                 实验
      a63e22t=a            第一类实验研究
      a63e229              探索性实验
      a63e22a              验证性实验
      a63e22i              第二类实验研究
```

6.3 科技活动基本形态 a63e2m 的世界知识

上面说到：科技活动基本形态的符号描述 a63e2m 只适用于经验理性，换句话说，本节只涉及经验理性的理论，而不涉及先验理性的理论，这是一项约定。这一约定将决定理论 a63e21 的基本品格，从而也就预设了其延伸概念结构表示式。下面先给出科技活动的基本概念关联式：

```
a63e2m=(d21;d24)
（科技活动基本形态强交式关联于经验理性和实用理性）
a63(e2m)i:=pj1*b
（计算对应于后工业时代）
```

计算 a63(e2m)i 已成为科技活动的一种特殊形态，影响日益巨大。但从世界知识的视角来看，它并不具备与理论 a63e21 和实验 a63e22 并列的资格，只是两者的综合形态，是两者的非分别说，符号 a63(e2m)i 是它的传神表示。

实验主导型科学 a63^(e2m) 也是科学的一种特殊形态，本章定义的实用学科 a643 即属于此类科学，此类科学具有狭义科学和广义科学的双重特性，其基本特征是：既具有实验的先行性，又不具有实验验证的彻底性，既具有理论的指导性，又不具有理论的透彻性。中医就属于这类科学的典型代表。

科技活动的理论形态 a63e21（将简称理论）具有丰富的品格，这一品格强关联于思维活动的认识与理解 81。而 81 的基本殊相概念树是综合与分析 811 和演绎与归纳 812，两者将构成理论 a63e21 的基本品格，并以交织延伸 a63e21t=a 表示，a63e21t 具有下列基本概念关联式：

```
a63e219≡811
（综合分析性理论强关联于思维活动的综合与分析）
a63e21a≡812
（演绎归纳性理论强关联于思维活动的演绎与归纳）
```

基于理论 a63e21 的上述经验理性约定，理论 a63e21 的基本品格将不赋予第一类对偶特性，而赋予第二类对偶特性 a63e21te2m，这一符号规定了理论 a63e21 的四种基本品格：综合性理论 a63e219e21、分析性理论 a63e219e22、演绎性理论 a63e21ae21 和归纳性理论 a63e21ae22。把理论 a63e21 作上列区分是由于下列基本概念关联式的存在：

```
a63e219e21≡a63e22
（综合性理论强关联于实验）
a63e21ae22≡a63e22
（归纳性理论强关联于实验）
```

这两个概念关联式表述了 a63（科技活动基本形态）的世界知识之本，它表明综合性理论 a63e219e21 和归纳性理论 a63e21ae22 必须通过实验的验证，但并非所有的理论都存在这种需要，分析性理论 a63e219e22 和演绎性理论 a63e21ae22 就不需要，"人必有一死"是一个分析性理论，"三角形三个内角之和等于 180 度"（在欧氏几何的范畴内）是一个演绎性理论，这样的理论是不需要验证的。"人之初，性本善"是一个综合性理论，

"阶级斗争，一些阶级胜利了，一些阶级消灭了。这就是历史，这就是几千年的文明史。拿这个观点解释历史的就叫做历史的唯物主义，站在这个观点反面的是历史的唯心主义"；就是一个归纳性理论，这样的理论就必须验证。但是，理论的品格是复杂的，不一定都以单一的形态呈现。例如，"概念无限而概念基元有限，语句无限而句类有限，语境无限而语境单元有限"的论断就不是一个单一品格的理论，它具有综合与演绎的双重品格，由于其综合性而必须验证，又由于其演绎而无须验证。

上面的论述关涉到康德的"先验综合"理论，此论虽然不断受到质疑，但它毕竟对理性思维具有无与伦比的启示作用，笔者甚至赞同"它是第一次哲学革命中最伟大发现"的说法。以上的论述必然使众多读者感到迷惑，笔者也同样感到迷惘：有必要让交互引擎理解这些常人都难以理解的世界知识么？也许下列概念关联式不失为一种自圆其说的答案。

$$a63e219e21 \equiv 8111$$
（综合性理论强关联于思维活动的综合）
$$a63e219e22 \equiv 8112$$
（分析性理论强关联于思维活动的分析）
$$a63e21ae21 \equiv 812e21$$
（演绎性理论强关联于思维活动的演绎）
$$a63e21ae22 \equiv 812e22$$
（归纳性理论强关联于思维活动的归纳）

上列概念关联式表明：同样是以"综合与分析"表达的概念，在思维活动的认识与理解 81 和科技活动 a6 中却具有不同的品格。这组概念在思维活动的认识与理解 81 中呈现出第一类对偶性，以符号 m（811m）作形而上描述，即逻辑空间或数学空间的描述；在科技活动 a6 中则呈现出第二类对偶性，以符号 e2m（a63e219e2m）作形而下描述，即物理空间的描述。在逻辑或数学空间里，先验综合性的认识是没有理由不存在的，意志一定是自由的，这两者分别构成康德和黑格尔理论体系的基本出发点。但在物理空间里，认识的先验综合性和意志的自由性就进入"道可道，非常道"的辩证状态了。

国内学界有一种说法："东方思维模式长于综合而短于分析，西方思维模式长于分析而短于综合，东西方思维的互补可以从这里起步。"论者并没有说明其论断里的综合与分析所隶属的概念空间，而作为一个文明论述的命题，这一点非常重要，否则就很容易产生误解并形成误导。这里不妨作两点具体说明。①西方文明是对希腊文明的全面继承，如果说西方思维模式"长于分析而短于综合"，那无异于说希腊文明并不具备理论形态的全部品格，这一点，大约西方的任何哲学流派都是不会同意的。②就中华文明的两大亮点——伦理理论和中医理论——来说，它们属于综合性理论么？中国伦理理论（儒家学说的核心）按照黑格尔的标准并没有达到伦理论的水平，顶多是道德论的水平。黑格尔的标准未必恰当，但不能否认：中国伦理理论的基本品格是分析而不是综合。中医理论最近又遭受到伪科学的指责，这一指责本身未必科学，但不容否认：中医理论虽然具有演绎、归纳与综合的多重品格，然而毕竟只具备这些品格的初级形态。这就是说，中华文明的两大亮点不仅并不支持"东方思维模式长于综合而短于分析"的论断，也许相反的佐证还更多一些。中华文明曾长期沉醉于纯粹的思辨，没有形成关于科学基本特性 a63e2m 的清晰认识，不知实验性 ua63e22 为何物，这是一个不容否认的历史事实。前已指出：这是中华文明最大的糟粕。因此可以说：中华文明的思辨品格实质上不属于综合而属于分析，不属于演绎而属于归纳。

科技活动实验形态 a63e22 的品格也十分复杂，这里仅基于作用效应链的过程关系思考给出两类描述：一是理论与实验的源流 (12m) 表现，以交织延伸符号 a63e22t=a 表示，定名第一类实验研究，简称第一类实验；二是理论与实验的源汇流奇 (12ebm) 表现，以定向延伸 a63e22i 表示，定名第二类实验研究，简称第二类实验。因此，实验的延伸概念具有下列基本概念关联式：

a63e22t:=(12m,144,a63e2m)
（第一类实验对应于理论与实验的源流关系）
a63e229=>a63e21
（探索性实验强源式关联于理论）
a63e22a<=a63e21
（验证性实验强流式关联于理论）
a63e22i:=(12ebm,144,a63e2m)
（第二类实验对应于理论与实验之间的源汇流奇关系）
a63e22i≡a63e21
（第二类实验强关联于理论）

探索性实验 a63e229 具有开理论先河的作用。验证性实验 a63e22a 的定名容易引起误解，以为其作用仅限于被动的"验证"，其实不然，它也可以具有主动的完善作用。因此，可以考虑设置 a63e22ac2m 的三级延伸，这就留给后来者去处理吧。

第二类实验，汉语没有直接的确切词语，但"有意栽花花不发，无心插柳柳成荫"成语里的"无心插柳"四字也许是对 a63e22i 基本特征的生动描述。放射性、维生素和青霉素的发现都是 a63e22i 的贡献，这都是自然科学领域的事，人文社会科学也有 a63e22i 性质的活动么？当然，西方从事这一活动的著名代表人物有欧文先生，我国有梁漱溟先生。

理论与实验 a63 的领域句类代码一定是复合型的，约定第二项取于 a64：。

第 4 节
学科 a64 (153)

引言

学科 a64 的概念也有广义与狭义之分，狭义学科密切联系于大专院校的院系设置，我国 20 世纪 30 年代的大学曾有文、法、理、工、农、医、艺的划分，七者充分体现了汉字的魅力，到今天依然基本适用。广义学科则必须考虑人类的全部活动，包括两类劳动和三类精神生活。

　　在符号表示上，区分广义和狭义是容易的，但从世界知识的视野来看，这一区分的必要性不大。因此，学科 a64 概念延伸结构的设计仍将以"文、法、理、工、农、医、艺"的划分为基本依据。

6.4-0 学科 a64 的延伸结构表示式

```
a64:(t=a,3,i;9α=b,a\k=5,3:(t=b,i),i:(\k=3,3,t=b);9α\k=m,;)
```

a64t	基本学科
a643	实用学科
a64i	文化学科
a64t	基本学科
a64t=a	基本学科的基本侧面
a649	科学学科
a64a	技术学科
a649α=b	科学学科基本侧面
a6498	综合学科
a6499	理科
a649a	人文学科
a649b	社会学科
a64a\k=5	技术学科基本类型
a64a\1	建造学科
a64a\2	制造学科
a64a\3	资源学科
a64a\4	材料学科
a64a\5	信息学科
a643	实用学科
a643t=b	实用学科基本侧面
a6439	环境学科
a643a	生态学科
a643b	医药学科
a643i	保健学科
a64i	文化学科
a64i\k=3	基本文化学科
a64i\1	文学学科
a64i\2	艺术学科
a64i\3	技艺学科
a64i3	信息文化学科
a64it=b	伦理文化学科
a64i9	信仰文化学科
a64ia	公德文化学科
a64ib	历史文化学科

上面提到"文、法、理、工、农、医、艺"的汉字魅力，这一魅力的具体体现就是：前三者"文、法、理"容易激活人类全部精神生活和第一类劳动的联想，后继的三者"工、农、医"容易激活人类物质生活和两类劳动的联想，而"艺"则容易激活人类第二类精神生活的联想。然而，就科技活动本身来说，科学与技术毕竟是最根本的区分，而"理"与"工"又存在强源流关系，因此，学科 a64 的概念延伸结构将采取文明视角与科技活动自身视角的综合方式，将学科分为三大类：第一类定名为基本学科，以符号 a64t 表示；第二类定名为实用学科，以符号 a643 表示；第三类定名为文化学科，以符号 a64i 表示。

上面的概念延伸结构表示式只给出了三级延伸的一部分，最后以特殊的符号";"结束，示意该延伸表示式"言有未尽"，单一的三级延伸表示式也未给出汉语定名。这些"言有未尽"部分将在世界知识论述的各小节里给出。

20 世纪下半叶以来，学科的层出不穷性更加突现，这就是上面的学科概念结构表示式采取开放式边界的缘故了。学科的发展虽然具有不可穷尽性，但其基本形态不外乎以下三种：一是原有学科生出新的分支，如语言学之于文学、宇宙学之于物理学和天文学；二是边缘学科的涌现，如脑科学、分子生物学、政治经济学、国际关系学；三是科学与技术的紧密结合，如人工智能、克隆技术、纳米技术。这三种基本形态当然是重要的世界知识，但本节不拟予以直接表述，因为这会陷入共相与殊相表达的层次性困境，这一困境的描述比较复杂，将在本《全书》的第一卷第六编下篇的第 0 章（联想）里论述。这里将采取一种折中性的表示方案，对第一种形态的学科采用包含性延伸符号"-0"表示，对第二种形态的学科采用定向延伸符号"i"表示，第三种形态的学科则一律纳入技术学科，但如同第二种形态学科一样，以定向延伸符号"i"表示。

6.4.1　基本学科 a64t 的世界知识

符号 a64t 是对汉语词项"学术"的非分别说，符号 a64t=a 是对"学术"的分别说（参看本章第二节的引言）。因此，基本学科 a64t 具有下列基本概念关联式：

```
a64t:=(a61;a62)
（基本学科对应于科学活动或广义技术活动）
a649:=a61
（"科学"学科对应于科学活动）
a64a:=a62
（技术学科对应于广义技术活动）
```

下面将分别论述科学学科 a649 和技术学科 a64a 的世界知识。

6.4.1-1　科学学科 a649 的世界知识

科学学科 a649 已给出了单一延伸结构表示式 a649α=b，扩展交织延伸的根概念 a6498 定名为综合性学科，随后的三项分别定名为理科 a6499、人文学科 a649a 和社会学科 a649b。科学学科 a649 的这一描述与科学 a61 对应，两者之间存在下面的基本概念关联式：

```
a649α=:a61α
（科学学科的基本类型等同于"学"的基本类型）
```

下面先给出 a649α\k=m 的定名：

a649α\k=m	科学学科基本侧面的基本类型
a6498\k=m	综合性学科的基本类型
a6498\1	哲学
a6498\2	心理学
a6499\k=m	理科基本类型
a6499\1	数学
a6499\2	物理学
a6499\3	化学
a6499\4	生物学
a6498\5	考古学
a649a\k=m	人文学科基本类型
a649a\1	语言学
a649a\2	史学
a649a\3	宗教学
a649a\4	训诂学
a649a\5	教育学
a649b\k=m	社会学科基本类型
a649b\1	政治学
a649b\2	经济学
a649b\3	社会学
a649b\4	军事学
a649b\5	法学

上面的三级延伸结构表示式具有统一的数学表示形式 a649α\k=m，定名为科学学科基本侧面的基本类型，该定名里使用的词语（科学、侧面和类型）及其对应的符号"9"、"α=b"和"\k=m"符合 HNC 的基本约定。这里的科学是广义科学而不是狭义科学，科学学科 a649 里的"9"和技术学科 a64a 里的"a"是一对相互激活的孪生符号。科学学科基本侧面的符号 a649α=b 是四项相互激活的孪生符号，这一符号突出了根概念 a6498（综合性学科）的存在性。科学学科基本侧面之基本类型的符号 a649α\k=m 表明每一基本侧面都具有开放性，尽管其中的理科 a6499 似乎已具备选取 a6499\k=4 的资格。

下面分四段论述。

6.4.1–1.1 综合学科 a6498 的世界知识

综合学科 a6498 目前仅设置两项：哲学 a6498\1 和心理学 a6498\2。两者都具有鲜明的时代性，当前都存在着膨胀与紧缩的双重表现，这是综合学科最重要的世界知识，以下列概念关联式予以表示：

```
(a6498,jl11e21,xpj1*t)
（综合学科具有时代性）
((a6498\2+a61-0),l54\5e21,pj1*ac37)
（心理学的科学形态起于工业时代后期）
((a6498,jl11e21,u34~0b),s31,j11^e83)
（当前，综合学科具有扩展与压缩的双重表现）
```

下面对哲学 a6498\1 和心理学 a6498\2 作分别说。

哲学通常列为人文科学之首，这里将哲学从人文科学里分离出来列为综合科学 a6498\1，乃基于下列思考，这些思考实际上也是关于哲学的基本世界知识，以下列概念关联式予以表述。

```
a6498\1=a60t
（哲学强交式关联于形而上学）
(a6498\1%=a619,s31,pj1*9)
（在农业时代，哲学包含自然科学）
(a6498\1=:a61α,s31,pj1*9)
（在农业时代，哲学等同于全部科学）
(a6498\1,jl111lu61^e81,j40-0ga649b\5;s32,a30\11)
（在信仰文明里，哲学曾经是神学的附庸）
((a6498\1*i,jl111lu61^e81,j721ga6498\1;s32,a30\12)
（在理念文明里，伦理学曾经是哲学的主体）
```

哲学将设置定向延伸 a6498\1*i 以描述伦理学，其定义式如下：

```
a6498\1*i::=(a61,l45,j8)
（伦理学是关于伦理属性的科学）
```

伏尔泰先生曾经说过"伦理学是首要的科学"（《风俗论》导论），所以这里把它列为哲学 a6498\1 的唯一延伸概念。

哲学 a6498\1 的开放性表示将采用以下两种形式：一是"a6498\1+y"的形式；二是 (a6498\1,l45,y)的形式。例如，科学哲学将采用第一种形式 a6498\1+a619，而宗教哲学将采用第二种形式(a6498\1,l45,q821)。

心理学 a6498\2 这里将赋予广义性，认知科学、脑科学等都将纳入心理学。心理学将设置定向延伸 a6498\2*i，其基本概念关联式如下：

```
a6498\2::=(a61,l45,(7;8))
（心理学是关于人类第一类精神生活的科学）
a6498\2*i=%a61-0
（以"i"表示的心理学属于"科学"，可定名"科学"心理学）
```

"科学"心理学将赋予变量并列并列延伸 a6498\2*i\k=m，相关表示式如下：

```
a6498\2*i\k=m                    "科学"心理学基本类型
a6498\2*i\1                      认知科学
a6498\2*i\2                      脑科学

a6498\2*i\1::=(a61-0,l45,81)
（认知科学定义为关于认识与理解的科学）
a6498\2*i\2::=(a61-0,l45,jw63-a\1)
（脑科学定义为关于大脑的科学）
a6498\2*i\1=a6498\2*i\2
（认知科学强交式关联于脑科学）
```

心理学 a6498\2 的传统领域还没有出现有资格使用符号 a6498\2-0 的分支学科，因此心理学的分支学科都将采用(a6498\2,l45,y)的表示方式，例如，行为心理学的符号是

(a6498\2,l45,73)，社会心理学的符号是(a6498\2,l45,pj01–)。

6.4.1–1.2 理科 a6499 的世界知识

```
a6499\k=m              理科基本类型
a6499\1                数学
a6499\2                物理学
a6499\3                化学
a6499\4                生物学
  a6499\4k=m             生物学基本类型
  a6499\41               植物学
  a6499\42               动物学
  a6499\43               微生物学
  a6499\44               病毒学
a6498\5                考古学
  a6499\5k=3             考古学基本类型
  a6499\51               地球考古学
  a6499\52               生命考古学
  a6499\53               文明考古学
```

　　理科的汉语表达曾有"数理化天地生"的说法，这里将"天"纳入物理学 a6499\2，将"地"的主要部分放到环境学科 a6439 里。现代汉语有"学好数理化，走遍天下都不怕"的说法，这个说法里有哲理思考，本章引言的首段只有一句话"科技活动是人类社会发展的根本动力"，这里可以加上这么一句："科技活动的根本动力是'数理化'。"因此，不要小看这个说法里的哲理性，而且实际上，它已成为我国教育模式的隐性指导原则（隐性的典型表现是高考对"两语"的重视）。这个说法确实完全符合理性文明 a30\13 的宗旨 rb00t，但并不符合理念文明 a30\12 的宗旨 rb00t，让我们在半个或一个世纪以后，再来就这一说法进行反思吧。

　　对于理科基本类型 a6499\k=m，将统一引入定向延伸 a6499~(\5)*i，统称特定理科，各特定理科的汉语相应词语如下：

```
a6499~(\5)*i           特定理科
a6499\1*i              广义逻辑学
a6499\1*7              狭义逻辑学
a6499\2*i              天文学
  a6499\2*i-0            宇宙学
a6499\3*i              "物理–化学"学
a6499\4*i              "物理–生物"学
```

　　这组定名体现了下述思考。

　　第一，这里将逻辑学纳入数学的特定学科，这既反映传统逻辑和现代数理逻辑的本质，也反映希腊本原词语逻各斯（智能 s10）的本质。逻辑这一词语如同科学一样，有广义与狭义之分，广义逻辑对应于符号 a6499\1*i，狭义逻辑对应于符号 a6499\1*7。但无论是东方还是西方，都存在不区分广义与狭义逻辑的严重语言混乱。中华文明诚然缺乏狭义逻辑 a6499\1*7 的传统，但并不缺乏广义逻辑 a6499\1*i 的传统。狭义逻辑只是智能的数学形态，广义逻辑则是智能的物理形态。刘邦和李世民、老子和孔子都不懂狭义逻辑，但他们都精通广义逻辑。

为什么不将狭义逻辑表示成 a6499\1*i-0 呢？下列概念关联式是这个问题的答案。

```
a6499\1*i==s10
（广义逻辑学是智能的虚设）
a6499\1*7=:(51ua6499\1,147,s10)
（狭义逻辑是智能的数学形态）
```

第二，天文学完全具备充当物理学特定学科 a6499\1*i 的资格，牛顿力学的诞生即主要受益于天文学当时已经取得的丰硕成果，这无须论述。但是，宇宙学采用符号 a6499\1*i-0 则值得商议，也许符号 a6499\1*ii 更为适当。这里就采取了两可之间取简明的原则。

第三，物理学是自然科学的"头"，化学和生物学发展的主线就是与物理学结合，特别是与统计物理学和量子物理学的结合，数学同样如此。因此，特定学科 a6499\k*i 具有下面的基本概念关联式：

```
(a6499~(\2)*i,jl11e21,a6499~\2+a6499\2)
（非物理特定学科都具有该学科与物理学的结合性）
```

这一结合的具体形态描述就进入专家知识范畴了。描述这一结合的符号是"+"，而不是"，s20，"，因此，这一结合都具有双向性。这就是汉语命名"物理-化学"和"物理-生物"的非分别说了。敏感的读者会问：难道不存在"化学-生物"的结合么？当然存在，它包含在"物理-生物"里了。

学科之间的结合性当然不限于上述范围和方式，合与分乃关系的第一号特性 41，也是基本概念的第七号殊相特性 j77。就理科之首的物理学而言，理论和实验乃物理学的"纸之两面"，因此，物理学就存在理论物理 a6499\2ua63e21 和实验物理 a6499\2ua63e22 的明确区分。就任一学科来说，它既存在广义逻辑与狭义逻辑之分，又存在数学与物理之分。这里顺便说一句：传统语言学仅具有广义逻辑的思维模式，形式语言学仅具有狭义逻辑的思维模式，而 HNC 则力求使语言学的研究进入数学与物理的综合思维模式，这就是笔者的第二本小书所用书名的起因了。

考古学纳入理科 a6499 并符号化为 a6499\5，似乎违背常规，但反映了考古学的本质：它完全符合狭义科学的标准。作为理科之考古学当然有它的特殊性，所以把它排除在特定理科之外。下面给出考古学基本类型 a6499\5k 的定义式和基本概念关联式：

```
a6499\51::=(a61-0ua63e22,l45,(1079+508))
（地球考古学是关于自然演变的实验性科学）
a6499\52::=(a61-0ua63e22,l45,(1079+509))
（生命考古学是关于生命演变的实验性科学）
a6499\53::=(a61-0ua63e22,l45,(1079+50a))
（文明考古学是关于人类演变的实验性科学）
a6499\51=(a643987//a6499\2*i-0)
（地球考古学强交式关联于地学和宇宙学）
a6499\52=a60b
（生命考古学强交式关联于进化论）
a6499\53=a36
```

（文明考古学强交式历史文化）

6.4.1-1.3 人文学科 a649a 的世界知识

```
a649a\k=m              人文学科基本类型
a649a\1                语言学
  a649a\1*i              翻译学
a649a\2                史学
  a649a\2*i              文化学
a649a\3                宗教学
  53a649a\3             神学
a649a\4                训诂学
  a649a\4k=2            训诂学基本类型
  a649a\41             时间训诂学
  a649a\42             空间训诂学
a649a\5                教育学
```

汉语对人文学科 a649a 曾有"文史哲"的说法，这里的"哲"大体对应于经典时代的哲学，因此，这一说法偏重于历史性视野。这里接受这一说法的部分思路，将文史列为人文学科的前两位，不过"文"的代表不是文学，而是语言学，文学放到基本文化学科 a64i\k 的首位 a64i\1 了。考虑到中华文明之外的所有文明都具有厚实的神学文明基因，所以这里将宗教学列为人文学科的第三位 a649a\3。厚实的神学基因的副作用必然导致历史视野的狭窄，而历史视野的建立则密切依赖于训诂学的创立。20 世纪语言哲学的一项重大贡献是提出修正形而上学和描述形而上学的概念（斯特劳森《个体》），依据这一组概念，史学 a649a\2 实质上属于修正的历史学，而训诂学则属于描述的历史学。所以，这里将训诂学列为人文科学的第四位 a649a\4。训诂学这个词语是汉语的发明，训诂学曾在中国获得巨大发展，孔子就是训诂学的创立者（本《全书》附录的"对话"），这就是中国人远先于西方人具有历史视野的根本原因了（参看伏尔泰的《风俗论》）。但是，西方人也做了十分杰出的训诂工作，《圣经》就是一项伟大的训诂学成果，拜占庭帝国的学者曾在 1000 年的时间里对希腊文明及其他古文明作了大量的训诂研究。教育学是一门既古老又年轻的学科，可惜还不曾出现可以与其他学科比肩的大师级人物，只得屈居人文学科的末位 a649a\5 了。

人文学科基本类型 a649a\k 的延伸概念设置不同于理科的基本类型 a6499\k，神学采用了前挂符号"53"，文化学采用了定向延伸符号"a649a\2*i"，训诂学基本类型（时间训诂学和空间训诂学）采用了并列延伸符号 a649a\4k=2。这些延伸概念的意义具有符号自明性，不必赘言。

下面给出一些基本概念关联式：

```
a649a\1≡a31
（人文学科的语言学强关联于文化的文学）
a649a\2≡a36
（史学强关联于历史文化）
a649a\3≡q821
（宗教学强关联于宗教）
a649a\4::=(a61,l45,gwa307)
```

（训诂学是关于文明著述的科学）

a649a\5≡a70

（教育学强关联于教育）

6.4.1-1.4　社会学科 a649b 的世界知识

a649b\k=m	社会学科基本类型
a649b\1	政治学
a649b\2	经济学
a649b\3	社会学
a649b\4	军事学
a649b\5	法学

社会学科基本类型 a649b\k 不再设置延伸概念，其复合概念一律采取(a649b\k,l4y,y) 或(a649b\k+ay)的表示形式，示例如下：

宪法学	(a649b\1,l45,a50d01)
婚姻学	(a649b\3,l45,411i)
性学	(a649b\3,l45,421i)
政治经济学	(a649b\2+a1)

社会学科基本类型 a649b\k 具有下列基本概念关联式：

a649b\1≡a1

（政治学强关联于政治活动）

a649b\2≡a2

（经济学强关联于经济活动）

a649b\3≡a3

（社会学强关联于文化活动）

a649b\4≡a4

（军事学强关联于军事活动）

a649b\5≡a5

（法学强关联于法律活动）

a649b\3=a649a

（社会学强交式关联于人文学科）

a649b\3=(a649b\1//a649b\5//a649b\2)

（社会学依次强交式关联于政治学、法学和经济学）

a649b\5=a649b\1

（法学强交式关联于政治学）

6.4.1-2　技术学科 a64a 的世界知识

技术学科 a64a 与科学学科 a649 互为孪生概念，两者构成基本学科 a64t 的基本侧面。技术学科对应于"文法理工农医艺"里的"工"，这是约定，可简称工科。与科学学科的延伸描述不同，工科 a64a 直接采用并列延伸 a64a\k=5 作一级描述：

a64a\k=5	技术学科基本类型
a64a\1	建造学科
a64a\2	制造学科
a64a\3	资源学科
a64a\4	材料学科
a64a\5	信息学科

技术学科具有下列基本概念关联式：

$$a64a \equiv a21$$
（技术学科强关联于生产）
$$(10a8c22ga64a\check{}\backslash1,l54\backslash5e21,pj1*a)$$
（建造学科之外的技术学科的高级阶段起于工业时代）
$$a64a\backslash1 \equiv a219\backslash1$$
（建造学科强关联于基建业）
$$a64a\backslash2 \equiv a219\backslash2$$
（制造学科强关联于制造业）
$$a64a\backslash3 \equiv (a219\backslash k3;a21\beta i)$$
（资源学科强关联于资源的基建与"制造"，以及矿业）
$$a64a\backslash3 = a643\check{}b//a643$$
（资源学科强交式关联于实用学科，首先是环境和生态学科）
$$a64a\backslash4 = (a219\backslash23\check{}1)$$
（材料学科强关联于原料与材料的"制造"）
$$a64a\backslash4 <= a6499\check{}\backslash1$$
（材料学科强流式关联于理科的物理学、化学、生物学和考古学）
$$a64a\backslash4 = a21i$$
（材料学科强交式关联于农业）
$$a64a\backslash5 = a219\backslash k5$$
（信息学科强关联于信息设施的基建和信息用品的制造）
$$(a64a\backslash5 \equiv a63(e2m)i,s31,pj1*b)$$
（在后工业时代，信息学科强关联于计算）

基建业 $a219\backslash1$ 和制造业 $a219\backslash2$ 分别具有 $a219\backslash1k=0-6$ 和 $a219\backslash k=0-6$ 的扩展并列延伸（见本卷本编第二章第一节），那么，建造学科 $a64a\backslash1$ 和制造学科 $a64a\backslash1$ 是否也具有对应的扩展并列延伸？答案如下：

$$(a64a\backslash1k \equiv a219\backslash1k,k=0-2)$$
（建造学科只作扩展并列的三分，其内容与建造业的相应构成相对应）
$$(a64a\backslash2k \equiv a219\backslash1k,k=0-2)$$
（制造学科也只作扩展并列的三分，其内容与制造业的相应构成相对应）

这就是说，工科虽然强关联于生产，但工科的基本类型 $a64a\backslash k$ 并不与建造业 $a219$ 的基本类型 $a219\backslash k$ 完全对应，而只是部分对应。因为，生产 $a21$ 的部分内容将纳入实用学科 $a643$，其中的资源基建 $a219\backslash13$ 和"资源"制造 $a219\backslash23$ 将纳入环境学科 $a6439$，环境基建 $a219\backslash14$ 将纳入生态学科 $a643a$，医保用品制造 $a219\backslash24$ 将纳入医药学科 $a643b$。至于武器制造 $a219\backslash26$ 和军事设施基建 $a219\backslash16$ 将予以特殊处理，前者可符号化为 $a64a\backslash2*3::=(a64a\backslash20,l45,a219\backslash26)$ 的形式，后者似乎尚未形成学科，可暂不理会。

6.4.2 实用学科 a643 的世界知识

实用学科 $a643$ 对应于"文法理工农医艺"的"农"与"医"，这也是约定。实用学科设置两项延伸概念，一是交织延伸 $a643t=b$，定名为实用学科的基本侧面；二是定向延伸 $a643i$，定名为保健学科。下面先给出实用学科的概念延伸结构表示式及其汉语定名。

$$a643:(t=b,i;9:(\alpha=b,i),a:(\alpha=a,i),bt=b;$$

```
            98:(-0,7),9αi, b9:(t=b,e2m,3),bai,53ybt;
            98-0i,987-0;)
```

a643t=b　　　　　　　　　实用学科基本侧面
a6439　　　　　　　　　　环境学科
a643a　　　　　　　　　　生态学科
a643b　　　　　　　　　　医药学科
a643i　　　　　　　　　　保健学科

a6439　　　　　　　　　　环境学科
　a6439α=b　　　　　　　　环境学科基本侧面
　a64398　　　　　　　　　环境学
　a64399　　　　　　　　　气象学
　a6439a　　　　　　　　　海洋学
　a6439b　　　　　　　　　地理学
　a6439i　　　　　　　　　环境异常
a643a　　　　　　　　　　生态学科
　a643aα=b　　　　　　　　生态学科基本侧面
　a643a8　　　　　　　　　生态学
　a643a9　　　　　　　　　微生物生态学
　a643aa　　　　　　　　　植物生态学
　a643ab　　　　　　　　　动物生态学
　a643ai　　　　　　　　　生态异常
　　a643aie26　　　　　　　生态灾难
a643b　　　　　　　　　　医药学科
　a643bt=b　　　　　　　　医药学科基本侧面
　a643b9　　　　　　　　　医学
　a643ba　　　　　　　　　药物学
　a643bb　　　　　　　　　病理学

　a64398　　　　　　　　　　环境学
　　a64398-0　　　　　　　　地区环境学
　　　a64398-0i　　　　　　　地区环境异常
　　　a64398-0ie26　　　　　　地区环境灾难
　　a643987　　　　　　　　　地学
　　　a643987-0　　　　　　　地震
　　　a643987-0e26　　　　　　地震灾难（震灾）
　a64399　　　　　　　　　　气象学
　　a64399i　　　　　　　　　气象异常
　　　a64399ie26　　　　　　　气象灾难
　a6439a　　　　　　　　　　海洋学
　　a6439ai　　　　　　　　　海洋异常
　　　a6439aie26　　　　　　　海洋灾难
　a6439b　　　　　　　　　　地理学
　　a6439bi　　　　　　　　　地理异常
　　　a6439bie26　　　　　　　地理灾难
　a6439i　　　　　　　　　　环境异常
　　a6439ie26　　　　　　　　环境灾难
　　a6439i\k=m　　　　　　　环境异常基本类型
　　a6439i\1　　　　　　　　温室效应
　　a6439i\2　　　　　　　　臭氧层空洞

a6439i\3	冰川巨变
a6439i\4	海平面巨变
a6439i\5	北冰洋巨变
a6439i\6	南极洲巨变
a643a8	生态学
a643a8-0	地区生态学
a643a8-0i	地区生态异常
a643a8-0ie26	地区生态灾难
a643a87	农学
a643a87-0	土壤学
a643a9	微生物生态学
a643a9i	微生物生态异常
a643a9ie26	瘟疫
a643aa	植物生态学
a643aai	植物生态异常
a643aaie26	植物生态灾难
a643ab	动物生态学
a643abi	动物生态异常
a643abie26	动物生态灾难
a643b9	医学
a643b9t=b	医学基本侧面
a643b99	诊断学
a643b9a	治疗学
a643b9b	康复学
a643b9e2m	医学基本学科
a643b9e21	内科学
a643b9e21i	精神科
a643b9e21i-0	心理治疗学
a643b9e22	外科学
a643b93	医用器具学
53a643b9	古老医学
a643ba	药物学
a643bai	药物滥用
a643baie26	药物灾难
53a643ba	古老药物学
a643bb	病理学
53a643bb	古老病理学

实用学科 a643 具有下列基本概念关联式：

a6439<=508α
（环境学科强流式关联于地球状态）
a6439=a219\k3
（环境学科强交式关联于资源基建与资源"制造"）
a643a<=509
（生态学科强流式关联于生命）
a643a=a219\14
（生态学科强交式关联于环境基建）
a643b<=509e47//509e4n

（医药学科强流式关联于生命的基本势态，首先是疾病）
a643b=a219\24
（医药学科强交式关联于医保用品制造）
a6439=a643a
（环境学科强交式关联于生态学科）
a6439≡a83
（环境学科强关联于环境保护）
a6439ie26<=a28e26
（环境灾难强流式关联于经济活动的消极效应）
a643a≡a6499\4
（生态学科强关联于生物学）
a643aie26<=a28e26
（生态灾难强流式关联于经济活动的消极效应）
a643b≡a82
（医药学科强关联于医疗）
a643i≡a81
（保健学科强关联于保健）

下面分四个子节讨论实用学科的世界知识。

6.4.2-1 实用学科的世界知识

6.4.2-1.1 环境学科 a6439 的世界知识

如果对所有以二级延伸概念表示的学科作一番古今对比的话，那就不难发现：在理科 a6499 和技术学科 a64aˉ\1（除建造学科 a64a\1 以外）方面，今人确实可以傲视古人；在社会学科 a649b、医药学科 a643b 和信息文化学科 a64i3 方面，今人可以骄傲地宣称取得了古人难以想象的进展；但在人文学科 a649a、保健学科 a643i、综合学科 a6498 和基本文化学科 a64i\k 方面，今人切不可存有超越古人的妄念。那么，是否有什么学科今人反而有愧于古人呢？笔者以为：环境学科 a6439 也许可以列为唯一的候选者。

环境、生态与医药共同构成实用学科 a643 的基本侧面 a643t=b。这三大学科的主体概念联想脉络已在前面的基本概念关联式中给出。这三大学科伴随着农业时代的到来而诞生，其古老性不仅老于基本文化学科 a64i\k，也老于人文学科 a649a，这就是说，实用学科的基本侧面 a643t=b 都是最古老的学科，但其中的环境学科 a6439 则更是一个尚处于少年甚至幼年时期的学科。为什么？这不是由于环境学科工作者的建树不够，而是由于环境学科面临着时代的巨大挑战。这一挑战存在着表层体现和深层表现，前者就是上面的基本概念关联式 a6439=a219\k3，而后者则是下面的基本概念关联式：

(3228\0,145,508α)<=(139e26,145,(50a(c2n)ˉc35,s31,pj1*b))
（环境灾难强流式关联于后工业时代高质量生活的发散性趋向）

这个概念关联式里对词项"环境灾难"所使用的概念表示式是(3228\0,145,508α)，而不是(3228\0,145,508a)表示。这是由于环境这个词语本身就有广义与狭义的区分，广义环境与地球状态 508α 相联系，而狭义环境则与地区状态 508a 相联系。因此，环境学科 a6439 实际上存在下列四种定义式：

a6439::=(a61,lv45,508α)
（第一类环境学科是对地球状态的科学研究）

```
a6439::=(a61-0,lv45,508α)
```
（第二类环境学科是对地球状态的狭义科学研究）
```
a6439::=(a61,lv45,508a)
```
（第三类环境学科是对地区状态的科学研究）
```
a6439::=(a61-0,lv45,508a)
```
（第四类环境学科是对地区状态的狭义科学研究）

在环境学科 a6439 的上列概念延伸结构表示里，我们实际上已经给出了这四类环境学科的区分，那里的环境学 a64398 就是指第二类环境学科，那里的地区环境学 a64398-0 就是指第四类环境学科。那么，第一类和第三类环境学科的表示式何在？在下列概念关联式里：

```
(a61,lv45,508α)=:53a64398
```
（第一类环境学科就是前环境学或"天人之学"）
```
(a61,lv45,508a)=:53a64398-0
```
（第三类环境学就是前地区环境学或堪舆学，俗称风水学）

环境学科 a6439 已拥有古人不可想象的先进技术手段，这一优势的伴随现象就是对狭义科学 a61-0 的过度依赖，而不善于甚至不知道对科学 a61 的全面运用。于是，当前极为有趣的现象是：第二类和第四类环境学科的研究十分兴旺，而第一类和第三环境学科的研究则比较迷茫。这一现象不是环境学科 a6439 的个性，是实用学科基本侧面 a643t=b 的共性。对这一现象的探索关涉到理念文明和理性文明的重大话题，这里只得打住，但应该顺便为古人说一句公道话，他们是否曾经在第三类环境学科 53a64398-0 方面作出过重大努力并取得过丰硕成果呢？答案是肯定的，著名古迹和历史悠久城市的存在就是有力的证据。

环境学科 a6439 的基本侧面 a6439α=b 及其各项再延伸概念都不难给出相应的定义式，但这里只简单地给出下列基本概念关联式：

```
a6439≡a28e2n
```
（环境学科强关联于经济活动的基本自然效应）
```
a64398:=wj2
```
（环境学对应于地域）
```
a64399:=wj2*3
```
（气象学对应于空域）
```
a6439a:=wj2*21
```
（海洋学对应于海洋）
```
a6439b:=wj2*1
```
（地理学对应于陆域）
```
a64398-0:=wj2-0
```
（地区环境学对应于地区）
```
a643987:=jw53t7\2
```
（地学对应于地壳）
```
a643987-0:=(1098\3,102,(wj2-000,s32,jw53t7\2))
```
（地震对应于"地壳点"的震动）

最后，给出一个定义式：

```
a6439:(y)i::=(a64,145,(3228\0,147, a6439:(y)))
```
（以符号"i"终止的延伸概念定义为相应定名的灾难，注意：没有"学"字）

此定义式同样适用于生态学科 a643a 和医药学科 a643b。

自卡逊女士的名著《寂静的春天》问世以来，环境灾难已成为日常性热门话题，空气污染、水污染、土壤污染、土地沙化、海洋污染、臭氧层空洞、温室效应（全球变暖）、草原退化、森林消退、湖泊消退、冰川消亡、海平面上升都已进入媒体专题，但这些词语所描述的现象都属于环境灾难么？前四项可纳入地区环境灾难 a64398-0ie26，海洋污染可纳入海洋灾难 a6439aie26，草原退化、森林消退和湖泊消退可纳入地理灾难 a6439bie26，但最后四项是否一定要纳入环境灾难呢？答案似乎并不是那么简明。因此，有必要区分"异常"和"灾难"的概念，本子节约定以终止符号"i"表示异常，以终止符号"ie26"表示灾难。环境灾难具有下面的等同式：

$$a6439ie26=:(3228\0,145,508\alpha)$$

环境异常 a6439i 具有变量并列延伸 a6439i\k=m。已给出的六项环境异常不难写出相应的定义式，但这里就从略了。需要说明的是：对 a6439i\k=m 所描述的各项环境异常并没有给出相应的环境灾难 a6439i\ke26 表示式，为什么？因为这些环境异常并不一定就意味着环境灾难。例如，温室效应 a6439i\1 是人们谈论得最多的话题，但它究竟是否存在呢？近年的全球气温升高真的就是所谓的温室效应么？环境学尚未给出令人信服的答案，让我们等待一下吧。

但是，环境灾难 a6439ie26 毕竟是一个严峻的存在，北京的严重空气污染就是明证。环境灾难 a6439ie26 的相应领域句类代码 SCD(a6439ie26+y)要精心设计，具体领域描述所对应的自变量"y"不会影响其领域句类代码的统一结构，这个"y"可以包括生态灾难 a643aie26（参看下一子节的基本概念关联式）。为什么说领域句类代码 SCD(DOM)是语言理解的基因呢？这需要领悟，而领悟需要灵感，灵感又需要源泉，请抓住这个特殊示例吧，它是一个很好的灵感源泉。

6.4.2-1.2 生态学科 a643a 的世界知识

生态学科 a643a 具有与环境学科 a6439 基本相同的概念延伸结构表示式。为阅读便利，下面将其概念延伸结构表示式拷贝如下：

```
a643a8                    生态学
  a643a8-0                  地区生态学
    a643a8-0i                 地区生态异常
      a643a8-0ie26              地区生态灾难
  a643a87                   农学
    a643a87-0                 土壤学
a643a9                    微生物生态学
  a643a9i                   微生物生态异常
    a643a9ie26                瘟疫
a643aa                    植物生态学
  a643aai                   植物生态异常
```

```
        a643aaie26              植物生态灾难
a643ab                  动物生态学
    a643abi                 动物生态异常
        a643abie26              动物生态灾难
a643ai                  生态异常
    a643aie26               生态灾难
```

生态学科的基本概念关联式如下：

```
a643aie26=a6439ie26
（生态灾难强交式关联于环境灾难）
a643a8-0ie26=a64398-0ie26
（地区生态灾难强交式关联于地区环境灾难）
a643a8-0=%a64398-0
（地区生态学属于地区环境学）
a643a8-0i=%a64398-0i
（地区生态异常属于地区环境异常）
a643a87≡a21i
（农学强关联于"农业"）
a643a87-0::=(a61-0ua63^e2m,lv45,jw5397\1)
（土壤学是关于地表的科学）
a643a9≡(a6499\43+a6499\44)//a6499\4
（微生物生态学强关联于生物学，首先是微生物学和病毒学）
a643aa≡a6499\41
（植物生态学强关联于植物学）
a643ab≡a6499\42
（动物生态学强关联于动物学）
```

生态灾难 a643aie26 和环境灾难 a6439ie26 都属于那种不宜严格定义的概念。现在，人们常说空气污染、河流污染、海洋污染等，空气污染是环境灾难，但还不是生态灾难，河流污染则会造成环境和生态的双重灾难，海洋污染的影响最为复杂，它可能造成生态灾难，使当地某些海洋生物锐减甚至灭绝，但未必就是环境灾难。这就是上列概念关联式的前两者采用强交式关联而不是强关联的缘故了。环境灾难和生态灾难的概念如此复杂，交互引擎该如何应对呢？答案是：求助于下列两个基本概念关联式（自前文拷贝而来）：

```
a6439ie26<=a28e26
（环境灾难强流式关联于经济活动的消极效应）
a643aie26<=a28e26
（生态灾难强流式关联于经济活动的消极效应）
```

这就是说，当环境污染和生态污染不必区分时，可使用符号"a28e26+y"加以表示，如太湖的蓝藻、珠江口的赤潮、白鳍豚的灭绝、发菜和冬虫夏草的过度摘采、渭河的泛滥、黄土高原的水土流失等。表示式里"y"需要人工填写，填写的内容可高可低，可详可简，可精可粗，但只要给出了具体领域信息，交互引擎就可以有所作为了。

6.4.2-1.3 医药学科 a643b 的世界知识

医药学科 a643b 的概念延伸结构表示式与环境学科 a6439 和生态学科 a643a 有较大

的差异，为阅读便利，下面将其概念延伸结构表示式拷贝如下：

```
a643b                      医药学科
  a643bt=b                 医药学科基本侧面
  a643b9                   医学
    a643b9t=b                医学基本侧面
    a643b99                  诊断学
    a643b9a                  治疗学
    a643b9b                  康复学
    a643b9e2m                医学基本学科
    a643b9e21                内科学
      a643b9e21i               精神科
        a643b9e21i-0             心理治疗学
    a643b9e22                外科学
    a643b93                  医用器具学
    53a643b9                 古老医学
  a643ba                   药物学
    a643bai                  药物滥用
      a643baie26               药物灾难
    53a643ba                 古老药物学
  a643bb                   病理学
    53a643bb                 古老病理学
```

医药学科 a643b 仅采用单项交织延伸 a643bt=b，前两种实用学科都采用了扩展交织延伸和定向延伸。上面所说的"概念延伸结构表示式有较大差异"就是指这个。这里的"t"延伸是一主两翼型延伸，医学 a643b9 是主体，药物学 a643ba 和病理学 a643bb 是两翼。

医学 a643b9 设置了四项延伸概念，交织延伸 a643b9t=b 表示诊断学 a643b99、治疗学 a643b9a 与康复学 a643b9b，对偶延伸 a643b9e2m 表示内科学 a643b9e21 和外科学 a643b9e22，定向延伸 a643b93 表示医用器具学，前挂延伸 53a643b9 表示古老医学。

上列延伸概念具有下列基本概念关联式：

```
(a643b9t≡a82t,t=b)
（医学基本侧面强关联于医疗基本侧面）
a643b9e2m≡a82te2m
（医学基本学科强关联于医疗基本科别）
a643b93≡a823
（医用器具学强关联于医疗手段）
a643b93=>a219\24*t
（医用器具学强源式关联于医用器具制造）
(a643b93,l54\5e21,pj1*a)
（医用器具学起源于工业时代）
53a643b9%=a827\2
（古老医学包括中医）
```

医学基本学科 a643b9e2m 与生命体 jw6y-t\k 的逻辑表示式(a643b9e2m,l45,jw6y-t\k)可以表示现代医学名目繁多的分科。但这一表示式不适用于精神科，这就是引入定向延伸表示式 a643b9e21i 及其包含概念的缘由了。两者具有下列基本概念关联式：

```
a643b9e21i≡a82te21i
（精神科强关联于精神治疗）
a643b9e21i-0≡a82te21-0
（心理治疗学强关联于心理治疗）
```

药物学 a643ba 设置了两项延伸概念：定向延伸 a643bai 表示药物滥用，前挂延伸 53a643ba 表示古老药物学。病理学 a643bb 仅设置前挂延伸概念 53a643bb，表示古老病理学。读者应该注意到：医药学科的三侧面 a643bt=b 都设置了前挂延伸概念 53a643bt，以表示每一侧面都存在相应的古老形态。不言而喻，古老医药学不具有狭义科学的特性，但他们仍然具有广义科学的特性，不宜轻易给它们扣上伪科学的帽子。因此，这里特意给出下面的基本概念关联式：

```
(53a643bt,jl11e22,ua61-0)
（古老医药学不具有狭义科学性）
(53a643bt,jl11e21,ua61)
（古老医药学科具有广义科学性）
```

上述命题必然会引起争论，但这里仍然写下这一命题。其目的主要不是为古老医药学辩护，而是试图表明一项判断：古老医药学是不能用狭义科学的思维模式去加以理解和改造的，迷信狭义科学的人们是否应该考虑一下上列第二个概念关联式？是否应该反思一下狭义科学并不能包容人类的全部智慧？

现在，把下列两个基本概念关联式一起呈现给读者：

```
a643ba≡a823\1
（药物学强关联于药）
a643b93≡a823\2
（医用器具学强关联于医疗器具）
```

药物滥用 a643bai 是一个非常复杂的社会现象，且古已有之。这里不来详说，只给出下面基本概念关联式：

```
(a643baie26,l54\5e21,pj1*ac37)
（药物灾难起源于工业时代后期）
```

病理学 a643bb 的世界知识与专家知识的分野比较难以把握，这里暂时从略。

6.4.2-2 保健学科 a643i 的世界知识

保健学科 a643i 目前未设置延伸概念，但读者不要误以为 a643i 是保健 a81 的虚设概念。笔者在采取观望态度：一方面在观望衰老研究的进展；另一方面在观望对东西方保健认识之比较研究的进展。保健学科需要形而上思考，季羡林先生关于健康秘诀的三字回答——"不锻炼"是这一思考给出的重要启示。

6.4.3 文化学科 a64i 的世界知识

为阅读便利，文化学科 a64i 概念延伸结构 a64i:(\k=3,3,t=b)表示式的汉语说明拷贝如下：

```
a64i                    文化学科
   a64i\k=3                基本文化学科
   a64i\1                  文学学科
   a64i\2                  艺术学科
   a64i\3                  技艺学科
   a64i3                   信息文化学科
   a64it=b                 伦理文化学科
   a64i9                   信仰文化学科
   a64ia                   公德文化学科
   a64ib                   历史文化学科
```

　　文化学科 a64i 概念延伸结构的设置曾反复多次，这里也未必是最终结果。基本文化学科 a64i\k=3 的设置可能没有争议，它对应于文化 a3 概念林的前三种殊相概念树 a3y(y=1-3)。信息文化 a35 当今正处于方兴未艾的兴旺时期，把它从文化殊相概念树中分离出来变成一项以定向延伸概念 a64i3 描述的独立学科大约也不会有太大的争议。问题在于伦理文化学科 a64it=b 的设置。

　　下面先给出各项文化学科的基本概念关联式：

```
(a64i\k≡a3y, y=1-3)
（基本文化学科强关联于文化概念林 a3 的前三种殊相概念树）
a64i3≡a35
（信息文化学科强关联于信息文化）
(a64i3,sv34, a62a\5)
（信息文化学科以信息工程为物理条件）
a64it=a6498\1*i
（伦理文化学科强交式关联于伦理学）
a64i9≡q82
（信仰文化学科强关联于信仰）
a64ia≡d1
（公德文化学科强关联于理念）
a64ib≡a36
（历史文化学科强关联于历史文化）
```

　　后工业时代需要一种新的伦理文化、信仰文化和公德文化，这种新文化将分别映射成 ra64it、ra64i9 和 ra64ia。虽然历史上的每一种文明都拥有自己的独特伦理、信仰和公德，但都不能承载这里所憧憬的伦理文化 ra64it、信仰文化 ra64i9 和公德文化 ra64ia。a64it 在呼唤文化巨人，这样的巨人尚未出现。

　　当我们这个星球发展到工业时代的时候，曾呼唤出三位文化巨人：黑格尔、孔德和马克思，他们都力图建立关于社会进化的清晰范式。他们和他们之前的众多文化巨人都曾为伦理文化 ra64it 作出过重要的奠基性探索。这里就不列举这些文化巨人的名单了，但其中的一位需要给予特殊待遇，那就是孔子。因为他在近代中国遭到了太多的误解和指责。

第七章

教育 a7

教育 a7 也是文化活动 a3 的一部分，a7=%a3，其基本功能是传授知识和技能，培养专业人才，这是教育的狭义定义。狭义教育无非是学校、教学、考试三个侧面，三者将构成教育的殊相概念树。教育的共相概念树 a70 将简称广义教育，即教育的基本内涵。于是，教育 a7 可穷举出下列概念树：

a70	广义教育
a71	学校
a72	教学
a73	考试

第 0 节
广义教育 a70 (154)

引言

　　广义教育 a70 辖属下列三项概念联想脉络：一是教育内容 a70t；二是教育方式 a703，三是教育理念 a707。三者构成 a70 概念延伸结构表示式的基础。

7.0-0　广义教育 a70 的概念延伸结构表示式

```
a70:(t=a,3,7;
     9(\k=3, γ =a),at=b,3(t=a,e4m,\k=0-2, γ =b),7t=a;
     3e43e2n,3\0*t=a,3\˜0*i)
```

a70t	教育内容
a703	教育方式
a707	教育理念
a70t	教育内容
a70t=a	教育内容的两分
a709	知识教育
a709\k=3	知识教育基本科目
a709\1	体育
a709\2	文艺教育
a709\3	科技教育
a709 γ =a	知识教育特殊形态
a7099	师徒教育
a709a	家传教育
a70a	精神教育
a70a α =b	精神教育的基本内容
a70a8	行为教育
a70a9	心理教育
a70aa	信仰教育
a70ab	理念教育
a703	教育方式
a703e4m	教育方式合适性的对偶三分
a703e43e2n	积极与消极强制教育
a703\k=0-2	教育方式基本形态
a703\0	综合形态
a703\0*t=a	
a703\0*9	讲授
a703\0*a	训练
a703\1	视觉主导形态

a703\1*i	身教
a703\2	听觉主导形态
a703\2*i	言教
a703γ	教育的实现途径
a703γ=b	教育途径的三分
a7039	家庭教育
a703a	学校教育
a703b	社会教育
a707	教育理念
a707t	关于教育对象的理念
a707t=a	关于教育对象理念的两分
a7079	精英教育
a707a	大众教育
a7073	关于教育内容的理念
a7073m	传承与发展
a707α=9	培育与培训

7.0.1 教育内容 a70t 的世界知识

教育内容 a70t 包括两个方面：知识教育 a709 和精神教育 a70a。前者也叫智育，后者也叫德育。我国还有"德智体"三分的提法，但本《全书》只把体育作为知识教育的三项基本科目之一，以映射符号 a709\1 表示。下面分两个子节进行论述。

7.0.1-1 知识教育 a709 的世界知识

本《全书》将知识教育（智育）列为教育内容 a70t 之首，符号化为 a709。虽然许多政治家和哲人喜爱"德育为教育之本"的说法，但本《全书》宁愿采纳苏格拉底的"知识第一"观念，将精神教育（德育）符号化为 a70a，因为，归根结底精神教育也是一种知识教育。

知识教育 a709 设置两项延伸概念 a709\k=3 和 a709γ=a，前者定名为知识教育基本科目，后者定名为知识教育特殊形态。

知识教育基本科目 a709\k=3 的具体内容是：体育 a709\1、文艺教育 a709\2 和科技教育 a709\3。三者的排列顺序体现了知识教育三科目的历史发展历程，体育最早形成比较完备的形态，文艺教育次之，科技教育最晚。三者具有下列基本概念关联式：

```
(a709\1,103,a339)
（体育以体育为教育内容）
(a709\2,103,(a31,a32))
（文艺教育以文学和艺术为教育内容）
(a709\3,103,(a61,a62))
（科技教育以科学和技术为教育内容）
```

在农业时代，体育曾对历史进程产生过不可思议的巨大作用，为什么人口居于少数的"落后"游牧民族经常征服人口居于多数的"先进"农耕民族？为什么小小的马其顿、蒙古和后金会出现亚历山大、成吉思汗、努尔哈赤这三位造就时势的英雄呢？奥秘就在于体育。

知识教育特殊形态 a709γ=a 的师徒教育 a7093 和家传教育 a7097 仅盛行于农业时代，到了工业时代，就逐步为学校所替代，这一世界知识的概念关联式如下：

    (a709γ,s31,pj1*9;l01*24a,a71)

师徒教育和家传教育是技艺活动的需要，教授的主要内容是技艺 a33。家传教育的内容具有保密性，对象限于直系亲属，因而存在下列概念关联式：

    (a709γ,l03,a33)
    a709a:=ru3328
    (a709a,l02,p411iae21)

7.0.1–2 精神教育 a70a 的世界知识

精神教育 a70a 的基本内容以交织延伸 a70aα=b 表示，a70a8 描述行为教育，对应于第一类精神生活里的行为 73；a70a9 描述心理教育，对应于第一类精神生活里的心理活动 71 和精神状态 72；a70aa 描述信念教育，对应于第二类精神生活的信仰活动 q8；a70ab 描述理念教育，对应于第三类精神生活(b,d)。四者具有下列概念关联式：

    (a70a8, lv03,73)
    (a70a9, lv03,(71,72))
    (a70aa, lv03, q8)
    (a70ab, lv03, (b,d))
    a70ab=a12\1*9
    （理念教育与理念宣传强交式关联）

7.0.2 教育方式 a703 世界知识

教育方式 a703 辖属三项概念联想脉络：一是教育方式的形而上三分 a703e4m；二是教育方式基本形态 a703\k=0–2；三是教育的基本途径 a703γ=b。

1）教育方式的形而上三分 a703e4m

教育方式的形而上三分 a703e4m 包括一种正确方式 a703e41 和两种不正确方式 a703~e41。正确方式 a703e41 大体对应于诱导，两种不正确方式大体分别对应于放任 a703e42 和强制 a703e43。但强制具有积极与消极的双重性，需要配置 e2n 延伸，积极强制教育方式具有下面的概念关联式：

    a703e43e25%=a40b
    （积极强制教育方式包括军事训练）

2）教育方式基本形态 a703\k=0–2

教育方式基本形态以扩展并列延伸 a703\k=0–2 表示，a703\1 描述视觉主导的教育方式，a703\2 描述听觉主导的教育方式，a703\0 描述综合方式。

三种教育形态都具有延伸概念，a703\1*i 描述身教，a703\2*i 描述言教，a703\0*9 描述讲授，a703\0*a 描述训练。这些教育形态具有下列概念关联式：

    a703\1*i=a70a
    （身教与精神教育强交式关联）

```
a703\0*9=a709
（讲授与知识教育强交式关联）
a703\0*a=a7099
（训练与师徒教育强交式关联）
```

3）教育基本途径

教育基本途径以 a703γ=b 表示，a7039 描述家庭教育，a703a 描述学校教育，a703b 描述社会教育。教育基本途径具有下列概念关联式：

```
a7039=a70a
（家庭教育与精神教育强交式关联）
a7039=a703\1*i
（家庭教育与身教强交式关联）
a703a≡a709
（学校教育与知识教育强关联）
a703a:=(239,l03,ra30i)
（学校教育对应于知识定向转移）
(a703b,jl11e21,ru21ia\k)
（社会教育具有耳濡目染特性）
```

7.0.3 教育理念 a707

教育理念 a707 涉及教育的两个基本问题：一是教育对象；二是教育内容。这两个基本问题即使在后工业时代依然存在。这两个基本问题对应着教育理念的两项概念联想脉络：一是关于教育对象的理念 a707t，简称教育对象理念；二是关于教育内容的理念 a7073，简称教育内容理念。

1）教育对象理念 a707t

教育对象理念以交织延伸 a707t=a 表示，a7079 描述精英教育，a707a 描述大众教育。精英教育 a7079 与大众教育 a707a 的基本特征表现在下列概念关联式里：

```
(a7079,lv02,pa;lv03,ra30ic3m)
（精英教育面向专业人才的培养，传授各层面的知识）
(a707a,lv02,40\12˜e51;lv03,ra30i˜c33)
（大众教育面向大众，不传授高层面知识）
a7079=a71c33
（精英教育与高等学府强交式关联）
a707a=a71c31
（大众教育与初级学校强交式关联）
(a707t,jl00e21,pj1*t)
（教育对象理念与时代有关）
30agva707a:=pj1*b
（大众教育的实现实质上是后工业时代的产物）
```

2）教育内容理念 a7073

教育内容理念 a7073 辖属两项概念联想脉络：一是传承与发展 a7073m，将简称传承与发展理念；二是培育与培训 a7073 α =9，将简称培育与培训理念。

传承与发展理念 a7073m 是教育学的重大课题，同追求活动的改革 b1 与继承 b2 强交式关联，存在下列概念关联式：

```
a7073m=%a60be4m
（传承与发展理念属于社会进化论的形而上三分论）
a70730:=a60be41
（教育的传承与发展统一理念对应于社会进化辨证论）
a70731:=a60be42
（教育的传承理念对应于社会进化保守论）
a70732:=a60be43
（教育的发展理念对应于社会进化激进论）
a7073m=(b1,b2)
（教育的传承与发展理念同追求活动的改革与继承强交式关联）
a70731=b2
（教育传承理念与追求活动的继承强交式关联）
a70732=b1
（教育的发展理念与追求活动的改革强交式关联）
a70730=(b13,b23)
（教育的继承与发展统一理念既是施改革于继承观念的体现，也是寓继承于改革观念的体现）
```

这些概念关联式的意义都比较浅显。但是，由于观念 b13（施改革于继承）和 b23（寓继承于改革）在近代中国一直处于被严厉批判的状态，所以，中国读者或许会对最后一个概念关联式感到难以理解，保守者 p810e42 和激进者 p810e43 都可能强烈反对。当前中国的保守者和激进者都有新旧两派之分，这四派的文化根基都十分薄弱，这是中华民族伟大复兴事业的根本障碍。

在汉语里，似乎没有与概念 a70730 直接对应的词语，这也是最后一个概念关联式不易被理解的重要原因之一。

教育的传承与发展理念 a7073m 里存在永恒性（~ru309）争议（r810e3m），这一争议对社会发展具有重大意义（r0ju721）。即使在已进入后工业时代的西欧和北美，这一争议依然存在，但对社会的发展不再具有关键性意义（r0ju725）。对于尚未经历过启蒙运动洗礼的广大发展中地区和国家来说，情况则有所不同，这一争议的意义依然重大而关键。可惜，低层次的政治斗争把这一争议转变成低层次的传媒炒作，东方和西方的政治家都处于同样的低水平状态。

培育与培训理念 a7073 α =9 比较简明，a70738 描述培育，a70739 描述培训。培育包括智育和德育，培训只包括智育。当然，某些职业培训也十分重视德育，但毕竟局限于职业道德范围内的德育，而不是全面的德育。a7073 α 存在下列概念关联式：

```
a70738:=a70t
（培育要进行智育与德育的全面教育）
a70739:=a7099//a709
（培训着重于知识教育，尤其侧重于师徒教育）
```

第 1 节
学校 a71 (155)

引言

学校 a71 是实施教育的组织机构，a71::=(pe,lv00,v30aa|a7)，是一个 pe 强存在概念。学校有层级与类型之分，有不同的主办者和资助者，三者构成学校的概念联想脉络。

7.1-0 学校 a71 的概念延伸结构表示式

```
a71:(c3m, \k=2,7;
     c3mc2m, c3mckm,c33(e2m,t=a), \1k=4,\2k=x,7(e3m,\k=4);
     c3mc2mckm)
```

a71c3m	学校三层级
a71\k	学校类型
a717	学校主办者与赞助者
a71c3m	学校三层级
a71c3mc2m	学校三层级的两分
a71c3mc2mckm	班级
a71c3mckm	年级
a71c31	初级学校（小学）
a71c31c2m	初小与高小
a71c32	中级学校（中学）
a71c32c2m	初中与高中
a71c33	高校（大学）
a71c33c2m	大学与大专
a71c33e2m	高校组织机构
a71c33t=a	高校类型
a71c339	综合大学
a71c33a	专业大学
a71\k=2	学校类型
a71\1	专业学校
a71\1k=4	
a71\11	政治学校
a71\12	经济学校
a71\13	文化学校
a71\14	军事学校
a71\2	特殊对象学校
a71\2k=x	
a71\21	神职人员学校
a71\22	残疾人学校

a717	学校主办与资助
a717e3m	学校主办及其类型
a717e31	民办学校
a717e32	官办学校
a717e33	超组织办学校
a717\k	学校资助
a717\k=4	四类学校资助
a717\1	民间资助
a717\2	政府资助
a717\3	超组织资助
a717\4	企业资助

7.1.1 学校层级 a71c3m 的世界知识

学校层级 a71c3m 的映射符号表达了学校层级三分的现象，a71c31 描述初级学校，教育对象主要是幼年；a71c32 描述中级学校，教育对象主要是少年；a71c33 描述高校，教育对象主要是青年。这些世界知识的概念关联式如下：

$$(a71c31,102,p10b\backslash3c62)$$
$$(a71c32,102,p10b\backslash3c63)$$
$$(a71c33,102,p10b\backslash3c64)$$

学校三层级划分体制 a71c3m 完善于工业时代，但三层级的雏形在农业时代即已出现，如中国的蒙馆、经馆和书院。当然，三层级学校的教学内容在工业时代发生了巨大变化，这一点将在下一节（7.2 节）描述。

不同层级学校又有两层级划分，不同层级又有不同的班级划分，这些世界知识的映射符号如下：

a71c3mc2m
（三层级学校都有两层级划分）
a71c3mckm，a71c3mc2mckm
（不同层级学校有班级划分）

高校 a71c33，另有两项联想脉络：a71c33e2m 描述高校组织结构，a71c33t=a 描述高校类型。

高校组织结构 a71c33e2m 继承组织结构 a01e2m 的全部特性，a71c33e2m=%a01e2m。a71c33e21\k 描述高校的各职能部门，a71c33e22-0 描述高校的院系。

高校类型 a71c33t=a 分别描述综合大学 a71c339 和专业大学 a71c33a（通称学院）。

7.1.2 学校类型 a71\k 的世界知识

学校类型 a71\k 先作内容与对象的两分 a71\k=2，这里的内容特指专业，这里的对象特指一些特殊的对象，a71\1 描述学校的专业类型，a71\2 描述学校的特殊对象类型。

学校的专业类型 a71\1 作 a71\1k=4 延伸，a71\1k=4 与专业活动 ay(y=1-4) 对应：a71\11 描述政治学校，a71\12 描述经济学校，a71\13 描述文化学校，a71\14 描述军事学校。

学校专业类型 a71\1 具有下列概念关联式：

```
a71\1=a71c33t
（学校专业类型与高校类型强交式关联）
a71\1:=a71˜c31
（学校专业类型可以是高、中层级学校）
```

在四类专业学校 a71\1k=4 中，经济学校 a71\12 和文化学校 a71\13 名目繁多，数量巨大，具有下列概念关联式：

```
(a71\12; a71\13):=(jrz52d01,jrz41d01)
```

对四类专业学校的进一步描述将采用复合方式。经济学校 a71\12 与文化学校 a71\13 的交织现象比较严重，但在经济活动和文化活动概念树（a2y 与 a3y）的统摄下，这一问题不难处理。

学校的特殊对象类型 a71\2 以变量并列延伸符号 a71\2k=x 表示，当前仅定义两类学校：一是神职人员学校 a71\21；二是残疾人学校 a71\22。两者具有下列基本概念关联式：

```
(a71\21,1173118,pq821)
（神职人员学校以培养神职人员为目标）
(a71\22,102,p509a)
（残疾人学校的教育对象是残疾人员）
```

7.1.3 学校主办与资助 a717 的世界知识

学校主办与资助 a717 辖属两项概念联想脉络：一是学校主办 a717e3m；二是学校资助 a717\k。

学校主办 a717e3m 具有下列基本概念关联式：

```
va717e3m:=(3118,44ea1)
（学校主办同建立和主宰对应）
(a717e31,10144ea1,˜a119)
（民办学校不由政府主办）
(a719e32,10144ea1,a119)
（官办学校由政府主办）
(a717e33,10144ea1,a03b)
（超组织办学校由超组织主办）
```

学校资助 a717\k 取变量表示 a717\k=x。具有下列概念关联式：

```
a717\k::=(3a2,103,a20\2;102,a71)
（学校资助定义为向学校提供资金）
(a717\1,1013a2a,˜a119)
（第一类学校资助来自于政府之外）
(a717\2,1013a2a,a119)
（第二类资助来自于政府）
(a717\3,1013a2a,a03b)
（第三类资助来自于超组织）
(a717\4,1013a2a,a20a)
（第四类资助来自于企业）
```

第 2 节
教学 a72 (156)

引言

教学和考试是实施教育的两项基本措施，这一基本世界知识由下面的概念关联式描述：

$$(a72,a73):=(r30aa,l0330a,a7)$$

本节讨论教学 a72，下节讨论考试 a73。教学的概念联想脉络比较简明，放在世界知识里说明。

7.2-0　教学 a72 的概念延伸结构表示式

```
a72:(^e2m,3;^e2m(7,3);^e2m7(\k=3,c3m),^e2m3\k=2)
    a72^e2m                学校教学
    a723                   自学

    a72^e2m                学校教学
    a72^e21                教
    a72^e22                学
      a72^e2m7                学位
        a72^e2m7c3m              学位等级
        a72^e2m7c31              学士
        a72^e2m7c32              硕士
        a72^e2m7c33              博士
        a72^e2m7\k=3             学位类型
        a72^e2m7\1               科学学位
        a72^e2m7\2               技术学位
        a72^e2m7\3               技艺学位
      a72^e2m3                非传统教学
        a72^e2m3\k=2             非传统教学的基本类型
        a72^e2m3\1              电视教学
        a72^e2m3\2              网络教学
    a723                   自学
```

7.2-1　教学 a72 的世界知识

教学辖属两项联想脉络：一是学校教学 a72^e2m；二是自学 a723。
学校教学定义式是

```
a72^e21::=v239|r8
（学校教学的教就是定向转移知识）
a72^e22::=v21a|r8
（学校教学的学就是定向接收知识）
```

学校教学 a72^e2m 的教授者（教师）pa72^e21 和学习者（学生）pa72^e22 构成师生关系（40ga72^e2m）。自学 a723 则不存在对应的教授者。这一基本世界知识的概念关联式如下：

```
a72^e2m≡a71
（学校教学与学校强关联）
a72^e2m=>40pa72^e2m
（学校教学构成师生关系）
(a723, jl11e22, pa72^e21)
（自学不存在教者）
```

7.2.1 学校教学 a72^e2m 的世界知识

学校教学 a72^e2m 的基本世界知识已如上述，此外，还有学校教学 a72^e2m 的终极效应（即状态）知识和教学方式知识，前者以映射符号 a72^e2m7 表示，命名为学位；后者以映射符号 a72^e2m3 表示，命名为非传统教学。两者都具有显著的时代性，因而存在下面的概念关联式：

```
a72^e2mi:= xpj1*t
```

学位 a72^e2m7 又辖属两项联想脉络：一是学位等级 a72^e2m7c3m；二是学位类型 a72^e2m7\k。

学位等级 a72^e2m7c3m 具有下列概念关联式：

```
a72^e2m7c3m:=gva71c33
（学位等级与高等教育对应）
a72^e2m7c3m<=a709~\1
（学位等级起源于文艺和科技教育）
```

学位等级三分 a72^e2mc3m 的现代汉语词语是学士 a72^e2mc31、硕士 a72^e2mc32 和博士 a72^e2mc33。这一现代名称取代了我国千余年传统的原有名称——秀才、举人和进士。1905 年我国废除科举制度的时候，为什么不能保持传统名称？有人说：面对当年的科举改革，唯一保持清醒头脑的只有民主革命先驱之一的章太炎先生一人，这一说法非同寻常，也许是我国近代历史学需要反思的课题之一。

学位类型 a72^e2m7\k 具体设置为 3 类 a72^e2m7\k=3，其中的科学学位 a72^e2m7\1 和技术学位 a72^e2m7\2（统称科技学位）与学位等级对应，技艺学位 a72^e2m7\3 则不与学位等级 a72^e2m7c3m 对应，技艺水平与科技水平的关联性比较弱，科技水平低下的古代反而可能存在水平远高于现代的技艺。于是，学位类型 a72^e2m7\k 存在下列概念关联式：

```
a72^e2m7~\3:=a72^e2m7c3m
（科技学位与学位等级对应）
```

```
a72^e2m7˜\3:=a709\k
```
（科技学位与知识教育基本科目对应）
```
a72^e2m7\3:=a7099
```
（技艺学位与师徒教育对应）

　　上列概念关联式试图表明：技艺学位应采用不同于科技学位的命名方式。这一试图肯定是徒劳的，但在概念层面上不能不予以区分。

　　学校同样有传统与非传统之分，非传统教学 a72^e2m3 是后工业时代的产物，可区分两种类型 a72^e2m3\k=2，a72^e2m3\1 表示电视教学，a72^e2m3\2 表示网络教学。非传统教学具有下列概念关联式：

```
a72^e2m3:=pj1*b
```
（非传统教学对应于后工业时代）
```
˜a72^e2m3=:a72^e2mrub2y
```
（非传统教学具有非概念，表示传统教学）

第 3 节
考试 a73 (157)

引言

　　考试 a73 与教学 a72 是一对孪生概念，两者强关联，a73≡a72。考试具有自身的作用效应链表现，考试还具有自身的特定类型和形式，这三者构成考试 a73 的基本联想脉络。

　　考试 a73 是对知识或技艺水平的测试，其定义式如下：

```
a73::=(jl02,l03,(rz8,za33))
```

7.3-0　考试 a73 的概念结构表示式

```
a73:(β,7,\k=3;9(9,a),a9,b9,7t=b;
99e3m,9ae2n,a9˜eb0,b9e2m;9ae25(ckm,d0m))
```
a73β	考试的作用效应链表现
a737	考试类型
a73\k	考试形式
a73β	考试的作用效应链表现
a7399	考试作用
a7399e3m	考试作用的三环节
a7399e31	决策

a7399e32	执行
a7399e33	监督
a739a	考试效应
a739ae2n	考试效应的两分
a7339ae25	入选
a739ae25ckm	入选等级
a739ae25d0m	入选名次
a739ae26	落选
a73a9	考试过程
a73a9˜eb0	考试过程的三步
a73a9eb1	出题
a73a9eb2	答卷
a73a9eb3	阅卷
a73b9	考试关系
a73b9e2m	考试关系的两方
a73b9e21	考方
a73b9e22	应试方
a737	考试类型
a737t=b	考试类型的三分
a7379	成绩考试
a737a	升学考试
a737b	资格考试
a73\k	考试形式
a73\k=3	考试形式的三分
a73\1	笔试
a73\2	口试
a73\3	面试

7.3.1 考试作用效应链表现 a73β 的世界知识

考试是选择的具体实施方式，因而考试与选择强交式关联，a73=38。

第八章

卫保 a8

卫生和环保 a8 将设置下列概念树：

a80	卫生与环保基本课题
a81	保健
a82	医疗
a83	环保
a84	灾祸及其防治

五者构成卫生与环保 a8 的完备概念联想脉络。

第 0 节
卫生与环保基本课题 a80 (158)

引言

卫生与环保基本课题 a80 关系到第六章所论述的基本存在论，关系到对经济活动终极目标的反思，关系到对"发展"和"幸福"这两个基本理念的反思。当今世界已经把环保 a83 同经济发展的可持续性联系起来，这当然是人类认识的一项重大进步。然而，仅有这样的认识似乎是不够的。竞争和征服的"发展"观、向当代欧美标准看齐的"幸福"观已经成为整个人类的惯性思维，这一惯性的力量巨大无比，它所指引的航向被视为毋庸置疑，似乎只有某些"捣乱"的非政府组织和"万恶"的恐怖主义在妄图改变这一历史的惯性。对这些"捣乱"和"万恶"现象，除了予以坚决打击之外，难道不应该引起另一方面的反思么？

半个多世纪之前，罗素先生曾写道：机器生产对人的想象上的世界观最重要的影响就是使人类权能感百倍增长……大自然是原材料，人类当中未有力地参与统治的那部分人也是原材料。相信人力有限度的观念几乎消逝了。这套观点整个是新东西，无法断言人类将怎样去适应它。它已经产生了莫大的变革，将来当然还要产生更大的变革。建立一种哲学，既能应付那些陶醉于权能几乎无限的人，同时也能应付无权者的心灰意懒，是当代最迫切的任务。

半个多世纪又过去了，那"当代最迫切的"哲学任务进展甚微，人类还需要继续等待。这一等待中的哲学必然要涉及卫生与环保的基本课题 a80，或者说 a80 是一个尚待探索的哲学课题，它当然已经远远超出了本《全书》的使命，因此，本节的下面所述最多是一个极为初步的试说。

8.0-0 卫生与环保基本课题 a80 的概念延伸结构表示式

```
a80:(α=b,e2m; α e2n,3t=a)
    a80α                        自然与人
    a80e2m                      人类的追求与约束

    a80α=b                      自然与人
    a808                        世界
    a809                        物质世界
    a80a                        生命世界
    a80b                        人类世界
        a80α e2n                生态
        a80α e25                生态协调
```

a80αe26	生态失衡
a80αe2ne2m	生态的内外关系
a80e2m	人类追求与约束的理念
a80e2mα=a	人类追求与约束理念的基本内容
a80e2m8	幸福的追求与约束
a80e2m9	物质生活的追求与约束
a80e2ma	精神生活的追求与约束

8.0-1 卫生与环保基本课题 a80 的世界知识

卫生与环保基本课题 a80 的概念联想脉络可列举为自然与人 a80α=b 和人类的追求与约束 a80e2m 两项，这样的列举符合穷举性的要求么？笔者并没有充分把握，但笔者深信：这两者至少应该是思考这一基本课题的要点。

摆在自然与人 a80α 面前的基本课题是生态的平衡与失调，以 a80αe2n 表示。摆在生态面前的基本课题是人类要重新思考关于"人类的追求与约束 a80e2m"的理念，这一理念的具体内容以扩展交织延伸 a80e2mα=a 表示。下面分两小节进行论述。

8.0.1-1 自然与人 a80α=b 的世界知识

首先应该指出：这里的自然与人 a80α 与状态的基本层级表现 50α 强交式关联（a80α=50α），而不是强关联，因为两者虽然都是对基本存在的描述，视野却完全不同。自然与人 a80α 是对基本存在的形而上描述，而 50α 乃是对基本存在的形而下描述。两者的对应关系如下：

a808:=50α
（基本存在形而上描述的世界同形而下描述的状态基本层级表现对应）
a809:=508
（形而上描述的物质世界同形而下描述的大自然状态对应）
a80a:=509
（形而上描述的生命世界同形而下描述的生命体状态对应）
a80b:=(50a,50b)
（形而上描述的人类世界同形而下描述的人和社会状态对应）

自然与人 a80α 形而上描述的要点就是生态 a80αe2n——生态的协调与失衡。

生态的映射符号 a80αe2n 描述了两项基本世界知识：一是存在 4 类生态，即世界生态 a808e2n、物质世界生态 a809e2n、生命世界生态 a80ae2n 和人类世界生态 a80be2n；二是生态具有非黑氏对偶 e2n 的典型属性，a80αe25 描述生态的协调，a80αe26 描述生态的失衡。4 类生态相互关系的概念关联式如下：

a809e2n=>a80αe2n　　　　　　　　　　　　　　　　　　　　(1)
（物质世界的生态决定世界的整体生态）
(a80be2n=>a80αe2n,s31,pj1*b)　　　　　　　　　　　　　　(2)
（在后工业时代，人类世界的生态将决定世界的整体生态）

概念关联式（1）所描述的是某些古代哲人曾经深思过的朴素"天理"，而概念关联式（2）所描述的则是对古代朴素天理的补充，两者共同构成所谓"天理"的完备描述。概念关联式（2）既描述了"天理"的美好前景，也揭示了"天理"的严酷现实：一个生态失衡的人类世界 a80be26 将导致世界整体生态 a80α 的失衡。

世界 a808 可以脱开人类世界 a80b 甚至生命世界 a80a 而存在。但这里描述的是一个包含人类和生命世界的世界，即以地球为描述参照点的世界。这就是说，这里的物质世界 a809、生命世界 a80a 和人类世界 a80b 也都是以地球为描述参照点。本章不涉及月球或火星的 a80α，那里目前不存在 a80α=b 的表示式。

世界 a808 和三类世界（物质世界 a809、生命世界 a80a 和人类世界 a80b）的划分乃是对基本存在的形而上描述，是对所谓"唯物论"和"唯心论"的综合，极端"唯物论"者可能仅认同概念关联式（1）而不认同概念关联式（2），极端"唯心论"者可能两者都不认同。但历史上的所谓唯物论和唯心论都必然带有农业时代的局限性，双方的主张各有所长，双方的某些争论极为深奥，涉及终极关怀和终极追求这一可能永远无解的课题。但也应该看到：基于争论而产生的某些论断极为霸道，经受不起最简明的证伪考验。

其次应该说明的是：这里自然与人的映射符号 a80α=b 体现了华夏文明的本体观，而没有吸纳基督文明、伊斯兰文明和印度文明的本体观，在后三种文明里，神是本体之祖。本《全书》不卷入创世论与进化论之争，但笔者深信：就卫生与环保 a8 这一概念林来说，神的存在或假设确实大有裨益，笔者怀着虔诚的心意写下这一话语，希望能够部分弥补映射符号 a80α=b 里蕴含的遗憾。

每项生态 a80αe2n 都存在各自的内外关系，以符号 a80αe2ne2m 表示。

这里对生态 a80αe2n 仅作形而上描述，为此，给出下面的补充概念关联式：

```
(a80α,jl11e21,a80αe25ju40-)
(a80α,jl11e21,a80αe26ju40-0)
```

我们没有具体描述的是未来的事，关于生态失衡 a80αe26 的众多推测毕竟还只是推测，虽然世界末日必将来临，但那毕竟是遥远未来的事。我们这个世界将继续处在可以放心的世界生态失衡现象还不是全局性的，而只是局部性的。

第 1 节
保健 a81 (159)

8.1-0 保健 a81 的概念延伸结构表示式

```
a81:(t=b,3;at=b,3\k=3)
  a81t                    保健基本内容
```

a813	特殊保健
a81t=b	保健基本内容及其三分
a819	营养保健
a81a	强生保健
a81at=b	强生保健的三分
a81a9	体力保健
a81aa	精力保健
a81ab	免疫力保健
a81b	心理保健
a813	特殊保健
a813\k=3	特殊保健的三分
a813\1	妇女保健
a813\2	婴儿保健
a813\3	老年保健

第 2 节
医疗 a82 (160)

8.2-0 医疗 a82 的概念延伸结构表示式

a82:(t=b,3,7;te2m,3\k=2,7\k=x)

a82t=b	医疗基本侧面
a823	医疗手段
a827	医疗流派
a82t=b	医疗基本侧面
a829	诊断
a82a	治疗
a82b	康复
a82te2m	内科与外科
a82te21	内科
a82te22	外科
a823	医疗手段
a823\k=2	医疗手段的基本侧面
a823\1	药
a823\2	医疗器具
a827	医疗流派
a827\k=x	医疗流派的基本类型

```
a827\1                    西医
a827\2                    中医

a82te21                   内科
a82te21:(i;i-0)
  a82te21i                    精神治疗
  a82te21i-0                  心理治疗
```

第 3 节
环保 a83 (161)

8.3-0 环保 a83 的概念延伸结构表示式

```
a83:(α=b,3)
  a83α=b                  环保基本内容
  a838                    地球保护
  a839                    大气保护
  a83a                    水保护
  a83b                    土地保护
  a833                    环保理念
```

第 4 节
灾祸及其防治 a84 (162)

8.4-0 灾祸及其防治 a84 的概念延伸结构表示式

```
a84:(\k=3,t=a)
  a84\k=3                 灾祸类型
  a84\1                   天灾
  a84\2                   生态灾祸（环境污染）
  a84\3                   事故灾祸
  a84t=b                  灾祸防治
  a849                    灾祸预防
  a84a                    灾祸应变
  a84b                    灾祸善后
```

附　录

附录 1
一位形而上老者与一位形而下智者的对话[①]

摘要: 这个对话不求结论,重在探索,不事争辩,但求倾听。对话从休谟的 1737 感言起谈,借康德的 1766 自勉以互勉,继承波普尔的 1954 论断的思路,就形而上思维衰落的现象与后果各抒己见。

对话谈到了 HNC 理论,以及该理论与训诂学的关系,认为它是形而上思维的一项成功试验,但不过是训诂学的一朵小花。其形而上思维的个性特征还没有形成系统的认识,需要大力培育。没有这一培育的创新成果,HNC 技术很难跨越知识方程求解的巨大难关。

对话认为:HNC 与相关学科的交流首先是形而上层次的交流,但当前这些学科都淹没在生存压力引发的论文浪潮之下,无暇抬起头来,仰望一下天空。因此,交流的基本条件并不具备。这一状态关系到 HNC 事业发展的根本危机,这一危机是整个科学事业发展危机的一个并非微不足道的侧面。

科学事业发展的危机正在全球(包括美国和西欧)涌现,这是中国的机遇,但更可能是整个世界(包括中国)的不幸。21 世纪的下半叶,会不会出现部分诺贝尔奖金停授的事件?老者和智者都认为这才是本世纪最值得思考的重大问题,并都对此感到沮丧和无能为力。

关键词: HNC,训诂,形而上

说明:近两年来,我多次于梦中漫游于故乡的蕲水源头的群山之间。在接到本届研讨会征文通知时,该梦境又一次出现。梦中同行者(即对话中的智者)所说的故事我觉得有一定的警示性,有必要写出来与读者共享。

本文不介绍故事的细节,主要是转述故事里的两位人物的对话,一共谈了 17 个论题。在第三届"HNC 与语言学研讨会"上,笔者只宣读了其中的 13 个论题。未宣读部分现在放在宣读部分的后面,分别用编号 1-m 和 2-m 以示区别。两者的连接不言自明,无须赘说。

本文是对话者观点的转述,并不代表笔者的观点。笔者作为记录者,没有义务另加参考文献。这虽然不符合现代论文的常规,然而打破这一常规是有著名先例的。

最后,需要说明的是:本文的逗号采用了笔者的特殊约定。若有可能,请予保留。

---

① 本文系第三届 HNC 与语言学研讨会特邀报告,正式出版于《中文信息处理的探索与实践》(朱小健、张全、陈小盟主编,北京师范大学出版社,2006 年 12 月),pp21-29。

故事背景简介

时　间　　2005 年深秋

地　点　　湖北蕲春黄侃故居的后山（仰山）之脊

话者甲　　可读多种外语，黄侃孝义会故旧之子。本文标题的形而上老者，自称蕲源隐者，简称老者。以季伯称呼黄侃先生。

话者乙　　美籍华人，计算机科学博士，黄侃再传弟子之子。不惑之年以后，因整理出版其先君遗稿而改事国学研究。本文标题的形而下智者，简称智者。以太老师称呼黄侃先生。

（对话中谈到休谟、康德和波普尔的论述，先引录如下）

休谟（1711~1776）感言（1737）：争辩层出不穷，就像没有一件事情是确定的，而当人们进行争辩之际，却又表现出极大的热忱，就像一切都是确定似的。追求抽象的必然性或准确知识的哲学，本质上是一种傻瓜的差事……能够构建一个难免有误的科学和难免有误的道德就足够了。

康德（1724~1804）自勉（1766）：我承认自己所作的阐释可能在某些地方不够成熟及不够谨慎。但我极其厌恶甚至憎恨那些时下流行的充满智慧著作中那种膨胀的虚饰。我的愚昧和错误即使再大，也不可能像具有令人诅咒的假科学那么有害。

波普尔（1902~1994）论断（1954）：我们的文明要继续存在的话，就必须破除遵从伟人的习惯……伟人也会犯伟大的错误。

1.1 黄侃悲情

智者：太老师当年述而不作，学界扼腕。当前大陆正在复兴国学，前辈熟知中西之学，但隐而不述，晚辈不禁有天下苍生之请。

老者：老朽之不述，岂敢比拟于季伯之不作，然其心则一也。国学之锦绣于农业时代，敝屣于工业时代，势也。季伯悲情于此，故述而不作，老朽亦然。

1.2 说国学复兴，为时尚早

智者：但是，后工业时代正在来临，国学攻守之势似乎出现了世纪轮回的迹象，前辈以为然否？

老者："以自由主义为言、以征服主义为行"的 400 年资本痼疾有实质性变化么？在老朽看来，休谟先生当年的深沉感慨依然如故：科学被奉为至尊，而忘记了科学难免有误的基本定则。争辩的反理性特征 300 年来几乎毫无变化，"无须争辩的丛林法则"依然横行无阻。说国学复兴，显然为时尚早。

1.3 "后天下之乐而忧"

智者：新时代面临的各种挑战正在受到全球的关注，各种方略的策划和实行如火如荼，前辈何以如此悲观？

老者：如火如荼者不过是政治、经济、军事、法律、科技、教育、环保等具体侧面，而关键是文化根基的建设。全球的政治和经济巨头们仍然沉浸在征服思维里而怡然自得，不知文化根基为何物，这岂非越是如火如荼，越应该"后天下之乐而忧"么？

1.4 形而上思维的第三次复兴尚未到来

智者：前辈所言正是章黄之学的基本理念，晚辈已应邀为中国省部级干部的来美培训准备中国古典文化的教材，"后天下之乐而忧"，多么好的话题。届时……

老者：停！年轻人，你应该拒绝！不要去参与这一场文化出口转内销的政治游戏。文化根基的建设有待于形而上思维的第三次复兴，而这一复兴的时机尚未到来，虽然它必将到来。

1.5 西方有过两次哲学革命，而东方只有一次

智者：这样说来，前辈似乎不认同 20 世纪开始的语言哲学是哲学的第三次伟大革命？

老者：哲学只有过两次伟大革命，两次革命的标志都是形而上学大放异彩。第一次革命几乎同时发生在东方和西方，西方是希腊哲学的勃兴，东方是华夏哲学的演进。西方有幸出现了以文艺复兴为起点的第二次伟大革命，而东方却没有这一幸运。西方的幸运首先是由于其独特的地利特征，其次是其第一次革命的勃兴特征。东方的不幸主要是这两项必要条件的欠缺。

1.6 四种文化的差异

智者：晚辈有同感。如果从哲学的视野转换到文化的视野，晚辈以为：世界的 4 种主要文化或文明——基督文化、伊斯兰文化、印度文化和华夏文化——的根本区别在于他们的本体观。基督文化是神、自然和人；伊斯兰文化是神和社会；印度文化是神和生命；华夏文化是自然和社会。四种文化的差异和发展都要从这个本体论根源上去探索。

老者：好见解！不过，四种文化都应该区分初始和成熟状态，基督文化的成熟状态不是三元论而是四元论，这第四元是国家。华夏文化的成熟状态不是二元论而是三元论，这第三元是家族。家族与国家这一元的差异，是华夏文化在工业时代猛然来临时不堪一击的基本内因。罗素先生曾经敏锐地指出过这一点。

应该看到，基督的有神论隐含着宇宙有序的光辉思想，对自然和人性法则的不倦探

索与上帝万能的坚定信仰，不只是可以并行不悖，而且可以成为相互激荡的巨大精神力量。这是西方第二次哲学革命产生的超级意外。当"上帝死了"和"仲尼该死"这两个一脉相承的呼喊分别在西方和东方响起的时候，为什么会产生截然不同的效应？答案就在这个超级意外里。

1.7　两类理性各行其是的哲学奇观

智者：超级意外？晚辈若有所悟，它包括康德先生所发现的先验知识么？

老者：当然，那是第二次哲学革命最伟大的发现。可惜，康德的后继者都充满着康德先生所"极其厌恶甚至憎恨"的气质，把"膨胀的虚饰"推上了史无前例的顶峰，断送了先验理性与经验理性相互嫁接的机缘，衍生出两种理性各行其是的哲学奇观。"ism"是否一律翻译成"主义"？经验主义的本质是指经验理性，侧重分析与归纳，理性主义的本质是指先验理性，侧重演绎与综合。以经验理性为主导者即形而下思维，以先验理性为主导者即形而上思维，如此而已，何必"主义"之以对立？

1.8　形而上思维又一次跌入谷底

智者：晚辈赞同经验理性和先验理性的提法，但它们不能替代经验主义和理性主义的翻译，因为这两种主义确实存在。两种主义各行其是的结果是：一方面，经验主义大行其道，而理性主义趋于衰微，这是一个显而易见的现实；另一方面，经验理性必然具有时间和空间的天然局限性，而先验理性可以具有超越时空的普适性。这又是一项令人焦虑的思考。前辈的"后天下之乐而忧"是否基于这一现实和思考？

老者：西方第二次哲学革命具有明显的地域局限性，从黑格尔对华夏文化的无知而狂妄可见一斑。但是，哲学的不可定义性可以为其地域局限性作出强有力的辩护。出路何在？上联是：当局者昏，天外无天；下联是：旁观者清，山外有山；横批是：上下不容颠倒。而现在正是上下完全颠倒的时代——形而上思维又一次跌入谷底，也许还需要在谷底徘徊一个世纪以上，然后才能出现物极必反的曙光。

1.9　全球化思维不是全球化理念

智者：20世纪的巨大发展超过了以往数千年的总和，全球化理念已经深入人心，网络世界的迅猛发展将加速这一理念的实现，这一理念必将转变为催生第三次哲学革命的强大动力，前辈以为然否？

老者：政治全球化思维400年前就出现了，但其主导观念是征服与殖民。经济全球化思维100年前也出现了，但其主导观念是垄断和控制。不要把全球化思维等同于全球化理念，因为全球化思维的厚重历史沉渣根本未曾清算过。

1.10 转机在美帝国的衰落

智者：前辈不看好全球化理念，那么，转机何在？

老者：在美帝国的衰落。美国是爱迪生和比尔·盖茨的天堂，更是福特和巴菲特的天堂，美国的这一优势将继续存在。但是，很难想象美国人能够承受十四年的孤寂沉思，因此，康德不可能美国诞生；美国人也很难具有那种不写无聊论文的大智大勇，因此，爱因斯坦也几乎不可能在美国诞生。美国的衰落将从科学开始，这是形而上思维衰落之必然。反思科学在美国的衰落，就会成为第三次哲学革命的契机。

1.11 西方包袱沉重

智者：伟大的哲学家和科学家都诞生在欧洲，欧洲文化土壤的深厚依然是举世无双，前辈也不看好欧洲么？

老者：整个西方已经背上了沉重的包袱，他们不可能再轻装前进了。新的迷信弥漫在西方的天空，从自由和民主到逻辑和语法，几乎无所不在。欧洲人比美国人更习惯于唯我独尊，他们反思的灵感似乎更少。

1.12 要深思第二次哲学革命的取胜之道

智者：那么前辈是否认为希望在东方？

老者：东方的历史包袱更重，但具有"旁观者清"的历史性优势。东方包袱里的重中之重是伟人崇拜。在短暂的一度觉醒中，又可悲地出现过一边倒的低级错误。第二次哲学革命的取胜之道在于改革与继承的成功结合，并全面回归古希腊哲学的形而上思维。希望在东方么？这决定于东方能否摒弃权威崇拜的积习并学习第二次哲学革命的成功历史经验。

1.13 训诂学应再次为哲学革命披荆斩棘

智者：华夏文明的形而上思维似乎并不发达，第二次哲学革命的取胜之道是否不适用于华夏文化？

老者：答案应在训诂之后而不是在训诂之前。正是对古希腊文明的全面训诂，才促成了欧洲的文艺复兴和继之而来的第二次哲学革命，年轻人知否？老朽以为：东方人要拿起训诂的武器，以华夏及中华文明为基础，为促进第三次哲学革命的到来披荆斩棘。

2.1 两种学术理念

智者：前辈所说的训诂似乎重在发展，这是否超出了训诂学原来的范畴？

老者：寓发展于继承和寓发展于颠覆是具有本质区别的两种学术理念，训诂学是第一种学术理念的代表，西方的浪漫理性是第二种学术理念的代表。训诂学并非始于两汉的经学，而是始于孔子本人，孔子就是最伟大的训诂学大师。"述而不作"的解释之一是寓发展于继承，这也许更接近孔子"述而不作"的原意或实质，对季伯也应作如是观。按照这一解释，"述"就是寓发展于继承，"不作"就是"不寓发展于颠覆"。孔子奠定的这一学术理念后来成为两汉经学和宋明理学的基本指导原则，直至现代的康梁章黄。

文化要区分理性和理念这两个基本侧面，理性侧面的基本特征就是颠覆，而理念侧面的基本特征则是继承。就文化理性侧面的一个特殊分支——自然科学和技术——来说，其发展过程就是一个不断颠覆或扬弃的过程，但被颠覆或被扬弃的东西并不能简单地视为糟粕，其中绝大多数仍然是一定条件下的精华。老朽以为：这是一项极为重要的启示，说明对"精华"和"糟粕"这两个词语或对偶性概念的运用要十分慎重。西方浪漫理性具有强烈的颠覆性基因，在浪漫理性的视野里，"精华"≠"糟粕"的不等式经常被误导成"精华"＝"糟粕"的等式。另一方面，在极端保守理念的视野里，也经常误导出"糟粕"＝"精华"的等式。这两个错误等式都曾在 20 世纪的中国广泛流行，都还没有进行过形而上层次的反思。

2.2　训诂学是一种高级形态的符号学

智者：前辈在前面说到经验理性和先验理性，刚才又说到浪漫理性，那么，还有其他类型的理性么？前辈说浪漫理性是第二种学术理念的代表，那么经验理性和先验理性属于哪一种学术理念？20 世纪的西方哲学有胡塞尔的现象学和伽达默尔的解释学，训诂学似乎比较接近哲学的解释学范畴，着重符号学的语义学维度，前辈以为然否？

老者：经验理性、先验理性和浪漫理性的分类只适用于 19 世纪以前的哲学，马克思以后的哲学需要引入新的视野，老朽以为：不妨都纳入实用理性的范畴。凡理性都需要寓发展于颠覆，这我刚才已经说到了。但与浪漫理性不同，经验理性和先验理性对被颠覆或被扬弃的东西都实事求是地给予历史性尊重，绝不轻言糟粕。

训诂学与现象学或训诂学与解释学关系的认识放在我刚才说过的训诂之后比较适当。但可以肯定一点，训诂学是符号学三维度说的高级形态，它以章句为始基，以语用为训诂之主轴，以语形和语义为训诂之两翼。这一基本思路，季伯有过十分精辟的论述，精髓在于"以章句为始基"，章句者，语境也。你了解 HNC 理论么？依老朽看来，这个理论不过就是训诂学的"章句始基说"的应用之一，算得上一朵训诂小花吧。我们眼下的仰山堂曾连续数代出现异人，第三代的季伯是异峰之巅。抗战期间，HNC 的始作俑者曾在仰山堂度过他的童年和幼年，当年老朽曾见过他，让我以俑者称呼这位世侄吧，作为仰山堂的末代怪人，他自责是仰山的不肖子孙，但他的先人应该是一种爱恨交加之情吧。

2.3 HNC 理论是形而上思维的一项成功试验

智者：黄叔及其弟子苗传江的 HNC 专著，晚辈都拜读过。训诂小花之说，晚辈深有同感，HNC 的明智之处在于它的独特定位，"小"是它的灵魂。"小"的具体表现就是 HNC 的思维空间五分说和对语言理解过程的专注，在语言哲学和认知心理学的滚滚湍流中，这一独特定位体现了 HNC 特有的冷静。不过，这是黄叔物理出身的本色表现，乃学人之常态。奇怪的是黄叔竟公然宣布 HNC 交互引擎和语言超人的宏大设想，显然为时过早，并且违背了训诂学的基本治学传统。

老者：问题不在于交互引擎或语言超人的设想何时公布，而在于 HNC 理论所构造的四组知识方程是否反映了语言思维理解过程的基本特性。我在这里用的是"构造"而不是"发现"，因为他们还没有取得"发现"的正式资格，"概念无限而概念基元有限、语句无限而句类有限、语境无限而语境单元有限"的论断终究需要脑科学的直接实验证实，虽然这项实验只能寄希望于遥远的未来。但是，即使是"构造"的当下阶段，HNC 仍然是形而上思维的一项成功试验，因为它对语言概念空间的理解过程第一次给出了一个全局性描述模式，语言理解过程四组知识方程的构造，既是对训诂学的继承性发展，又是对西方符号学、语言学和逻辑学的颠覆性发展。在形而上思维衰落的当下，这一发展确实非同寻常。

一个世纪以来，当代哲学和当代逻辑学的主流都在致力于对形而上思维的颠覆或修正，HNC 反其道而行之，以综合与演绎的形而上思维模式为主导，构造出描述语言理解过程的知识方程，这件事本身就是形而上思维异彩的又一次展现。老朽特别关注的是这些知识方程本身的完整性，完整性具有宏观与微观的两个基本侧面，HNC 知识方程的宏观侧面老朽倒是有"似曾相识燕归来"的强烈亲切感。在老朽看来，体现概念基元有限性的（HNC1）和体现基本句类有限性的（HNC2）不过是章黄训诂学直接推论的数学表示，有所超越者只是体现语境单元有限性的（HNC3）和（HNC4），这两个知识方程的核心概念是领域句类，在 HNC 的众多新概念中，最让老朽震撼的就是这一概念。

当前的严重问题在于这些知识方程的微观侧面还远远没有达到完整性的基本要求。蕴含于这些知识方程里的个性特征还没有形成系统的认识，需要大力培育，没有这一培育的创新成果，HNC 技术很难跨越知识方程求解的巨大难关。俑者专注于扫荡而忽略围歼，专注于共性而忽略个性，专注于望远而忽略显微，专注于瞻前而忽略顾后，这一系列忽略对于上述培育工作十分不利，这是俑者个性弱点的必然表现和后果。在这一点上，这位世侄倒真是仰山的不肖子孙了。叹本性之难移，唯有寄希望于来者。

2.4 交流的基本条件并不具备

智者：晚辈想补充一点，黄叔还有专注于沉思而忽略交流的严重弱点。HNC 知识方程的微观完整性需要众多学术领域的参与，特别是（HNC1）。在晚辈看来，只要（HNC1）达到了微观完整性的基本要求，另外三组方程的微观完整性问题就不难迎刃而解。但（HNC1）的微观完整谈何容易，它几乎涉及人类拥有的全部基本知识，这绝对不是一个人或一个学派的努力可以完成的。因此，HNC 必须破除 HNC 封闭的自我，与众多学术领域交流和接轨，才能共同打造交互引擎或语言超人的宏伟设想。这就是晚辈刚才说"为时过早"的依据了。

老者：年轻人，别忘了我们是处在一个形而上思维极度衰落的时代。HNC 与相关学术领域的交流首先是形而上层次的交流，但那些学术领域当前都在为自身的生存而挣扎，只能埋头向下，被美国人的 SCI 牵着鼻子走，哪有精力左顾右盼，更谈不上抬起头来仰望一下天空了。因此，交流的基本条件并不具备。例如，概念的抽象与具体两分说、抽象概念的五元组属性说、语义块的句类函数说、领域句类代码的领域函数说、具体概念的可向抽象概念挂靠说等，如果仅熟悉形而下思维的分析、归纳与类比，确实很难理解。当然，不善于交流确实是仰山学术基因的弱点，更不排除俑者可能受到普朗克的"一个新的科学真理并不是靠说服它的对手使其看见真理之光取胜"说法的误导。

当然，HNC 的封闭性危机是一个赫然存在，这一存在将与形而上思维的衰落共存，它关系到 HNC 事业发展的根本危机。HNC 危机只是整个科学事业发展危机的冰山一角，然而并非是一个微不足道的一角。刚才我已经说过，科学事业发展的危机正在全球涌现，在地域上包括美国和西欧，在学术上覆盖自然、人文和社会科学领域。自然科学诺贝尔奖的获奖时间与发现时间的间隔不是出现了拉长的趋向么？"文明冲突论"的极度形而下思维论述不是竟然引起全球的喝彩么？"可持续发展"的概念不是仅仅被理解为是一种经济和政治政策的体现么？全球化的理念不是还根本没有进入形而上层次的思考么？华夏文明的"寓发展于继承"的光辉理念不是还依然被普遍视为糟粕么？这些才是 21世纪最值得思考的重大课题。罗素先生早在半个世纪之前就意识到了这一点，并认为时代在呼唤一种新哲学的诞生，然而，20世纪下半叶出现的一系列新哲学显然不符合罗素先生的期待。

如果说 20世纪的前半叶是一个"英雄造时势"的不平凡年代，那么，整个 21世纪也许将只是一个"时势造英雄"的平凡年代，一个继续任物欲横流的可悲年代，一个技术繁荣而科学衰落的年代。21世纪的下半叶，会不会出现部分诺贝尔奖停授的事件呢？老朽倒是期盼着这一事件的早日出现，因为，它可能成为促成下一个"英雄造时势"年代到来的契机之一。这正是老朽的乐趣——把沮丧和无能为力转化为期盼的乐趣。

智者：晚辈在不惑之年改行训诂也是一种乐趣。这里不仅有期盼的乐趣，更有重新审视华夏文明的乐趣。

老者：很好，华夏文明当然需要重新审视，重新审视首先就要精密训诂。例如，如何理解仁与礼关系？如果说：仁者，礼之形而上，礼者，仁之形而下，难道不是一种训诂方式么？宋人说"天不生仲尼，万古如长夜"，难道不是一个很有意义的训诂课题么？年轻人，祝福你的训诂事业，班车即到，就此告别。

智者：谢谢，希望能再次见到您，再见万岁！

附录 2

语境表示式与记忆[①]

引言

HNC 理论首先区分语言空间和语言概念空间，语言空间是语言的殊相，人类有几千种语言空间，语言概念空间是语言的共相，它只有一个，为全人类所共享。语言概念空间应该是大脑思维的核心区块，其周围必然还存在图像概念空间、情感概念空间、艺术概念空间和科学概念空间这四种不同的区块。HNC 理论专注于语言概念空间的研究，而传统语言学则主要关注语言空间的研究。语言空间的基本科学问题是语言生成，但语言概念空间的基本科学问题是语言理解。

HNC 理论将语言概念空间划分为以下四个层级的结构：概念基元空间、语句空间、语境单元空间和语境空间，每一空间的基本结构特征以相应数学表示式予以描述，这 4 个数学表示式分别定名为概念基元表示式、语句表示式、语境单元表示式和语境表示式，相应的符号表示是（HNC-m）。其具体形式见附录 1。与（HNC-m）对应的物理表示式记为[HNC-m]，本文仅讨论语境表示式[HNC-4]的物理意义以及[HNC-m]与记忆的关系。

[HNC-m]的前三个物理表示式是有限的，这是 HNC 理论基本结论。其简明陈述是：概念无限而概念基元有限，语句无限而语句的概念类型（简称句类）有限，语境无限而语境单元有限。这"三无限与三有限"的表述最初是 HNC 理论探索的基本假定，但现在已经不是探索的假定而是探索的结果了，因为这"三有限"的具体数字已完全或大体被确定了，如下表所示：

表 1 "三有限"的标称数字

[HNC-1]	$15\,000 \pm \times$
[HNC-2]	57
[HNC-3]	$< 15\,000$

表 1 中的"$\pm \times$"和"$<$"代表着 HNC 理论探索的未竟里程，但这已经不是理论性的原则问题，而是一个技术性的设计问题了，虽然这未竟里程还需要若干年的时间。

语言概念空间四个数学表示式（HNC-m）在形式上是相互独立的，（HNC-1）描述

---

①《中文与东方语言信息处理》杂志原预定出版 HNC 专辑，应王惠博士之约写作本文，并由池毓焕博士和徐为方教授译成英文。后有变故，本文正式发表于《云南师范大学学报（哲学社会科学版）》（2010 年第 4 期），pp7–14。

了 HNC 所定义的全部语言概念范畴（见附录 2）的层次性特征和局部网络性特征；（HNC-2）描述了语句的基本构成特征；（HNC-3）描述了大脑句群理解模式（语境单元或理解基因）的共相结构；（HNC-4）描述了大脑语言记忆模式（语境）的共相结构。但是，在物理意义上，[HNC-m]是强相互依存的，具有下面的拓扑结构：

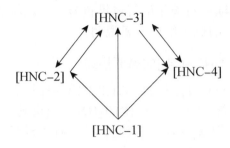

对[HNC-m]的拓扑结构应作下列三点说明：①[HNC-m]都是大脑长时记忆的基本内容，可命名为长时记忆的四种基本形态。[HNC-4]记忆形态是动态的，不断处于更新状态。另外三种记忆形态[HNC-（˜4）]则有所不同，不能简单地以动态或静态概念加以描述。也许可以这么说，一个人进入成年的标志就是其[HNC-(˜4)]记忆形态基本定型，一个人的智力水平主要取决于其[HNC-(˜4)]的水平，而一个人的知识水平则主要取决于其[HNC-4]的水平。②我们大体知道，[HNC-4]记忆形态主要存放在海马里，但[HNC-(˜4)]记忆形态则似乎应该存放在左脑额叶的特定区域，很可能就是著名的维尼克区。③[HNC-4]记忆形态属于殊相记忆，其主体内容因人而异，准确的说法是小同而大异；[HNC-(˜4)]属于共相记忆，其主体内容不因人而异，准确的说法是大同而小异。

对长时记忆作[HNC-4]和[HNC-(˜4)]的形态区分也是 HNC 理论的一项基本假定，HNC 作出这一假定是为了便于建造模拟大脑语言理解功能的交互引擎。大脑负责自然语言处理的区块将命名为交际引擎，交际引擎显然具有语言理解与语言生成两个区块，还有两个十分复杂的语言接口，即语音（口语，听觉）接口和文字（书面语，视觉）接口，两者分别负责将两种自然语言符号转换成大脑内部的一种神经网络符号，简称语言思维符号（大体相当于认知语言学的心理语言）。交互引擎的第一步目标只是对交际引擎语言之理解区块和书面语接口的功能模拟。下文将把[HNC-4]叫作语言思维殊相符号，把[HNC-(˜4)]叫作语言思维共相符号。

人类在自然语言理解或思维过程中所运用的符号是语言思维符号，而不是自然语言符号。这一点，对语言与思维关系的认识极为重要，语言学关于这一问题的经典表述不能说是没有缺陷的。HNC 理论关于[HNC-m]对应于语言思维符号的说法，是对经典表述缺陷的弥补。

HNC 理论对长时记忆的四形态划分是交互引擎总体架构设计的基本思路，依据这一思路，交互引擎的指挥中枢是[HNC-1]，通过书面语接口将自然语言符号转换成语言思维符号，随后运用语言思维符号启动语句分析、语境分析和语境生成，统称自然语言理解处理。语句分析主要依托[HNC-2]，语境分析主要依托[HNC-3]，语境生成主要依托[HNC-4]。语句分析包括通常所说的词语、短语、句法和语义分析，语境分析包括通常所说的语义分析和语用分析，这些分析可以依次进行么？HNC 的回答是：部分内容可以，但关键内容则不可以，而必须协同运作。协同的基本内容是：[HNC-2]与[HNC-3]协同，[HNC-4]与[HNC-3]协同。前者实质上就是工作记忆的建立与运用。

以上所述，是本文的理论背景。语言思维符号[HNC-m]是一个整体，完全脱离[HNC-(˜4)]来讨论[HNC-4]是不可能的。因此，本文将首先对共相语言思维符号[HNC-(˜4)]给出简要描述，随后对殊相语言思维符号——语境表示式——给出简要描述，最后对共相记忆和殊相记忆的概念给出简要说明。

1. 共相语言思维符号[HNC-(˜4)]的简要描述

共相语言思维符号有[HNC-1]、[HNC-2]和[HNC-3]之分，就符号本身来说，每一个具体的[HNC-1]都非常复杂，每一个具体的[HNC-3]也比较复杂，但每一个具体的[HNC-2]则十分简明，让我们从[HNC-2]谈起，并选择主动反应句作为示例，它属于 57 个基本句类之一。

主动反应句的句类表示式如下：

```
X21J=X2A+X21+XBC
```

表示式里的 X2A、X21 和 XBC 都是上文所说的语言思维符号，是语句层面的语言思维符号，HNC 把它们特别命名语义块。其含义的自然语言表述如下表所示：

X2A	主动反应者
X21	主动反应者作出的反应
XBC	该反应的引发者及其表现（引起反应的事件）

每一个基本句类都具有自己的句类表示式，其中的语义块在形式上都只是（A//B;C,X,Y）的简单组合，如这里的 X2A 和 XBC。这个五元符号集（A//B;C,X,Y）是 HNC 对语句进行本体描述所使用的主要符号基元。其含义的自然语言表述，以及它与语法描述和语义角色的对应关系如下所示：

A//B	对象	主语或宾语	施事//受事
C	内容	主、宾、表语	
X	广义作用	谓语	
Y	广义效应	谓语	

HNC 的（A//B;C,X,Y）描述与传统语法学的"主、谓、宾"描述是什么关系？与传统语义学的语义角色（施事、受事等）描述又是什么关系？简单的回答就是，传统描述是 HNC 描述的特例。就描述形式而言，"主、谓、宾、定、状、补"描述是完备的，但它脱离了语义；语义角色描述触及了语义，但它不具有完备性，也不可能具有。那么，HNC 的（A//B;C,X,Y）描述就具有语义完备性么？这里只能以简明方式给出回答。

传统的语法和语义描述模式只运用了归纳与分析的思维，最新的语用和认知描述模式依然没有跳出这一局限性。HNC 的(A//B;C,X,Y)语言描述方式则同时运用了归纳与演绎、分析与综合的思维。其中的（X,Y）主要是演绎思维的体现，命名为广义作用效应链；（A//B;C）和（C,X,Y）主要是综合思维的体现，（A//B;C）是构成广义对象语义块

GBK 的基元，（C,X,Y）是构成特征语义块 EK 的基元；（A//B;C,X,Y）则是四种思维模式的全面体现了。其中的关键思考是下列 14 点，下文将简称"14 点思考"。

（1）关于具体概念和抽象概念的区分，或者称对象与内容（A//B;C）的区分，这一区分实质上是本体论与认识论的综合，构成（HNC-1）设计的理论基础。

（2）广义作用效应链（X,Y）的发现，抽象概念可以区分为基元、基本与逻辑三大范畴的思考与落实，基元概念可以区分为主体基元概念（即作用效应链）和扩展基元概念的思考与落实，扩展基元概念又可以区分为两类劳动和三类精神生活的思考与落实，这构成[HNC-1]设计的理论基础。

（3）两类劳动和三类精神生活所对应的由[HNC-1]描述的每一项概念命名为领域 DOM，构成语境的核心要素。

（4）语义块 SEK、广义对象语义块 GBK 和特征语义块 EK 概念的引入，这构成(HNC-2)设计的理论基础。

（5）句类 SC 和语义块基元（A//B;C,X,Y）这两个概念的引入，加上语义块是句类的函数这一关键性概念的明确，就构成了[HNC-2]设计的理论基础。

（6）语境单元 SGU 概念的引入，加上情景是领域的函数这一关键性概念的明确，就构成了（HNC-3）设计的理论基础。

（7）领域句类 SCD 概念的引入，就构成了[HNC-3]设计的理论基础。

（8）关于对象内容 BC 与广义作用效应链（X,Y）的综合，这构成（HNC-4）设计的理论基础。

（9）关于对象内容 BC、广义作用效应链（X,Y）和领域 DOM 三者的综合，这构成[HNC-4]设计的理论基础。

（10）关于多数具体概念可以与抽象概念直接挂靠而予以表示的思考与落实。

（11）关于句类之广义作用与广义效应两分的概念，以及据此作出的关于语句格式和语句样式的概念。

（12）关于语义块的主辅两分及主辅变换的概念。

（13）关于某些句类的内容块 C 可扩展为语句的概念。

（14）关于辅块具有 7 种基本类型的概念。

如果说第四点和最后三点不过是 HNC 对传统语言学的修补，那么另外的 10 点就不能这么说了，没有这 10 点，表 1 所展示的关于[HNC-~4)]的基本结果是不可能得到的。这 10 点对于语言现象考察和语言信息处理具有特殊意义，下面会给出一些具体说明。

五元符号集（A//B;C,X,Y）的内部连接使用了三种符号，这意味着它们之间不完全是简单的并列关系。这里，既存在 A//B 与 C 或 A//B 与（X,Y）之间的简单逻辑组合关系，也存在（X,Y）与（A//B;C）或 C 与 A//B 之间的复杂逻辑组合关系。示例里的 X2A 是简单逻辑组合关系的一例，XBC 是复杂逻辑组合关系的一例。X2A 可以与语义角色论的施事大体对应，但 XBC 就没有什么语义角色可以对应了。施事这个概念，从作用效应链来考察是有确定意义的，离开了作用效应链的统摄作用，它实质上是没有确定意义的，因为它既没有对施事本身给出任何意义的说明，更没有对施事的对象给出任何意义的说明。X2A 则不同，它以句类 X21J 为依托描述了 X2A 对事件 XBC 作出 X21 形态的反应这一十分重要的世界知识，HNC 把这一类世界知识叫作句类知识。在这个知识框架里，X2A、XBC 和 X21 都是语义角色，三者都是句类 X21J 的函数。而不是像传统语义学那样，仅把 X2A 和 XBC 看作是 X21 的函数，这是一切以谓语为中心的许多著名语法理论的基本预设。这一预设提供了理论分析及自然语言处理的便利，但在理论上是完全错误的。就主动反应句 X21J 这一类语句来说，与其说 X2A 或 XBC 取决于 X21，不如说 X21 取决于 X2A 和 XBC。例如，最近的加沙战争是一项特定的 XBC，许多国家（如美国、伊朗或埃及）作为 X2A 都会作出自己的特定主动反应 X21，面对事件 XBC，究竟是 X2A 取决于 X21，还是 X21 取决于 X2A 呢？答案不是很明显么！HNC 所定义的句类知识具有普遍性。但是，不同的 X2A 究竟会作出什么样的特定反应 X21，隶属于[HNC-2]的句类知识是无能为力的，这取决于 X2A 与 XBCB（其意义见下文）的关系，而这一关系的描述隶属于[HNC-3]的领域句类知识。这就是说，句类分析并不能确定美国或伊朗会对加沙战争作出什么样的反应，但语境分析却可以有所作为或大有作为。

关于[HNC-2]共相语言思维符号的简要描述已经超出简明的标准了，但下面还需要作两点补充。

第一，关于广义对象语义块的对象内容分解或 BC 分解。

广义对象语义块 GBK 都可以作对象内容分解或 BC 分解，上面给出的 XBCB 就是 XBC 的对象，与之对应的 XBCC 就是 XBC 的内容。这里的对象 XBCB 一般不只一个，而是多个，如最近加沙事件的直接对象就有以色列和哈马斯双方。同样 XBCC 一般也不是一件，而是多件，因此分解后的 B 和 C 一般带有下标 m。句类知识与领域句类知识的基本分工就是：前者描述语义块之间的整体关系特征，后者描述广义对象语义块分解以后各特定对象和各特定内容之间的精细关系特征。不论这些精细关系如何复杂，分解后的特定对象 B 一定是具体概念，分解后的特定内容 C 一定是抽象概念。这一世界知识的极端重要性及其应用的极端简明性难道还需要加以说明么？

第二，关于句类的（X,Y）两分。

句类（X,Y）两分的具体含义是：自然语言的语句可以划分为广义作用句（X）和广义效应句（Y）两大类，广义作用句具有格式的变化，广义效应句具有样式的变化（格式与样式这两个术语的说明见附录 3）。对自然语言现象的这一认识具有基础性，因为不同语种的格式与样式具有本质差异。例如，就广义作用句来说，汉语既允许使用基本格式，也允许使用规范格式，对某些句类（例如前面示例的主动反应句）甚至偏好规范格式；而英语只允许使用基本格式，不允许使用规范格式，因为形成语句规范格式所必需的语法工具（即 HNC 所定义的语言逻辑概念群之一的 10）英语是残缺不全的（印欧语系大同小异），而汉语是完备的。就广义效应句来说，汉语偏好的样式往往是英语所拒绝的，而英语偏好的样式往往是汉语所拒绝的。显然，如果没有广义作用和广义效应的概念，没有格式和样式这两个术语，这样的语言法则是不可能得到的。

广义作用和广义效应是一对统摄性的概念，前者包含四个概念群，后者包含五个概念群，如表 2 所示。

表 2 广义作用与广义效应所包含的概念群

	自然语言描述				HNC 符号			
广义作用(X)	作用	转移	关系	判断	X	T	R	D
					0	2	4	8
广义效应(Y)	过程	效应	状态	基本判断	P	Y	S	jD
					1	3	5	j10,jl1

表 2 表明：广义作用在句类空间的符号是（X,T,R,D），分别命名为作用句、转移句、关系句和判断句；在概念基元空间的首位符号是（0,2,4,8），分别命名为作用概念群、转移概念群、关系概念群和判断概念群。广义效应在句类空间的符号是（P,Y,S,jD），分别命名为过程句、效应句、状态句和基本判断句，在概念基元空间的首位符号是（1,3,5,j10,jl1），分别命名为过程概念群、效应概念群、状态概念群、比较判断概念群和是否有无判断概念群。其中的（X,T,R;P,Y,S）或（0,2,4;1,3,5）也简称作用效应链。就语言概念空间来说，这样的符号表示方式给出了概念基元空间与句类空间的简明联结方式，也就是给出了从概念激活句类的高效联想脉络机制。就语言空间来说，就是给出了从词语激活语句的高效联想脉络机制。HNC 并没有说大脑的语言思维的符号体系具有表 2 所展示的特性，但它确实认为，表 2 所展示的东西体现了交互引擎符号体系必须具备的基本特性。

以上我们给出了[HNC-1]和[HNC-2]的简要描述。从[HNC-1]和[HNC-2]推进到[HNC-3]，再推进到[HNC-4]本来应该是一件水到渠成的事，但实际上经历了长达 9 年的延误。这里的根本障碍在于对[HNC-1]和[HNC-2]的穷尽性不敢确信，花费了无谓的精力去进行经验理性所要求的验证。用康德先生的话语来说，这里的不敢确信和无谓的验证就是先验理性思维透彻性不足的典型表现。[HNC-3]的母体是（HNC-3），由领域 DOM、情景 SIT 和背景 BAC 三要素构成（参看附录1），三者是传统语言学早已提出的概念，那么，HNC 注入了哪些新的思考呢？主要是下列几点。

（1）领域、情景、背景这三者的集合体（DOM,SIT,BACA,BACE）就是语境单元空间的语言思维符号，它对应于语言空间的句群或段落。这个四元集合体之间具有下面的拓扑关系：

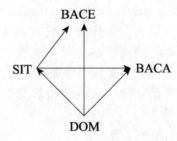

（2）上示拓扑关系表明：情景与背景都是领域的函数。领域一旦认定，情景即可完全确定，背景亦可大体确定。

（3）领域 DOM 所对应的语言思维符号就是上述"14 点思考"里所说的"两类劳动和三类精神生活所对应的由[HNC-1]描述的每一项概念"（第三点），因而 HNC 的领域

DOM 不仅是一个语言空间的概念，也是一个语言概念空间的概念，这一语言概念空间的构成元素具有数量穷尽性。这一结果是形而下思维难以想象的，然而却是形而上思维透彻性的典型表现。

（4）作为领域之函数的领域句类表示式以符号 SCD 表示，关键在于恒等式 SIT=SCD 的引入。据此，HNC 的情景同样不仅是一个语言空间的概念，也是一个语言概念空间的概念，领域句类 SCD 不过是基本句类 SC 的简单逻辑组合。这样，情景就不仅获得了由[HNC-2]描述的语言思维符号，而且在领域的统摄下，也获得了穷尽性。这就是"语境无限而语境单元有限"这一论断的理论基础。

（5）基于上述四点，[HNC-3]就构成了句群理解的理论基础，因而被命名为语境单元或语言理解基因。其数量如表 1 所示，略小于领域的数量，在 15000 以下，这里的原委就只能略而不述了。

2．语境表示式的简要描述

上节的论述充分表明，概念基元空间和语句空间的数学和物理表示式存在巨大差异，但语境单元空间的数学和物理表示式实质上可视为合而为一。概念基元空间和语句空间的数学和物理表示式分别采用了两套完全不同的符号体系，但对于语境单元空间来说，HNC 只设计了其数学表示式的简明符号，其物理表示式不过是借用[HNC-1]的符号对其数学表示式中的各项给出具体表示而已。所谓合而为一，就是指这一点。至于语境空间，则根本没有自己的符号体系，其数学表示式的符号也是从[HNC-2]借来的，为便于下面的说明，这里将（HNC-4）拷贝如下：

$$ABS=(BCN//BCD;XYN,XYD,PT,RS;BACEm;BACAm)$$

表示式里的符号 BC、XY、PT、RS、BACE 和 BACA 都在上一节里介绍过了，需要补充说明的只是 BC 和 XY 的附加符号 N 与 D，以及两种 BAC 后面的下标 m。至于其物理表示式[HNC-4]，将如同语境单元表示式一样如法炮制。这就是语境表示式的要点，如果仿效古汉语的文风，本节的论述是可以到此为止的。那么，下面的说明是不是多余的东西？回答是：不完全如此。

说明 1：（HNC-4）附加符号的简要说明。

附加符号 N 和 D 分别取自 narrative 和 descriptive 的首字母，HNC 将客观性描述赋予 N，将主观性描述赋予 D。那么，为什么只把 N 和 D 联系于 BC 和 XY，而不联系于 PT 和 RS？这基于人们对前者的描述很难免除主观性，而对于后者的描述比较容易实现对主观性的免除。应该发问，实际的交际引擎都未必能够区分 N 与 D，为什么对交互引擎却提出这样的要求呢？回答是：这一区分是世界知识中最重要的知识，而且未来交互引擎应不难做到。

说明 2：关于 BC 表格的简要说明。

（HNC-4）里的 BC 就是事件的符号，其中的 B 一定是具体概念，C 一定是抽象概念，前面提到的加沙战争就是一个特定的 BC，加沙是具体概念 B，战争是抽象概念 C。进一步说，（HNC-4）里的 BC 一定有 BCB 和 BCC 的分解，而且两者都可以带下标 m。

例如，战争就一定有 BCB1 和 BCB2，代表战争的双方，这项世界知识是由战争这一领域概念所激活的。那么，加沙战争具体双方的信息或知识从哪里来？从语言文本中来。这就是交互引擎的学习过程，它可以把以色列与 BCB1 联系起来，把哈马斯与 BCB2 联系起来。这里的关键是战争这一领域概念的认定或激活。

战争直接联系于下列五种领域概念树：战争 a42、战争效应 a43、政治斗争 a13、外交活动 a14 和征服 a15。这五种领域概念树辖属的每一项领域概念都可以成为一场战争的特定 BC 之一，因此，语境物理表示式[HNC-4]里的 BC 一定是一张灵活而开放性的表格，不是一张固定而封闭的表格。这张表格的每项内容可以是上列五种概念树辖属的任一特定领域概念，命名为 BC 表格。因此首先我们可以说，语境表示式[HNC-4]的形成过程就是一个个特定领域的认定过程。这是语境分析的第一要点。

说明 3：关于（XY,PT,RS）表格的简要说明。

特定领域的认定对[HNC-4]和[HNC-3]是同步的。交互引擎通过[HNC-3]，并依托相应领域句类 SCD 所提供的世界知识进行语境单元分析，这些领域句类本身无非是（XY,PT,RS）的特定描述，因此，所谓的语境单元萃取 SGUE 实质上就是语境分析的第一步，分析结果经过适当转换之后存放到[HNC-4]的（XY,PT,RS）表格里。这里的适当转换是指把领域概念所对应的语言思维符号转换成主体基元概念所对应的语言思维符号。这就是说，每一项 BC 表格将隶属若干项（XY,PT,RS）表格，于是我们可以进一步说，语境表示式[HNC-4]的形成过程是一个 BC 表格和（XY,PT,RS）表格的联合生成过程。这张联合表格的形成是一个逐步积累的过程，而不是一次完成的。它既可以来于同一篇文章的不同段落，也可以来于不同的文章或报道。语境分析必须把这些不同来源的内容综合到同一个特定[HNC-4]的相应表格里，这是语境生成的第二要点。

说明 4：关于 BAC 表格的简要说明。

上述联合表格是[HNC-4]的核心部分，但并非全部。[HNC-4]还有与（BACE,BACA）对应的 BAC 表格，由于背景 BAC 弱依赖于领域 DOM，所以 BAC 表格不可能全部直接隶属于领域 DOM，它还必须隶属于 DOM 表格与（XY,PT,RS）表格的特定组合。这就是说，存在两种类型的 BAC 表格：通用型 BACG 和特定型 BACP。BACG 的主体内容对应于 BACN，着重于工具 In、参照 Re 和条件 Cn 的描述，交互引擎将分别依托于各级领域作预先设计，因而它基本是静态的。BACG 的主体内容对应于 BACA，着重于方式 Ms、途径 Wy、起因 Pr 与目的 Rt 的描述，交互引擎将主要通过实际文本获得这些信息，因而它基本是动态的。这是语境分析的第三要点。

计算语言学从传统语言学继承下来的一个基本观点是：句法分析必须先于语义分析，语义分析又必须先于语境分析。这个观点显然不符合大脑的语言理解过程，乔姆斯基先生从语言习得的视野早已深刻批判过这个十分落后的思路。统计方法虽然抛弃了这一基本观点，但将语言现象纯粹当作一个随机过程来处理则是一个更为落后的思路。上述语境分析三要点体现了语言理解处理的一种全新思路，语境分析的技术实现需要软件设计新思路的配合，这当然不是一日之功，但必有成功之日则是可以断言的。

3. 关于记忆的两点思考

心理学对记忆作了大量的研究，提出了长时记忆、短时记忆和工作记忆的概念。但从语言概念空间的视野来看，仅有上述概念是不够的，还需要补充共相记忆和殊相记忆、实记忆和虚记忆的概念。这四类记忆都属于长时记忆。

共相记忆是指由[HNC-(~4)]构成的记忆，殊相记忆是指由[HNC-4]构成的记忆。人类共相记忆的结构与内容大同小异，其结构是人类百万年进化的产物，是先天的，但需要通过后天的适时训练（即儿童的语言习得过程）才能完成发育；其内容则完全是后天学习的结果，一个人的智力水平主要取决于这一共相记忆内容的丰富度。殊相记忆的结构各人也是大同小异，但内容则完全因人而异，它是后天学习的结果。一个人的知识水平主要取决于其殊相记忆的丰富度。

殊相记忆又需要区分实记忆与虚记忆。实记忆是指以领域顺序为索引的记忆系统，虚记忆是指以对象内容顺序为索引的记忆系统。虚记忆是一个地址编号，指向实记忆的位置。虚记忆的索引库只是一个技术问题，但实记忆的索引库则不仅是一个技术问题，还存在一个静态索引与动态索引两者如何有效配置的科学问题。在某种意义上可以说，这大约是交互引擎之梦最后一项有待探索的重大课题了。

交互引擎研发最关键最繁重的工作是共相记忆系统的建立，它是语境分析的基础，没有这个基础，语境分析只能永远是一句空话。但是，基于[HNC-(~4)]的共相记忆系统的建立是一项浩大的科技工程。我们只能引领以待。

结 束 语

本文没有摘要，没有参考文献，没有[HNC-(~2)]的示例，请读者原谅。

感谢池毓焕博士和徐为方教授，他们是本文的英译者。感谢王惠博士，本文是应她的邀请而写的。

附1 (HNC–m)表示式

```
CESE::=CT:(ICP1,BCP1;ICP2,BCP2; …)            (HNC1)
       ICP∽m//n,ekm//ekn,cmn//dmn,-0|
       BCP∽t=x,\k=x,i=3//7

SC=GBK1+EK+GBKm(m=2-4)                         (HNC2)
       SCR=SC+fKm                              (HNC2R)

SGUN=(DOM; SIT; BACE; BACA)                    (HNC3-1)
SGUD=(8y:|DOM; SIT; BACE; BACA)                (HNC3-2)
       SIT=SCD(A,B,C)                          (HNC3a)

ABS=(BCN//BCD; XYN,XYD,PT,RS; BACEm; BACAm)    (HNC4)
```

附2　语言概念空间的范畴划分

符号	范畴名称
0-5	主体基元概念(作用效应链)
71-73//8	第一类精神生活：心理、意志、行为、思维
a	第二类劳动
b	第三类精神生活：追求、理念
q6	第一类劳动
q7-q8	第二类精神生活(交往与娱乐//想象与信念)
j	基本概念
j1	基本逻辑概念
l	语法逻辑概念
f	语习逻辑概念
s	综合逻辑概念
jw	基本物

附3　语句格式与语句样式

语句格式特指广义作用句各主语义块位置的不同排列组合方式,HNC穷尽了全部组合并给予编号命名,称之为格式代码。句类代码表只给出广义作用句的一种格式,即基本格式,其他格式的句类代码由格式代码加基本句类代码组合而成。

语句样式特指广义效应句各语义块位置的可能排列组合,句类代码表给出了广义效应句的各种可能样式,并以不同句类代码加以区分。

广义作用句主语义块位序的变动需要借助(但不是必须借助)语义块标记符号的配合,而广义效应句主语义块位序的变动则不需要借助(一定不借助)语义块标记符号的配合。

附录 3

把文字数据变成文字记忆①

摘要： 本文论述了把文字数据变成文字记忆的三点基础性思考。第一点是关于语言记忆与语言理解关系的略说，以记忆公理和理解基因的概念为立足点，仰望了记忆与理解的互动性；第二点是关于记忆模式和记忆样式的略说，以显记忆—隐记忆—动态记忆和共相记忆—殊相记忆等概念为立足点，仰望了语言记忆的两种模式和两种范式；第三点略说了文字记忆技术实现的三大战役——机器翻译、一目千行和智力培育。上述一系列作为立足点的概念是 HNC 理论必然衍生出来的新概念，形成已久。不过，多数是第一次公开出现，但在 HNC 团队内部，曾以相同或不同的名称使用过多年了。相对于第三届 HNC 与语言学研讨会而言，这次仰望是悲观一些还是乐观一些？应该是兼而有之吧。

关键词： 理解基因；隐记忆；记忆公理

1. 引言

1–1 信息转换的低级与高级形态

在 20 世纪众多的科技明星中，粉丝最多的一位叫"数字化"。数字化就是把各种形态的信息统一转换成数字形式。数字化是一位女明星，数字化是她的艺名，其学名应该是"信息转换的低级形态"或"低级信息形态转换"。

这位女明星尚未出嫁。这里预告一声，其未来夫婿的艺名叫"智力化"（包括智能化）。"智力化"的核心科学问题之一就是把数据变成记忆，这也是信息形态的一种转换。但这一转换的层次显然远高于数字化转换，故名之"信息形态的高级转换"或"高级信息形态转换"。

我们已经看到，"低级信息形态转换"（数字化）已经造就了多么壮丽的信息产业数字化辉煌，那么，"低级信息形态转换"与"高级信息形态转换"（智力化）的结合（结婚）将会造就什么样的信息产业辉煌呢？能不能说，这是两种具有天壤之别的辉煌呢？

---

① 本文系第四届 HNC 与语言学研讨会特邀报告，正式出版于《HNC 与语言学研究（第 4 辑）》（朱小健、张全、陈小盟主编，北京师范大学出版社，2010 年 7 月），pp2–11。

1–2　大脑硬件的基本特征

表面上看，似乎大脑的硬件（大脑皮层的生理结构）已经搞得相当清楚了，大脑的软件（大脑皮层的智力运作过程）也有诸多发现[1]。然而，问题在于大脑之谜的探索需要硬件与软件并举的思考，而这种思考是很欠缺的。

大脑的硬件似乎可以同计算机进行类比，划分为 I/O（接口）、CPU 和 MEM（内存与外存）这三个基本环节。但是，计算机的 CPU 目前根本不存在语言、图像、艺术、科学和情感的范畴区分，而大脑的 CPU 肯定存在着这样的范畴区分，这种区分体现了大脑 CPU 的基本特征。这个命题很重要，可惜还没有获得应有的重视。

1–3　关于大脑软件基本特征的设想

大脑的软件似乎也可以同计算机作某种类比，划分为自我操作和对外服务两个侧面。前者密切联系于 CPU+MEM，后者密切联系于（I/O,MEM,CPU）。

大脑的操作软件有什么不同于计算机的本质区别？

HNC 的答案是：大脑操作软件存在着智能与智慧的基本差异。这里不来介绍智能与智慧的定义及其 HNC 符号表示式，只用一个例子来表明两者之间的巨大不同。柏拉图与孔夫子、凯撒与拿破仑都智力超群，但两位夫子和两位将军的具体智力表现可大不相同，能不能说"两位夫子智慧超群而智能平平，两位将军智能超群而智慧平平"呢？好像是可以这么说的，可见，智力存在着智能与智慧的本质区分。孔夫子正是由于智能平平而于最近引出了"孔子，丧家犬"的命题，这命题受到许多学者的盛赞。但问题不在于盛赞或反对，而在于对先哲的基本态度。柏拉图经历过与孔子极为类似的境遇，但希腊人和西方人绝不会把丧家犬之类的侮辱性描述加到柏拉图身上。尼采先生确实喊出过"上帝死了"，但绝不会超出这个限度而高喊"打倒上帝"。

数据和记忆是两种性质截然不同的信息载体。数据仅涉及信息的量与形式，不涉及信息的质与内容，无关于智能与智慧的差异；记忆则不仅涉及信息的量与形式，更涉及信息的质与内容，有关于智能与智慧的差异。可见，记忆所要求的信息形态转换，其难度必远大于数据。作为一项科技课题，"高级信息形态转换"的命运非常奇特，很像那位出塞前的王昭君。

1–4　准备迎娶"昭君"

可是，命运类似于王昭君的"高级信息形态转换"并不是"昭君"，而是"昭君"的未来夫婿。

上面说到的那位数字化美人才是"昭君"，她还没有找到如意郎君。上帝似乎在刻意安排一场年龄差距破历史纪录的姐弟恋。那位美人的芳龄已经超过了 30 岁，可是那位未来的新郎还没有出世。他以胎儿的形态已经诞生多年了，但没有降生。最近的检查表明，胎儿发育正常，主要问题是母亲营养不良。预产期还没有完全确定，乐观的估计是 2012 年。即使有这样的喜讯，迎娶昭君的盛事我这个老头子肯定是赶不上了，但在座诸君应该都能赶上。不过，能在这个研讨会上想象一下从"昭君出塞"到"迎娶昭君"的历史巨变，已经是足够欣慰的事了。

2. 语言记忆与语言理解

2-1 语言记忆公理

记忆公理 1：记忆必须以某种符号形式存在于大脑的某一特定区域（如海马），语言记忆使用的符号绝不是语言符号的拷贝，而是语言符号的某种变换形态。

记忆公理 2：语言记忆是语言理解的前提与结果，没有语言理解就没有语言记忆，没有语言记忆也就没有语言理解。故婴儿没有语言记忆，听不懂的话语和看不懂的文字不会形成内容记忆，但可能形成某种对象记忆[2]。

"理解与记忆"悖论——蛋与鸡的悖论。

"语言学与公理 1"悖论[3]。

2-2 自然语言符号体系和语言概念空间符号体系

——为什么训诂学大师们看不起《马氏文通》？

自然语言符号体系的地位和价值被索绪尔先生的崇奉者过分抬高了，因为自然语言符号体系不过是语言概念空间符号体系的殊相表现，而且它只关系到大脑（交际引擎）的接口，根本无关于大脑（交际引擎）的 CPU 与 MEM。

语言概念空间符号体系才是大脑 CPU（智力）与 MEM（记忆）实际运用的符号体系，承载这个符号体系的硬件（大脑皮层的神经系统）是人类百万年进化的产物，其发育成长过程的基本定型要 5 年左右的时间，运行这个符号体系的软件则需要更长的"编程"与"试运行"时间，至少 20 年左右吧。这一点，奥古斯丁早在 1600 年前就讲得比较清楚了[4]，理论语言学和心理学的研究似乎都没有充分参照奥古斯丁的重要思考。

训诂学大师们与奥古斯丁"心有灵犀"，他们之所以看不起《马氏文通》，要点就在这里。

让我们把上面的话语从交际的角度重复一下：语言交际绝不是一个单纯运用自然语言符号体系的过程，而是自然语言符号体系和语言概念空间符号体系两者交替运用的过程。这里存在两个基本过程：表达过程和理解过程，表达过程最终必须通过输出接口使用自然语言符号体系，但理解过程仅使用语言概念空间符号体系，自然符号体系的作用仅限于通过输入接口激活理解基因。

语言概念空间符号体系是内在物，是自我的终极载体之一，是交际引擎的中枢；语言符号体系不过是外在物，不是自我的终极载体之一，而只是自我表现的手段之一，仅有关于交际引擎的对外接口。

如果我们只关心语言交际，那么我们也许可以只关注自然语言符号体系，而不必去关心那个看不见、摸不着的语言概念空间符号体系；但是，如果我们要去探索人类思维的奥秘或大脑运作过程的奥秘，那就必须同时关注两个符号体系而不能只关注一个符号体系了。不仅如此，还必须把探索的重点转移到语言概念空间符号体系，因为这个符号体系才是思维的存在之本。

这个答案是不是老掉了牙呢？难道科学如此昌明发达的西方专家不知道这个答案

么？难道西方的相关学界没有思考过语言概念空间符号体系么？人工智能学界没有思考过么？计算语言学界没有思考过么？认知心理学界没有思考过么？语言哲学界没有思考么？《皇帝新脑》一书的作者没有思考过么？乔姆斯基先生以其毕生精力研究过的普适语法 UG 难道不属于语言概念空间符号体系么？

这些问题的答案不过是一层窗户纸，但笔者历来采取"走为上"的态度，不去碰它。

2-3　语言概念空间符号体系与语言理解基因

语言概念空间符号体系是大脑里的五类概念空间符号体系之一，另外四类概念空间符号体系的名称分别是图像、艺术、科学和情感。

每一个符号体系都拥有自己的理解基因。

理解基因主要是智力基因，而不是生理基因。

大脑之谜实际上主要是五类理解基因之谜，而不仅仅是生理基因之谜。

当然，理解基因与生理基因是相互交织的，但交织度应该存在巨大差异。可以设想，语言、图像、科学和艺术理解基因的交织度比较弱，情感理解基因的交织度比较强。

五类理解基因的迷雾度存在着巨大差异。当前的基本情况是：图像与艺术理解基因的迷雾度最浓，科学次之。

情感之谜的迷雾度似明似暗，在那里，理解基因的作用应小于生理基因。

说这些话是为了烘托出下面的命题：语言理解基因的迷雾已基本洞开。

2-4　语言理解基因的自然语言表述

我经常想，什么样的东西可以用来描述语言理解基因的结构与功能呢？神经元显然是不合适的，因为单个神经元不过是理解基因的一个元件，连组件的资格都不具备，而理解基因必然是许多神经元的复杂组合或连接。有一天，我忽然想到印度的种姓制度，觉得它是一个非常合适的描述样板。请看表 1。

表 1　印度的种姓及 HNC 理解基因的范畴

印度的种姓	含义	HNC 理解基因的范畴
婆罗门	精神生活（文化、教育）	三类精神生活
刹帝利	政治（军事、法律）	主导性第二类劳动
吠舍	经济、医疗	基础性第二类劳动
首驮罗	体力劳动	第一类劳动
贱民	低级体力劳动	本能活动

此表说明，古老的印度种姓制度最接近于 HNC 对理解基因的第一级（范畴）划分，这"最"是相对于希腊-罗马文明、古老中华文明而言的。前者有"贵族—平民—奴隶"的划分，后者有"士农工商"的划分，这两种划分也考虑到了社会的结构性和功能性，但并没有将两者融为一体，种姓制度则体现了一种彻底的融合，用哲学的术语来说就是：本体论与认识论的彻底融合。现代印度正在逐步消解这种古老印度式融合的非正义性或非人道性，不过，如果单就融合本身来说，应该说它体现了一种高级的综合与演绎智力，

而现代文明则过于强调分析与归纳智力了，20世纪后期的解构主义更是把这种强调推向了极端。我对解构主义的浪潮深感恐惧，因为，第一，各学科都由于这一浪潮的推动而走上了置综合与演绎于不顾的可怕地步。第二，任何信念、理念或主义一旦被解构，就会演变出极度畸形的价值观。当前的中国一方面正处于欣欣向荣的工业时代春天，另一方面不是也处于古老中华文明和马列主义都被解构以后的严冬季节么？！

理解基因就是智力基因的别称，是智力结构与功能的完美结合，是智力本体论与认识论的完美结合，这种完美结合是全能上帝的创造或"专利"，开普勒的惊叹是有道理的。但人们往往只注意到开普勒惊叹的话语，而忽略了它的实质：原来如此复杂的物理现象竟然可以用一个如此简明的符号体系来加以描述，这一点既是绝大部分科学实际走过的历程，也是所有科学的基本共识。HNC的使命就是对语言概念空间给出一个符号体系的描述，而且顺便把这个符号体系数字化（为了迎娶数据数字化这位"昭君"）。但是，该符号体系只追求康德所说的透彻性和齐备性，也就是说，只追求智力结构与功能的某种融合，而不追求完美性，因为如上所述，完美性是上帝的"专利"。某种者，局限于语言概念空间也。

语言理解基因的基础符号体系就是[HNC-1]，其符号表示式比较复杂，这里就不写了。但是，其总体设计思路十分简明，那就是下面的语言表述：

理解基因::=范畴表示 + 结构与功能的各级综合表示

范畴与"各级"者，层次也；

结构与功能者，网络也，局部网络也，非全局网络也。

这里有一项关键性的技巧，那就是对结构与功能分别赋予不同的约定数字符号。

语言理解基因的全貌也是可以用语言来描述的，那就是下面的六句话。

[HNC-1]是语言概念空间符号体系的数字化表示；

部分[HNC-1]是语言理解基因的基础结构；

[HNC-2]和[HNC-3]是语言理解基因的上层建筑；

概念关联式是语言理解基因的主体信息渠道；

语言理解基因主要靠词语直接激活，这种激活是大脑输入接口的基本转换功能之一；

语言记忆就是从[HNC-3]到[HNC-4]的转换。

2-5 语言记忆贯穿于语言理解过程的始终

这个问题需要从记忆公理2谈起。

记忆公理2说"语言记忆是语言理解的前提与结果，没有语言理解就没有语言记忆，没有语言记忆也没有语言理解"。这个论断里，记忆和理解都出现了三处，三处理解具有相同的内涵与外延，但三处记忆则具有不同的外延。为叙述便利，下文将把这三处记忆依次简称记忆1、记忆2和记忆3。

先说记忆2。记忆2对应于通常所说的记忆，即"从[HNC-3]到[HNC-4]的转换"所形成的记忆，上文曾名之语言记忆，也就是HNC命名的语境生成或语境，是语言记忆的可自感（可回忆）部分，可名之显记忆；记忆3则由稳定记忆与动态记忆两者构成，稳定记忆包括语言理解基因的基础结构、上层建筑、主体信息渠道和输入接口转换器，是记忆的不可自感（不可回忆）部分，可名之隐记忆。动态记忆大体相当于心理学的工作记忆，它又分为两部分：一是语境生成过程的过渡信息，最终不纳入显记忆；二是从已有显记忆里临时调用的相关记忆片段。

记忆1是记忆2与记忆3的总和，可名之广义记忆，包含显记忆、隐记忆和动态记忆这三种记忆类型。

HNC给出了显记忆和隐记忆的符号表示式，但尚未给出动态记忆的符号表示式，这属于记忆工程第三战役——智力培育——的任务。

记忆力是指显记忆的能力，它强关联于一个人的知识面，但弱关联于一个人的智力。智力主要决定于隐记忆和动态记忆的能力，从这个意义说，智商是一个有待改进的概念，因为它既未作显记忆、动态记忆、隐记忆这三种记忆类型的区分，也未作智能与智慧的区分。而这样的区分对智力的研究或所谓脑力的开发至关紧要。

隐记忆能力是大脑智力的核心指标，是大脑软件"编程"与"试运行"进度的基本考核指标，对这项指标的研究需要新的思路，HNC团队有责任推进该思路的酝酿与完善。这些话语实际上已经是"事后诸葛亮"了，可当今的诸葛们，在功利主义和解构主义全球浪潮的冲击下，基本处于昏迷不醒的可怜状态。所以，这里不得不说一声：学友们，我爱你们，你们要警惕啊！

3．语言的记忆模式与记忆样式

3-1 语言记忆两模式：范畴-领域模式和对象-内容模式

HNC理论"三'无限-有限'说"的第三说是：语境无限而语境单元有限。这里的语境其实就是指显记忆，语境单元其实就是指隐记忆，也就是语言理解基因。请记住下面的两个基本命题吧：

命题1：语境单元有限 =: 理解基因有限

命题2：理解基因有限 ≡ 语言概念空间的范畴-领域有限

（"=:"者，等同也，非完全等同也；"≡"者，强关联也，互为因果者也。）

上列命题的推理是：显记忆（语境）是理解基因运作的结果。理解基因是依据范畴与领域排序的，那么，显记忆跟着"如法炮制"就是最自然不过的"理所当然"了。"如法炮制"的学名就是语言记忆的范畴—领域模式。

但是，范畴—领域记忆模式显然不利于动态记忆的形成，动态记忆需针对特定的对象或内容，这些特定信息必然散布在不同的范畴—领域。从大的方面说，人都会有三类精神生活和两类劳动的个人范畴经历，从小的方面说，专业人士不但会有不同专业的个人领域经历，也会有各种精神生活的个人领域经历。因此，必须配置另外一种语言记忆模式以便于针对特定对象或内容的搜寻。这另一种语言记忆模式就是对象—内容模式。[HNC-3]和[HNC-4]分别以范畴-领域（DOM）和对象-内容（BC）为纲，道理就在这里。

范畴-领域模式和对象-内容模式对应于两种索引方式，这有点类似于汉语词典的笔画索引和拼音索引，《现代汉语词典》就配置了这两种索引，但两者有虚实之别。实者，拼音索引也；虚者，笔画索引也。

大脑语言记忆两种模式的存在乃联想逻辑的简明推论，可当作记忆公理 3 来对待。但 HNC 还引入了一项基本假设：范畴-领域记忆模式是实模式，拥有相当于《现汉》的拼音索引，对象-内容记忆模式是虚模式，拥有相当于《现汉》的笔画索引。后者与语言输入接口直接连通。

3-2 语言记忆两样式：共相样式和殊相样式

语言记忆两模式只面向显记忆；语言记忆两样式则是面向广义记忆。

广义记忆存在两种样式：共相样式和殊相样式。共相和殊相是一对哲学概念，意思同共性与个性"差不多"，这么说吧，它就是共性与个性的哲学表述。就语言记忆来说，如果使用共性样式和个性样式的术语也未尝不可，但我还是觉得共相样式和殊相样式的表述要传神得多。为什么？这需要语言记忆公理 2 说起。

语言记忆公理 2 的论断之一是"没有语言记忆就没有语言理解"，此论断里的"记忆"不是人们常说的记忆，而是前已指出的隐记忆和动态记忆。这个记忆应该处于大脑皮层的"中央"区，而不应该处于大脑皮层的边缘区——海马。爱因斯坦说过"上帝是奇妙的"，这里也许可以补充说"上帝的第一奇妙就是把隐记忆和动态记忆安置在大脑的中央区，把显记忆安置在大脑的边缘区"。这样的安置或设计才符合智力效率原则，最近有人说，"大脑如同城市"[5]，此话多少有点形而上的味道，因为智力效率原则的空间特性应该与城市效率原则相类似。

除了与智力效率原则对应的区域差异之外，隐记忆、显记忆和动态记忆还存在个人之间的巨大差异，这一差异的要点可以概括以下三点。

差异 1：隐记忆大同而小异，显记忆大异而小同。

差异 2：隐记忆可结构齐备，亦可结构残缺。

差异 3：动态记忆可功能强大，亦可功能低下。

隐记忆的大同性与显记忆的大异性是不言而喻的，但如何理解隐记忆结构的齐备性与残缺性、动态记忆功能的强大性与低下性呢？也许可以先这么说，隐记忆结构的齐备性与动态记忆功能的强大性是上帝赋予记忆的基本特性，不因人而异。但是，隐记忆结构的残缺性与动态记忆功能的低下性则因人而异，因此，也许可以还这么说："为什么基督文明要强调人类的原罪性？其哲学思考就全在这个'因人而异'里面了。"不因人而异的记忆和因人而异的记忆当然需要加以区分，这就是 HNC 引入共相记忆和殊相记忆的根据了。简言之，共相记忆是上帝赋予的记忆，对应于隐记忆的基本结构和动态记忆的基本功能。殊相记忆不是上帝赋予的记忆，是原罪之源，其内容首先是指显记忆，其次是指隐记忆结构的残缺性和动态记忆功能的低下性。

所谓社会的进步，本质上就是提高人类共相记忆的水平，丰富人类殊相记忆的内容，如此而已。这似乎很容易成为地球村六个世界[6]的共识，其实不然。现代化的当前实际效果是在降低共相记忆的水平，贫乏殊相记忆的内容。这是我的幻觉么？但愿如此。

3-3 大脑硬件的输入接口连接于语言记忆的对象内容模式

这里陈述了一个命题，这个命题将命名为大脑接口公理 1。该命题必然存在一个对偶（孪生）性命题，可命名大脑接口公理 2，其内容涉及"大脑硬件的输出接口连接于什么类型的记忆"。

本小节回避大脑接口公理 2。

大脑接口公理 1 对交互引擎[7]的重要启示是：语境分析可以而且必须依靠词语的直接激活。为什么人们可以在嘈杂的语音环境里进行交际呢？为什么有人可以轻松地以一目十行的方式进行阅读呢？答案只能从公理 1 去寻求。在奇妙的上帝看来，并行计算或自适应噪声过滤不过是一种技术，大脑智力处理用不着这些玩意儿。

3-4　关于思维的语言依存性

西方比较语言学曾经把汉语列为自然语言的最低级形态，这个荒谬绝伦的结论早已没有市场了。但其潜在影响依然存在，这就是汉语思维落后说，最近还有人在宣扬这种谬说。此说的依据是思维具有语言依存性，但记忆公理否定了这种依存性，因为思维并不使用自然语言符号体系，而使用语言概念空间符号体系。当然，思维会受到文明因素的制约，但文明因素与语言因素之间是不能画等号的。

4. 语言记忆工程的三大战役

4-1　三大战役概说

语言记忆工程的三大战役的名称是机器翻译战役、一目千行战役和智力培育战役。

语言记忆工程的三大战役也就是交互引擎的三大战役。

三大战役胜利之日，就是"迎娶昭君"之时。

对三大战役需要一些基础性智力，主要如下。

智力 1：科学、技术、产品、工程（系统）之间的因果链关系；

智力 2：玩新与创新之间的量变与质变关系；

智力 3：内功与外功之间的根叶关系；

机器翻译战役是智力 1 之战，以"I/O"为主；

一目千行战役是智力 2 之战，以"MEM"为主；

智力培育战役是智力 3 之战，以"CPU"为主。

三类智力之间紧密相关，"之战"的命名是为了突出各自的重点。

三类智力也就是三类关系，可统称因果关系。

但因果关系只是智力的非分别说，而智力还需要分别说。

智力分别说的框架如下：

$$因　　=> 果$$
$$作用　=> 效应$$

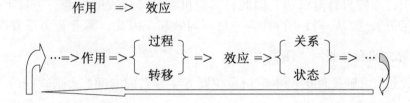

过度迷恋智力非分别说就容易受到功利主义和解构主义的严重误导，特别是下列 4 项：

问果不问因果链；

问流不问源；

问外功不问内功；

问速效不问远虑。

其严重后果必是："蔽目之叶"流感，而"知秋之叶"濒危。难道这幅景象是我的幻觉么？我不知道。

4-2 机器翻译战役=:"赤壁之战"

HNC 团队为机器翻译进行了多年的准备，现在的状态确乎是"只欠东风"。

机器翻译本身也存在三大战役，它非常类似于解放战争的三大战役——辽沈战役、平津战役和淮海战役。

非常值得回味的是，毛主席最初并未看出淮海战役的战机，但毛主席的英明就在于他还是及时抓住了这一中国整个历史上最为壮观的战机。

对于大正公司和 HNC 团队来说，没有比机器翻译更好的"赤壁"了。问题是《三国演义》的误导确实仍然在起作用，科技界就是有人在大力宣扬和推销诸葛亮的魔术。于是，有人反而误以为"孙权决策+周郎挂帅"不是真正的东风了。

4-3 一目千行战役=:"垓下之战"

一目千行这个短语是"一目十行"的抄袭，一目十行用于才子的描述，一目千行则用于"语言超人"的描述。一目千行的搜索早就做到了，现在的问题是要做到一目千行的"搜索+理解+记忆"。其中的"理解+记忆"是语言超人的"CPU+MEM"，而"搜索"只是"I/O"。搜索所形成的惊人战果只是数据库（Data Base），而不是记忆"MEM"。

一目千行战役是记忆工程的关键战线。

赢得了这场战役就必然成为信息产业的第四代霸主，迎娶昭君的婚礼就可以举行了。所以，把它比拟于"垓下之战"是贴切的。

"垓下之战"让韩信们出尽了风头，但该战给后人留下的最大历史教益是："刘邦的第一流形而上+萧何的第一流形而下"才是决定性因素。那么，目前的 HNC 团队具备这两个"第一流"的潜在素质么？请参考一下我这个 1/8 张良的意见吧：刘邦属于天授（这是韩信得以免死于第一次"死罪"的关键词）的范畴，本文仅略说"萧何的第一流形而下"问题，它属于"智力 1 因果链条"的因端。而因端的研究当前都陷于严重营养不良的困境，这是全球科技战线大环境的整体性危机。我们这个局部环境能够获得"特区"待遇么？这就需要"刘邦的第一流形而上"了，如果能够获得，那一切就可以迎刃而解，否则就不好说了。

一目千行不能只针对汉语，因此，需要机器翻译战役的配合；一目千行要"千里之行，始于足下"，要从一目一行甚至一目一词做起，因此，需要智力培育战役的协同。

4-4 智力培育战役=:"图灵之战"

前文说过，大脑硬件的基本定型至少要五年左右的时间，大脑软件的"编程"与"试运行"至少需要 20 年左右的时间。这个论断可视为记忆公理的推论，也是对交际引擎发育过程的基本描述。这一描述对交互引擎或语言超人研制的指导意义很值得思考。

所谓智力培育战役，略说之，不过就是为交互引擎安装并调试"大脑"软件，安装的主体内容就是隐记忆的上列各项构件；调试的主体内容就是考察显记忆的量与质和动态记忆的功效。

这一安装与调试过程需要运用四棒接力智慧[8]，而不是当前统计方法的后 1.2 棒智慧和所谓综合策略的后 1.8 棒智慧。

因此，智力培育战役的内容与图灵检验有天壤之别。那么为什么要用"图灵之战"这个名称呢？这不仅是由于图灵先生当之无愧，更是为了学习他那独特的"深入虎穴"精神。

发明计算机的最初需求不过是为了加快计算速度，但图灵先生的视野却在那个时期就超越了计算本身，而深入到计算的虎穴：思维的本质就是计算么？为此，他提出了著名的图灵检验，触及理解和记忆的形而上思考。后来，哲学家的批判（如塞尔的《心灵的再发现》）和物理学家的补充（如彭罗斯的《皇帝新脑》）都依然只是理论上的探索，HNC 团队应该把这一探索推进到智力 3 的高水平长征。高水平者，苦练内功也，走根深叶茂之路也。那统计仅仅是外功，派他去搞点侦察活动是可以的，但心里必须明白，他的侦察能力也很差，不可能搞到关键性的情报，那东西，还得靠高级特工和一叶知秋的判断力。

5. 结束语

我们已经拥有一个描述文字数据与文字记忆转换的理论体系，这一转换的内因障碍在文字领域已不复存在，我们完全有条件先行一步。既不必等待大脑之谜的探索取得实质性进展，更不要"唯美首是瞻"！我深信，大正公司及其强大后盾一定会下定决心迈出数据—记忆转换的第一步——文字数据到文字记忆的转换，这一步将意味着什么，大家肯定比我想得更透彻。

高级信息形态转换的探索一直处于被冷落的可悲状态，将简称冷落悲剧。

在科技领域发生这种现象似乎是不可思议的。然而，这恰恰是"美国引领"所必然造成的后果。因为美国是爱迪生、福特和比尔·盖茨的天堂，但并不是康德和爱因斯坦的天堂，而高级信息形态转换的探索却需要康德和爱因斯坦式的情怀与素质；美国没有那种曾风行于前（指半个世纪前）欧洲的那种艺术与科学沙龙，而高级信息形态转换的探索需要这样的学术环境和土壤。

所以，冷落悲剧也可以称为美国引领悲剧，是当代所有专业活动领域的普遍现象，不只是信息科技领域，脑科学的情况也许最为严重。那里只存在游击战或麻雀战，没有战役的思考，更没有战线的思考。所以，我们切不可一切"唯美首是瞻"。

冷落悲剧何时会出现转机呢？《对话》[9]曾素描了一幅悲观的前景，但是这次研讨会的主办单位已经做出了一些漂亮的成绩，可以乐观一些了。所以，我这个老人很高兴暂时脱离一下闭关状态，参加这次研讨会，就文字数据-文字记忆的转换问题讲了上面的三点思考。

　　谢谢，阿门！

注 释

[1] 主要指酶分泌、神经胶质细胞、传导液等的发现。

[2] HNC理论对"对象与内容"、"具体概念和抽象概念"都给出了特定的定义，这些特定定义对语言的分析、理解与生成可形成立竿见影的效果。在语句分析阶段（层面），"对象与内容"密切联系于句类；在语境分析阶段（层面），对象仅联系于具体概念，内容仅联系于抽象概念。这时，对象记忆是关于特定人与物的记忆，而内容记忆是关于特定事件的记忆。

[3] 语言学关于"语言与思维的经典陈述"里存在原则性的不妥论断，例如，下面的论述——"从功用来说，**语言又是人类赖以思维的工具**，人进行思维，思考问题，都必须依附于某种具体的语言，所以语言一向被认为是思维的物质外壳"——就是一例，可视为"语言学与记忆公理1"悖论的典型代表。（注：黑体是原有的，这里的"工具"、"依附"、"一向"和"物质外壳"等都属于十分不妥的用语。请同下面[4]奥古斯丁的论述比较一下吧，那是多么可怕的倒退啊！）

[4] 奥古斯丁在《忏悔录》里有一系列关于思维与语言的精彩论述，这里仅摘录其中的一段："我开始学语了，并不是大人们依照一定程序教我言语，和稍后读书一样；凭仗你，**我的天主赋给我的理智**，用呻吟，用各种声音，用肢体的种种动作，想表达出我内心的思想……**但不可能表达我要的一切**……为此，听到别人指称一件东西，或看到别人随着某一声音做某一种动作，我便记下来；我记住了这东西叫什么，要指那件东西时，便发出那种声音……这是各民族的自然语言：用面部表情、用目光和其他肢体动作、用声音表达内心的情感，或为要求，或为保留，或为拒绝，或为逃避。这样一再听到那些语言，按各种句子中的先后次序，我逐渐通解它们的意义，便勉强鼓动唇舌，借以表达我的意愿。"（注：黑体是笔者加的）

[5] 大脑如同城市的说法见《参考消息》第7版。

[6] 六个世界分别是：经典文明世界、市场社会主义世界、经典文明模拟世界（以日本、印度和俄罗斯为代表）、伊斯兰世界、部落世界（非伊斯兰的非洲）和征服遗裔世界（美国和加拿大以外的美洲）。

[7] 交互引擎是"交际引擎（人类的大脑）计算机模拟"的简称，它以文字文本的理解和记忆为其中心目标。语言生成需要加一个输出接口，语音文本需要换一个输入接口。

[8] 4棒接力智慧的4棒分别是理论、法则、规则与算法。

[9]《对话》是笔者向前一届同名研讨会提交的论文，全名是《一位形而上老者和一位形而下智者的对话》。

附录4

《汉字义境》赦言

《汉字义境》是一部计划中的特殊字典，其特殊性表现在以下四个方面。

第一，这部字典采用 HNC 的概念基元符号体系解释汉字的字义，这就是说，这部字典是为人机交互而不是为人际交往服务的，它是一部交互引擎（自然语言理解机）的字典，而不是交际引擎（大脑）的字典。不过，对于某些读者，主要是关注汉语词汇语义学和对外汉语教学的读者，这部字典仍然具有特定的参考价值。因此，在每一 HNC 条目（义项）以后，附有汉语解释。

第二，这部字典区分可独立使用和不能独立使用的字义，与古汉语相比，这是现代汉语最为壮观的语言现象。古汉语的字就是词，不存在字义可否独立使用的问题，但 1905 年以后的现代汉语出现了划时代的巨变，"汉字就是词"的论断遇到了严峻挑战。发动、发起、开展、揭露、起程……的意义还能以"发"字独立表达么？在成语"朝发夕至"的衍推品——"夕发朝至"里，诚然还可以找到"起程"的意义，除此以外，单用的"发"字很难找到上列词义的踪影了；进一步看，"发动"和"发起"的词义也不能从"动"字和"起"字的字义直接衍推；同理，"开展"、"揭露"、"起程"的词义也几乎都不能从相应汉字的字义直接衍推。现代汉语词语的主体构成是双字词，其词义肯定与相应两汉字的字义密切关联，应该是两汉字字义组合的产物，但那些字义又未必都能够独立呈现。两者的意义组合不仅不是简单的 1+1=2，也不是已知的词法结构所能完全表述的。也许应该这么说：现代汉语的多数双字词并不是简单的"结婚"，而是构成了一个"完美的家庭"，已经生儿育女了。这一语言现象确实蔚为壮观，但这一壮观的背后却存在着佯谬、悖论或两难——双字词的词义既可以、又不能完全从字义里去寻找，这就是所谓汉语"字义基元化，词义组合化"论断的真谛。这就是说，基元化的汉字字义存在可独立使用和不能独立使用的本质区别。《汉字义境》的第一版，将只给出可独立使用的字义，而不给出不能独立使用的字义。

第三，这部字典的某些 HNC 解释是不完全的。这是由于 HNC 概念基元符号体系虽然已经完成了全部概念树的构建（总计 456 种概念树），但概念延伸结构表示式的设计还只完成了一小部分（最乐观的估计，竣工之日也在五年之后）。所谓不完全性解释，是指给出了该义项的"基干"HNC 解释，而"枝节"性解释还有待补充。有待补充者，概念延伸结构表示式尚未完成者也。不过，有趣的是，HNC 概念基元符号体系尚未完成概念延伸结构表示式的虽然占绝大多数，但《汉字义境》里 HNC 解释不完全的义项却只占少数，大约是 20% 吧。解释不完全的义项给出了相应的标记。

第四，这部字典不以"字典"命名，而以"义境"命名。从 HNC 的视野来看，这一命名乃理所当然，但很难得到业界的认同，这里需要稍加说明。

义境定义为语义、语用和语境三者在词语层面的融合。语义、语用、语境三者需要融合，而三者融合的表述就需要引入新术语。

西方语言学把词义和句义纳入语义学，把话语义或说话人义纳入语用学，语义学和语用学的流派众多，但存在下列三点共识。

（1）语义学和语用学的边界具有巨大的模糊性。

（2）词义、句义和话语义都依赖于语境 context。

（3）话语义对语境的依赖大于句义和词义。

西方语言学界曾为语义学和语用学的边界进行过很多争论，但似乎未曾深入思考过是否应该让它们组成一个完美的家庭。说句笑话：西方语言学界似乎只鼓励语义学和语用学恋爱和同居，却不乐意让它们结婚并生儿育女，这并不是笑话或危言耸听。西方语言学界虽然充分认识到语义学和语用学强关联于语境，甚至在阐释有关原则时奉行"语境至上"的原则。但应该指出：这一原则实质上并没有落到实处，他们在构造两学的具体表述模式时，始终把语境游离于相应表述模式之外。这就使得所有的语义学和语用学的具体表述模式不免具有"抽刀断水水更流，举杯消愁愁更愁"的悲剧色彩。为了让语义学和语用学结婚，我们需要引入描述语义和语用两融合的新术语，为了让他们生育子女，我们更需要引入描述语义、语用、语境三融合的新术语。

HNC 理论依据章黄训诂学的基本思路，提出、论证、构建并检验了"概念无限而概念基元有限、语句无限而句类有限、语境无限而语境单元有限"的三假说。第一个假说导致了（HNC1）的发现，第二个假说导致了（HNC2）的发现，第三个假说导致了（HNC3）和（HNC4）的发现。在这四组 HNC 表示式里，语义、语用和语境这三者，要么是语义和语用的两融合（下文简称两融合），要么是语义、语用、语境的三融合（下文简称三融合），几乎不存在西方语言学意义下的孤立的语义、语用或语境。一般的概念基元表示式（HNC1）是两融合的体现，而表征两类劳动、三类精神生活及特定广义效应的表示式（HNC1）则是三融合的体现；表征 57 组基本句类表示式（HNC2）是两融合的体现，但领域句类 SCD 表示式则是三融合的体现，至于表征语境单元的表示式（HNC3）和表征语境框架的表示式（HNC4）则都是三融合的体现。我在《定理》中（p37）说"听和读在大脑里留下的东西就是语境，语境就是言语的效应"，这里的"听和读"实际上是"说与听和写与读"的简述。"语境就是言语的效应"这一论断体现了 HNC 理论对章黄训诂学基本思路的继承和领悟。这就是说，HNC 的语境不是英语的 context，英语里还不存在相应的词语。HNC 以语境框架 ABS 描述三融合的篇章 texture 意义，以语境单元 SGU 描述语段 utterance 的三融合意义，以基本句类 SC 和领域句类 SCD 分别描述句子 sentence 的两融合和三融合意义，以语义块 GBK 和 EK 描述短语 phrase 的两//三融合意义（基本或混合句类里的语义块是两融合的体现，领域句类的语义块则是三融合的体现），那么，用什么术语来描述词语 word 的两融合或三融合意义呢？两融合者，概念基元也，三融合者，义境也，统称义境亦可也。

　　为什么要把这部特殊字典叫作《汉字义境》呢？上面算是有了交代。下面应该交代一下"歉言"里的"歉"了。

　　目前《汉字义境》的汉字只包括"汉字精粹"里 p 声母以后的汉字，此前 a–o 声母的汉字暂付阙如，而"汉字精粹"本身只收集了部分常用汉字。这就是说，作为一部特殊的汉语字典，《汉字义境》目前存在两项阙如，从交互引擎研发的基础性知识库建设来说，这两项阙如的弥补可谓迫在眉睫。但迫在眉睫的事项实在是太多了，我都只能做一点示范性的探索。而把《汉字义境》的补阙重任推之来者，可以说是我的无数抱歉中的首歉，也是本"歉言"的第一"歉"了。

　　上述"基元化字义的可独立使用和不能独立使用"的语言现象必然存在复杂的两可（即悖论）表现，《汉字义境》的编撰离不开对这一两可表现的深入研究。然而，这一研究仅处于起步阶段，这是本"歉言"的第二"歉"。

　　词语的"名、动、形"之分是语言空间对词语的基本特性的合适描述，但并不是语言概念空间对概念基元基本特性的合适描述，概念基元基本特性的合适描述量是 HNC 引入的五元组"v,g,u,z,r"。语言概念空间存在 4 大范畴，不同概念范畴之概念基元的五元组特性存在本质差异。就 HNC 定义的基元概念范畴来说，每一个概念基元都存在完整的五元组特性，从语言空间来说，每一概念基元都应该具有相应的"名、动、形"形态。因此，许多汉字的无"名、动、形"形态之分，或者说，许多汉语词语的可"名、动、形"表现，实质上是基元概念范畴的这一本质特性的深刻揭示。《汉字义境》将充分显示汉语的这一根本特性，兼有"名、动、形"形态功能的汉字将以符号 g,//v,//u,表示，当然，也有兼备"名、动、形"三者之二或仅有一项形态功能的情况，这都如实表示。不过，"兼三、兼二或不兼"之间必然存在模糊，已有的表示方式只能说是一项初步探索，贸然给以明确标记并非明智之举，这是本"歉言"的第三"歉"。

　　《汉字义境》的义境项与《现代汉语词典》里的汉字义项存在很大差异，删除、增添、合并的情况都存在。这里的差异反映了 HNC 与传统语言学在基本思路方面的本质区别，给出"删、添、并"的信息是有意义的，这项资料的积累本来是"顺手牵羊"的事，但我没有做，这是一项遗憾，也是本"歉言"的最后一"歉"。

　　作为一部特殊的字典，《汉字义境》已完成的工作量，即使就第一期目标来说，也不及 1/8。我的先行到此为止，亟待补充的汉语解释将由池毓焕博士来承担。面对这半栋"烂尾楼"，我不说抱歉，因为我对自己约定的职责就是专门干这种"缺德"事。

附录5

概念关联性与两类延伸[①]

今天谈的主题是概念延伸结构的符号体系，应该分为两个方面来谈：形而上思考和形而下思考。

1. 形而上思考

有个根本性的问题就是：语言作为符号系统，进入大脑后是以什么样的形态存在的？我们都知道语言是个符号系统，以及语言与思维的关系，但在思维过程中，进入大脑后，还是原来那个形态的拷贝吗？肯定不是！也就是说，变成了另外一种形态，这也是肯定的。看了这么多书，始终没有发现有人这么来问，而这太重要了！

显然要思考：进入大脑的形态与自然语言会有什么不同的特性呢？这非常复杂，需要稍微分解一下。言语形态通过感觉系统已经进行了某种变换，如光电转换等，这是个生理问题。在视网膜阶段也许还算是一个拷贝。外部刺激会进入大脑皮层的不同区位，这已经越来越清楚了，如最早发现的布洛卡区，损害了就不会讲话了。认知心理学和脑科学在大量做这方面的实验，比如确定爱情、愤怒等的映射区位。但这并没有解决问题。重要的是语言在思维过程中的符号形态，而更根本的则是这个符号形态的基本特性。

HNC 在构建理论时首先要思考这个问题，因为自然语言在大脑中的对应体应该有个根本特性，而且这个根本特性由符号体系的自身结构特性体现出来。那么，自然语言有什么根本特性？索绪尔有个概括，即任意性原则。任意性有两个意思，其实并不完全。能指与所指的连接除了具有任意性之外，符号之间还具有一定的关联性，但这种关联性在语言符号体系的结构中完全没有体现出来。洪堡特提出三种音，第一种就是自然存在的声音的模拟，即象声字，比较少，如各种语言关于"妈妈"的发音比较接近。声音对应概念的关系实际上不完全是任意的。汉语的形声字更不是任意的。然而，自然语言在大脑中的特性肯定不具有任意性这种特性。在大脑思维中所运用的符号体系的结构中肯定存在关联性。

为简便计，我们把在大脑思维中所依托的符号体系叫作"概念符号体系"，概念的关联性就是体现在这个符号结构当中，而概念关联性是概念符号体系的根本特征。这是

[①] 为贯彻许嘉璐先生 2006 年 1 月 17 日指示精神，尝试着由黄曾阳先生口述，由弟子记录成文。2 月 23 日初步完成，形成一份 17 万字的内部资料——《HNC 概念基元符号体系概览》。3 月 9 日补充口述了《附录：概念关联性与两类延伸》，即本文。

HNC 思考的起点（当然是为了自然语言理解），只能是形而上思考的结果，是个公设，不能靠做实验来验证。

也就是说，存在两个符号体系：自然语言符号体系和语言思维符号体系，后者不是前者的拷贝，二者具有本质区别：自然语言符号体系结构本身完全不体现关联性，而语言思维符号体系的结构体现了关联性。

有了这个公设，则有一个推论：如果我们构造一个人工的符号体系（与过去设想的世界语或逻辑上的形式系统不同，是模仿视听系统的变换，把概念关联性充分地体现在这个人工的符号体系中），把这样一个符号体系数字化（用数字化描述取代自然语言描述），则可装进计算机里，让计算机拥有这样一个符号体系，因此可能有希望进行自然语言的充分理解。

总之，HNC 的探索起步于一个形而上思考，即提出这样一个问题，并给出了这样一个回答。

在这个过程中，看了许多书，有一种伤感：洪堡特提出的音韵学理论比许慎《说文解字》晚了 1600 多年，洪堡特比许慎差远了，现在没人提这一点，中国人介绍的书从来不提小学的成就，的确感到很悲凉。这对于我来说则是一种反激，激发自己对这方面的思考，不沿西方的路子往下走。音韵、文字、训诂统称小学，其水平之高，不但远超洪堡特，还辩证运用语言三维度，但所有介绍像索绪尔贬低以前的成就为"语文学"一样把它贬为"考据学"。索绪尔的博士论文是有关梵语音位学的，与黄侃的古声十九、古韵二十八部说简直没法比。索绪尔的著作多次提到洪堡特，一点没有提狄尔泰[①]，这明显不应该。如果说索绪尔是西方现代语言学之父还说得过去，一旦考虑到中国小学所取得的成就，说索绪尔是现代语言学之父显然不合适。

因此，自然而然地首先提出尔雅原则，把不同概念组织成抽象概念和具体概念两类，这个思想是非常杰出的，未见于其他著作。概念都是抽象的，怎么冒出个"具体概念"？这里需要一个说明（《定理》一书已有说明）。接着想把抽象概念分成三类，而概念基元的思想来源于山克。

以前也有语素或义素的思想，对象是词汇（跟语言的表层结构联系起来），目的是解释词汇的意义，显然档次就低一些，或者说思考的深度不够，就没有想过把这个当作概念的基元。从形而上思维出发会发现这些理论根本解决不了问题。这时山克的理论跃入视界。概念基元"转移"可以一直深入到语境，而语法根本没用，因为这是个联想脉络问题；脚本联系到人的行为，即我们后来所称的语境。山克的学生还据以实现了一个演示系统。当时非常兴奋，这种思想对我是非常大的激发。作用效应链的第一个要素是转移，是山克发现的。不久就发现光有转移基元不够，这个问题的根本是范畴的分类，构造一个符号体系需要元符号。但山克的兴趣很快转入视觉理论，沦为"庸人"之列，而乔姆斯基正如日中天，所以山克在语言学界影响不大。山克的启发是：应从范畴中构造概念基元，于是提出抽象概念三大类：基元概念、基本概念和逻辑概念（语言符号体

---

① 狄尔泰（1833～1911），19 世纪后期德国哲学家，生命哲学的奠基人，是新康德主义的发展，其历史哲学曾经对 20 世纪初德国史学家们产生过深刻影响，精神科学方法论成为当代解释学的思想渊源之一。狄尔泰比索绪尔早，虽不是语言学家，但索绪尔理论中一些关键概念如共时和历时等来源于狄尔泰哲学。

系本身应该有个逻辑体系）。先有了这个框架后，再进一步完善。

概括地说，从形而上思考开始，接着就是对范畴的思考，激发点是山克的转移基元，一连串地产生三大范畴的思想。

2. 高层设计

概念符号体系应该有层次性（上下位的思想已有），还应该有网络性。概念的关联性就两点，即层次性和网络性。

符号表示式的高层主要描述层次性，网络性主要放在中层和底层中描述。当时已经申明：中层和底层可交织使用。现在看中层、底层这种提法不合适，后来改成了延伸结构的提法。概念延伸结构主要体现网络性。

层次性表达是概念关联性的根本点之一。与义素不同的是：高层必须囊括全部语言概念空间的概念。能全部囊括吗？需要这样去思考。义素说或山克没有去追求完备性，HNC一开始就这样的思考，所以提出三大范畴，认为三大范畴就囊括了全部语言概念。

先要解决层次性问题，即范畴根据什么来进一步分。山克没有考虑这一点，而我们前进了一步：怎么往下走？依据是什么？一分为N，分类就有网络性了，需要概括每一次划分的依据。这方面思考的启发则来自菲尔墨，尽管格语法的理论不怎么样。菲尔墨先生脱开了主谓宾成分，提出不同的语义角色，还考虑到状语（辅块），试图给出语义角色更完备的描述。这个搞法有个前提，即语义角色是有限的，这种思想非常重要。格语法提出不久其完备性就受到质疑，不同的"事"相继出现，鲁川先生搞出六十四种格也未见停步的趋势。不管是否完备，具有语义角色有限性的思想就相当可贵，接着有个问题：语义角色由什么来控制？菲尔墨认为是中心动词//谓语。配价理论、中心语驱动也是这个思路。HNC的思考点就不同：语义角色决定于谓语，那么谓语由什么来决定？他们没有这方面的思考。我觉得：谓语决定其他的角色只是一种假象，谓语也有不同的角色（山克有过这个思想？），背后还有一个"上帝之手"（借用亚当·斯密的说法）。这个"上帝之手"首先决定谓语，通过谓语决定其他角色，即整个语句之后还有个"上帝之手"，而我要把这个"上帝之手"赋予主体基元概念（当时也有了扩展基元概念）。当时觉得这种思想早应该想到，那就在1000多个汉字中，否则汉语就不能表达这么多抽象概念。几千年汉字的变化主要是在具体概念中。

"上帝之手"的思想在先，而不只是菲尔墨基于主谓宾的语义角色。这些思想都产生于1989年，当时同时读山克和菲尔墨的著作。有幸的是山克发现了转移。接着就是归纳1000多个汉字的过程，也可是说是"玩汉字"。其间1988年胡海买的《常用构词字典》（林杏光先生参加编的）起了非常重要的作用。

人类发现0历经漫长的过程，因此0不能轻易用。0给谁呢？自然产生给"作用"的想法。与作用对应的是效应，而转移是在作用与效应之间，是作用的空间表现，那还应该有时间表现呢，所以还有过程。关系在哲学和语言学中有很多探索，在我们这里是比较狭义的，是一种效应，是效应之后的结果。效应之后体现出比较稳定的关系和状态。汉语中体现这六个方面的字非常明显，相当少。再对照《字典》，认为都可以纳入这六个方面，好像已经完备了。

这六个方面要求的语义角色是完全不同的，这就是"上帝之手"，即由句类来决定不同的语义角色。到这里，思路已经非常顺畅了，即已经完成了概念林的设计，于是开始演绎了。每一子类更具体该如何设计？要概括出这一层概念需要哪些语义角色（自然产生句类概念，即整个符号体系的句类原则）。句类概念出来后，菲尔墨的完备性问题就解决了。其中最完善的就是作用子类的设计：没有承受的作用和没有反应的承受在语言空间中不予考虑，这就是我们很好的回答。而不放心的就是效应子类的设计，这一点前面已经说过了。每一种句类的语义角色是可以先验地给出，于是有了"语义块是句类的函数"。

总之，高层设计就分两步走，没有第三步了。过去有关高层是否都是两层有点模糊。山克和菲尔墨都只是一种启发。HNC 与他们在思考方面的高下之别源于探索目标不同，HNC 是由形而上思考衍生出其后的一系列思考，所以说科学目标非常重要。

回想作用效应链的发现历程，真的很怀念林杏光先生！他在中国科学院一个论证会（许先生也在场）上发言，把调子定得比较高——"作用效应链是一个伟大的发现！"当时的确害怕人们心里受不了，但打心眼里还是认可这种说法。桂文庄等也这么说，但林先生是讲了一大段话的，进行了论证。

为了完备起见，需要说明：主体基元概念体现句类原则，扩展基元概念体现了语境原则。当然我们今天不谈后者。

3. 延伸

延伸也有层次性，但主要体现网络性。

网络关联性有两种特征：有近程关联和远程关联。过去叫中层，可以说是中程联想脉络，还有远程联想脉络。中层和底层的命名是不好的。现在叫作第一类联想（网络性//延伸结构）和第二类联想（网络性//延伸结构）。第二类关联可猜想为在大脑中比较远。与索绪尔的串并（组合关系和聚合关系）已经没有什么关系了。

第一类延伸结构有三种：对偶性、对比性和包含性，对比性和包含性以前语言学早就有认识，HNC 向前迈进一大步的是对对偶性的深化。

有趣的是，第二类延伸结构也是三种，现在已经明确了，命名为交织性延伸、并列性延伸和定向性延伸。符号最近也明确了：t 延伸、\k 延伸和 i 延伸。

3-1 第二类延伸

这三种延伸的主要区别是什么呢？

交织性延伸最重要。交织性延伸项之间具有内在关联性，是交式关联，相互依存而存在，故命名为交织性延伸。我们常常说事物要一分为二，而交织性延伸恰恰是一分为三最常见，通常需要从三个方面加以考虑。就好比树，由主干开始分枝，分枝数是有限的，最常见的是分三枝。基本分枝少见二，也有四，多数是三，没有独生子女。这种现象如何思考？这种分布存在天然的和谐性，在开普勒时代就要因此赞美上帝了。三个腿很容易平衡、足够平衡了。三角形是几何的基本形状，是最稳定的图形；三角形一分为二而来是说不通的，直接就是一分为三。树也需要平衡，两枝不容易抗风，如杨树、槐树等一般分三至四枝，有三个枝就好平衡。这是很有趣的现象。最早的交织延伸由此而来，既契合几何学的基本，又符合平衡原理。交织性延伸中最重要的是 β 延伸（9、a、b 分别代表作用效应、过程转移、关系状态，可进一步延伸），一个概念要能用 β 延伸就比较清晰、概念关联性表现得最鲜明。这种设计是很美的！就像当年开普勒发现天文学三大定律。平衡性或对称性确实是自然界的基本规律。从几何学上讲，三角形最基本；从数上讲，最重要的是 0、1、2（最小的奇数和偶数加上零，1+1=2 是由奇数到偶数的突变），也是三。远程网络不会多，从数角度说以三为主，从符号学上说赋予 9、a、b，并把 8 留给它。这主要说明了最早使用的交织延伸为什么定为三。

所谓并列延伸比较简单，即属于同一类型、具有平等地位、交织关联性较弱而可不予考虑的。现给 11 个（从 1 到 b），实际有可能多于这个数。

这是最早使用的两类延伸。

定向延伸针对某一侧面，具有特定性。符号表示方面过去有些波折，现在明确了用 i，取值 3//7。从符号上要与交织延伸区别（3//7 在对偶性和交织延伸表示中空出来了）。定向延伸是概念网络中针对某一特定侧面，然后再往下分，因而是各再延伸概念的共性。例如，状态有个基本特性是：都可以用基本概念描述，用定向表示这个侧面即可。第二产业产生之前人类可以生活得很好，故第一产业是生产的定向延伸，表示人类生存所必需的物质条件。第二产业则是最完善表现作用效应链，故为典型的 β 延伸。

可惜过去对三种延伸的认识不够明确、不够透彻，如把 t 延伸和\k 延伸混淆，如气态、液态和固态是典型的并列延伸，过去搞成了交织延伸，存在误用。

第二个存在的问题是：每一种延伸都需要给出一个定义，过去经常把它的内容并列起来作为它的命名，这是缺乏形而上思维的表现。通常来说，并列延伸为"类型"；交织延伸为"表现"；定向延伸应是"面向特定内容的描述"。如 a21i 需定义成"面向人类生存基本需求的生产活动"，即经济学家所谓的"第一产业"，这种定义就可以用概念关联式表达出来了。

3-2 第一类延伸

关于第一类延伸，首先补充说明一下对比性：引进 c 和 d，分别表示从小到大和从大到小；引进 c01 和 d01 表示最小和最大。后面这个延伸可以说无所不用。为什么？因为任何概念都有值 z，所以肯定有最小和最大。在延伸结构表示式中约定可以不明确写出 c01 和 d01 延伸项，如果明确写出则表示特别重要。

第一类延伸中最关键的是对偶性。对对立统一学说的发展有两点。

第一，需要区别对称//对立//对抗。这对判断也是很重要。①对称，不存在很明显的利益冲突，共存才和谐。②对立，基本上利益有冲突，但可以同存，即共同体是存在的。③对抗，你死我活的、利益没法平衡，具有不可共存性。

这三种层面的区分划出非黑氏对偶的第一个思考。

第二，黑格尔提到对立面转化。过去人们常把对立统一和转化混为一谈。转化是对抗从一种状态变成另一种状态。存在双重对立//两两对立的情况，其中一种是转化的结果（经常可以转化）。这种情况需要区别表达。

最早想到对立统一是不够的，需要设计非黑氏对偶，就考虑到上述两点，并因此设计了前八种非黑氏对偶。这是形而上思考的结果。

非黑氏对偶的符号是ekm//ekn，这是早就预留的；最后把k归结为十二类，即k=0-b，这有个发展过程。十二之数不是演绎的结果。在进行主体基元概念延伸结构设计过程中发现有三类概念需要特别表述：在作用效应链中，作用和效应由黑氏对偶已经描述得相当好（状态比较简单），而过程、转移和关系需要采取大量的非黑氏对偶。这是一种启示：人们过去首先面对的是作用和效应，而对过程转移的思考没那么深，这也是两千年思想发展史到黑格尔仍未能突破对立统一思想的原因所在。

总之，最早想到的某个概念仅用对立统一描述不够而设计的非黑氏对偶放在前面（从e0到e7），其后集中于过程、转移和关系的思考。要说非黑氏对偶思想的动因实际是三点，但不同时产生这些思想。只有进入延伸结构设计后，才发现需要更多非黑氏对偶，故为过程、转移和关系次范畴作了专门设计。非黑氏对偶具体化为十二类，是立足于作用效应链的完备性，故满足了穷尽性的要求。

接着要补充说明一下具体的设计内容：

ekm//ekn中m和n都有不同的含义。对立和对抗一般不分，只与对称相区别。

e0m和e0n：（取值：m=1-3//n=5-7）

设计e0首先否定了对立统一规律，因为根本不存在统一体。

具体内容是：m和n分别描述两重对立的两种转化。

e0m描述1与2是对立的，双方妥协的结果是3。e0m描述了转化的一种状态，即双方由对立转化到不对立的状态。例如，合作与对抗，双方妥协（矛盾的转化）即放弃对抗，就形成了某种合作，实际上有三种态度，第三种作为折中并不是统一体（黑格尔的国家论就是缺乏妥协、是不妥协主义，以致后来发展为尼采哲学、纳粹主义；过去认为妥协比反动派更坏，而所谓的妥协叫统战，其目的为打击另一方）；又如"团结//纷争//求同存异"。在这里，不是某一方转化，而是双方转化后的状态，不好说与原来是否对立。e0m参照点是双方，也可说是单方的，这时参照点并不重要、序不重要。

e0n描述5与6是对立的，7是由6转化来，与5不对立，并必与6对立。所以还是以5为参照点。其中确有甲乙双方：甲方对乙方对抗态度，乙方对甲方也是对抗态度，是相互对抗，而乙方转化了，不与甲方对抗了，转化后的乙方态度与转化前是对立的。最典型的例子是"侵略//抵抗//投降"，7与5不对立，而与6对立。这里的转化约定为e06在转化。尚未碰到这种情况：仍是6转化，但6是因，此时可用^e0n描述（此时因果是次要的，由6转化7是根本）。一般约定：矛盾总是由5挑起的，5比6在先，存在因果顺序关系，即有参照点问题。如宋江"革命"是因，"镇压"是果，是对抗态度，若镇压方采取"招安"，即符合e0n定义；若基于"有压迫就有反抗"，则"革命//压迫//招安"是^e0n。

1）e1m和e1n：（取值：m=0-2//n=5-6）

e1在黑格尔的对立统一中竟没区分出来，是明显的疏忽。概念是描述同一对象//同一件事情，只是站在不同的参照点，隐含着双方的意思，根本不是统一体问题，如胜败、攻占//陷落。不能与通常的对立统一混在一起。e1m和e1n的差别在前者存在对立统一体0，后者没有4。例如，"上坡//下坡"，其中"坡"是对立统一体。没有区分对称//对立//

对抗，可以对称而不对立。又如，"上台//下台"以 e1n 表述（后来发现大多数是 e1n，可能 m 和 n 的排序不太合适，但存在对立统一体的一般设为 m）。

2）e2m 和 e2n：（取值：m=1-2//n=5-6）

对称性普遍存在，但没有什么对立统一体，如左右、夫妻、父母等。阴阳、正负不一定，质子//电子//中子可说有统一体，情况很少。e2m 和 e2n 的差别就在于有无积极消极的存在，如政治制度中民主//独裁即 e2n。这种情况黑格尔也没有区分出来。

3）e3m 和 e3n：（取值：m=1-3//n=5-7）

为什么总是一分为二呢？老子说"一生二，二生三，三生万物"。有时使用两次一分为二并不合适，为什么不可以直接一分为三？几何学的三角形如何从一分为二而来？

e3m 和 e3n 的差别：e3m 三方平等，不具有对抗性；e3n 三方中 5 与 6 是对抗的，7 与 5 和 6 不对抗，如第三方，在自然界和社会普遍存在。这是直接呼应上述形而上思考。

4）e4m 和 e4n：（取值：m=1-3//n=5-7）

e4 的设计受到孔子思想的启发，也是一生经历这么多时代的感悟，即"过犹不及"。仍是"三"的进一步思考，差别是：一积极两消极（如"e4m 不卑不亢//卑//亢"）和一消极两积极（如"e4n 在职//退休//失业"）。客观存在相互转化。三重对立、两两对立。度的自然顺序是：适度:=1//5，不足:=2//6，过度:=3//7，反之则取^。

5）e5m 和 e5n：（取值：m=1-3//n=5-7）

e5 也天然存在相互转化性。e5 实质是对 e2 的补充，其差别是：这里是对称性的描述，没有对立和对抗。不强调对立性，都是相对的，有参照点，参照点一变就转化了。

e5m 和 e5n 的区别：前者没有积极消极之别，双方对称，3 是过渡；后者存在积极消极之别，7 也是过渡。例如，"上中下"等用 e5m，"主动//被动//自主"用 e5n。

到此为止，当初对对立统一的基本思考体现在 e0-e5。e6-e7 是过渡，e8 之后是进入对作用效应链三个环节的特别关注。

6）e6m 和 e6n：（取值：m=0-3//n=4-7）

e6 存在对立统一体，而对立统一体是三方的统一。m 的统一是妥协；n 的统一服务于斗争//为斗争而统一，如"e6m 调和//支持//反对//中立"，其实调和主义不应该是贬义词；又如"e6n 统战//结盟//对抗//特立独行"，都是对立性，不一定对抗。

7）e7m 和 e7n：（取值：m=1-3//n=5-7）

e7 不存在对立统一体。与 e6 的差别在于：e7 中三方有积极和消极；与 e4 的差别在于：消极一方有派生，即 3 是 2 的派生。

消极方有演变，分减弱性派生和加强性的派生：3 是 2 的弱化（轻度的质的变化），仍是消极的；7 是 6 的强化，更消极了。例如，"e7m 丰富//贫乏//单调"和"e7n 正确民意回应//错误民意回应//违反民意"，又如"a019e7m 廉洁//贪污//腐败"和"a019e7n 公正//徇私//枉法"。

e8 纯粹为过程设计，e9 纯粹为转移而设计，ea 纯粹是为关系而设计，eb 可以说是为过程和转移联合设计的。

8）e8m 和 e8n：（取值：m=1–3//n=5–7）

e8 只描述过程，而过程有单向和可逆之分，还有积极消极之别。因此 e8 有这方面的区分：e8m 适合时间特性的描述，不存在对立统一体，不分积极消极意义，e81 必然转化到 e82，e83 是这个转化的过渡（长短不限），典型的例子是"新//旧//半新半旧"、"过去//将来//现在"。e8n 描述的转化过程可以是双向过程，即 5 和 6 可以相互转化，而且定义：5 是积极的、6 是消极的、7 是 6 向 5 的转化。例如，"e8n 富有//贫困//小康"和"e8n 幸福//痛苦//称心"，必然存在积极向消极的转化，这时用^e8n 表示。e8 是对两类过程转化的描述。

9）e9m 和 e9n：（取值：m=0–3//n=5–7）

专用于转移（中间有多次变动，慢慢再统一）。前者纯粹是转移，是对转移的不同参照点的描述：参照 TB2 来描述则用 1 和 2；3 和 0 以 TB1 为参照点描述。典型汉字是"1 去 2 来 3 离 0 回"。"买卖"也有参照点问题。后者是转移的时间（过程之序）描述，即"出发//到达//途经"，先后很有关系。

10）eam 和 ean：（取值：m=1–3//n=5–7）

纯粹是关系的描述。前者是关系的层次//级别的描述，如"上对下//下对上//平级"；关系的强弱//刚柔性描述用 ean，如"a143ean 强国对弱国的外交//弱国对强国的外交//平等外交"。

11）ebm 和 ebn：（取值：m=0–3//n=5–7）

最早怀疑对立统一用三个概念来描述不够而设计的，就是"源汇流奇"。最早考虑用非黑氏对偶的类型反而放在最后位置。

ebm 是四重；若只有三重，用~eb0 表示，如"a02~eb0 实施过程三部曲：启动//结束//历程"。

e5 表示的对称双方及其过渡常态为"两头小中间大"；如果这个过渡比较小，是"两头大中间小"，则用 ebn 表示。^ebn 表示塔形，其中^eb5 最小，^eb6 略小，^eb7 大。

要说逻辑，对偶性逻辑西方还没认真研究过。从 20 世纪 60 年代以后出现了模态逻辑、时态逻辑、义务逻辑、知识逻辑等，知识逻辑才荒唐哩，其实对偶性逻辑才应该好好研究。西方人总是钻一点钻得很透，不及其余。

2006 年 3 月 9 日（2010.1.29//2.9 部分修订）

附录6
诗词联小集

（1997）**五绝·丁丑闭关吟**（赠景熙妹）

我也楚狂人，
生平不步尘。
此身惟我有，
无意问营营。

（1998.8.20）**八声甘州**（八二〇会议）
（因病不能参加 HNC 联合攻关组 8/20 会议，仅以此词代之）

正清秋，决战好时光，重任已绸缪。
闻友军失计，茫茫语海，欲渡无舟。
是处运筹精妙，一步一层楼。
莫惧时间紧，事在人谋。

不是全功一役，赖核心健壮，界面风流。
展五库神威，合璧铸奇璗[1]。
想林雷[2]，雄才可展，
虽灾病，犹梦千年寿[3]。
头等事，团结一心，共创金秋。

[1] 璗：美玉也。
[2] 林雷：林杏光、雷良颖教授。
[3] 千年寿：戏言，小郝记否？

（1998.8.30）七绝（应张全）

科技朝霞起大西，
东方长恸失先机。
汉语神奇寓真谛，
当仁不让领红旗。

（1999.2.20）萧友芙副研究员挽联

　　萧友芙副研究员，1964 年毕业于中国科学技术大学。1994 年因胃癌手术提前退休，后长居美国。1997 年在国内小住，恰逢第一届 HNC 培训班开办，遂成为该班实践"常愤而启，勤悱而发"的典范学员。1999 年年初因车祸不幸逝世，是 HNC 的重大损失。我当时怀着极为悲痛的心情写了一副挽联，现录如下以表示对萧老师的纪念之情。

忧先天下　乐后天下
友情之真　母爱之深
葆射汉家风采
哭永别遽来
泪尽未能涤巨痛

朝研颠谜[1]暮究颠谜
专注之沉　精进之神
洞知愤悱奇思
悲壮心未了
梦中犹唤竟全功[2]

[1] 颠谜指 HNC。
[2] 最后两句乃对绝望而悲痛的八日期间一次梦境的叙述。

（2000.12.28）相见欢（千禧年再述怀）

理解如何存在，百年谜。
天才乔姆无策辨东西。
雄文出，众心齐，势无敌。
号令三军并力誓征西。

——仰山下人

（2001.4.18）水调歌头（贺 HNC 研究院成立）

创立理论易，攻占市场难。
遥望大洋彼岸，盛夏忽严寒。
不是市场萎缩，祸起贪婪过度，大势小回还。
网络商机在，蓄势再登攀。

精英聚，团队力，能征战。
万事俱备，只欠东风现代观。
汉语倚天宝剑，汉字屠龙巨斧，星火可燎原。
中关豪气旺，日夜好攻关。

——仰山下人

（2001.12.30）临江仙·胜券在中华（新年贺词）

计算语言谁主事？
千年老叟当家。
统计神功众口夸。
廿年热望后，
智者叹无涯。

虽是一层窗户纸，
尽遮真理光霞。
撕开一角激惊讶。
莫听悲观论，
胜券在中华。

——仰山道人

（2002.12.27）水龙吟（新年贺词）

自牛氏开创先河，百科竞逞英豪。
数理奠基，科技腾飞，上帝蒙尘；
共和再现，民主飚升，君权消散。
爱斯[1]凌绝顶，一览宏微，惊叹众山不小。

宇宙已不洪荒，思维语言却玄黄。
逻辑仙翁，语法老叟，宝座岿然；
方程渺渺，统计绵绵，双雄无策。
端赖异军突起，敢期三载试锋芒。

[1] 爱斯指爱因斯坦和凯恩斯。

（2003.12.30）五绝（2004 新年感诗）
　　　　（应李颖、毓焕两学弟之邀而作）

碰撞萌新意，自否见高低。
十年磨练后，方悟两阶梯。

千年深远事，交际引擎谜，
已窥真谛迹，奋进莫迟疑。

（2004.12.31）满庭芳·仰山（2005 新年感怀）

真理何存？哲人迷惘，古今中外皆然。
革新开放，历千年磨难。
如今澎湃全球，霞光里、泪迹斑斑。
征服梦，犹醉狂人，悲愤血光滩。

科技双刃剑，最忌轻浮，切记萧掾[1]。
要冷观经典，透视狂澜。
已握倚天宝剑，修内力、寂寞关难。
仰高峰，峭壁万仞，大正敢登攀。

[1] 萧何曾任县掾，此处需安韵，故以萧掾指代萧何。

（2005.4.8）八声甘州·仰山（七十抒怀兼谢友朋）

历沧海横流七十载，语境胜千年。[1]
问匡庐真貌，身在山中，坐井观天。[2]
事业亲情友谊，万岁此园田。
哲理归于一，桃李无言。[3]

休说风烛残年，要巧追茶米[4]，淡泊凉炎。

叹状元耀眼，创建堪怜[5]。

数风流，权谋盖世，有几人涓滴泽民间[6]？

谢深情，以茶代酒，不醉亦神仙。

[1] 海德格尔："语言不只是人们用以表达思想感情、达到相互理解和交流的手段，而且是存在的住所。"伽达默尔："正是依赖于语言，人才拥有世界，世界是在语言之中再现的。"

[2] 不识庐山真面目，只缘身在此山中。

[3] "桃李不言，下自成蹊"，桃李者，真善美也；蹊者，通向真善美之路也。

[4] 茶米者，茶寿（108岁）米寿（88岁）也。

[5] 宋明以来，状元数百，然皆无学术建树，此最可反思也。

[6] 所谓秦皇汉武，拿（破仑）魔斯（大林）杰等风流人物并无惠泽于人民。这两大句是对"比上不足，比下有余"的反思，何不以"比上有余，比下不足"以自慰自警乎？

（2006.1.20）七律（2006新年感诗）
（步二毛诗韵答诗）

最是悲欢又一年，渝珈常在话机边。

南北同心呼哲理，东西异趣唤鸿篇。

精求人性翻新意，细究思维补旧编。

灾祸暂随乙酉去，来年共度艳阳天。

乙酉腊月廿三日

（2007.12.28）八声甘州（七龄童子迎丙子）

齐钦羡谷歌玩霸业，上帝也心酸。

思维非算法，一厢沉醉，何等愚贪！

笛卡康公[1]无奈，回首向东看，

遥见长城际，大正奇观。

不过七龄童子，却枪挑壮汉，屡闯雄关。

问神功几许？不及十之三。

天涯路[2]、句类洞穿。

衣带宽[3]、悟语境单元。

阑珊处[4]、共殊记忆，犹待参禅[5]。

[1] 笛卡康公 =: 笛卡尔、康德

[2] 天涯路 =: 王国维先生三境界说之第一境界

[3] 衣带宽 =: 第二境界

[4] 阑珊处 =: 第三境界

[5] 参禅 =: 形而上思考

（2008.5.2）七绝（080502 偕诸生重游九台庄园有感）

曾邀康德九台游，多年迷惘顿时收。
莫悲沧水荒田变，先验长河万古流。

（2008.11.6）天净沙（和传江）

秋光春色杯干
思深意远谈酣
三孤[1]虽困犹顽
厉兵已久，迟疑徒引谜团

[1] 三孤指辽沈战役敌军的廖耀湘、范汉杰、郑洞国三兵团，对应于第一战役的语义块构成变换、句式转换和句类转换。

附：传江原曲
机译研讨会闲暇，仿马致远《天净沙》：

秋高气爽云淡，
草枯叶落花残，
山青水秀鱼欢，
阳光灿烂，与君登高望远。

（2009.06.16）七律（赠友人石承曾）

翻看《古文明地图集》，打油两首如下：

1. 咏希腊文明

少小曾迷斯巴达，《西方》[1]读罢益增钦。
科学巅峰原子论，军事辉煌印度征。

巨贤宏论[2]惊天地，美胴绝唱[3]撼乾坤。

回望千年专制夜，烛光[4]一盏独长明。

[1]《西方》者，罗素《西方的智慧》之略称也。

[2] 巨贤宏论者，苏格拉底和柏拉图、亚里士多德师徒之巨著也。

[3] 美胴绝唱者，希腊人对美之特殊崇拜也。雅典一名妓因渎神罪被控死刑。辩护人当众扯下她的长袍，显露出其美丽的胴体，法官及民众为之折服，遂判无罪。

[4] 烛光者，城邦民主政治制度也。

2. 咏罗马文明

铜表非同古汉谟，贵族平民寓共和[1]。

功盖秦皇[2]犹有惧，业超汉祖[3]仍蹉跎。

中兴三帝[4]因时势，永恒一体[5]普天歌。

统治权分神与俗，天才奋起[6]领长河。

[1] 指罗马《十二铜表法》的历史意义远超过巴比伦的《汉谟拉比法典》，它不仅保证了罗马的共和政体延续了600年之久，而且奠定了法治高于人治的政治理念。

[2] 指恺撒。

[3] 指屋大维。

[4] 指戴克里先、君士坦丁和提奥多西。

[5] 指基督教的崛起。

[6] 基督世界的专制帝制存在着精神世界与物质世界的神俗分治，这不同于中华文明帝制的神俗合治。它为天才奋起创立了基础条件。但基督文明的天才奋起并非始于人们熟知的文艺复兴，而是始于阿奎那的"哲学乃神学之附庸"的论断及随之而来的奥卡姆挑战———哲学非神学的附庸，而是与神学比肩之学。正是这场最具历史意义的争鸣激发了哲学独立的持久奋斗，正是这场持久的哲学奋斗最终引发了科学革命和宗教改革。

术 语 索 引

K

L

M

T

Y

人 名 索 引

人名	别称	有关观点或作品[①]	页码
阿奎那	托马斯·阿奎那		186，187，330，337，438
爱迪生			339，396，419
爱因斯坦			12，339，396，416，419，435
安瑟姆			186
奥古斯丁		《忏悔录》	337，412，420
奥卡姆			186，438
巴顿			232
巴菲特			396
巴金			290
柏拉图		《理想国》	41，73，187，295，337，339，346，411，438
（班固）[②]		《汉书》	191
包青天			255
比尔·盖茨			396，419
彼得大帝			268，271，275
波普尔		《开放社会及其敌人》	41，81，291，295，392，393
布莱尔			291
布鲁诺			73
布什	小布什		58，79，226，256，261，263，291
（曹雪芹）		《红楼梦》	154，193
查韦斯			291
陈小盟			392，410
陈友谅			238
陈子昂			334
成吉思汗			47，95，187，212，267，276，372
池毓焕	毓焕		408，423
达尔文			334，337，339
戴克里先			438
邓析子			321

---

① 有些作品和人名之间并非作者—著作关系，特此说明。
② 括号中的人名表示其在正文叙述中并非出现，而只出现了有关观点或作品。

人名	别称	有关观点或作品	页码
邓小平			56，276
狄尔泰			425
笛卡尔	笛卡	《第一哲学沉思录》	186，334，339，437
董仲舒			335
杜立德			242
范汉杰			437
范仲淹			334
菲尔墨			426，427
伏尔泰		《风俗论》导论	353，356
福特			387，411
伽达默尔			396，419
伽利略			73，339
甘地	圣雄		74
哥白尼			73，186，334
哥伦布			47
古德里安			225，268
顾炎武			334
顾准			81
关羽			212，271
桂文庄			427
哈耶克			41
海德格尔			436
韩信			24，216，418
汉谟拉比		《汉谟拉比法典》	284，438
汉尼拔			232
（郝惠宁）	小郝		432
赫鲁晓夫			276
黑格尔		《法哲学原理》，《历史哲学》	22，41，64，73，213，291，337，348，367，395，428，429，430
亨廷顿		《文明的冲突与世界秩序的重建》	185，291
洪堡特			424
胡海			426
胡林翼			225
胡塞尔			397

人名	别称	有关观点或作品	页码
花木兰			217
桓宽		《盐铁论》	58
（黄焯）	训诂学家		265
黄侃			393，425
黄曾阳	黄叔，仰山，仰山下人，仰山道人		424
霍去病			232
基尼			41，172
基辛格			295
纪德		《访苏联归来》	303
季羡林			366
贾谊			72
蒋介石			274
（金庸）		《天龙八部》	193
金正日			291
荆轲			256
君士坦丁			438
卡斯特罗			50
卡逊		《寂静的春天》	363
开普勒			339，414，427
凯恩斯			91，147，279，435
恺撒	尤利乌斯·恺撒		71，438
康德	康公	《纯粹理性批判》	261，300，334，336，337，339，348，392，393，395，396， 405，414，419，437
克劳塞维茨	克氏	《战争论》	204，207，232，265
肯尼迪			45，50
孔德			367
孔子	孔夫子，仲尼	《论语》	13，17，72，107，334，346，354，356，367，397，411，430
拉登	本·拉登		79
莱特兄弟			339
老子		《老子》	233，285，317，334，337，354，430
雷良颖			432
（黎鸣）	哲学乌鸦		264
李白			301，344

人名	别称	有关观点或作品	页码
李世民			17，258，354
李颖			435
李渊			13
里根			207，226
梁漱溟			349
廖耀湘			437
列宁			75，241
林彪			49，198，204
林杏光		《常用构词字典》	426，427，432
刘邦	汉祖		26，29，216，275，289，354，418
刘彻	汉武帝		234，258
刘禹锡			225
隆美尔			232
卢梭		《社会契约论》	297
鲁川			426
鲁迅			73
路易十四			79
罗贯中		《三国演义》	78，193，272，418
罗曼·罗兰		《莫斯科日记》	292
罗斯福			56，60，84，254，275
罗素		《西方的智慧》	249，296，385，394，399，438
（罗素·巴纳特）		《古文明地图集》	437
马丁·路德·金			74
（马汉）		《海军战略论》	213
（马基雅维里）		《君王论》	
（马建忠）		《马氏文通》	412
马克思			41，73，75，76，105，147，334，337，367，397
马歇尔	阿弗里德·马歇尔	《经济学原理》	279
马歇尔	（乔治·马歇尔）	《马歇尔》	84，254
马致远			437
（麦金德）		《地缘政治论》	213
麦克斯韦			339

人名	别称	有关观点或作品	页码
沈永聪	二毛	"智者论"	295，436
施罗德			291
（施耐庵）		《水浒》	193，228
石承曾			437
（释迦牟尼）	佛陀		187
司各脱			186
司马迁		《史记》	82，193，312，344
斯宾格勒		《西方的没落》	291
斯宾诺莎			73
斯大林	斯杰		70，75，88，217，278
斯普鲁恩斯			225，268，273
斯特劳森		《个体》	356
宋江			429
苏格拉底			73，163，372
孙权			418
孙中山			249
孙子	孙武	《孙子兵法》	206，207，233，256，269
索绪尔			412，424，425
汤因比		《历史研究》	185，186，188，206，291
陶汉章		《孙子兵法概论》	207
提奥多西			438
图灵			11，59，418，419
托尔斯泰		《战争与和平》	193
（托克维尔）		《论美国民主制度》	53
汪德昭			2
汪精卫			256
王安石	介甫先生		72
王惠			408
王濬			136，225
王昭君	昭君		82，411
文成公主			82
屋大维			438
（吴承恩）		《西游记》	193
（吴雪）		"抓壮丁"	221
吴虞			315

人名	别称	有关观点或作品	页码
武训			166
武则天			313
希拉克			291
希特勒			42，82，88，95，109，262，267，273，296
项羽			193，232，334，335
萧何	萧椽		20，24，418，435
萧友芙			433
休谟			392，393
徐为方			408
许嘉璐	许先生		424
许慎		《说文解字》	425
亚当·斯密		《国富论》	147，261，426
亚里士多德			186，346，438
亚历山大			47，95，187，212，267，276，372
阎崇年	历史学者		
耶稣	基督	《圣经》	193，321，356
伊藤博文			268
岳飞			82，239
曾子			326
张飞			271
张良			29，256，418
张全			433
张载			163
章太炎			380
贞德			217
郑洞国			437
郑和			136，180
周郎			418
朱棣	明成祖		234
朱小健			392，410
朱元璋			238
诸葛亮			29，320，415
庄子		《庄子》	193

《HNC理论全书》总目

第一卷 基元概念

第二卷　基本概念和逻辑概念

第三卷　语言概念空间总论